JN214382

よくわかる薬学分析化学

［第2版］

前城西国際大学薬学部教授 二村典行
長崎国際大学薬学部教授 大庭義史
横浜薬科大学薬学部教授 山下幸和
編集

東京 廣川書店 発行

執筆者一覧（五十音順）

大野賢一	帝京平成大学薬学部准教授
大庭義史	長崎国際大学薬学部教授
新垣知輝	城西国際大学薬学部准教授
高井伸彦	長崎国際大学薬学部教授
中村沙織	長崎国際大学薬学部助教
西　博行	安田女子大学薬学部教授
二村典行	前城西国際大学薬学部教授
野原幸男	医療創生大学薬学部教授
藤井由希子	第一薬科大学薬学部准教授
宮代博継	前横浜薬科大学薬学部教授
山下幸和	横浜薬科大学薬学部教授

よくわかる薬学分析化学［第2版］

編者　二村典行（にむら のりゆき）　大庭義史（おおば よしひと）　山下幸和（やました こうわ）

平成26年3月31日　初版発行©
平成31年4月25日　第2版発行
令和4年8月30日　第2版2刷発行

発行所　株式会社　廣川書店

〒113-0033　東京都文京区本郷3丁目27番14号
電話 03(3815)3651　FAX 03(3815)3650

第2版の序

本書初版の準備及び執筆時は，薬学教育モデル・コアカリキュラムの改訂版が確定・公表されていない時期ではあったが，少なくとも分析化学分野に関しては旧モデル・コアカリキュラムの内容をほぼ踏襲することになると想定し，各執筆者の先生方には執筆を進めていただいた．その後，編集段階では新モデル・コアカリキュラムの全貌が明らかにされていたので，初版原稿と改訂モデル・コアカリキュラムの内容との照合を行い，過不足無しとの判断により初版出版の運びとなった．初版は，多くの薬学部で教科書として採用され，多くの薬学生諸君に活用されたものと思う．

日本薬局方に関しては，初版出版時には第16改正であったが，2016年に第17改正になった．これらの経緯を踏まえ，本書においても，改訂モデル・コアカリキュラム及び第17改正日本薬局方に準拠する形で改訂を実施することとなった．改訂作業に伴い，執筆の先生方には，初版に於ける内容の見直しも含めてお願いしたが，内容が必要以上に助長となることを避け，マージン部分を活用することで本文内容は極力わかりやすく簡潔にして頂くようお願いした．おそらく，そうした仕上がりになっているものと確信している．また，初版の段階では，前述のように，薬学教育モデル・コアカリキュラム準拠を謳うことは困難であったが，今回の（平成最後の）改訂版は概ね準拠した内容になっていることから，「コアカリ対応表」を提示させていただいているのでご活用されたい．なお，シリーズ姉妹書である「よくわかる薬学機器分析」は，先に，改訂コアカリ及び第17改正日本薬局方に準拠した改訂を実施しており，両教科書をフルに活用して薬学と分析化学への理解を増していただくことを希望している．

最後に，今回の改訂にあたりご尽力いただいた（株）廣川書店 廣川典子氏，並びに編集部の皆様に深謝する次第です．

平成31年4月

編者一同

序

最近は，学問も「実に面白い！」でないとウケないようである．しかしながら，「面白い！」と言い放つためには，十分な理解が必要であり，そのためには，十分な好奇心を持って学び取る姿勢が必要ではないかと考えるが，いかがだろうか．本書のタイトルも「実に面白い分析化学」としたいところではあるが，一般社会では「おもしろい」≒「ふざけている」という傾向にあるようなのでそれは避けたものの，主な本書の読者である学生諸君が，「分析化学って，面白そう.」とか，「薬学って，面白いかも.」となってもらえるようなきっかけを少しでも提供できるのであれば，本書を編集した意義があると考える．各著者の先生方にも，そういった気持ちを込めてペンを奮って頂いた.

「分析化学」は，実験科学全般の基盤となる学問分野である，といったことがどの教科書や専門書にも書かれている．このためか，薬学分野の教育カリキュラムの中でも，比較的低学年次の間に学ぶように設定されており，このことが要因であるのか，薬剤師国家試験にも必要な知識が多く含まれているにもかかわらず，残念ながら，卒業間近になるころにはすっかり忘れられた存在となっているようである．しかしながら，薬学部教育が6年制となり，調剤薬局や病院での実務実習が長期化し，見学型から参加型への充実が図られてみると，実際の医療の現場では，「分析化学」のみならず，従来から基礎の学問と位置付けられていた分野の知識や技能が充実していることが望まれていることが理解されるようになってきた．このため，本教科書は，比較的低学年次の薬学生が講義や実習の履修に伴って目にした際に「よくわかる」ように，従来の教科書ではややもすると冗長と感じられた部分は可能な限り割愛して簡潔な内容になるよう心掛けて執筆および編集作業を実施したが，ある程度高学年に進級し，より医療系分野に進行した後に見直した際にも，改めて「なるほど，よくわかる！」と感じてもらえる内容になっているものと，執筆者一同自負している．

また，本書は，同シリーズ教科書として「よくわかる薬学機器分析」を用意し，薬学生諸君には，この両者を併せて学んで頂くよう配慮している．両教科書とも，薬学教育モデルコアカリキュラム（改訂作業中であるが，できる限り改訂作業に関する情報収集を実施した）および薬剤師国家試験出題基準に在る内容を網羅し，主に，薬学共用試験（CBT）への対応を主眼に置いた知識の確認のための演習問題を多く用意し，さらに薬剤師国家試験受験を見据え，国家試験の過去出題問題を参考にした演習問題も用意した．なお，本シリーズ教科書の内容（演習問題も含め）の内，日本薬局方試験法に関するものは，すべて第16改正版に準拠させている．

さらに，本シリーズ教科書を採用して頂ける教員の方々へのお願いをさせて頂く．本書は，薬学部1年次後期の在学生諸君の学びを，「よくわかる薬学機器分析」は，2年次前期の薬学生諸君が学ぶことを想定した内容になっている．先に述べたように，従来のこの分野の教科書の内容と比較して可能な限り簡潔になるよう配慮したが，2冊分のすべての内容を，比較的低学年次の学生諸君に，ほぼ1年間で万遍なく理解してもらうには，正直，容易なことではないと考える．したがって，教員側から適度な内容の濃淡を考慮していただき，より効率的な授業を実施して頂ければと考える次第である．

最後に，本書出版の機会を与えて頂いた（株)廣川書店廣川節男会長，ならびに辛抱強くご支援下さいました編集企画室長の花田康博氏に深謝する次第です．

平成 26 年 3 月

編者一同

目　次

本教科書における薬学教育モデル・コアカリキュラム（平成25年度改訂版）対応一覧		本教科書対応章および項目
C2　化学物質の分析		
	(1) 分析の基礎	
	① 分析の基本	
	1. 分析に用いる器具を正しく使用出来る．（知識・技能）	第5章5.1
	2. 測定値を適切に取り扱うことが出来る．	第1章1.5，第4章4.1
	3. 分析法のバリデーションについて説明できる．	第4章4.5
	(2) 溶液中の化学平衡	
	① 酸・塩基平衡	
	1. 酸・塩基平衡の概念について説明できる．	第2章2.1，2.2，2.3
	2. pHおよび解離定数について説明できる．（知識・技能）	第2章2.4
	3. 溶液のpHを計算できる．（技能）	第2章2.1，2.2
	4. 緩衝作用や緩衝液について説明できる．	第2章2.3
	② 各種の化学平衡	
	1. 錯体・キレート生成平衡について説明できる．	第2章2.1，2.5
	2. 沈殿平衡について説明できる．	第2章2.1，2.7
	3. 酸化還元平衡について説明できる．	第2章2.1，2.6
	4. 分配平衡について説明できる．	第2章2.1，2.8
	(3) 化学物質の定性分析・定量分析	
	① 定性分析	
	1. 代表的な無機イオンの定性反応を説明できる．	第3章3.1，3.2
	2. 日本薬局方収載の代表的な医薬品の確認試験を列挙し，その内容を説明できる．	第3章3.1，3.3
	② 定量分析（容量分析・重量分析）	
	1. 中和滴定（非水滴定を含む）の原理，操作法および応用例を説明できる．	第5章5.2，5.3
	2. キレート滴定のの原理，操作法および応用例を説明できる．	第5章5.4
	3. 沈殿滴定の原理，操作法および応用例を説明できる．	第5章5.5
	4. 酸化還元滴定のの原理，操作法および応用例を説明できる．	第5章5.6
	5. 日本薬局方収載の代表的な医薬品の容量分析を実施できる．（知識・技能）	第5章全般
	6. 日本薬局方収載の代表的な医薬品の純度試験を列挙し，その内容を説明できる．	第3章3.1，3.4
	7. 日本薬局方収載の重量分析法の原理および操作方法を説明できる．	第4章4.2

第 1 章

分析化学の基礎知識

分析化学
analytical chemistry

分析化学は analytical chemistry の日本語訳でもあり，日本語であれ，英語であれ，化学 Chemistry の一分野と捉えられがちである．しかし，実際には化学のみならず，物理学，生物学など広範な自然科学の基礎の学問として位置付けられる．したがって，高校時代を含めた，化学，物理，生物にわたる基礎知識の複合的活用が必要な分野であるとともに，この後，より深く自然科学や実験科学を学んでいく上において極めて多面的に役立つ学問でもある．

1.1　分析化学への招待

まず「分析」をネット検索してみたところ，『1）ある物事を分解して，それらを成立している成分・要素・側面を明らかにすること．2）物質の鑑識・検出，また化学的組成を定性的・定量的に鑑別すること．記事 分析化学に詳しい．3）概念の内容を構成する諸徴表を各個別に分けて明らかにすること．4）証明するべき命題から，それを成立させる条件へ次々に遡っていくやり方．』と，どれもそれなりの日本語が記されていた．「分析化学に詳しい」とあったので引き続きクリックしたところ，『**分析化学；試料中の化学成分の種類や存在量を解析したり，解析のための目的物質の分離方法を研究したりする化学の分野である．得られた知見は社会的に医療・食品・環境など，広い分野で利用されている．**』と記述されていた．多少の専門的知見を身につけた筆者にとっても，おおむね納得できる内容であった．

次に，筆者なりにもう少し噛み砕いてみると，分析化学というのは，どうやら，試料と呼ばれるものの中に存在する化学成分について，それがどのような種類のもので（「定性分析」というらしい），どのくらいの量が存在する（「定量分析」というらしい）か，を知るための学問の分野のことであり，分析化学の実施により得られた結果は医療・食品・環境など，広い分野で役に立つらしい，ということのようである．また，テレビなどのニュース番組でも「……アンケートの結果を分析してみますと……」といった場面に出会うことがあると思うが，このような場合の分析も，アンケート結果（データ）をいったんバラバラにして，ある特定の基準（見方）に照らし合わせて整理・集計しなおしてみるという作業のことを指している．「アンケート」を「(科学的) 計測あるいは測定」という言葉で置き換えればあらゆる分野における「分析する」はほぼ同様のことを表しているといえる．

科学的計測と書くと難しそうなことを連想するかもしれないが，その根本にあるのはヒトの「五感」である．温度の測定には温度計や温度センサーなどが使われることが容易に理解できるが，ヒトや動物の皮膚は，熱い，冷たいなどの違いを感じ取ることができる．物の重さは，皮膚や関節にかかる圧力などの違いから感じ取ることができるし，色の種類や濃さ，物の量（かさ，体積）などは視覚で確認できる．嗅覚や味覚を駆使すれば，同じ物か，違った物かの区別もある程度可能である．歴史的には，糖尿病罹患の判断を，ある特定のヒトの尿に蟻が集まるのを見て，そのヒトの尿をなめることで行っていたという昔話があるくらいである．しかしながら，五感だけに頼ることには限界がある．なぜなら，残念なことに，ヒトや動物の感覚は個体それぞれで異なっている．特に，重さや量は商取引に使われることが多く，たとえ，物々交換であったとしても，純金の塊と同じ価値の綿花がどのくらいであるかを考えた時，単純に肌で感じる重さや目で見える体積を基準にするのはナンセンスである．さらに，「これ純金なんだけど」と差し出された金属の塊が，本当に純粋な金の塊なのかどうか見破る必要もあったであろう．単純に黄金色に輝いているし，それなりに重い，では「まずい」はずであっただろう．こういった場面で生じる可能性のある問題を少しでも解消しようとするには，ある程度厳密な基準や定義，さらには当事者間での取り決めが必要になったはずである．では，どんな要素を導入する必要があったかを考えてみよう．

単位 unit

まずは，量を扱う上での数値や数（かず）の概念であったであろうし，まったく種類の違う物どうしの比較では，**単位**も必要になったに違いない．例えば，「1グラムの純金と，一箱の綿花とが同じ価値がある．ただし，箱は縦，横，高さがそれぞれ1メートルとする．」といった具合に，である．こうなると，さらに，1グラムという重さの基準が必要になるし，1メートルという長さの基準が必要になる．こうした数値や単位の概念や扱い方を理解することは分析化学のみならず自然科学の「はじめの一歩」でもある．このため，本書においても「単位と数値の取り扱い方」の項に詳細を示した．さて，目の前の金の塊が本当に純金の塊であればよいが，鉛の塊の表面を純金で覆っただけの物であったとしたらどうだろう．ここでの見極めに分析化学が本領を発揮する．例えば，比重（密度）という物性を測定する，鉛は溶けるが金は溶けない試薬を加えてみる，金あるいは鉛と反応するとそれぞれ特有の色を呈する試薬を加えてみる，等々，すべて分析化学の手法（分析法）である．こういった分析法のうち，薬学領域に特化した内容が，本書およびシリーズの「よくわかる薬学機器分析」に網羅されている．

さて「分析化学」と記述すると化学的な要素が中心の学問であるような印象を受けるが，これは多分に歴史的な背景によるところが大きい．すなわち，古くは化学

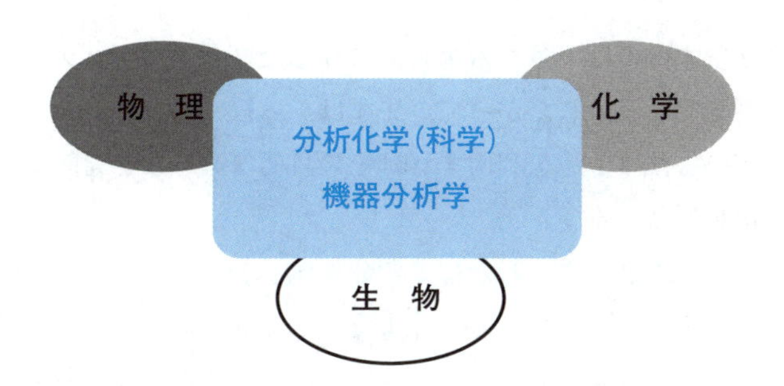

反応などの化学的手法や化学的原理を利用する分析法がほとんどであり，化学の一分野としての位置付けであったため Analytical Chemistry と称され，日本語では「分析化学」と訳されてなじんできた．しかしながら，近年になり，光（電磁波）や電気・磁気など物理的あるいは物理化学的な原理を用いる分析法，また，酵素反応や免疫反応など生物由来の反応や物質を利用する分析法が数多く開発されたり，これらが複合的に関与する分析法が登場するなどしていることから，「分析科学」と称した方がより適切であるという考え方もある．

分析科学
analytical sciences

ところで，分析化学の歴史は古く，学問として体系化されるより以前から，「**分離と精製**」という概念の知識や技能が世界中を伝搬している．例えば，動植物から医薬品のような有効成分や特定の色の染料（色素）を分離精製する技術や，鉱石から特定の金属をある程度純粋な形で採り出す手法なども，分析化学が起源とする1つの手法であるといえる．その後，自然科学の体系化が進むとともに，その1つの領域である分析化学も，ラボアジェやボイルなどにより学問として体系化され近代化されてきたが，その過程において，金属加工やガラス加工の進歩，および，様々な素材開発技術の進歩などが極めて大きな貢献を果たしている．極めて広範にわたる性質を有する試料や物質を，容易にしかも性質や構造に変化を与えることなく扱うことが可能な様々な容器・測定器具の登場は，そういった分野の技術革新に貢献していることはいうまでもないが，最近ではその使用が当然のごとく主流となっている種々の科学測定機器の開発，多くの分析データを短時間に正確に処理することを可能としたコンピュータなどの電子技術（ネットワークなど情報伝達技術も含む）の発展も分析化学の進歩に大きく貢献している．今後さらなる発展を遂げた暁には，「今，できないこともやがてできるようになる」，「現在わからないことがいつかわかるようになる」はずである．

分離と精製
separation and purification

ラボアジェ Lavoisier
1743～1794年．フランスの科学者．初めて有機物の元素分析を行い，質量保存の法則を明らかにした．

ボイル Boyle
1627～1691年．英国の科学者．ボイルの法則，ボイル・シャルルの法則などで知られる．

一方で，最近の分析（測定，計測）手法は機械化（自動化）が進み，従来ヒトの手を煩わせていた多くの手技や工程が分析（測定，計測）機器の中に組み込まれ，いわば「ヒト（測定者）は，スイッチを入れてボタンを押す」だけでことが足りるようになっている（ブラックボックス化ともいわれる）ことが多い．ややもすると，分析（測定，計測）担当者ですら，どのような原理や流れで分析（測定，計測）が行われているかを知って（理解して）いなくてもある程度の結果を得ることが可能となっている．しかしながら，何らかのトラブルが発生しても迅速かつ十分に対応できなかったり，明らかに矛盾を示す結果が得られてもそのままやり過ごす，といったことに陥りやすいのは，多くの場合，こうしたブラックボックス化のデメリットによるのも事実である．したがって，まずは，分析（測定，計測）の流れを理解し，具体的にどのような手法を利用すればその目的に適うかを判断できる能力を身につけることが必要となる．

いずれにしても，本書「よくわかる薬学分析化学」では，おもに，化学的手法を中心とした分析法を，本書シリーズの「よくわかる薬学機器分析」では，物理学的，および生物学的な分析法を中心にわかりやすく解説するので，両者をていねいに学ぶことにより，「分析化学は，実に面白い！」となっていただきたい．

1.2　化学分析の流れと分析化学の方法論

1.2.1　分析の流れ

定性分析 qualitative analysis
定量分析 quantitative analysis
試料 sample
確認 confirmation
同定 identification
試料マトリックス sample matrix

分析化学を学ぶことにより，何がどこにどれだけあるか，を明らかにするために必要な知識や技能を身につけることになる．何があるか（あるいは存在しないか）を明らかにする分析手法を「**定性分析**」，どれだけあるかを明らかにする分析手法を「**定量分析**」と大きく分類するが，両者を同時に明らかにする分析手法も少なくない．どこに，という部分が**試料**であり，試料中に含まれていると考えられる特定の成分がどういう構造や性質をもった物質であるか，を定性分析により明らかに（**確認**，**同定**）し，その成分物質が試料中に占める割合（含量，あるいは濃度，などと呼ばれる）を定量して明らかにする．もう少し具体的に表現すると，例えば，ヒトや動物に投与されたクスリに含まれるある特定の有効成分が，その治療効果を裏付けることを目的としてその有効成分である医薬品の薬物血中濃度測定（分析）が実施されることが多いが，この場合，クスリを投与されたヒトあるいは動物の血液が試料（**試料マトリックス**とも呼ばれる）であり，採血後の血液（実際には血漿）を試料として，そこに含まれる種々雑多な成分の内の特定の薬物のみに注目して，その血液試料中の濃度を測定（分析）する．その分析結果は，薬物による治療効果が期待通り発揮されているか否かの判断をする上で極めて大きな役割を果たすことになる．また，治療効果のみならず，副作用や中毒症状の発現を未然に防ぐためのデータとなることもある．今後，本書の内容はもちろんのこと，極めて広範な薬学の知識や技能を習得していく過程において，何がどこにどれだけあるかを明らかにすることの必要性や重要性を意識する場面は極めて多いものと考える．また，近年，医療や臨床の現場で活用される分析手法（科学計測手法）では，ヒトの身体の中にどのように（器官や組織の別毎）分布するかという分析（測定）結果が，病気や疾病の診断や治療に大きな貢献を果たすことも少なくない．さらには，何がどこにどれだけ【なぜ】存在するのか，というように特定の物質がある割合でそこに存在することの意味や意義を伴うことの重要性も指摘されてきており，そういったことに対応するためには，単に分析（測定）するだけでなく，データを解析する手法・技術に関しても一定の関心をもち，そのための知識や技能を習得することも必要となっている．

さて，もう少し具体的な分析操作の流れを想定しながら説明しよう．例えば，糖尿病などの診断に利用される「血糖値」を測定する場面では，血液が試料であり，その血液中にある割合で存在するグルコースが**分析目的物質（アナライト）**となる．さらに，この場合に必要な分析結果は，血液中にグルコースが存在するか否かではなく，どのような割合（濃度）で含まれているかが重要となるので，どのくらい存在するかを明確にできる定量分析を実施する必要がある．最初に，ヒトや動物から血液を採取する操作が必要になるが，このような採血操作を**サンプリング**と呼び，採血された全血液は一次試料と呼ばれる．多くの場合，こういった一次試料がそのまま（直接）分析の試料となることは少なく，**前処理**あるいは**クリーンアップ**と呼ばれる操作により，分析に不必要な成分や分析を妨害する可能性の高い成分を試料から除外することが行われ，二次試料あるいは最終試料が用意される．前処理の詳細に関しては本書シリーズ「よくわかる薬学機器分析」4章で詳しく述べられるので参照されたい．血糖値測定では，一般に，血漿と呼ばれる血液中の細胞成分を除いた液性成分が最終試料とされるので，採血後の全血に適当な抗血液凝固剤を加えて遠心分離するといった前処理が施され，その上清成分である血漿の一部が分析に供される．試料の多くは，前処理が施されるか否かは別にして，分析に供されるまでに時間経過がある場合には，その試料およびアナライトの性質に応じて，適切な保存がなされる必要があり，その場合に，試料以外の要因からの汚染や異物の混入などが極力抑制されるような工夫も必要である．おおむね図 1.1 に示したような流れに従って最終試料が分析・測定に供せられることになる．

アナライト analyte

サンプリング sampling

前処理 pretreatment

クリーンアップ clean-up

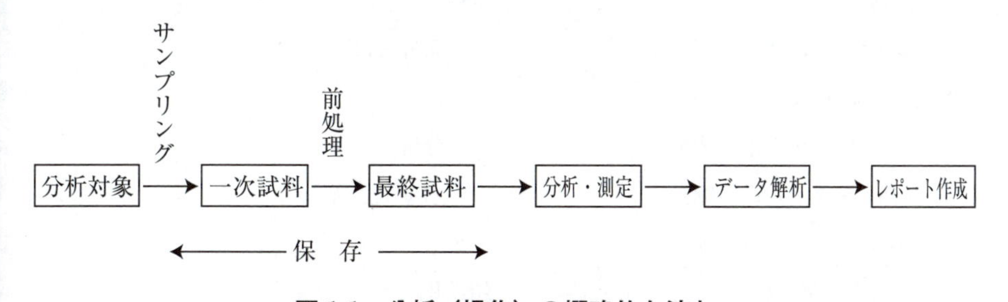

図 1.1　分析（操作）の概略的な流れ

1.2.2　分析化学の方法論

分析化学の領域で使用される分析法は極めて多岐にわたっており，その中から，測定の目的に応じて，より適切な分析法を選択する必要がある．アナライトが同じグルコースであっても，試料が前項のような血液（血漿）の場合と，グルコース含有飲料のような場合とでは様子は大きく異なる．それぞれに含まれているグルコースの量は相当に異なるはずであり，血漿試料マトリックスの複雑さは，グルコース含有飲料のそれに比べ桁違いである．

分離科学 separation science
検出科学 detection science

多岐にわたる分析法の分類の仕方にはいろいろな考え方があるが，本項では，**分離科学**と**検出科学**とに大別することにする．アナライトを同じ試料中に存在する他の成分と分離する操作を伴う測定法が**分離科学**（分離分析ともいう）であり，クロマトグラフィー，電気泳動，溶媒抽出，固相抽出，遠心分離，ろ過，蒸留など，さまざまな原理に基づく手法が存在する（表1.1）．一方，検出科学には，各種の分光法，電気化学分析法，熱分析法，酵素分析法，イムノアッセイ（免疫分析法），バイオアッセイ（生物学的測定法）などが含まれる（表1.2）．これらの分離法や検出法は，複数の手法を組み合すことで目的に適った分析法となっていることも少なくない．また，**検出科学**の手法のほとんどは，試料中のアナライトと他の成分とが混在していても，それらを相互に区別（識別）することが出来る工夫（**特異性**，あるいは**選択性**と呼ばれる）が含まれている．

特異性 specificity
選択性 selectivity
物理的分析法 physical analysis
生物的分析法 biological analysis

分析法の分類の仕方としては，測定原理の違いに基づいて，**物理的分析法**，**生物**

表 1.1 分離科学に含まれる主な分析手法

クロマトグラフィー	イオン交換
ろ紙クロマトグラフィー	遠心分離
薄層クロマトグラフィー	膜分離
ガスクロマトグラフィー	透析
液体クロマトグラフィー	逆浸透
超臨界流体クロマトグラフィー	
電気泳動	ろ過
無担体電気泳動	限外ろ過
ろ紙電気泳動	蒸留
（スラブ）ゲル電気泳動	分留
（ディスクゲル電気泳動）	水蒸気蒸留
（細管）等速電気泳動	昇華
等電点電気泳動	結晶化
キャピラリー電気泳動	沈殿
	分別沈殿法
溶媒抽出	フローサイトメトリー
固相抽出	有機系統分析法
超臨界流体抽出	無機系統分析法

的分析法，**化学的分析法**に大別したり，扱う物理量の概念別に，**重量分析法**，**容量分析法**といった分類をすることもある．

化学的分析法
　chemical analysis
重量分析法
　gravimetric analysis
容量分析法
　volumetric analysis

表 1.2　検出科学に含まれる主な分析手法

- 電磁波分析法
  - 紫外可視吸光光度法
  - 発光分析法
  - 蛍光分析法
  - りん光分析法
  - 化学発光分析法
  - 生物発光分析法
  - 原子吸光分析法
  - 原子発光分析法
  - フレーム発光分析法
  - 誘導結合プラズマ発光分析法
  - 蛍光 X 線分析法
  - 円偏光二色性測定法
  - 旋光分散測定法
  - 赤外分光法
  - ラマン分光法
  - マイクロ波分光法
  - 光音響分光法
  - 核磁気共鳴法（NMR）
  - 電子スピン共鳴法（ESR）
  - 放射化学分析法
- 質量分析法
- 生物学的・生化学的分析法
  - バイオアッセイ（生物学的定量法）
  - 酵素的分析法
  - イムノアッセイ
  - レセプターアッセイ
- 電気化学的分析法
  - 電位差測定法（ポテンショメトリー）
  - 電流測定法（アンペロメトリー）
  - ポーラログラフィー
  - ボルタンメトリー
  - クーロメトリー
  - コンダクトメトリー
- 炎色反応分析法
- 定性反応試験法
- 有機官能基分析法
- 容量分析法
- 状態分析に用いられる主な手法
  - 熱分析法
    - 熱重量測定法
    - 示差熱分析法
    - 示差走査熱量測定法
- 表面分析に用いられる主な手法
  - 電子プローブマイクロアナリシス
  - イオンビーム分析法
  - グロー放電スペクトル法
  - 走査トンネル顕微鏡法
  - 表面プラズモン共鳴法
- 結晶構造解析に用いられる主な手法
  - 粉末 X 線回折法
  - リートベルト回折法
  - 単結晶 X 線構造解析法
  - 中性子回折法
- 分析の自動化に用いられる主な手法
  - コンティニュアス・フロー法
  - オートインジェクション法
  - バルブ・スイッチング法
  - ディスクリート法
  - ロボット法

1.2.3 方法論（分析法）の選択

さて，冒頭に述べたように，広範にわたる分析法（方法論）を，目的に応じて適切に選択したり組み合せるなどが必要となるが，この場合に試料マトリックスとアナライトとの関係を配慮して留意したい点について以下に解説する．

A アナライトが試料マトリックス中のほとんどの割合を占める場合（図 1.2(a)）

例えば，アスピリン原末では，アスピリンの結晶粉末がサンプルであり，その中に含まれるアナライトである化学的純物質としてのアスピリン（アセチルサリチル酸）の定量を実施する場合，原末のほとんどがアスピリンであり，ほんのわずかな（通常，1%未満）不純物やアスピリンの分解物などを含む可能性が考えられる．このような場合は，化学的純物質としてのアスピリン（アセチルサリチル酸）の化学的，あるいは物理化学的性質を利用した分析法（容量分析，分光分析など）がほぼそのまま適用できる．また，アスピリン原末の一部を最終試料とする場合にも，原末全体のどこを一部採取しても構わない．液体試料の場合でもおおむね同様に考えてよい．

B アナライトが試料マトリックス中の一部を占める場合（図 1.2(b)）

試料が錠剤や注射剤のクスリのようなケースであるが，含まれる医薬品（アナライト）が単独（単味）である場合と複数の医薬品が複合的に含まれている場合とでは異なってくる．単味の場合は，含まれるアナライト以外に試料中に含まれる可能性があるマトリックスは，錠剤では基剤と呼ばれる物質，注射剤であれば注射用水であるので，これらが最終的な測定法を妨害しないことが把握できていれば，A と同様に，アナライトの化学的，あるいは物理化学的性質を利用した分析法（容量分析，分光分析など）がほぼそのまま適用できる．

一方，市販の風邪薬のように，複数の医薬品が複合的に含まれているクスリの中の特定の成分医薬品がアナライトである場合は，少々異なった工夫が必要である．多くの場合，混在する他の医薬品とアナライト医薬品とが有する化学的あるいは物理化学的性質が類似しているため，単純な検出法では識別することが難しい．このため，クロマトグラフィーのような分離分析の手法と適切な検出法とを組み合わせるのが適当である（図 1.2(c)）．このようなケースとしては，細胞や組織中に含まれる特定のタンパク質がアナライトである場合，血液や尿などの体液中の特定の成分物質がアナライトである場合，食品試料中の特定の成分物質がアナライトである場合，などがある．

実際には，上記 A，B 以外にも多様な状況が存在する．例えば，血液中に含まれるアミノ酸がアナライトである場合であっても，何十種類も存在する種々のアミノ酸の内，ある特定のアミノ酸の分析が目的の場合，何種類かのアミノ酸の存在比を知りたい場合，あるいは，すべてのアミノ酸の総量がわかればよい場合，ではそれぞれ適用する分析法は異なってくる．すなわち，**何をどこまで明らかにしたいか，によっても分析法の適切な選択が必要**となる．また，液体試料や気体試料では，ほとんどの場合，試料中に存在するアナライトは，ほぼ均一に存在しているが（図1.2(d)），固体試料では，アナライトが局在化して存在している可能性もある（図1.2(e)）．こういった場合で，全体試料から一部を採取して最終試料とするような場合には微細化して均一にする，複数個所から採取するなどの工夫が必要となる．逆に，医療分野における画像診断法のようにアナライトが局在化していることが重要な情報となる場合もある（図1.2(f)）．

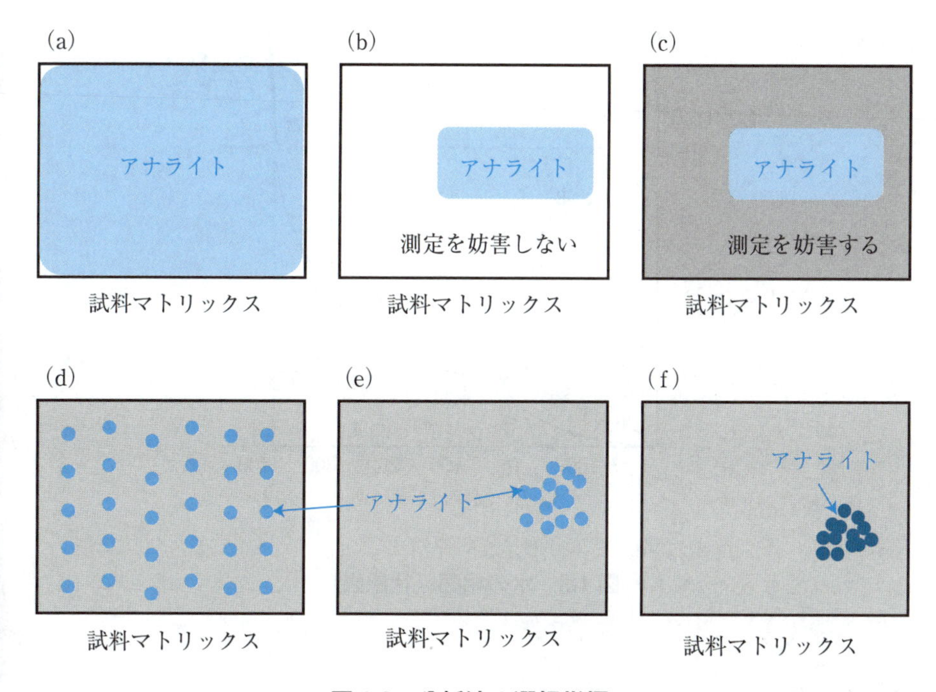

図 1.2　分析法の選択指標

1.2.4　物質の状態と物性に基づく分析法

化学物質の多くは，**固体**，**液体**，**気体**のような状態を有しているが，同じ物質（分子レベルで）でも，水のように熱的変化や圧力変化に伴って，氷（固体），水（液体），水蒸気（気体）と状態が変化する．こうした変化する状態の境界（臨界）点は物質毎に異なっており，この状態変化を物質の特性（物性）として測定する分析法もあり，その一部は，後述する日本薬局方の試験法にも採用されている．

固体 solid
液体 liquid
気体 gas

A 物質の三態と超臨界状態

三態 three state of matter

超臨界状態 supercritical states

状態図（相図） phase diagram

一般に，一定の圧力のもとにおいた純物質は，分解しない限り，それぞれ物質固有の温度において，固体，液体，気体の3つの状態の間を変化する．これらを物質の**三態**というが，これらの状態変化を決めているのは，物質の分子間に作用する力とその運動エネルギーとのバランスといえる．最近は，一部の物質（CO_2 など）について，**超臨界状態**と呼ばれる，液体と気体との中間のような高温かつ高圧状態が，物質の抽出やクロマトグラフィーのような分離分析の領域で利用されるようになっている．このような状態変化を温度と圧力の変化に応じて表したものを物質の**状態図**（**相図**とも呼ぶ）という．

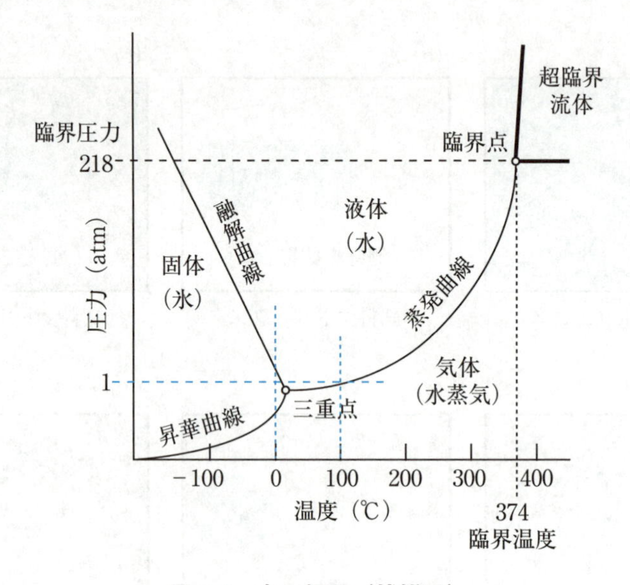

図 1.3 水の相図（状態図）

B 沸 点

沸点 boiling point

真空容器に液体を入れて密封し，温度を一定に保つと，容器内における液体蒸気の圧力は，液体が容器内に残っている限り一定に保たれる．この圧力を，その温度におけるその液体の蒸気圧（飽和蒸気圧）という．そして，その液体の蒸気圧が外気圧と等しくなったときの温度を液体の**沸点**と呼ぶ．液体は，温度がその沸点に達すると沸騰を始め，液体の状態から気体の状態に変化する．純物質は一定の沸点を有しており，この値がその物質の定数であることから，沸点（温度）を測定することにより物質の純度を知ったり，同定を行うことができる．沸点の高さは分子の分子量と極性とによって決まる．一般に，分子量が大きな物質ほど沸点が高く，分子間の結合力が大きな極性の高い物質ほど沸点が高い（表 1.3）．

日本薬局方一般試験法には「**沸点測定及び蒸留試験法**」の記述がある．

沸点測定及び蒸留試験法 <2.57>

表 1.3　炭化水素および同系列アルコールの分子量，沸点，および密度

化合物	構　造	分子量	沸点（℃）	d_4^{20}
メタン	CH_4	16.04	−161	
メタノール	CH_3OH	32.04	65	0.787
エタン	CH_3CH_3	30.07	−89	
エタノール	CH_3CH_2OH	46.07	79	0.789
プロパン	$CH_3CH_2CH_3$	44.09	−42	
プロパノール	$CH_3CH_2CH_2OH$	60.09	97	0.805
ペンタン	$CH_3CH_2CH_2CH_2CH_3$	72.15	36	0.626
ペンタノール	$CH_3CH_2CH_2CH_2CH_2OH$	88.15	138	0.815

d_4^{20}; 20℃の各物質と同体積の4℃の純粋の水の質量の比

C　沸点上昇

砂糖水を加熱して沸騰させると100℃以上の高温になる．このように，液体（溶媒に不揮発性の溶質を溶解した溶液では，純溶媒の沸点より沸点が上昇する．これを溶液における**沸点上昇**という．沸点は蒸気圧と大気圧とが等しくなる温度であるから，不揮発性成分を溶解させることで蒸気圧の降下は沸点の上昇という形に反映される．詳細は省略するが，沸点上昇（ΔT_b）は，蒸気圧降下に比例し，溶質の質量モル濃度（m_B）に比例することになるため，

沸点上昇 ebullioscopy/boiling point elevation/elevating boiling-point

$$\Delta T_b = K_b \cdot m_B$$

K_b：モル沸点上昇定数

既知の質量の溶質を含む溶液の溶媒の沸点上昇を測定することにより，その溶質物質の分子量を求めることができる．

D　融点および凝固点

温度上昇に伴い，固体が液体に状態変化（転移）する温度は**融点**と呼ばれ，逆に液体を冷却して固体に転移する温度を**凝固点**と呼ぶ．一部，融点の異なる結晶系が存在する場合などを除いて，**一般に融点と凝固点は一致**する．合成医薬品などに多い結晶性有機化合物では，温度幅の狭い一定の融点をもっており，その値（温度）は化合物に固有である．これらの融点は，化合物に不純物が少量でも含まれていると低くなり，融解し始めてから完全に融け終わるまでの温度範囲が広くなるため，融点測定により物質の純度の程度を知ることができる．また，標準物質と混合して融点を測定する（**混融試験**）ことで物質の同定を実施できる．雪国では道路などに

融点 melting point

凝固点 freezing point

混融試験 mixed examination

食塩などを撒いて凍結防止を図ることがあるが，これは塩化ナトリウム濃度が高い水の凍結（凝固）温度が低くなるような工夫である．このように，純溶媒に溶質を加えると，凝固点降下が起きるが，先の沸点上昇と同様，凝固点降下（ΔT_f）は溶質の質量モル濃度（m_B）に比例する．

凝固点降下
freezing-point depression

$$\Delta T_f = K_f \cdot m_B$$

K_f；モル凝固点降下定数

したがって，凝固点降下を測定することで，沸点上昇測定と同様，溶質物質の分子量測定に利用することができる．

日本薬局方一般試験法には「**融点測定法**」および「**凝固点測定法**」の記述がある．

融点測定法<*2.60*>
凝固点測定法<*2.42*>

E　粘　度

液体の中には，**流動性**の低い「ドロッとした」感じの物と，流動性が高く「サラッと（シャビシャビ）した」感じの物がある．こうした流動性の違いを数値として表そうとしたものが**粘度**（**粘性率**）であり，これも液体物質に固有な定数である．グリセリン，グリコール，水，（濃）硫酸など，液体分子間の水素結合形成により分子間引力が比較的強く，**高い沸点を有する液体は高い粘度をもつ**．一般に粘度は，温度上昇に伴って低くなり，温度下降に伴い高くなる（表1.4）．したがって，一定温度下で粘度測定することにより，液体物質の同定や純度の見立てに用いられている．**粘度** η は，液体の動粘度 ν（一定体積の液体が毛細管を流下する時間から求めた値）と密度 ρ（後述）から

粘度 viscosity

$$\eta = \nu\rho$$

のように算出でき，通例，mPa･s（ミリパスカル秒）で示す．なお，CGS 単位のポアズは 0.1 mPa･s に相当する．

日本薬局方一般試験法には「**粘度測定法**」の記述がある．

粘度測定法<*2.53*>

表 1.4　種々の温度における物質の粘度

化合物	粘度（mPa･s）					
	0℃	10℃	20℃	30℃	50℃	100℃
アセトン	0.395	0.356	0.322	0.293	0.246	—
エタノール	1.78	1.46	1.19	1.00	0.701	0.326
グリセリン	0.296	0.268	0.243	0.220		
クロロホルム	1200	3950	1499	624	—	—
水	1.79	1.31	1.01	0.80	0.59	0.28
硫酸	61.8	26.9	19.1	17.2	10.6	

F　浸透圧

一般に細胞は，細胞内の塩濃度と細胞外の塩濃度を同じ濃度に調整する（等張作用）能力をもっており，常に等張溶液中で安定に存在しようとする．これは，細胞膜を通して水分を移動させることにより細胞内・外の塩濃度を等しくしている．このように，溶質分子を通過しない半透膜で仕切られた両側で，溶媒のみが溶質低濃度側から高濃度側へ移動する現象を浸透という．このとき，溶媒が流れ込む溶液にに圧力をかけて流入を止めることができる圧力を**浸透圧**と呼び，浸透圧 Π はほぼ溶質のモル濃度 c に比例し，次式のように表される（ファントホッフの法則）．

浸透圧 osmotic pressure

$$\Pi = RTc \qquad R：気体定数，T：絶対温度$$

浸透圧は溶質の種類によらず濃度によって規定される量なので，モル浸透圧濃度として表すこともできる．イオンまたは分子 1 モルが 1 L の中にあるときの浸透圧を 1 Osm として表す．浸透圧も，沸点上昇や凝固点降下と同様，物質の種類によらず物質量によって決まるので分子量測定に利用される．

日本薬局方一般試験法には「**浸透圧測定法（オスモル濃度測定法）**」の記述がある．

浸透圧測定法（オスモル濃度測定法）<*2.47*>

G　密度と比重

物質の**密度** ρ は，一定の温度において体積 $V\ \mathrm{cm}^3$ で質量が M g の場合に

密度 density

$$\rho = M/V$$

で求められる．すなわち，物質一定体積当たりの質量であり，通例，**1 立方センチメートルあたりのグラム数**または g/mL（局方）である．密度は液体化合物の同定に，沸点，屈折率（後述）などとともに用いられる物理定数の 1 つである．一方，**比重**は，一定温度における物質と同体積の水（4℃の純水）の質量の比であり，4℃の純水の密度は 1 に近い（ほとんど 1）ので，実際上，密度（g/cm^3 又は g/mL）の代わりに比重を用いても差し支えない．

比重 specific gravity

日本薬局方一般試験法には「**比重及び密度測定法**」の記述がある．

比重及び密度測定法 <*2.56*>

H　屈折率

プールや風呂で，手を水中に入れて見てみると，水面の上に出ている部分と，水面下に潜っている部分との見え方の間に違和感を感じるはずである．これは，水面上の空気の中を進む光と，水中を進む光とでは進行方向が変化することに基づいている．図 1.4 のように，光が媒質 A から異なる媒質 B に向かって進行する際，両媒質の境界面において光の進行方向が変化する現象を光の**屈折**という．入射角 i の正弦と屈折角 r の正弦の比の値は入射角によらず一定で，屈折の度合いを，媒質 B

屈折率 refractive index

の媒質Aに対する**屈折率** n として表す（図1.4）.

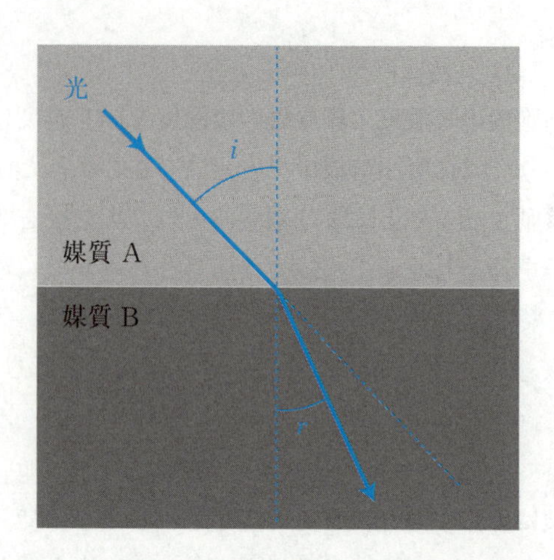

図1.4　異なる媒質界面における光の屈折

光は屈折により**速度**と**波長**は変化する（これにより，先のお風呂の例えのような，空気中と水中との間での違和感が生じる）が，**振動数**は変化しない．このため，屈折率は媒質A，Bにおける光の速度 v_A，v_B の比にも等しい．

$$n = \sin i / \sin r = v_A / v_B$$

屈折率も，主に液体物質の同定や純度の見立てに用いられる．媒質Aが真空，媒質Bが測定試料物質としたときの屈折率を絶対屈折率というが，実際には媒質Aを空気として測定する．これは空気の絶対屈折率は極めて小さいので，空気に対する屈折率を絶対屈折率として考えても実用上差し支えないこと，真空中で測定することの煩雑さから，日本薬局方などの公定書の試験法でも，空気に対する屈折率を測定することになっている．屈折率は，温度および圧力によって変化するが，これは主として温度や圧力の変化が影響する密度の変化に伴うものと考えられる．したがって，屈折率の測定は，通例，光源（ナトリウムスペクトルのD線）の波長と温度が一定（20℃）の下で実施される．

屈折率測定法<*2.45*>

日本薬局方一般試験法には「**屈折率測定法**」の記述がある．

I　双極子モーメント

極性は，固体物質が液体（溶媒）に溶解する程度，異なる液体物質が相互に混ざり合うか二層に分離するか，などを支配する物質の物性であり，分析化学の手法の中でも，反応して沈殿が生成する，沈殿していた物質が溶解する，溶媒抽出の際に目的物質がどのような溶媒に抽出されるか，等々，極めて重要なポイントとなる．

双極子モーメント dipole moment

電気陰性度 electronegativity

この**極性**を支配する1つの大きな要因が**双極子モーメント**である．したがって，双極子モーメントについて理解しておく必要がある．複数の異なる原子が結合していると，2つの原子間にはそれぞれの原子の**電気陰性度**の違いに由来した電子の偏り

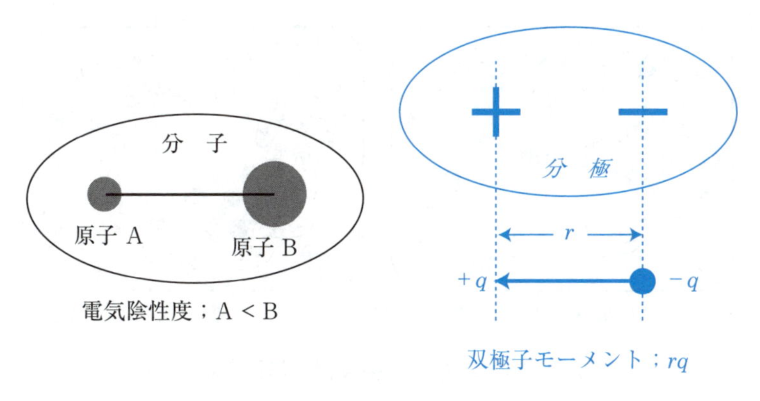

図 1.5　原子，分子と双極子モーメント

有機化学領域では，電子密度の偏りを表現する目的で電子密度の高い側（−側）から低い側（+側）へ向かう矢印（┼→）で示すことがある（下図参照，水分子の場合）．

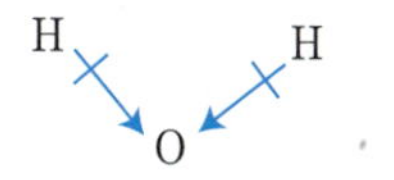

ただし，分子全体としての双極子モーメントは本文中図 1.6（b）と同様に表現される．

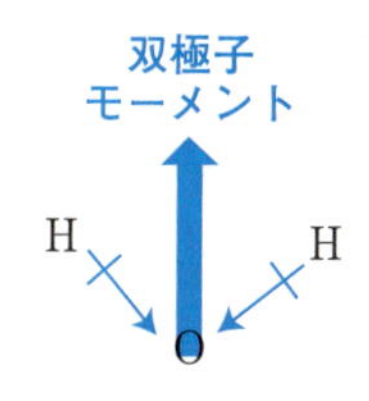

分極 polarization

が発生する（**分極**）．この結果，電子の密度が高い側がマイナス電荷，もう片方の電子密度が低い側がプラス電荷をもつようになり，その偏りを電気双極子，その大きさを双極子モーメントと表現し，通常，双極子モーメントが大きな分子を極性の高い分子と呼ぶ（図 1.5）．一対の正負の電荷 $\pm q$ の双極子が距離 r を隔ててあるとき，双極子モーメント μ は $r \times q$ の大きさと負電荷から正電荷への方向をもった**ベクトル量**として表される（単位は**デバイ**；d）．このようなことから，双極子モーメントの大きさは，分子構造を推測したり決定する際に，分子の対称性や隣接する原子間距離や相互の位置を推測するのに役立つ．例えば，二酸化炭素では酸素原子と炭素原子の間には双極子モーメントが存在するが，分子全体としては双極子モーメントをもたない（図 1.6(a)）．これは，各原子が直線状に在るため，2 つの酸素-炭素間結合による双極子モーメントが互いに打ち消しあうためと結論される．水分子の場合は，O-H 結合の結合モーメントは 1.60 d であるが，水分子は 1.85 d の双極子モーメントをもっている．このことは 2 つの O-H 結合の結合モーメントのベクトルの和によって 1.85 d の双極子モーメントが得られることを意味しており，水分子が結合角 105° の三角構造を有していることがわかる（図 1.6(b)）．

さらに，双極子モーメントの実際的な実際面での意味合いは，前述したように物質の極性に寄与する要因であり，物質の溶解性と関連付けられる．一般に，極性が

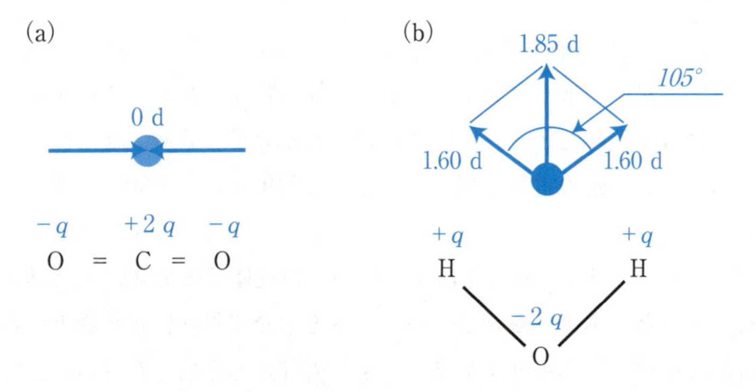

図 1.6　分子構造と双極子モーメント

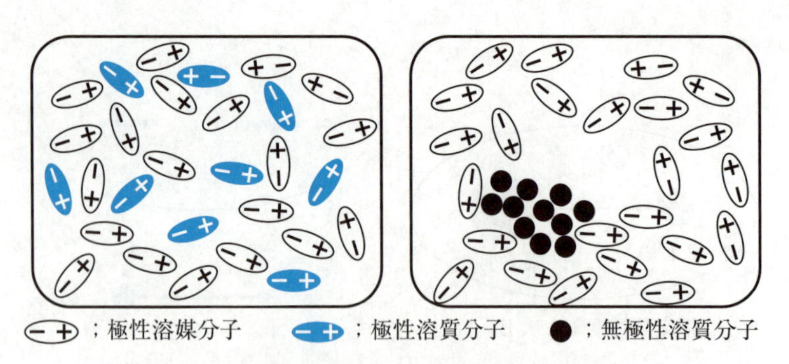

図 1.7 極性に基づく物質相互作用の概念図

極性基	非極性基
−OH, −SH	$-CH_3$
>NH, $-NO_2$	$-CH_2-$
−COOH, −CON<	−C− (H)
>C=O, >C=C<	

図 1.8 主な極性基および非極性基

似た（近い）物質同士の親和性が高く，極性が大きく異なる物質相互の親和性は低い（図 1.7）．したがって，双極子モーメントの大きな極性の高い化合物は，極性の高い水やアルコールのような溶媒には溶解しやすいが，極性の比較的低い一般的な有機溶媒（ヘキサンやベンゼン）には難溶性を示す．逆に，極性の低い化合物は極性の低い溶媒に溶けやすい．図 1.8 に，おもな極性基および非極性基を示す．分子内に極性基が多く含まれるほどその化合物の極性が高く，非極性基が占める割合が大きいほど化合物の極性が低くなる．ヘキサン（$CH_3CH_2CH_2CH_2CH_2CH_3$）のように非極性基のみで構成されている化合物は無極性化合物と位置付けられる．

J 誘電率

誘電率 dielectric constant

誘電率は，物質を電場に入れたときに正負の電荷の分離を起こす分極の程度を示す物理定数で，双極子モーメントとともに極性の目安となる．その測定は 2 枚の電極板の間に物質を入れたときに，物質に含まれる分子を分極させるための余分の電荷を供給しないと一定の電位が保てないことを利用する．電極間が真空であるときの電位容量を C_0 とし，ある分子を入れたときに電気容量が εC_0 となったときの ε を誘電率という．表 1.5 におもな溶媒についての双極子モーメントと誘電率を示した．これによると，本来，双極子モーメントをもたず無極性化合物と位置づけられる（電気的に中性な）ヘキサンであっても，外部から電場をかけることで分極する．こうして分極した結果に生じる双極子のことを**誘起双極子**と呼び，本来極性基を有する化合物がもつ双極子のことを**永久双極子**と呼んで区別する（図1.9）.

表1.5　主な溶媒の双極子モーメントおよび誘電率

溶　媒	分子式	双極子モーメント($\mu \times 10^{18}$)	誘電率(ε)
ヘキサン	C_6H_{14}	0	1.88
ベンゼン	C_6H_6	0	2.26
エーテル	CH_3OCH_3	1.14	4.3
クロロホルム	$CHCl_3$	0.95	4.95
酢酸	CH_3COOH	1.75	6.0
アニリン	$C_6H_5NH_2$	1.52	7.3
エタノール	CH_3CH_2OH	1.69	25
メタノール	CH_3OH	1.68	35.4
エチレングリコール	$CH_2OH \cdot CH_2OH$		41
グリセリン	$CH_2OH \cdot CHOH \cdot CH_2OH$		56
水	H_2O	1.87	82
ホルムアミド	$HCONH_2$	3.37	94

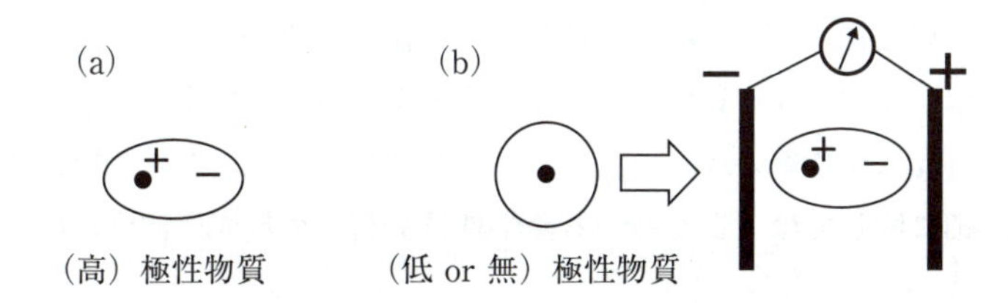

図1.9　永久双極子（a）と誘起双極子（b）

メタノールとエタノールとでは，双極子モーメントの大きさはほとんど同じ値であるが，誘電率はメタノールの方が有意に大きな値を示しており，実用面においても，メタノールの方がエタノールよりも極性の高い溶媒として位置付けられている（表1.5）.

K　旋光度

太陽光などの自然光は，進行方向に対して垂直なあらゆる方向に振動している電磁波である．この光を偏光レンズや偏光板を通過させると，進行方向を含む一平面内にのみ振動する**平面偏光**（**直線偏光**ともいう）という光を採り出すことができる．この直線偏光が物質溶液中を通過するときに偏光面の方向を変化させる場合がある．このような偏光面を変化させる性質を旋光性または光学活性（有機化学や立体化学に出てくる光学活性と同じ）といい，光源（通常，ナトリウムスペクトルのD

平面偏光 plane polarized light
直線偏光 linearly polarized light

線）に向かって観察するとき，偏光面が時計回りに回転する場合を右旋性，逆の場合を左旋性という．そして，この偏光面の変化を角度で表したものを**旋光度**という．

旋光度 angle of rotation/optical rotation

旋光度αは，光学活性物質が含まれる層の偏光が通過する方向の長さをl，密度をρとすると

$$\alpha = [\alpha] l \rho$$

比旋光度 specific rotation

の関係が成立する．この場合のαは旋光度の実測値，比例定数である**［α］は比旋光度**と呼ばれ，（光学活性）物質に固有の値になる（図1.10）．

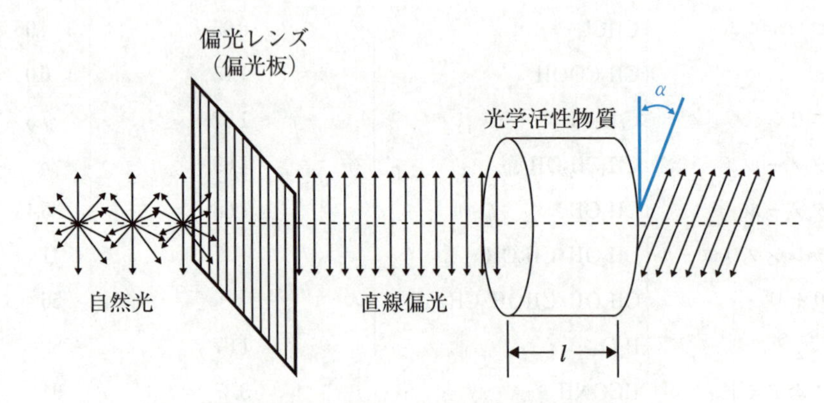

図1.10 光学活性物質による直線偏光の偏光面回転の概念図

このとき，右旋性物質は+，左旋性物質は−の値をとる．そして，このような違いが生じるのは，光学活性物質の立体的な化学構造の違いに由来，平面偏光を構成する左右の円偏光に屈折率の違い（波長と速度の変化）が生じた結果であると説明されるが，詳細に関しては「よくわかる薬学機器分析」の旋光度測定法の項を参照されたい．

日本薬局方一般試験法には「**旋光度測定法**」の記述がある．

旋光度測定法<*2.49*>

L 導電率

導電率 electric conductivity

導電率は，水溶液中での電気の流れやすさの指標であり，電気伝導率とも呼ばれ，電気の流れにくさの指標である抵抗率の逆数により定義される量である．ある物質を水に溶かしたとき，得られた液が電気を流せる性質の場合，その溶液を電解質溶液といい，溶かした物質を**電解質**という．そして溶液中で電気を運ぶ粒子を**イオン**と呼ぶ．したがって，水溶液中のイオン濃度が高いほど導電率は高くなり，逆に，導電率が極めて小さな値を示すことはイオンの含有が少ないことを示すことから，高純度の水（精製水）を製造する際の水質監視（モニター）用の試験法として採用されることが多い．

電解質 electrolyte
イオン ion

導電率測定法<*2.51*>

日本薬局方一般試験法には「**導電率測定法**」の記述がある．

1.3　薬学における分析化学

薬学は，自然科学の中でも特に生命科学に特化した研究分野であり，従来より，他の理系の学部（理学部や工学部など）における分析化学の教育・研究とは若干異なる側面もある．例えば，薬学における分析法（測定法）の対象としては医薬品や生体関連物質が中心となるが，工学部などでは工業製品やその材料などとなることが多い．さらに，6年制に移行して薬学部が医療系の学部と位置付けられるようになった近年においては，薬学における分析化学は，医療の現場での診断や治療の指標となる科学的根拠を提供するための技術（診断法や検査法）の詳細を包含するようになっている．

上述のような経緯もあり，薬学教育の中では，従来から「薬品分析（化）学」と称される科目が薬学に特徴的な分析化学として設定されていたが，分析に種々の工夫された計測（分析）機器を使用する状況が多くなってからは，「機器分析学」と称される科目が追加されて開講されるようになっていた．これらの経緯から従来，その名称から化学系の分野・科目と見なされがちであった分析化学は，現状の薬学の中では物理系分野・科目として位置付けられている．一方で，生物系を強く指向する分析手法を中心として扱うとした「生物分析学」といった名称や，医療分野を強く指向する分析手法を中心とした「臨床（化学）分析」といった名称が用いられていることもあり，こういったことも薬学における分析化学の特徴であるともいえる．

さらに，薬学における分析化学の他の分野におけるそれとは異なっている特徴としては，**日本薬局方**の存在がある．日本薬局方の詳細については別項で述べられるが，国（厚生労働省）が定めた公定書の1つであり，わが国において販売されている医薬品の多くについてその試験法（分析法；確認試験，純度試験，定量法）が事細かく記載されており，その試験法に適った医薬品のみ日本薬局方医薬品として販売することが認められるというものである．また，従来，薬剤師国家試験の出題科目（分野）として「日本薬局方」が設定されていたこともあり，薬学教育の中で「日本薬局方」や「局方試験法」といった科目が分析化学の関連科目として開講されている場合もあるようである．また，環境分析や食品分析，さらには，（中）毒物分析に密接に関連した試験法に関しては，「衛生試験法」という公定書に定められており，薬学部教育の中でもその詳細を学ぶことになっている．これらは，衛生化学分野（公衆衛生学，栄養学なども含む）の科目の中で詳しく解説されるはずであるため，本書およびシリーズの「よくわかる薬学機器分析」の中では割愛した．

確認問題

次の記述について，正しいものには○，誤っているものには×を付けよ．

1) 化学分析においては，一次試料を測定に供する最終試料とする段階において，前処理と呼ばれる各種の操作が実施されることが多い．（　）
2) 定性分析では，物質の同定や含量測定が実施される．（　）
3) クロマトグラフィーは，検出科学的手法の代表的なものである．（　）
4) 一般に，物質は，一定の圧力下において，温度変化に伴い，固体，液体，気体の三態を形成する．（　）
5) 二酸化炭素などでは，低温かつ高圧下において，超臨界流体と呼ばれる，液体と気体との中間的な性質を示すことがある．（　）
6) 液体（溶媒）に不揮発性の物質（溶質）を溶かした溶液の沸点は，溶媒のみの場合に比べ一般に，高温を示す．（　）
7) 一般に，溶液の凝固点降下は，溶媒分子の質量モル濃度に比例する．（　）
8) 3 辺の各長さが 10 cm の立方体の形をしたある物質の重さが 1.0 kg であったとすると，この物質の密度は 1.0（g/cm^3）である．（　）
9) 水とクロロホルムとでは均一に混和せずに二層に分離するが，これは，両者の極性が大きく異なるからである．（　）
10) 二層に分離した水とクロロホルムとでは，常にクロロホルムの方が下層に位置するが，これは，クロロホルムの極性が水の極性よりも高いからである．（　）
11) 通常，屈折率の測定は，空気から測定物質への光の屈折を測定する．（　）
12) 異種原子が結合した分子においては，各原子の電気陰性度の大きさに応じて電荷の偏りが生じる．（　）
13) 偏光レンズを通過させた光を，一般に，自然光と呼ぶ．（　）
14) 物質の極性は，その物質の双極子モーメントのみに由来する．（　）
15) 精製水と 0.9% 食塩水（等張液）とでは，食塩水の方が導電率は高い．（　）

解　答

1)（○）
2)（×）　含量測定は定量分析．
3)（×）　クロマトグラフィーは分離科学的手法の１つ．
4)（○）
5)（×）超臨界流体は高温かつ高圧下において存在する．
6)（○）
7)（○）
8)（○）

9) (○)
10) (×)　クロロホルムの比重が大きい（高い）からである.
11) (○)
12) (○)
13) (×)　自然光が偏光レンズを通過すると偏光となる.
14) (×)　双極子モーメントのみではなく誘電率の大きさにも依存する.
15) (○)

1.4　日本薬局方と分析化学

1.4.1　日本薬局方の位置づけ

日本薬局方（JP）の制定は，明治 13（1880）年 10 月に当時の衛生局長の建議に基づいて内務卿が太政官に伺い書を提出したことに発する．第一版日本薬局方は明治 19（1887）年 6 月に，収載品目 468 品目でもって発布された．その後日本薬局方は改正を重ね，平成 28（2016）年 4 月 1 日からは収載 1962 品目で，現行の第十七改正日本薬局方が施行されている．改正は当初不定期であったが，昭和 46（1971）年 4 月施行の第八改正以降 5 年に一度の改正が行われるようになり，平成 3（1991）年 4 月施行の第十二改正からは，次回の大改正まで，つまり 5 年の間に 2 回の追補が出されるようになった．これは，最新の科学技術の進展と国際的調和に対応するためで，例えば，第十六改正の第一追補では**一般試験法**として，質量分析法と誘導結合プラズマ発光分光分析法および誘導結合プラズマ質量分析法が，第二追補では濁度試験法，第十七改正では糖鎖試験法が収載された．一般試験法については後述する．

日本薬局方（JP）
Japanese Pharmacopoeia

一般試験法
general tests, processes and apparatus

日本薬局方の法的根拠は，医薬品，医療機器等の品質，有効性及び安全性の確保に関する法律（医薬品医療機器等法あるいは薬機法）にある．その第一条には，“この法律は，医薬品，医薬部外品，化粧品及び医療機器及び再生医療等製品の品質，有効性及び安全性の確保のために”と薬機法の目的の規定がある．医薬品の製造開発等の業務については，行政が許認可することが明記されている．また，第二条に“この法律で医薬品というものの第一として，日本薬局方に収められている物”との定義が書かれている．代表的な医薬品として，まず，日本薬局方の医薬品をあげている．さらに第四十一条には，日本薬局方に関する規定があり，これによると，日本薬局方は，医薬品の性状および品質の適正化を図るため，厚生労働大臣が薬事・食品衛生審議会の意見を聞いて定めた医薬品品質規格基準書となる．いわ

第四十一条第二項
「少なくとも十年ごとに日本薬局方の全面にわたって」改定することが定められている．

ゆる**公定書**と称される公的な規範書である．日本薬局方以外にも公的な基準書はあるが，すべて日本薬局方に集約する方向にある．また，海外にも**米国薬局方（USP）**，**欧州薬局方（EP）**など同様の薬局方があり，日本薬局方との調和を目指した活動が行われている．

これら公定書が威力を発揮する分野として医薬品開発がある．有効成分や製剤化に用いる添加剤等が公定書に収載されていれば，品質規格が公的に決まっているため，これら個々の化合物に対しての審査は省略される．すなわち開発時間が短縮される．また，新薬について試験法を検討する場合，日本薬局方に記載されている規則に基づいて試験法を設定・実施し，医薬品の**「規格及び試験方法」**を開発する．日本薬局方が分析法の参考書，あるいはバイブルといわれるゆえんである．これを受け薬学部では，分析化学に関する講義（例えば，薬品分析(化)学，機器分析学）に加え，日本薬局方，あるいは日本薬局方試験法といった講義を開講しているところが多い．医薬品に対して設定される品質評価のための試験項目やその規格値は，日本薬局方が手本であり，近年，**ジェネリック医薬品**の使用促進が推進されているが，これらは局方医薬品として上市されるものが多く，日本薬局方の理解は一層大切になる．また，蛇足ながら薬剤師国家試験の出題範囲にも含まれる．日本薬局方のエッセンスを以下に概説するので，これを理解して，2章以降の分析化学の各論を学習してほしい．

最後に，薬局方も含めた医薬品規制に関するさまざまなトピックについて，日本，米国，EU(欧州）の三極の代表者が集まり，国際的調和を目指す会議が開催されていることを紹介したい．この会議は，**日米EU医薬品規制調和国際会議（ICH）**と呼ばれ，ここで合意されたルールは，**ICHガイドイライン**として各国の国内規制に取り込まれる．グローバルな医薬品開発が普通となっているが，この場合はICHガイドラインを熟知しておく必要がある．

1.4.2　日本薬局方の構成

日本薬局方は，**通則，生薬総則，製剤総則，一般試験法，医薬品各条，参照紫外可視吸収スペクトル**および**参照赤外吸収スペクトル**から構成されている．表1.6に構成と第十七改正での割合（ページ数）を示す．この後に**参考情報**が続く．最初の**通則**には，全体にわたる規則，定義，適否の判定法，試験に用いられる用語の解釈など，日本薬局方で用いられる独特の決めごとが書いてあり，医薬品各条の中身を理解するためには，極めて重要である．**医薬品各条**とは，いわゆる，それぞれの医薬品（原薬やその製剤）について品質規格を示している箇所で，臨床上よく使用される，また，重要な医薬品が収載されている．ここ10年では，改正，追補ごとに，つまり2～3年ごとにおよそ100品目程度の医薬品が新規に収載されている．第十六改正では，高脂質血症治療薬リピトール（一般名：アトルバスタチンカルシウム

公定書 official compendium
通則48
　日本薬局方，欧州薬局方（The European Pharmacopoeia）及び米国薬局方（The United States Pharmacopoeia）(以下「三薬局方」という.）での調和合意に基づき規定した一般試験法及び医薬品各条については，それぞれの冒頭にその旨を記載する．
　また，それぞれの一般試験法及び医薬品各条において三薬局方で調和されていない部分は「◆　◆」又は「◇　◇」で囲むことにより示す．
規格及び試験方法
　specifications and testing methods
日米EU医薬品規制調和国際会議（ICH）
　international conference on harmonization of technical requirements for registration of pharmaceuticals for human use
ICHガイドライン
　ICH guidelines
通則 general notices
生薬総則
　general rules for crude drugs
製剤総則
　general rules for preparations
医薬品各条
　official monographs
参照紫外可視吸収スペクトル
　ultraviolet-visible reference spectra
参照赤外吸収スペクトル
　infrared reference spectra
参考情報
　general information
アトルバスタチンカルシウム水和物
　atorvastatin calcium hydrate

水和物)，高血圧症治療薬ブロプレス（一般名：カンデサルタン シレキセチル）やアルツハイマー病治療薬アリセプト（一般名：ドネペジル塩酸塩）などの大型医薬品の原薬と製剤が，第十七改正では抗ウイルス薬であるインターフェロンアルファ，同注射液また，プロトンポンプ阻害薬であるランソプラゾールの原薬と製剤が収載された．また，第十七改正日本薬局方は，英名では**「The Japanese Pharmacopoeia Seventeenth Edition」**であり，その略名は，**「日局十七」，「日局 17」，「JP XⅦ」**または**「JP17」**とするが，これも通則に規定されている．最後に収載されている参照スペクトルとは，医薬品各条の試験法に，紫外可視吸光度測定法や赤外吸収スペクトル測定法による**確認試験**が採用されている場合に，対比するスペクトルをデータ集のように収載している箇所で，結構役立つ．なお，医薬品各条と参照スペクトルとで局方の 80% 以上を占める．

カンデサルタン シレキセチル candesartan cilexetil

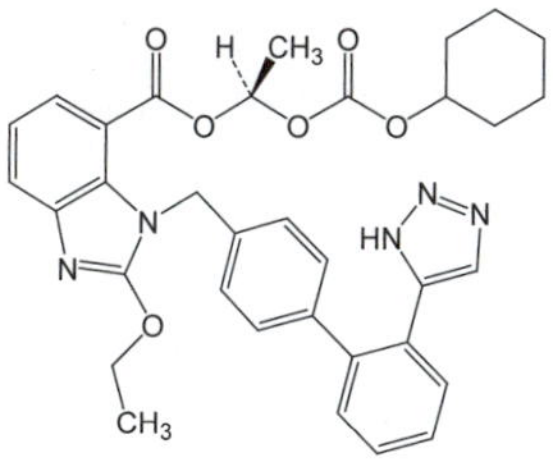

及び鏡像異性体

ドネペジル塩酸塩
donepezil hyrdochloride

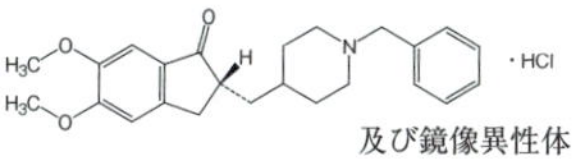

・HCl

及び鏡像異性体

ランソプラゾール
lansoprazoke

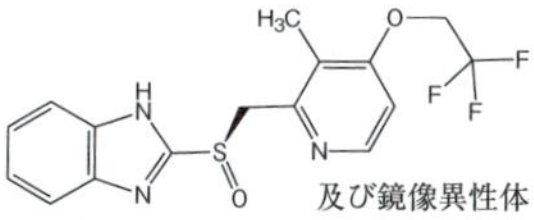

及び鏡像異性体

通則 1
この日本薬局方を第十七改正日本薬局方と称し，その略名は「日局十七」，「日局 17」，「JP XⅦ」又は「JP 17」とする．

通則 2
この日本薬局方の英名を「The Japanese Pharmacopoeia Seventeenth Edition」とする．

表 1.6　日本薬局方の構成と日局 17 でのページ数

項　目	ページ数
通　則	3
生薬総則	1
製剤総則	14
一般試験法	327
医薬品各条 　　生薬等	1380 210
参照紫外可視吸収スペクトル	183
参照赤外吸収スペクトル	210

通則に規定してある日本薬局方独特の表現法は，医薬品の**「規格及び試験方法」**に基づいて試験を行うためには，よく理解しておく必要がある．実例として，医薬品各条「ジルチアゼム塩酸塩」の試験法を見てみよう．以下に試験項目の一部を示す．

（日局抜粋）

ジルチアゼム塩酸塩

Diltiazem Hydrochloride

塩酸ジルチアゼム

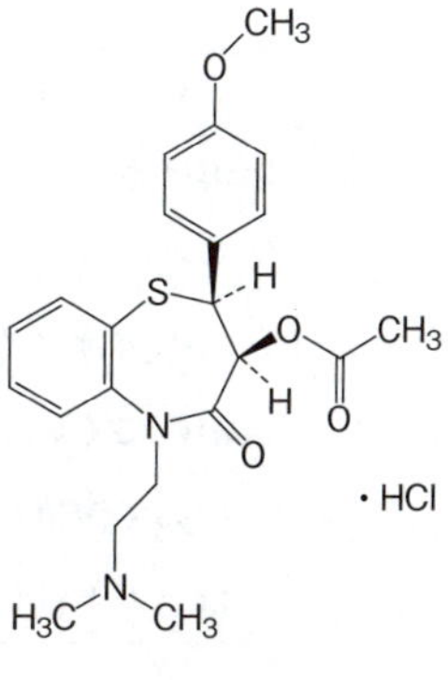

・HCl

$C_{22}H_{26}N_2O_4S \cdot HCl$：450.98

本品を乾燥したものは定量するとき，ジルチアゼム塩酸塩（$C_{22}H_{26}N_2O_4S$・HCl）98.5%以上を含む．

性状　本品は白色の結晶又は結晶性の粉末で，においはない．

本品はギ酸に極めて溶けやすく，水，メタノール又はクロロホルムに溶けやすく，アセトニトリルにやや溶けにくく，無水酢酸又はエタノール(99.5)に溶けにくく，ジエチルエーテルにほとんど溶けない．

確認試験（2）　本品0.03 gをとり，水20 mLを吸収液とし，酸素フラスコ燃焼法<*1.06*>により操作して得た検液は硫酸塩の定性反応（1）<*1.09*>を呈する．

確認試験（5）　本品の水溶液（1 → 50）は塩化物の定性反応（2）<*1.09*>を呈する．

定量法　本品を乾燥し，その約0.7 gを精密に量り，ギ酸2.0 mLに溶かし，無水酢酸60 mLを加え，0.1 mol/L過塩素酸で滴定<*2.50*>する（電位差滴定法）．同様の方法で空試験を行い，補正する．

0.1 mol/L過塩素酸1 mL = 45.10 mg $C_{22}H_{26}N_2O_4S$・HCl

冒頭の定量の規定は，98.5%以上としか書かれていない．普通，含量規格は範囲で規定する．例えば製剤であれば95.0～105.0%が採用されているものが一般的である．さて，この上限は？　この答えは通則39にある．答えは101.0%である．性状のところの溶解性の表現は，通則30に規定された表がある．表1.7に示す．一般的な溶解性とは違う用語表現を採用している．次に，確認試験の“0.03 gをとり”である．これは，“0.03 gを正確にとり”と同義と解釈される．“正確に量る”とは，通則24に“指示された数値の質量をそのけた数まで量ること”とあり，具体的には四捨五入して指定の値になる，0.025～0.034 gの範囲での秤量を意味する．また，濃度表現：水溶液（1 → 50）である．これは，試料1 gを水に溶かして最終溶液量を50 mLとすることを意味するが，試料溶液は50 mLも準備する必要はな

通則39
医薬品条件の定量法で得られる成分含量の値について，単にある%以上を示し，その上限を示さない場合は101.0%を上限とする．
性状 description
確認試験 identification test

表1.7　日本薬局方による溶解性の用語規定

用　語	溶質1 g又は1 mLを溶かすのに要する溶媒量	
極めて溶けやすい		1 mL未満
溶けやすい	1 mL以上	10 mL未満
やや溶けやすい	10 mL以上	30 mL未満
やや溶けにくい	30 mL以上	100 mL未満
溶けにくい	100 mL以上	1000 mL未満
極めて溶けにくい	1000 mL以上	10000 mL未満
ほとんど溶けない	10000 mL以上	

く，スケールダウンしてこの**割合**のものを調製して試験を行う．試験に原薬を1g も不必要に消費することは避けたい．なお，試験法の後についている *<1.09>*, *<2.50>* とは，**一般試験法**のアドレス（固定番号）のことで，個々の試験法に付与されている．後述するがこの番号だけで試験法が特定される．最後の**定量法**では，"約 0.7 g を精密に量り" とある．"約" とは通則 38 に ± 10%の範囲のことと規定があり，"精密に量る" とは通則 24 に規定があり，量るべき最小位を考慮し，0.1 mg, 10 μg, 1 μg または 0.1 μg まで量ることを意味する．この滴定の場合では，98.5 ～ 101.0%の範囲で判定するために，有効数字の関係で小数点以下 4 ～ 5 けたの秤量を行う．温度に関する規定もある（図 1.11）．また，定量法で "乾燥し" と書いてあるがどのように乾燥するのか記載がない．これも通則 38 に規定がある．単に "乾燥し"，とある場合は，その医薬品各条の**乾燥減量**の条件で乾燥することを意味する．乾燥減量試験法は，一般試験法のアドレス *<2.41>* に詳細な実施手順の記載がある．また，第 4 章の 4.2 を参照いただきたい．

定量法 assay

乾燥減量 loss on drying test

薬剤師の基礎として，医薬品の試験法を理解すること，実際に品質試験を実施できること，また薬局で医薬品を適切に保管できることは大切である．医薬品の保存が,「室温保存」, 別の医薬品では「冷所保存」と包装に印字してあれば，前者では 1 ～ 30℃で，後者では 1 ～ 15℃で保存しなければならない．日本薬局方の温度規定は，常識として覚えておく必要がある．

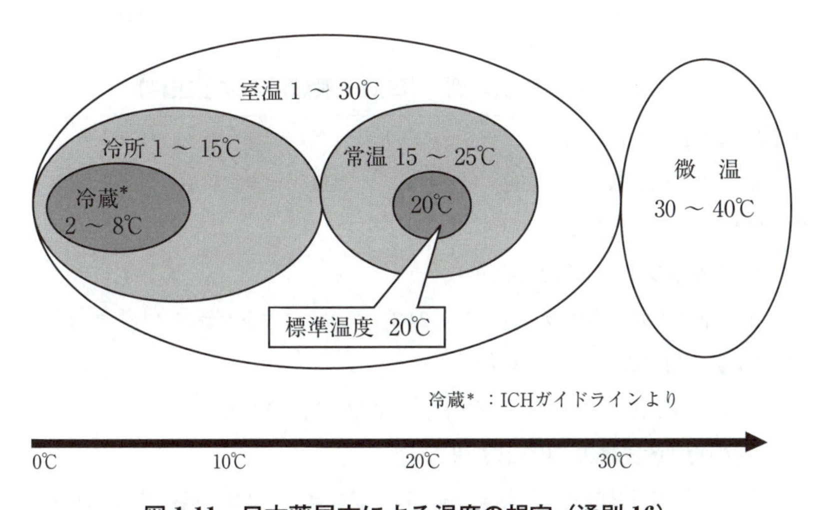

図 1.11　日本薬局方による温度の規定（通則 16）
標準温度（20℃）は，比重，屈折率，粘度，旋光度等の測定温度である．
冷蔵は，日局には規定がないが，ICH ガイドラインの冷蔵庫保存 5±3℃（2 ～ 8℃）による．

1.4.3　日本薬局方・一般試験法

分析化学が日本薬局方と一番関連しているところは，**一般試験法**と**参考情報**である．**一般試験法**とは，共通な試験法，医薬品の品質評価に有用な試験法およびこれらに関する事項をまとめたものである．80近い一般試験法が収載されており，上述のように試験法ごとに固定番号が付与されている．表1.8に合成医薬品の品質試験等として汎用されている代表的な一般試験法を抜粋して示す．原薬であれば1. 化学的試験法の重金属試験法<*1.07*>，定性反応<*1.09*>，ヒ素試験法<*1.11*>，2. 物理的試験法のクロマトグラフィーや分光学的測定法は極めて重要な試験項目であり，多くの医薬品で採用されている．また，製剤であれば6. 製剤試験法に製剤均一性試験法<*6.02*>，溶出試験<*6.10*>があるが，これらは原則すべての製剤で規定されている試験項目である．

以上，一般試験法には，多くの機器分析法が収載されているが，構造解析や創薬分析で汎用されている質量分析法と，無機分析にはなくてはならない誘導結合プラズマ発光分光分析法および誘導結合プラズマ質量分析法は，平成24年9月の第十六改正日本薬局方第一追補で，バイオテクノロジー応用医薬品（バイオ医薬品）の品質評価に必須の糖鎖試験法は第十七改正で収載された．今後も科学技術の進展とともにそれに対応して，さまざまな分析法が収載されるであろう．また，これからは一層バイオ医薬品の収載が多くなると考えられる．これらバイオ医薬品の試験には，電気泳動法が広く利用されている．日本薬局方では，**参考情報**にSDS-ポリアクリルアミドゲル電気泳動法，キャピラリー電気泳動法，等電点電気泳動法などが収載されており，対応が可能となっている．**参考情報**とは，一般試験法に準じるものとして医薬品の品質確保上，参考とすべき事項および試験法が記載されているも

表1.8 一般試験法の例 （日局一般試験法より抜粋）

1. 化学的試験法 （15試験法）
  1.07 重金属試験法　1.09 定性反応　1.11 ヒ素試験法

2. 物理的試験法 （34試験法）
  クロマトグラフィー （4試験法）
    2.01 液体クロマトグラフィー　2.02 ガスクロマトグラフィー
  分光光学的測定法 （5試験法）
    2.21 核磁気共鳴スペクトル測定法　2.22 蛍光光度法
  その他の物理的試験法 （25試験法）
    2.41 乾燥減量試験法　2.44 強熱残分試験法　2.46 残留溶媒試験法

3. 粉体物性試験法 （6試験法）
  3.01 かさ密度及びタップ密度測定法　3.04 粒度測定法

4. 生物学的試験法／生化学的試験法／微生物学的試験法 （6試験法）
  4.01 エンドトキシン試験法　4.05 微生物限度試験法

5. 生薬試験法 （2試験法）

6. 製剤試験法 （15試験法）
  6.02 製剤均一性試験法　6.05 注射剤の採取容量試験法　6.10 溶出試験法

7. 容器・包装材料試験法 （3試験法）

のであるが，多様な試験法が収載されており，是非，一読されたい．なお，本書「よくわかる薬学分析化学」では，一般試験法の1.化学的試験法，特に定性反応および2.物理的試験法の中の滴定法や重量分析法に関連した分析法を中心に学習する．

1.4.4　日本薬局方と分析化学

薬学において修得すべき重要な分析法の内容については，薬学教育モデル・コアカリキュラムで規定されており，一般目標（GIO）とさらにいくつかの具体的な項目が学習者の到達目標（SBO）としてあげられている．薬学部では分析化学に関する講義，例えば，多くの大学では，薬品分析化学Ⅰ（薬学分析化学），薬品分析化学Ⅱ（機器分析学）などといった科目で学習することになる．前者の「薬学分析化学Ⅰ」では，「C2化学物質の分析」の（1）分析の基礎，（2）溶液中の化学平衡および（3）化学物質の定性分析・定量分析を対象とするが，それぞれのSBOを見ると“日本薬局方収載の代表的な…”と記載されているものが多く，強く日本薬局方が意識されている．分析化学の修得の最終目標は，薬剤師として取り扱う医薬品

表1.9　医薬品の「規格及び試験方法」の記載項目例

（太字：品質試験項目）

1. 名称
2. 構造式又は示性式
3. 分子式及び分子量
4. 基原
5. **含量規格**
6. **性状**
7. **確認試験**
8. **示性値（物理的化学的性質等）**
9. **純度試験**
10. **水分含量（水分又は乾燥減量）**
11. **強熱残分，灰分又は酸不溶性灰分**
12. **製剤試験**
13. **特殊試験**
14. **その他の試験項目（微生物限度試験，原薬の粒子径を含む）**
15. **定量法**
16. 標準物質
17. 試薬・試液

について，その品質が判断できること（説明できること），すなわち，その医薬品に対して設定してある試験項目の設定理由・背景がわかっていること，規格値が妥当であるか，試験方法の中身が理解できるかといったことで，日本薬局方（医薬品各条と一般試験法）が理解できることと同じである．上述したが，日本薬局方が医薬品の品質規格の基準書であるからである．このような意識でもって，本書の2章以降の定性反応や容量分析を中心とした定量法，また姉妹書の「よくわかる薬学機器分析」の各論を学習してほしい．表1.9に医薬品の規格および試験方法に記載する項目（品質試験項目）を示す．この表と日本薬局方の医薬品各条を比較されたい．

以上，日局は手元に一冊あるべきものであるが，高価である．現在は，厚生労働省あるいは医薬品医療機器総合機構（PMDA）のホームページに日本薬局方に関する記載があり，検索するとパソコン上でPDF（http://jpdb.nihs.go.jp/jp17/）で見ることができる．また，日本薬局方解説書が廣川書店から出版されており，薬学部のある大学では，書店から学生縮刷版が入手可能であるので利用いただきたい．

医薬品医療機器総合機構
Pharmaceuticals and Medical Devices Agency (PMDA)
医薬品の副作用等による健康被害救済や医薬品や医療機器の承認審査の業務を行っている．米国のFDA（米国食品医薬品局）欧州のEMA（欧州医薬品庁）に相当する日本の新薬の承認審査機関．

確認問題

次の記述について，正しいものには○，誤っているものには×を付けよ．

1) 日本薬局方は，現在（2019年現在），第17改正が施行されている．（　）
2) 日本薬局方は，3年に一度大改正が行われる．（　）
3) 日本薬局方では，溶液の濃度を（1 → 10），（1 → 100）で示したものは，固形の医薬品は1 g，液状の医薬品は1 mLを溶媒に溶かしてそれぞれ10 mL，100 mLとする割合を示す．（　）
4) 日本薬局方で定量に供する試料の採取量に「約」をつけたものは，記載された量の±5%範囲を採取することを示す．（　）
5) 日本薬局方で「室温」とは，5～30℃を示す．（　）
6) 日本薬局方で「常温」とは，15～25℃を示す．（　）
7) 日本薬局方で「冷所」とは，1～15℃を示す．（　）
8) 日本薬局方で「標準温度」とは，25℃を示す．（　）

解　答

1) （○）
2) （×）
3) （○）
4) （×）
5) （×）
6) （○）
7) （○）

8)　(×)

1.5　単位と数値の表し方

薬剤師は医療現場において多種多様な薬剤を扱うが，その数は**薬価収載品**で約1万6千程度にも及ぶ．同じブランドであっても500 mg注，1 g注，あるいは10 mg錠，20 mg錠などと含有量（用量）が異なる製剤が複数あるのが普通であり，正確に処方しなければ治療効果は得られない．そればかりかこの数量を間違うと生命にかかわる重大な医療事故となる．いわゆる用法用量をしっかりと確認し，服薬指導しなければならない．

薬価収載品
医療機関等で保険診療に用いられる医療用医薬品として，官報に告示されている（薬価基準に収載）医薬品のこと．

この数量を扱うためには，上述のような500 mgか1 gなのかといった「**単位**」が必須で，世界共通の「単位」が決められている．同じ「単位」を用いることで情報を共有でき，私たちは安心して安全に社会生活を送れる．

単位 unit

数値の計算を行う場合にも，一般的には「単位」をつけて計算を行うことがほとんどである．数値が著しく大きく，あるいは逆に小さくなるとその数値の表記に際し，「メガ」あるいは「ナノ」といった，これも世界で共通の「**接頭語**（接頭辞）」が用いられる．

接頭語（接頭辞）prefix

1.5.1　SI単位

単位がないと相手にその大きさを伝えることはできない．そのためにそれぞれの国・地域では，必要性から独自の単位が生まれた．日本では尺貫法が用いられていたが1951年（昭和26年）にこれを廃止し，フランスで制定された**メートル法**が導入された．その後，1960年に**国際度量衡総会**（CGPM）で定められた**国際単位系**（**SI単位系**）を，わが国でも**日本工業規格**（JIS）に導入することが1974年に決まった．現在はSI単位系に従った新計量法が1993年に公布され，施行日の11月1日は計量記念日となっている．

メートル法
1791年フランスで，地球の北極点から赤道までの経線の距離の一千万分の一を「メートル」という長さの単位とすることが決定された．

国際度量衡総会
フランス語の“Conférence générale des poids et mesures”の頭文字からCGPMと略される．

国際単位系
フランス語の“Le Systéme International d’Uniéts”の頭文字からSIと略される．

日本工業規格（JIS）
Japanese Industrial Standardsの頭文字からJISと略される．日本の工業製品に関する規格や測定法などが定められた国家規格で，日本薬局方の試薬類は原則JIS規格品を用いる．

SI単位には，以下の表1.10に示す7つの**SI基本単位**と，この基本単位の2つあるいはそれ以上の積または商の組み合わせからなる**SI誘導単位**（SI組立単位）とがある．代表的な誘導単位の名称および記号を表1.11に示す．周波数Hz（ヘルツ）は時間の基本単位である秒sを用いると1/sと定義され，力N（ニュートン）は$kg{\cdot}m/s^2$となる．圧力Pa（パスカル），エネルギーJ（ジュール）は，力Nを用いるとそれぞれN/m^2，N·mとなり，その記載からこれら物理量と力Nとの関連が理解される．また，これらの単位は，大きな数値や小さな数値を表現するときには，便利な**SI接頭語**を用いて表されることが多い．表1.12に代表的なSI接頭語

表 1.10　SI 基本単位

物理量	名　称	記　号
長さ	メートル（meter）	m
質量	キログラム（kilogram）	kg
時間	秒（second）	s
電流	アンペア（ampere）	A
熱力学的温度	ケルビン（kelvin）	K
物質量	モル（mole）	mol
光度	カンデラ（candela）	cd

表 1.11　主な SI 誘導単位

物理量	名　称	記　号	定　義
周波数	ヘルツ（hertz）	Hz	1/s
力	ニュートン（newton）	N	$kg \cdot m/s^2$
圧力	パスカル（pascal）	Pa	$kg/(m \cdot s^2) = N/m^2$
エネルギー	ジュール（joule）	J	$kg \cdot m^2/s^2 = N \cdot m$
仕事率	ワット（watt）	W	$kg \cdot m^2/s^3 = J/s$
電気量	クーロン（coulomb）	C	$A \cdot s$
電位差	ボルト（volt）	V	$kg \cdot m^2/(s^3 \cdot A) = J/(A \cdot s)$

表 1.12　SI 接頭語

倍　数	名　称	記　号	倍　数	名　称	記　号
10	デカ（deca）	da	10^{-1}	デシ（deci）	d
10^2	ヘクト（hecto）	h	10^{-2}	センチ（centi）	c
10^3	キロ（kilo）	k	10^{-3}	ミリ（milli）	m
10^6	メガ（mega）	M	10^{-6}	マイクロ（micro）	μ
10^9	ギガ（giga）	G	10^{-9}	ナノ（nano）	n
10^{12}	テラ（tera）	T	10^{-12}	ピコ（pico）	p
10^{15}	ペタ（peta）	P	10^{-15}	フェムト（femto）	f
10^{18}	エクサ（exa）	E	10^{-18}	アト（atto）	a

を示す．例えば 0.000001 m（1×10^{-6} m）は，1 μm と表記される．

1.5.2　日本薬局方における単位

日本薬局方に規定されている主な単位を表 1.13 に示す．これらの単位も，上述の SI 単位系を基礎としたものであるが，SI 単位と大きく異なるものとして温度の単位が K（ケルビン）でなく，℃（セルシウス度）を用いる点がある．また，体積の単位も SI 単位（誘導単位）では m^3 であるが，**L**（リットル）を用いることが SI でも認められ，日本薬局方では L を用いる．濃度の単位にも日本薬局方独特の記載法があるが，これらは後述する．

日本薬局方の単位
　詳細は，日本薬局方通則 9 に規定されている．

また，抗生物質やワクチンなどでは，「力価」が単位として用いられる．「力価」は医薬品の量とみなされ，一定の生物学的作用を現す一定の標準品量で示される．

力価
　日本薬局方通則 10 に規定がある．

表 1.13　日本薬局方の主な単位

物理量	記　号
長さ	m, cm, mm, μm, nm
質量	kg, g, mg, μg, ng, pg
温度	℃
体積	L, mL, μL
濃度	mol/L, %, vol%, w/v%, ppm, ppb

1.5.3　モ　ル

分析化学に限らず，化学や生化学においても最も重要な量的な概念として，物質量の単位「**モル**（**mol**）」がある．この“モル”を理解するために原子，原子量，分子量について確認と復習をする．

モル mole（単位記号：mol）
原子 atom
原子量 atomic weight
分子量 molecular weight

A　原　子

物質をつくる基本単位を**原子**という．原子は正電荷を帯びた原子核と負電荷を帯びた電子から構成されており，原子核は正電荷を持つ陽子と電荷を持たない中性子からなっている．原子はこの陽子の数によって区別され（**元素**），**原子番号**は陽子の数を示す．教科書の裏表紙等によく掲載されている元素の周期表はこれをまとめたもので，現在人工的に合成されたものを含めて 118 種類の元素が知られている．これらの中で日本において合成に成功したものに 113 番元素がある．2016 年に元素名を日本に由来したニホニウム（Nh）とすることが正式決定された．

原子核 nucleus
電子 electron
陽子 proton
中性子 neutron
元素 element
原子番号 atomic number（＝陽子の数）
質量数 mass number（＝陽子の数＋中性子の数）

原子の**質量数**は，陽子数と中性子数の和と定義される．原子番号が同じで質量数が異なる原子，すなわち原子番号が同じで中性子数の異なる原子が存在しているが，

同位体 isotope

これを**同位体**と呼ぶ．同位体は元素記号の左上にその質量数を記載することで区別する．天然の炭素には，安定同位体である ^{12}C と ^{13}C が，それぞれ約98.93%，約1.07%の割合で存在している．

B　原子量

炭素（C，陽子数6）の同位体には，中性子の数が5，6，7及び8の原子が存在し，それぞれ ^{11}C，^{12}C，^{13}C 及び ^{14}C と記載される．このうち，^{13}C と ^{14}C はそれぞれ核磁気共鳴スペクトル測定法，年代測定法で利用されている．なお，放射線を放出する不安定なものを放射性同位体，放射線を放出しない安定に天然に存在するものを安定同位体と呼ぶ．

原子の重さである**原子量**は，陽子数6，中性子数6（質量数12）である炭素 ^{12}C の質量を12とし，これを基準とした相対的な質量で表される．上述の ^{13}C の質量は13となる．なお元素の周期表に原子量の記載があるが，ここには天然に存在する同位体の平均質量数（平均原子量）が記載されているため，整数となっていない．炭素Cでは，$12 \times 0.9893 + 13 \times 0.0107$ で12.01となる．

例題）天然の同位体で存在比率の高いものがある塩素Cl（質量数35：存在比約75.77%，質量数37：存在比約24.23%）の平均質量数を求めなさい．

（答）同様の計算，$35 \times 0.7577 + 37 \times 0.2423$ により，35.45となる．

（参考）　炭素の同位体

同位体	^{11}C	^{12}C	^{13}C	^{14}C
陽子数（原子番号）	6	6	6	6
中性子数	5	6	7	8
種類	放射性同位体	安定同位体 天然存在比 0.9893	安定同位体 天然存在比 0.0107	放射性同位体 天然存在比 $< 10^{-12}$
特徴 分析学的な利用	ポジトロン放射断層撮影診断法 がん早期発見に威力 （半減期20.4分）	原子量の基準 天然に存在する同位体の99%	^{13}C 核磁気共鳴スペクトル測定法 有機化合物の構造解析に威力	^{14}C 年代測定法 考古学的遺物の年代測定に利用（半減期5730年）

C　分子量

分子とは原子の集合体であり，分子量は分子を構成する原子の個々の原子量の和となる．分子量を計算する場合は，原子量表（あるいは元素の周期表）に掲載されている平均原子量を用いて計算するので注意を要する．例えば水（H_2O）の場合は，$2 \times 1.0079 + 15.999$ で18.02となる．なお，日局通則では，原子量は2010年国際原子量表を用い，分子量は小数第2位までとし，第3位を四捨五入すると規定されている．

式量

　式量とは，塩化ナトリウムや鉄などのイオンからなるものや金属に対して，くりかえしの最少単位について原子量の和を求めたもの．

例題）塩化ナトリウム（NaCl）の式量を求めなさい．

（答）原子量表（あるいは元素の周期表）より $22.990 + 35.453$ で58.44となる．

D　モ　ル

物理量のSI基本単位である**モル**（mol）とは，どういったものであろうか．上述のように原子量の基準は，炭素 ^{12}C の質量を12としたことで，原子量には単位はない．1 molとは，この炭素 ^{12}C が集まって12 gとなるのに必要な原子数と等しい個数（**アボガドロ定数**：6.02×10^{23}）と定義されている．すなわち，原子あるいは後述の分子がアボガドロ定数個集まった集団が1 molとなる．分子の場合は分子量にグラム（g）の単位を付けたものが分子1 molの質量となる．塩化ナトリウムでは1 molの質量は58.44 gとなる．

アボガドロ定数
Avogadoro's constant
アボガドロ（1776-1856）
イタリアの物理学者．分子は原子が結合したものであることを示し，1811年にアボガドロの法則（同一圧力，同一温度，同一体積のすべての種類の気体には同じ数の分子が含まれる）を発見．

例題）塩化ナトリウム100 gは，何モルに相当するか？
（答）100 (g) / 58.44 (g/mol) = 1.711 mol となる．

1.5.4　溶液の濃度単位

濃度とは全体の中の対象物の割合を示す．濃度を表現する場合においても単位は重要で，基本的にはSI単位系で表現されるようになってきた．一方，液剤も扱う日本薬局方や溶液を扱うことが多い分析化学では，体積の単位として**L**（リットル）を用いた濃度単位が用いられる．なお，物質を溶かしている液体のことを溶媒，溶けている物質のことを溶質，溶媒に溶質が溶けている液体のことを溶液という（図1.12）．一般的にある濃度の溶液を調製する際には，ビーカーあるいは三角フラスコといったガラス器具を用いるが，後述の様々な滴定分析による定量分析ではメスフラスコを用いて調製する（5.1.3 標準液と濃度を参照）．

1 L = 1 dm^3，1 mL = 1 cm^3
溶媒 solvent
溶質 solute
溶液 solution

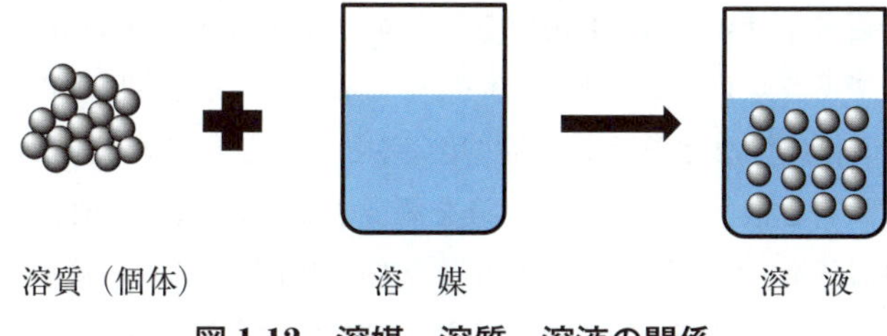

図1.12　溶媒，溶質，溶液の関係

A　モル濃度及び質量モル濃度

モル濃度
molar concentration
日本薬局方では，mol/Lのほか，mmol/Lが通則9に記載されている．

モル濃度（mol/L）は分析化学で最もよく用いられる濃度単位である．溶液1 Lに溶質1 molが溶解しているとき，この溶液の**モル濃度**を1 mol/Lと定義する．すなわちモル濃度とは溶液1Lに溶けている溶質の物質量（mol）のこととなる．上述した塩化ナトリウム100 g（1.711 mol）を溶かして全量を1Lの溶液とした場合は，1.711 mol/Lとなる．

これに対して溶媒1 kgに溶けている溶質の物質量（mol）のことを**質量モル濃度**（mol/kg）という．溶媒の体積でなく，質量を基準とするために温度や圧力に関係なく一定の値をとるため，物理化学的な研究等で用いられることが多い濃度単位である．沸点上昇や凝固点降下で用いられる（1.2.4 物質の状態と物性に基づく分析法を参照）．希薄な水溶液では質量モル濃度とモル濃度はほぼ等しいとみなせる．

沸点上昇
boiling point elevation 第1章1.2を参照
凝固点降下
freezing point depression 第1章1.2を参照

例題）10 gの水酸化ナトリウム（NaOH：式量40）を溶解して500 mLの溶液とした場合のモル濃度を求めなさい．

（答）10（g）÷ 40（g/mol）÷ 0.5（L）＝ 0.5 mol/L

例題）10 gの塩化ナトリウムを水100 gに溶かしたときの質量モル濃度を求めなさい．

（答）10（g）÷ 58.44（g/mol）÷ 0.1（kg）＝ 1.711 mol/kg

B パーセント濃度（百分率：w/w%，v/v%，w/v%）

w/w%
percent weight in weight
v/v%（vol%）
percent volume in volume
w/v%
percent weight in volume

パーセント濃度(百分率)には，いくつかの種類がある．**質量百分率「w/w%」**とは溶液100 g中に溶けている溶質のg数のことで，1 g溶けている場合は1% 濃度と定義される．日本薬局方では単に「%」と表示される．

別に溶液100 mL中に溶けている溶質のmL数のことを**体積百分率「v/v%」**という．日本薬局方では「vol%」と表示される．酒類でのアルコール度数などがこの単位での表示となる．

質量対容量百分率「w/v%」も用いられるが，これは溶液100 mL中に溶けている溶質のg数であり，日本薬局方においても「w/v%」として用いられ，通則9には製剤の処方又は成分などを示す場合に用いると記載されている．液剤などで用いられる．固体試料を溶媒に溶かして溶液を調製する場合の濃度単位であり，「よくわかる薬学機器分析」で学習する紫外可視吸光度測定法での試料濃度の単位として用いられる．なお，百分率の組み合わせとして容量対質量百分率「v/w%」もあるが，日本薬局方では用いられない．以下の図1.13に上記の各種濃度調製法を示す．

溶質（固体）を溶媒に溶かす場合（上図）はw/w%あるいはw/v%，溶質（液体）を溶媒に溶かす場合（下図）は，v/v%を用いる．

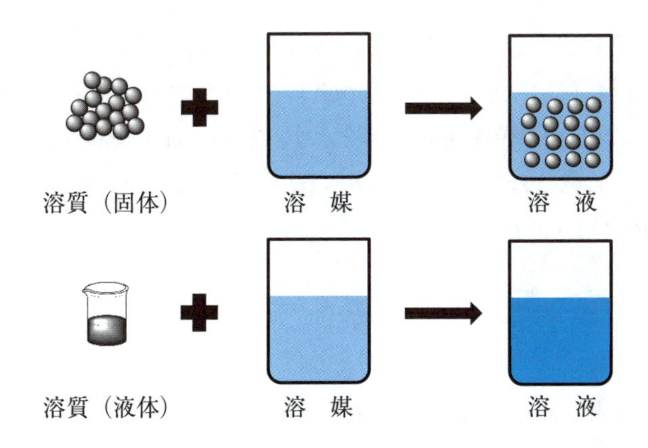

溶質（固体あるいは液体）	溶　媒	溶　液	濃　度
1 mol		1 L	1 mol/L
1 mol	1 kg		1 mol/kg
1 g		100 g	1 w/w%，1%
1 mL		100 mL	1 v/v%，1 vol%
1 g		100 mL	1 w/v%

図 1.13　各種濃度溶液の調製法

C　ppm，ppb および ppt

ppm　parts per million
ppb　parts per billion
ppt　parts per trillion

純度試験での有害物質の規制値など，極めて低濃度のものを表す単位として **ppm**（質量百万分率）などの単位が用いられる．1 ppm とは 1 g 中に 1 μg（1×10^{-6} g）の物質が含まれていることを示す無次元の単位である．環境分析などの環境水中の微量分析においてもよく用いられる単位であるが，密度が 1 に近い水溶液では，溶液 1 L 中に 1 mg の物質が含まれていることを示す．この ppm の単位は「よくわかる薬学機器分析」で学習する核磁気共鳴スペクトル（NMR）測定法で化

表 1.14　ppm，ppb，ppt 単位と純度試験での適用例

濃　度	単　位	適用例
質量百万分率	ppm　mg/L	純度試験　ヒ素　規格値：2 ppm 以下 純度試験　重金属　規格値：10 ppm 以下 純度試験　生薬中の残留農薬：総 BHC 及び総 DDT 規格値：各々 0.2 ppm 以下
質量十億分率	ppb　μg/L	純度試験　中心静脈栄養剤中の微量アルミニウム 規格値：25 ppb 以下
質量一兆分率	ppt　ng/L	–

0.1% = 1000 ppm
1 ppm = 1000 ppb
1 ppb = 1000 ppt

学シフトの値を示す単位としても用いられる．**ppb**（質量十億分率）は ppm の1000分の一，**ppt**（質量一兆分率）は ppb の1000分の一の単位となる．表1.14に日本薬局方でこれらの単位を用いた例を示す．なお，日本薬局方には **vol ppm**（体積百万分率）も記載されており，液体あるいは気体1L中に物質が 1×10^{-6} L 含まれている場合が1 vol ppm となる．

モル分率
molar fraction

D　モル分率

溶液中に存在するある一成分の物質量（mol）の全成分の物質量（mol）に対する割合をモル分率という．モル分率は比率（mol/mol）であるので単位はなく，全成分のモル分率の和は1となる．

例題）酢酸（CH_3COOH: 分子量 60.05）6 g を水 100 g（H_2O：分子量 18.02）に加えた場合の，酢酸のモル分率はいくらか求めなさい．

（答）酢酸は 6/60.05 で 0.10 mol，水は 100/18.02 で 5.55 mol となり，酢酸のモル分率は 0.10/(5.55+0.10) で 0.018 となる．水のモル分率は 0.982 となる．

E　その他

（1 → 5）日本薬局方通則23に規定．第1章1.4を参照．（1 → 5）では，1 g を採取する必要はなく，この濃度になるように，また，試験に必要な液量となるように調整する．例えば液量が1 mL でよいなら，0.2 g を量り，全量を1 mL とする．

日本薬局方で用いられる濃度表示として，（1 → 5），（3 → 20000）といった表記法が試験法の中でよく用いられている．（1 → 5）とは，試料が固体であれば1 g を，液体であれば1 mL を取って溶媒に溶かし，溶液の全量を5 mL とするなど濃度の割合を示す．後者（3 → 20000）はどのように調製するかというと溶媒を20 L 使用するのではなく，この割合の濃度の溶液を調製することを意味する．また，「よくわかる薬学機器分析」で学習する液体クロマトグラフィーでは，移動相として水／アセトニトリル混液（2：1）を用いるといった記載がある．この混液（2：1）の記載は，水2容量とアセトニトリル1容量とを混合して溶液を調製することを意味する．

以上，単位を見れば濃度の定義は類推できる．濃度の表現は様々であるが，最も適した単位が用いられる．しかし，これらの濃度を別の濃度に換算して考えることも多いので，換算方法をしっかりと理解することは重要である．この換算も単位を見れば計算できる．

密度（g/mL または g/cm^3）とは，物質の単位体積当たりの質量である．一方，比重とは密度の比であり，密度1 g/mL の水（4℃）を基準とする．例えば密度1.5 g/mL の物質の比重は 1.5/1 = 1.5 となる．比重は比であるので単位はない．

例題）購入した（濃）塩酸（瓶のラベル表示：含有量 35.0 %，密度 1.18（g/cm^3））は何 mol/L か換算（計算）して求めなさい．また，1 mol/L の塩酸溶液を調製するにはどうしたらよいか．

（答）mol/L に換算するので，まず，購入した濃塩酸（分子量 36.45）が1 L あるとする．この溶液の重さは 1000（mL）× 1.18（g/mL）= 1180（g）となる．

このうち35.0%（w/w%）が純粋な塩酸であるので，1180（g）× 0.350 ＝ 413（g）の塩酸が1Lに含まれていることが計算される．これをmolに換算すると413（g）÷ 36.45（g/mol）＝ 11.3（mol），すなわち購入した濃塩酸は11.3 mol/Lと計算される．次に，1 mol分の塩酸を含むこの濃塩酸の容量（mL）は，1000（mL）÷ 11.3（mol/L）＝ 88.5（mL）となるので，約89 mLを量り取って水を加えて全量を1000 mLとすれば1 mol/Lの塩酸溶液を調製することができる．

試薬・試液等
医薬品各条で用いる様々な試薬・試液に関しては，一般試験法に規定がある．例えば塩酸試液1 mol/Lでは，調製法は「塩酸90 mLに水を加えて1000 mLとする」となっている．

確認問題

次の記述について，正しいものには○，誤っているものには×を付けよ．

1）波数の単位であるヘルツ（Hz）をSI単位系で表すと1/sとなる．（　）
2）^{12}C 12 gをアボガドロ定数で割った値が1 molである．（　）
3）質量モル濃度は，温度や圧力によって変化する．（　）
4）1 ppmとは1 g中に1×10^{-6} gの成分が含まれていることである．（　）
5）溶液中の全成分のモル分率の和は1となる．（　）

解　答

1）（×）
2）（×）
3）（×）
4）（○）
5）（○）

1.6　章末問題

問1　次の4つの化合物を極性の大きな順に並べなさい．

1　$CH_3CH_2CH(OH)COOH$　　2　$CH_3CH_2CH_2CH(OH)COOH$
3　$CH_3CH_2CH_2COOH$　　4　$CH_3CH_2CH_2CH_2COOH$

問2　次のうち，粘度の単位として用いられるのはどれか．

1　g/cm^3　　2　g/mL　　3　mPa･s
4　d　　5　atm

問3　以下の単位うち，国際単位（SI）系でないものはどれか．

1　メートル（m）　　2　モル（mol）　　3　グラム（g）

4　カンデラ（cd）　　5　ケルビン（K）

問4　日本薬局方で**用いられない**濃度の単位・表現法はどれか．

1　vol%　　2　mol/L　　3　ppm　　4　（1 in 5）　　5　（1 → 10）

問5　溶液の濃度の定義として，**正しくない**のはどれか．

1　モル濃度は，溶液1Lに溶けている溶質の物質量（mol）のことである．

2　質量モル濃度は，溶液1kgに溶けている溶質の物質量（mol）のことである．

3　質量百分率濃度は，溶液100gに溶けている溶質の質量（g）のことである．

4　質量対容量百分率濃度は，溶液100mLに溶けている溶質の質量（g）のことである．

5　体積百分率濃度は，溶液100mLに溶けている溶質の体積（mL）のことである．

問6　次の医薬品中の主薬含有量に関する記述のうち，正しいものはどれか．

1　0.4% フェノバルビタールエリキシル7.5mLは，フェノバルビタールを3mg含有する．

2　0.005% ジゴキシンエリキシル20mLは，ジゴキシンを0.1mg含有する．

3　0.01% ジギトキシン散の0.1gは，ジギトキシンを0.1mg含有する．

4　0.1% エピネフリン注射液の1mLは，エピネフリンを1mg含有する．

5　5% ブドウ糖液200mLは，ブドウ糖を1g含有する．

問7　次の関係式のうち，正しいのはどれか．1つ選べ．

1　$1\ \mathrm{kHz} = 1 \times 10^{6}\ \mathrm{Hz}$

2　$1\ \mathrm{nm} = 1 \times 10^{-9}\ \mathrm{m}$

3　$1\ \mathrm{ppm} = 1 \times 10^{-3}\%$

4　$1\ \mu\mathrm{g} = 1 \times 10^{-3}\ \mathrm{g}$

5　$1\ \mathrm{w/v\%} = 1 \times 10^{2}\ \mathrm{g/L}$

第2章 化学平衡

2.1 化学平衡の基礎知識

2.1.1 化学平衡とは

化学平衡
chemical equilibrium

“物質の状態が時間の経過とともに変化せず一定”であるとき，この物質は“平衡状態”にあるという．また，式（2.1）に示されるような**可逆的**な化学反応は，物質 A と B を混ぜて一定状態に保つと，物質 C と D が生成してくることを示している．このときの各物質の濃度は，図 2.1 に示したように時間とともに変化し，ある時間がたつと一定になるが，いくら長時間がたっても物質 A と B が完全に物質 C と D に変化してしまうことはない．これは，生成した物質 C と D から物質 A と B が生成する逆反応が同時に起こるからである．このように両方の反応が実際に起きているにもかかわらず，見かけ上反応が止まっているような状態も，“反応の平衡状態”または“化学平衡の状態”であるという．

$$\mathrm{A + B} \underset{v_2}{\overset{v_1}{\rightleftarrows}} \mathrm{C + D} \tag{2.1}$$

式（2.1）の可逆反応の正反応の反応速度を v_1，逆反応の反応速度を v_2 とすると，それぞれの反応速度式は次のようになる．

$$v_1 = k_1[\mathrm{A}][\mathrm{B}] \tag{2.2}$$

$$v_2 = k_2[\mathrm{C}][\mathrm{D}] \tag{2.3}$$

k_1，k_2 は比例定数（反応速度定数）

［A］～［D］は物質 A ～ D のモル濃度を表す．

図 2.1 に示されるように，この反応では，反応の初期は物質 A や B の濃度が高く，v_1 が大きいが，反応が進行して行くと物質 A や B の濃度が減少し，物質 C や D の濃度が増加するので，逆反応の反応速度 v_2 がしだいに大きくなる．化学平衡の状態にあるとき，物質 A と B から物質 C と D ができる反応（正反応）の速度と

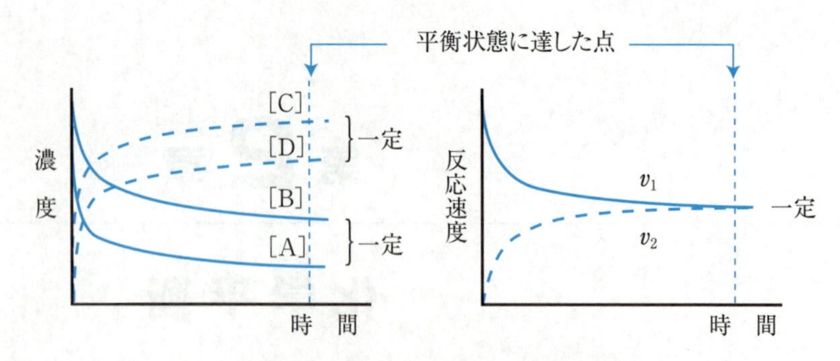

図 2.1　平衡状態の濃度と反応速度

物質CとDから物質AとBに戻る反応（逆反応）の速度との間には，次の関係があり，反応が止まっているように見える．

正反応の反応速度(v_1)＝逆反応の反応速度(v_2)

したがって，この関係と式（2.2）と式（2.3）から，式（2.4）を経て式（2.5）が得られる．

$$k_1[\mathrm{A}][\mathrm{B}] = k_2[\mathrm{C}][\mathrm{D}] \tag{2.4}$$

$$\frac{[\mathrm{C}][\mathrm{D}]}{[\mathrm{A}][\mathrm{B}]} = \frac{k_1}{k_2} = K \tag{2.5}$$

平衡定数
equilibrium constant

このKは**平衡定数**と呼ばれ，温度が決まると一定の値となる．温度が異なれば平衡定数も異なった値となる．また，**温度が一定であれば，初めの物質の濃度に関係なく，Kは一定の値**を示す．

化学平衡の法則
law of chemical equilibrium
質量作用の法則
law of mass action

2.1.2　化学平衡の法則（質量作用の法則）[*1]

化学式に大文字，係数に小文字を用いた場合，一般的な均一系の可逆反応を次の

[*1] 質量作用の法則

$$a\mathrm{A} + b\mathrm{B} + \cdots\cdots \rightleftarrows m\mathrm{M} + n\mathrm{N} + \cdots\cdots$$

熱力学的に確立された質量作用の法則は本来，実効濃度（活量）を用いて以下のように示される．この法則は，標準反応

$$K^* = \mathrm{e}^{-\Delta G^0/RT} = \frac{(\mathrm{M})^m(\mathrm{N})^n\cdots}{(\mathrm{A})^a(\mathrm{B})^b\cdots}$$

自由エネルギー（ΔG^0）がそれぞれの反応によって一義的に決まる（定数）ことに基づいており，平衡状態にある反応において原系の活量の積と生成系のそれの比K^*は温度が決まれば定数である．厳密には濃度平衡定数と呼ばれるKと区別して，このK^*を熱力学的平衡定数と呼ぶ．K^*とKの間には

$$K^* = \frac{\gamma_m{}^m[\mathrm{M}]^m\gamma_n{}^n[\mathrm{N}]^n\cdots}{\gamma_a{}^a[\mathrm{A}]^a\gamma_b{}^b[\mathrm{B}]^b\cdots} = \frac{\gamma_m{}^m\gamma_n{}^n\cdots}{\gamma_a{}^a\gamma_b{}^b\cdots} \times \frac{[\mathrm{M}]^m[\mathrm{N}]^n\cdots}{[\mathrm{A}]^a[\mathrm{B}]^b\cdots}$$

$$K^* = \frac{\gamma_m{}^m\gamma_n{}^n\cdots}{\gamma_a{}^a\gamma_b{}^b\cdots} \times K$$

電荷を有する物質の活量係数はイオン強度とともに変化する．この式は，温度が一定，つまり熱力学的平衡定数K^*が一定でも，活量係数が変化すれば濃度平衡定数も変化することを示している．活量係数を1に近似できる希薄溶液中において，熱力学的平衡定数と濃度平衡定数はほぼ一致する．この教科書では，化学平衡の説明には濃度平衡定数を用いる．

ように式（2.6）で表す．

$$aA + bB + \cdots\cdots \rightleftarrows mM + nN + \cdots\cdots \tag{2.6}$$

この反応が平衡状態にあるとき，各成分のモル濃度を［A］，［B］，……，［M］，［N］，……と表すと，一定温度において次の関係が成り立つ．

$$\frac{[M]^m[N]^n}{[A]^a[B]^b} = K \tag{2.7}$$

K は平衡定数であり，温度が一定ならば，各成分の濃度に関係なく常に一定の値となる．この関係を化学平衡の法則，または質量作用の法則という．

2.1.3　化学平衡の計算

式（2.8）のように，酢酸 CH_3COOH とエタノール C_2H_5OH から酢酸エチル $CH_3COOC_2H_5$ と水 H_2O ができる反応は可逆反応である．

$$CH_3COOH + C_2H_5OH \rightleftarrows CH_3COOC_2H_5 + H_2O \tag{2.8}$$

	CH_3COOH	C_2H_5OH	$CH_3COOC_2H_5$	H_2O	
反応前	2.0	2.0	0	0	[mol]
平衡時	0.65	0.65	1.35	1.35	[mol]

酢酸 2.0 mol とエタノール 2.0 mol，触媒として硫酸を少量混合して温度を 25℃ に保ちながらある程度時間が経過すると平衡状態に達し，酢酸，エタノール，酢酸エチルおよび水の混合物になる．平衡状態に達した時，酢酸エチルが 1.35 mol 生じていたとすると，この温度における平衡定数は，混合溶液の体積を V[L] とすると，$K = 4.31$ と計算される．

$$K = \frac{[CH_3COOC_2H_5][H_2O]}{[CH_3COOH][C_2H_5OH]} = \frac{(1.35/V)^2}{(0.65/V)^2} \fallingdotseq 4.31$$

2.1.4　分析化学で取り扱う化学平衡の種類

A　電離平衡と定数

化学平衡は，可逆的な化学反応における出発物質と生成物質の濃度平衡のみならず，物質が溶液に溶けてイオンに解離する，いわゆる解離平衡（あるいは電離平衡）も化学平衡の一種であり，質量作用の法則により，平衡定数 K が定義される．物質 XY が水に溶けてイオン X^+ と Y^- に解離することを電離といい，水中で電離する物質を電解質と呼ぶ．弱電解質は水溶液中で，その分子自身（XY）と電離により生じた陽イオン（X^+）と陰イオン（Y^-）からなる平衡状態となる．この平衡を電離平衡と呼ぶ．平衡定数は質量作用の法則により，式（2.10）となる

解離平衡
equilibrium dissociation
電離平衡
equilibrium of electrolytic dissociation

$$XY \rightleftarrows X^+ + Y^- \tag{2.9}$$

$$K = \frac{[X^+][Y^-]}{[XY]} \tag{2.10}$$

酸や塩基も電解質であり，それらのうち弱酸や弱塩基は弱電解質であり，解離平衡が存在し，解離定数（**酸解離定数**，**塩基解離定数**）を求めることができる．例えば，弱酸 HA の解離平衡は式（2.11）で表され，この解離平衡の平衡定数 K は以下の式（2.12）で与えられる．

解離定数
dissociation constant
酸解離定数
acid dissociation constant
塩基解離定数
base dissociation constant

$H_3O^+ \rightleftarrows H^+ + H_2O$
したがって
$[H_3O^+] = [H^+]$と考えてよい．

$$HA + H_2O \rightleftarrows H_3O^+ + A^- \tag{2.11}$$

$$K = \frac{[H_3O^+][A^-]}{[HA][H_2O]} \tag{2.12}$$

ここで大過剰存在する水の濃度［H_2O］は一定と見なすことができるため，式（2.12）は式（2.13）のように表すことができる．K_a は**酸解離定数**と呼ばれる．

$$K[H_2O] = \frac{[H_3O^+][A^-]}{[HA]} = K_a \tag{2.13}$$

一方，塩酸，硫酸，過塩素酸などの強酸や水酸化ナトリウムなどの強塩基（強電解質と呼ぶ）の希薄溶液の場合は，これらの物質は水溶液中で完全に電離しているため，平衡状態ではなく，強酸あるいは強塩基の水溶液の濃度そのものが，［H^+］あるいは［OH^-］にほぼ等しくなる．

B　錯体平衡（キレート平衡）と定数

錯体平衡
complex equilibrium

金属イオン（M）と**多座配位子**[*2]（X）の錯体をキレートといい，次式のようにキレート生成に関する平衡定数 K は，**安定度定数**（または錯体生成定数）と呼ばれている．この K は解離定数の逆数であり，大きな値ほどその安定性は高い．

安定度定数
stability constant
錯体生成定数
complex formation constant

$$M^{n+} + X \rightleftarrows MX^{n+} \tag{2.14}$$

$$K = \frac{[MX^{n+}]}{[M^{n+}][X]} \tag{2.15}$$

例えば，エチレンジアミン四酢酸は X^{-4} で示され，錯体生成定数は，以下のように示される．

$$K = \frac{[MX^{n-4}]}{[M^{n+}][X^{-4}]} \tag{2.16}$$

［H^+］が大きくなると（pH が小さいほど），［X^{-4}］は小さくなり，式（2.14）の平衡は左に移動して，キレート生成の割合が減少する．すなわち，キレート生成は，pH の影響を受けやすい．

エチレンジアミン四酢酸
（EDTA）

[*2] 多座配位子
1分子中に2か所以上の配位結合可能部位を有する分子やイオン．

C 沈殿平衡と定数

沈殿平衡
precipitation equilibrium

溶解度より大過剰の塩化銀を水に加えると，次式の電離平衡が成立し，質量作用の法則から平衡定数 K が導かれる．この場合，水に溶けた AgCl はすべて Ag^+ と Cl^- とに解離するため，溶液内に AgCl は存在しない．すなわち，AgCl 自身は溶解せずに沈殿として存在する．

$$AgCl(固) \rightleftarrows Ag^+ + Cl^- \tag{2.17}$$

$$K = \frac{[Ag^+][Cl^-]}{[AgCl(固)]} \tag{2.18}$$

固体を含む反応の平衡定数は，固体の活量，つまり濃度は便宜上一定として取り扱うため，K [AgCl(固)] を新たな平衡定数として $K_{sp.AgCl}$ と定義すると，式（2.19）が得られる．

$$K_{sp.AgCl} = [Ag^+][Cl^-] \tag{2.19}$$

$K_{sp.AgCl}$ は塩化銀の溶解度積[*3]と呼ばれる．**難溶性塩**の**溶解度積**は，一定の温度で物質に固有の定数で，溶解度の計算や沈殿滴定を理解する上で重要な平衡定数である．

難溶性塩 slightly soluble salt
溶解度積
solubility product

D 分配平衡

分配平衡
distribution equilibrium

少量のベンゼンを含む水溶液にエーテルを加えて分液ロートでよく振り混ぜた後，放置するとエーテル相（上層）と水相（下層）の 2 相に分離する．ベンゼンは水相にもエーテル相にも溶け込むが，エーテル相により多く溶け込む．このように，1 つの相（水相）から他の相（エーテル相などの有機相）に移動させる操作を**抽出**といい，抽出過程は，互いに混合しない 2 つの相に溶解する物質 X の 2 相間の分配平衡に基づく．その平衡定数は以下の式で示される．

抽出
extraction
抽出率
extraction rate

$$X(water) \rightleftarrows X(organic\ solvent) \tag{2.20}$$

$$K_D = \frac{[X]_o}{[X]_w} \tag{2.21}$$

有機相 organic phase
水相 water phase
分配係数
distribution coefficient

濃度の添え字 o および w は，有機相および水相を示し，K_D は**分配係数**と呼ばれ，

---

*3 溶解度積と沈殿生成

一般に陽イオン B^{n+} と陰イオン A^{m-} からなる難溶性塩 B_mA_n が生成するとき，その溶解度積 K_{sp} は次のように表される．

$$B^{n+} + A^{m-} \rightleftarrows B_mA_n$$

$$K_{sp} = [B^{n+}]^m[A^{m-}]^n$$

溶解度積は温度，圧力だけによる定数で，沈殿が生成するかどうかをイオン濃度の積（イオン積）と比較して以下のように予知できる．

$[B^{n+}]^m[A^{m-}]^n < K_{sp}$　不飽和：沈殿を生じない
$[B^{n+}]^m[A^{m-}]^n = K_{sp}$　飽　和：沈殿を生じない
$[B^{n+}]^m[A^{m-}]^n > K_{sp}$　過飽和：沈殿を生じる

物質Xの2相間の濃度比は一定であることを示している．ただし，この関係は，同一化学種について成り立つ概念であり，安息香酸やアニリンのように，溶質が弱電解質のような場合は，エーテル相では分子形として存在するが，水中では解離するため，分子形とイオン形が存在する．そこで，真の分配係数（分配平衡定数：K_D）[*4]と見かけの分配係数（分配比，見かけの分配平衡定数：D）の2種類が定義される（X* は分子Xのイオン形を示す）．

分配平衡定数
equilibrium constant for the distribution

$$K_D = \frac{[X]_o}{[X]_w} \tag{2.22}$$

$$D = \frac{[X]_o}{[X]_w + [X^*]_w} \tag{2.23}$$

この式（2.23）の分子/分母を $[X]_w$ で割り，例えば物質Xを弱酸（HA）と考え，酸解離定数と水素イオン濃度で表すと，式（2.24）となり，みかけの分配係数はpHによって変化する．弱酸では，pK_a よりpHが低くなるにつれて D は K_D に近づく．

$$D = \frac{[HA]_o/[HA]_w}{[HA]_w/[HA]_w + [A^-]_w/[HA]_w} = \frac{K_D}{1 + K_a/[H_3O^+]} = \frac{K_D}{1 + 10^{pH-pK_a}} \tag{2.24}$$

物質Xが弱塩基（B）と考え，酸解離定数と水素イオン濃度で表すと，式（2.25）となり，弱酸の場合と同様，見かけの分配係数はpHによって変化する．弱塩基では，pK_a よりpHが高くなるにつれて D は K_D に近づく．したがって，弱電解質を有機溶媒で抽出する場合，電解質に対し，大きい分配係数を有する溶媒を使用するとともに，水溶液のpHの影響も考慮することが重要である．

$$D = \frac{[B]_o/[B]_w}{[B]_w/[B]_w + [BH^+]_w/[B]_w} = \frac{K_D}{1 + [H_3O^+]/K_a} = \frac{K_D}{1 + 10^{pK_a-pH}} \tag{2.25}$$

分配平衡と定数および分配係数ならびに抽出率の詳細については本章2.8.3項および2.8.4項を参照されたい．

---

*4 分配平衡定数と抽出率

有機相の体積を V_o，有機相中の溶質量を X_o，水相の体積を V_w，溶質の全量を X とすると，式（2.22）は

$$K_D = \frac{[X]_o}{[X]_w} = \frac{X_o/V_o}{(X - X_o)/V_w}$$

$$X_o = \frac{K_D}{K_D + V_w/V_o} \times X$$

となり，溶質Xの有機相への抽出率 E(%) は以下の式で表される．すなわち，溶質Xの有機溶媒への抽出率は，

$$E = \frac{X_o \times 100}{X} = \frac{K_D}{K_D + V_w/V_o} \times 100$$

有機相と水相の体積に影響されることを示している．

2.1.5 活 量

化学現象を説明するとき，溶液中の物質量は，通常，濃度を用いて表している．濃度は物質量を測定し，溶液を調製することが可能（分析濃度：単に濃度）であるが，化学平衡を取り扱う場合には，系の自由エネルギー量に対応する物質濃度，つまり実際に活動する物質の量に対応する実効濃度が用いられる．この実効濃度を**活量**と呼ぶ．

活量 activity

分析濃度と活量は必ずしも等しくない．例えば，塩酸は強酸で，その溶液では完全解離していると見なせるため，1 mol/L の塩酸水溶液の pH は 0 になるはずであるが，実際そうではなく，0 よりわずかに大きく，pH が 0 の塩酸溶液をつくるためには約 1.18 mol/L の塩酸溶液をつくる必要がある．これは水素イオンの実効濃度 α_{H}(水素イオン活量）と水素イオン濃度（水素イオンの分析濃度：[H^+]）との間にギャップがあるからである．電解質溶液でこのギャップが生じる原因としては，他のイオンによる静電的相互作用によって，溶質の動きが抑えられる（解離などが抑制される）ことが考えられる．この結果，溶質は分析濃度より低い濃度効果しか示さない．

つまり，溶質間の溶液中の相互作用が物質の濃度≠物質が示す機能や効果の大きさ，という現象が起こる．この現象を正確に示す物理量が，先に述べた活量（実効濃度）であり，一般に α で表す．例えば，水素イオン活量は $\alpha_{\mathrm{H^+}}$ となる．水素イオン濃度を $c_{\mathrm{H^+}}$ とすると，水素イオン濃度と活量の間には，以下の関係がある．

$$\alpha_{\mathrm{H^+}} = \gamma_{\mathrm{H^+}}\, c_{\mathrm{H^+}} \tag{2.26}$$

γ は**活量係数**と呼ぶ．物質の濃度＝物質が示す機能や効果の大きさ，が成立するとき，$\gamma_{\mathrm{H^+}} = 1$ つまり $[\alpha_{\mathrm{H^+}}] = [c_{\mathrm{H^+}}]([\mathrm{H^+}])$ となる．また，溶質間の相互作用が大きい場合，物質の濃度（$[c_{\mathrm{H^+}}]$）＞その物質が示す機能や効果の大きさ（$[\alpha_{\mathrm{H^+}}]$）が成立し，$\gamma_{\mathrm{H^+}} < 1$ となる．

活量係数 activity coefficient

pH が 0 を示す塩酸の溶液では，以下に示すような関係となり，$\gamma_{\mathrm{H^+}} = 0.847$ と計算される．

$$1(\mathrm{mol/L}) = \gamma_{\mathrm{H^+}} \times 1.18(\mathrm{mol/L}) \tag{2.27}$$

γ は一般に 0 ～ 1 の間で変動する．分析化学で取り扱う pH も，本来 $\mathrm{pH} = -\log \alpha_{\mathrm{H^+}}$ と定義されるべきだが，希薄溶液の場合は溶質間の相互作用が無視できるため，活量ではなく濃度を用いて溶液現象を取り扱い，$\mathrm{pH} = -\log[\mathrm{H^+}]$ の定義に従うものとする．

2.1.6 イオン強度

物質の活量係数に対する共存イオンの影響を評価する尺度として，**イオン強度**

イオン強度 ionic strength, I

（I）が用いられている．

$$I = \frac{1}{2}\sum c_i z_i^2 \tag{2.28}$$

ここで，c_i および z_i はそれぞれ，溶液中に存在するイオン i の濃度および電荷を表す．例えば，0.1 mol/L の NaOH 水溶液のイオン強度は，Na^+ および OH^- について考えればよいので

$$I = \frac{1}{2}[1 \times 0.1 \times (+1)^2 + 1 \times 0.1 \times (-1)^2] = 0.1 \text{ mol/L} \tag{2.29}$$

となり，NaOH の濃度と等しくなる．一方，0.1 mol/L の $Ca(OH)_2$ 水溶液のイオン強度は，Ca^{2+} および OH^- について考えればよいので

$$I = \frac{1}{2}[0.1 \times 1 \times (+2)^2 + 2 \times 0.1 \times (-1)^2] = 0.3 \text{ mol/L} \tag{2.30}$$

となる．このように多価イオンからなる塩を含む溶液では，その溶液のイオン強度は塩の濃度より大きくなる．

デバイ・ヒュッケルの式
Debye-Hückel equation

また，イオン強度と活量係数は**デバイ・ヒュッケルの式**[*5] によって関係付けられる．

確認問題

次の記述について，正しいものには○，誤っているものには×を付けよ．

1）酸解離定数は，弱い酸ほど値が大きい．（　）
2）塩基解離定数は，強い塩基ほど大きい．（　）
3）キレート生成定数は安定度定数とも呼ばれている．（　）
4）キレート生成定数は，pH により影響されない定数である．（　）
5）溶解度積も平衡定数の一つである．（　）
6）水に溶けた AgCl は，すべて解離しているわけではない．（　）
7）分配平衡となった後，ある化学種について有機相中の濃度の水相中濃度に対する比を分配係数という．（　）

[*5] Debye-Hückel の式

$$\log \gamma_i = -\frac{0.51 z_i^2 \sqrt{I}}{1 + 0.33\, \alpha_i \sqrt{I}}$$

α_i はイオンの最近接距離と呼ばれるパラメータで単位はオングストローム（Å）である．イオン強度が 0.1 mol/L 以下の水溶液中における活量係数の実測値は，この式から求めた値とよく一致する．水溶液中の多くのイオンで α_i は 3 Å なので，この式は以下のように簡略化できる．

$$\log \gamma_i = -\frac{0.51 z_i^2 \sqrt{I}}{1 + \sqrt{I}}$$

8）分配平衡は二相の溶媒の体積比に依存する．（　）
9）水相中で解離する物質については，見かけの分配係数は pH によらず一定である．（　）
10）水相中で解離する物質は，イオン形の方が，分子形より有機相に分布しやすい．（　）
11）弱塩基性物質の見かけの分配係数は，水相の pH が低いほど大きい．（　）
12）弱酸性物質の見かけの分配係数は，水相の pH をその物質の pK_a に合わせると，分子形の分配係数と一致する．（　）
13）抽出率は，二相の溶媒の体積に依存しない．（　）

解　答

1）（×）
2）（○）
3）（○）
4）（×）
5）（○）
6）（×）
7）（○）
8）（×）
9）（×）
10）（×）
11）（×）
12）（×）
13）（×）

2.2　酸塩基平衡

2.2.1　酸塩基の定義

酸塩基平衡
acid-base balance
equilibrium

酸および塩基の性質に基づく理論的な定義は，1887 年にアレニウスにより，また，1923 年にブレンステッドとローリーにより独立して，さらに 1923 年にルイスにより提唱されている．

アレニウスの定義によれば，酸とは水素を含む化合物（HA）で，水溶液中で水素イオン（H^+）と陰イオン（A^-）に解離する物質であり，塩基とはヒドロキシ基

アレニウス（Svante August Arrhenius, 1859-1927）スウェーデンの科学者．1903 年，ノーベル化学賞を受賞．

を含む化合物［$M(OH)_n$］で，水溶液中で水酸化物イオン（OH^-）と陽イオン（M^{n+}）に解離する物質である．また，**ブレンステッド-ローリー**の定義によれば，酸とは，H^+ を他の物質に与えることのできる物質（プロトン供与体）で，アレニウスによる定義と同じであるが，塩基とは，他の物質から H^+ を受け取ることのできる物質（プロトン受容体）である．さらに，**ルイス**による定義によれば，酸とは非共有電子対を受け取り錯体を生成する物質であり，塩基とは非共有電子対を与えて錯体を生成する物質である．酸塩基をカバーできる定義の範囲の大きさはアレニウスの定義＜ブレンステッド-ローリーの定義＜ルイスの定義*6 となる．本章では，H^+ の移動を伴う水溶液中の酸塩基平衡を主に取り扱うため，その目的に適した，ブレンステッド-ローリーの酸塩基説に基づいた表記を用いることとした．

ブレンステッド（Johannes Nicolaus Brønsted, 1879-1947）デンマークの化学者．
ローリー（Thomas Martin Lowry, 1874-1936）イギリスの化学者．
ルイス（Gilbert Newton Lewis, 1875-1946）アメリカの物理学者．
プロトン供与体 proton donor
非共有電子対 lone election pair

ブレンステッド-ローリーの酸塩基説では，酸・塩基平衡は二組の共役酸・塩基対の反応として表される．この二組の反応には，溶媒分子とその共役酸・塩基の解離平衡が含まれるため，この酸・塩基説は酸または塩基の強さを考える上で非常に役立つ．

2.2.2 水溶液中における酸解離平衡と塩基解離平衡および解離定数

ブレンステッド-ローリーの酸塩基説に基づく酸（HA）および塩基（B）の解離平衡は，以下のように表され，いずれも二組の**共役酸塩基対**から成り立っている．どちらにも水分子が関与する反応であり，HA の解離平衡において水は塩基として働き，B の解離平衡において水は酸として働いている．つまり，水は相手の分子の性質によって酸としても塩基としての性質をもっている．

共役酸塩基対 conjugate acid-base pair

共役酸・塩基対

$$HA + H_2O \rightleftarrows H_3O^+ + A^- \tag{2.31}$$

共役酸・塩基対

*6 酸塩基の定義範囲の大きさ

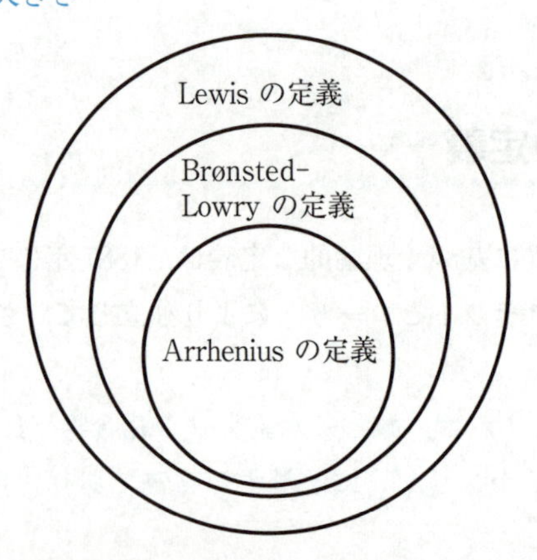

共役酸・塩基対

$$B + H_2O \rightleftarrows OH^- + BH^+ \tag{2.32}$$

共役酸・塩基対

式（2.31）の解離平衡の平衡定数 K は以下の式で与えられる．

$$K = \frac{[H_3O^+][A^-]}{[HA][H_2O]} \tag{2.33}$$

ここで大過剰存在する水の濃度［H_2O］は一定と見なすことができるため，式（2.33）は，

$$K[H_2O] = \frac{[H_3O^+][A^-]}{[HA]} = K_a \tag{2.34}$$

式（2.34）のように表すことができる．K_a は酸解離定数と呼ばれる．K_a は温度が一定の時一定の値をとり，この値が大きいほど酸が強いことを示している．

塩基の式（2.32）の水溶液中の解離平衡の平衡定数 K は以下の式で与えられる．

$$K = \frac{[BH^+][OH^-]}{[B][H_2O]} \tag{2.35}$$

$$K[H_2O] = \frac{[BH^+][OH^-]}{[B]} = K_b \tag{2.36}$$

この K_b は塩基解離定数と呼ばれる．K_b は温度が一定の時一定の値をとり，この値が大きいほど塩基が強いことを示している．

2.2.3 水の解離平衡

酸塩基平衡を考える上で，水は最も一般的な溶媒として使用される．水は酸，塩基が存在しなくても部分的に解離（自己解離）していて，その化学平衡ならびに解離定数は式（2.37）および式（2.38）で表される．

$$H_2O + H_2O \rightleftarrows H_3O^+ + OH^- \tag{2.37}$$

$$K = \frac{[H_3O^+][OH^-]}{[H_2O][H_2O]} \tag{2.38}$$

ここでも大過剰に存在する水の濃度［H_2O］は一定と見なすことができるので，この解離定数の式は，次のように表される．

$$K[H_2O][H_2O] = [H_3O^+][OH^-] = K_w \tag{2.39}$$

この K_w を**水のイオン積**と呼び，25℃，1 気圧で **1.008×10^{-14}** の値である．この解離によって，等量の H_3O^+ と OH^- が存在するため，$[H_3O^+]^2 = [OH^-]^2 = K_w$ となるので，$[H_3O^+] = [OH^-] = 1.004 \times 10^{-7}$ となる．つまり，25℃における水の pH（$= -\log[H_3O^+]$）は 7 となり，中性である．

A　弱酸と弱塩基の解離平衡と水溶液の pH

代表的な弱酸である酢酸の酸解離平衡および平衡定数は式（2.40）および式（2.41）で表される．

$$CH_3COOH + H_2O \rightleftarrows H_3O^+ + CH_3COO^- \tag{2.40}$$

$$K_a = \frac{[H_3O^+][CH_3COO^-]}{[CH_3COOH]} \tag{2.41}$$

式（2.41）の両辺の常用対数をとり，**ヘンダーソン-ハッセルバルヒ Henderson-Hasselbarch の式**に従い pH および pK_a を用いて表記すると，式（2.42）のようになる．

$$pH = pK_a + \log\frac{[CH_3COO^-]}{[CH_3COOH]} \tag{2.42}$$

また，酢酸の**解離度（電離度）**を α とし，酢酸の濃度を c とすると，式（2.42）は次のようになる．

$$K_a = \frac{c\alpha \times c\alpha}{c(1-\alpha)} \tag{2.43}$$

酢酸は弱酸で，水溶液中ではごくわずかしか解離していないため，$1-\alpha \fallingdotseq 1$ と近似できるので，式（2.43）より $\alpha \fallingdotseq \sqrt{K_a/c}$ となり，水素イオン濃度は $[H_3O^+] = \sqrt{K_a \times c}$ で表される．また，解離度 α は濃度によって変化する．

弱酸の pH は，

$$pH = \frac{1}{2}(pK_a - \log c) \tag{2.44}$$

で表される．

同様に弱塩基であるアンモニアの塩基解離平衡および平衡定数は式（2.45）および式（2.45）で表される．

$$NH_3 + H_2O \rightleftarrows NH_4^+ + OH^- \tag{2.45}$$

$$K_b = \frac{[NH_4^+][OH^-]}{[NH_3]} \tag{2.46}$$

式（2.46）の両辺の常用対数をとり，pOH および pK_b を用いで表記すると，式（2.47）のようになる．

$$pOH = pK_b + \log\frac{[NH_4^+]}{[NH_3]} \tag{2.47}$$

$$K_b = \frac{c\alpha \times c\alpha}{c(1-\alpha)} \tag{2.48}$$

また，アンモニアの解離度（電離度）を α とし，濃度を c とすると，酢酸と同様，アンモニアも水溶液中ではごくわずかしか解離していないため，式（2.48）において $1-\alpha \fallingdotseq 1$ と近似できるので，$\alpha \fallingdotseq \sqrt{K_b/c}$ となり，水酸化物イオン濃度は

$[OH^-] = \sqrt{K_b \times c}$ で表され，$[H_3O^+][OH^-] = K_w$ より，$[H_3O^+] = K_w/\sqrt{K_b \times c}$ となる．アンモニアの場合も，酢酸の場合と同様，解離度 α は濃度によって変化する．

弱塩基の pOH は，

$$pOH = \frac{1}{2}(pK_b - \log c)$$

より，弱塩基の pH は，

$$pH = pK_w - \frac{1}{2}(pK_b - \log c) \tag{2.49}$$

で表される．

2.2.4　共役酸塩基の解離定数の関係

式（2.40）において，CH_3COOH と CH_3COO^- は，共役酸・共役塩基の関係にある．したがって，今この共役塩基の塩基解離定数を K_b とすると，式（2.50）のようになる．

$$K_b = \frac{[CH_3COOH][OH^-]}{[CH_3COO^-]} \tag{2.50}$$

ここで，式（2.41）と式（2.50）の積をとると式（2.51）となり，$[CH_3COOH]$ と $[CH_3COO^-]$ が互いに消去でき，簡単な式となる．すなわち，共役関係にある酸と塩基の酸解離定数および塩基解離定数は，$\boldsymbol{K_a \times K_b = K_w}$ となり，$\boldsymbol{pK_a + pK_b = pK_w = 14}$（25℃，1 気圧）が成立する．

$$K_a \times K_b = \frac{[H_3O^+][CH_3COO^-]}{[CH_3COOH]} \times \frac{[CH_3COOH][OH^-]}{[CH_3COO^-]} = K_w \tag{2.51}$$

2.2.5　多塩基酸の解離平衡と水溶液の pH

炭酸やリン酸のように，プロトンを 2 個以上供与する酸を多塩基酸と呼ぶ．多塩基酸は逐次的にプロトンを供与し，解離が進行する．二塩基酸の例として，炭酸の水溶液中の酸解離平衡ならびに酸解離定数は次式で示され，それぞれ第一酸解離定数および第二酸解離定数と呼ばれる．

多塩基酸の解離定数は一般に $K_{a1} > K_{a2} > \cdots\cdots > K_{an}$ の関係である場合が多く，炭酸の場合は $K_{a1} = 4.3 \times 10^{-7}$，$K_{a2} = 5.61 \times 10^{-11}$ である．したがって，多塩基酸水溶液の pH は第二段目以降の解離を無視して，一塩基酸水溶液と同じ扱いで水素イオン濃度あるいは pH を求めることができる．

$$H_2CO_3 + H_2O \rightleftarrows H_3O^+ + HCO_3^- \tag{2.52}$$

$$HCO_3^- + H_2O \rightleftarrows H_3O^+ + CO_3^{2-} \tag{2.53}$$

$$K_{a1} = \frac{[H_3O^+][HCO_3^-]}{[H_2CO_3]} \tag{2.54}$$

$$K_{a2} = \frac{[H_3O^+][CO_3^{2-}]}{[HCO_3^-]} \tag{2.55}$$

2.2.6 塩の解離平衡と pH

酢酸ナトリウムのような弱酸の強塩基塩の水溶液の中では，解離によって生じた酢酸イオンは以下のような塩基解離平衡となり，平衡定数は次式で示され，水溶液は塩基性を示す．

$$CH_3COO^- + H_2O \rightleftarrows CH_3COOH + OH^- \tag{2.56}$$

$$K_b = \frac{[CH_3COOH][OH^-]}{[CH_3COO^-]} \tag{2.57}$$

炭酸水素ナトリウム $NaHCO_3$，リン酸二水素ナトリウム NaH_2PO_4，リン酸水素二ナトリウム Na_2HPO_4 などのような多酸塩基の水素を1つあるいは2つ残した分子の金属塩は，水溶液中で酸性または塩基性を示す両性物質である．

例えば，$NaHCO_3$ の場合，水溶液中での主な分子種は HCO_3^- で，式（2.58）で示されるような酸解離平衡と式（2.59）で示される塩基解離平衡に加え，式（2.60）で示される HCO_3^- どうしが反応する不均化反応も同時に起こる．

$$HCO_3^- + H_2O \rightleftarrows H_3O^+ + CO_3^{2-} \tag{2.58}$$

$$HCO_3^- + H_2O \rightleftarrows H_2CO_3 + OH^- \tag{2.59}$$

$$HCO_3^- + HCO_3^- \rightleftarrows H_2CO_3 + CO_3^{2-} \tag{2.60}$$

$$K_{a2} = \frac{[H_3O^+][CO_3^{2-}]}{[HCO_3^-]} \tag{2.61}$$

$$K_{b2} = \frac{K_w}{K_{a1}} = \frac{[H_2CO_3][OH^-]}{[HCO_3^-]} \tag{2.62}$$

K_{a1} と K_{a2} の積をつくり，$[OH^-] = K_w/[H_3O^+]$，式（2.60）から $[H_2CO_3] = [CO_2^{2-}]$ となるので

$$K_{a1} \times K_{a2} = \frac{K_w \times [HCO_3^-]}{[H_2CO_3][OH^-]} \times \frac{[H_3O^+][CO_3^{2-}]}{[HCO_3^-]} = [H_3O^+]^2 \tag{2.63}$$

となり，$[H_3O^+] = \sqrt{K_{a1} \times K_{a2}}$ となり，水素イオン濃度は各イオンの濃度に関係なく，酸解離定数のみによって決まる一定の値を示す．よって pH は $pH = \frac{1}{2}(pK_{a1} + pK_{a2})$ となる．

確認問題

次の記述について，正しいものには○，誤っているものには×を付けよ．

1)　pK_a の値が小さいほど，酸性の強さは小さい．（　）
2)　pK_b の値が大きいほど，塩基性の強さは大きい．（　）
3)　pK_a の値は，解離している分子種と解離していない分子種が等モル量存在している溶液の pH に等しい．（　）
4)　25℃における弱電解質水溶液では，pK_a × pK_b = 14 として取り扱える．（　）
5)　pK_b = 8 の塩基性薬物は，pH 9 の水溶液においてはほとんどがイオン形で存在している．（　）
6)　$K_a = 1.0 \times 10^{-5}$ の弱酸は，pH 3 ではほとんど分子形で存在している．（　）
7)　$K_b = 1.0 \times 10^{-5}$ の弱塩基は，pH 9 ではほとんど分子形で存在している．（　）
8)　グリシンは，2 つの pK_a（pK_{a1} = 2.3，pK_{a2} = 9.6）をもつ．pH 0 では，ほとんど $^{+}NH_3$–CH_2–COOH で存在し，pH 12 の溶液では，ほとんど NH_2–CH_2–COO^- で存在する．（　）

解　答

1)（ × ）　酸性の強さは大きい．
2)（ × ）　塩基性の強さは小さい．
3)（ ○ ）
4)（ × ）　pK_a + pK_b = 14 である．
5)（ × ）　分子形で存在している．
6)（ ○ ）
7)（ × ）　分子形とイオン形は 1：1 で存在する．
8)（ ○ ）

2.3　緩衝液

互いに共役である酸と塩基を含む溶液は，酸や塩基を加えても，pH がほとんど変化しない．このような溶液を**緩衝液**という．本項では弱酸とその共役塩基の組み合わせである酢酸–酢酸ナトリウム緩衝液，弱塩基とその共役酸の組み合わせであるアンモニア–塩化アンモニウム緩衝液を学習する．

緩衝液 buffer solution

緩衝液は，「弱酸」とその「共役塩基」の場合は「弱酸」とその「塩」，「弱塩基」とその「共役酸」の場合は「弱塩基」とその「塩」の混合溶液で得られる．また，pH を一定に保つ作用を緩衝作用という．

緩衝作用の仕組み

弱酸 AH とその共役塩基 A^- を例に緩衝液のしくみを考えると，以下のようになる．弱酸 HA の解離平行が成り立っているとき，酸（H^+）が加わると，ルシャトリエの原理により平衡は H^+ を減らす方向（左方向←）へ移動する．

ルシャトリエの原理：平衡状態にある反応系において，状態変数（ここでは反応に関与する物質の濃度）を変化させると，その変化を相殺する方向へ平衡は移動する

$$HA \rightleftharpoons H^+ + A^- \tag{2.64}$$

塩基（OH^-）が加わると，OH^- と H^+ は中和反応し H_2O となり，H^+ の濃度が一瞬低下し，この時の平衡はルシャトリエの原理により H^+ を増やす方向（右方向→）へ移動する．

$$HA \rightleftharpoons H^+ + A^- \tag{2.65}$$

このように酸 HA とその共役塩基 A^- が共存する状態では，多少の酸（H^+）や塩基（OH^-）が加わっても水溶液中の H^+ の量は変わらない（= pH は変化しない）ことになる（図 2.2）．

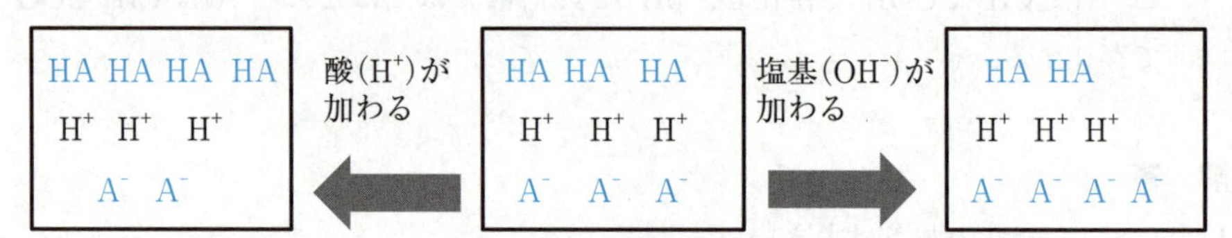

図 2.2 緩衝作用
出典：なるほど分析化学（廣川書店）p107 図 11.1 を参照にオリジナル作成

2.3.1 酢酸–酢酸ナトリウム緩衝液

弱酸とその塩である，酢酸–酢酸ナトリウムの組み合わせによる緩衝液について考えてみると，酢酸の解離平衡は次式で表すことができる．

$$\underline{CH_3COOH} \rightleftharpoons CH_3COO^- + H^+ \tag{2.66}$$

酢酸の酸解離定数（K_a = 1.8 × 10^{-5} mol/L）は小さく，式（2.66）は右方向へ進みにくい． その結果，水溶液中の CH_3COOH はほとんど電離していない状態（下線）で存在する．一方，酢酸ナトリウムは強電解質であるので，式（2.67）の波線のように電離したものがほとんどである．

$$CH_3COONa \longrightarrow \underset{\sim\sim\sim}{CH_3COO^-} + Na^+ \tag{2.67}$$

このように，酢酸と酢酸ナトリウムを混合した緩衝液では，これら 2 つの電離式中の下線を引いた酢酸（CH_3COOH），波線をひいた酢酸イオン（CH_3COO^-）が多数を占めていることになり，式（2.68）のような関係となる．

$$\underline{CH_3COOH} \rightleftharpoons H^+ + \underset{\sim\sim\sim}{CH_3COO^-} \tag{2.68}$$

この混合溶液に，酸が添加され H^+ が一瞬増加すると，この H^+ は式（2.67）により生成している CH_3COO^- と反応して，式（2.68）の左向きの反応を進行させるこ

となる．また，塩基が添加され OH^- が一瞬増加すると，式（2.68）の H^+ と中和反応し H_2O となる．そして，H^+ が減少した分，式（2.68）の平衡は右に傾き H^+ が新たに生成するので，この混合液の水素イオン濃度はほとんど変化しない（図 2.2）．

pH の求め方

酢酸緩衝液の pH を求める式を説明する．まず，式（2.68）より解離定数 K_a は，

$$K_a = \frac{[CH_3COO^-][H^+]}{[CH_3COOH]} \tag{2.69}$$

となる．
両辺の対数（ log ）をとると，

$$\log K_a = \log \frac{[CH_3COO^-][H^+]}{[CH_3COOH]} \tag{2.70}$$

となり，これを整理して，

$$\log K_a[CH_3COOH] = \log [CH_3COO^-][H^+] \tag{2.71}$$

$$\log K_a + \log [CH_3COOH] = \log [CH_3COO^-] + \log [H^+] \tag{2.72}$$

式（2.69）の K_a と $[H^+]$ を指数で表記（pK_a ならびに pH）すると式（2.73）が得られる．

$$pH = pK_a + \log \frac{[CH_3COO^-]}{[CH_3COOH]} \tag{2.73}$$

式（2.73）を利用すると，溶液の成分である酢酸（酸）と酢酸イオン（共役塩基）の濃度，酢酸の pK_a から，pH を計算することができる．これを他の酸性緩衝液について一般化すると，式（2.74）のようになる．

$$pH = pK_a + \log \frac{[イオン形]}{[分子形]} \tag{2.74}$$

さらに，分子形を H^+ を放出する酸（acid），イオン形を H^+ を受け取る塩基（base）であると捉えると，以下のようにさらに一般化できる．

$$pH = pK_a + \log \frac{[base]}{[acid]} \tag{2.75}$$

この式（2.73，2.74，2.75）をヘンダーソン-ハッセルバルヒ（Henderson-Hasselbalch）の式という．

Henderson-Hasselbalch の式は次のようにも表せる
$$pH = pK_a + \log \frac{[プロトン受容体]}{[プロトン供与体]}$$

（例題 1）0.02 mol/L 酢酸と 0.02 mol/L 酢酸ナトリウム水溶液を等量混合した．この溶液の pH はいくらか．ただし，酢酸の pK_a は 4.8 とする．

（解答）各 1 L の溶液を混合するものとする．
Henderson-Hasselbalch の式（2.74）より

$$\mathrm{pH} = 4.8 + \log \left[\frac{\frac{0.02(\mathrm{mol/L})}{1(\mathrm{L})+1(\mathrm{L})}}{\frac{0.02(\mathrm{mol/L})}{1(\mathrm{L})+1(\mathrm{L})}} \right] = 4.8 + \log 1 = 4.8$$

（例題 2）0.2 mol/L 酢酸 100 mL に，0.2 mol/L 酢酸ナトリウム 200 mL を加えて緩衝液を調製した．この緩衝液の pH はいくらか．ただし，酢酸の $\mathrm{p}K\mathrm{a}$ は 4.8，$\log 2 = 0.30$ とする．

（解答）

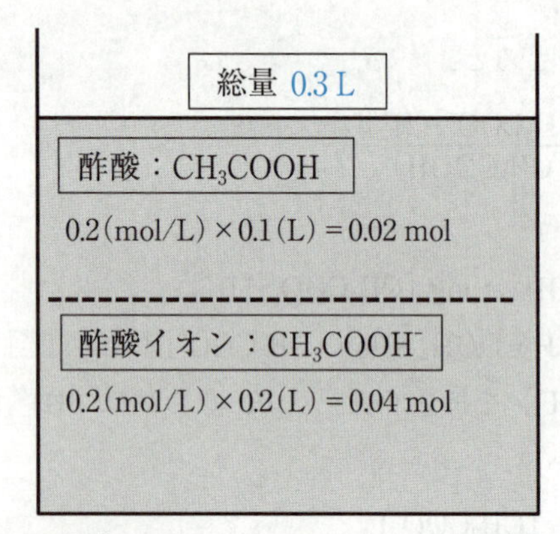

図 2.3　0.2 mol/L 酢酸 100 mL に，0.2 mol/L 酢酸ナトリウム 200 mL を加えて緩衝液を調整（例題 2）

まず，CH_3COOH の物質量を計算すると，以下のようになる．

$$0.2(\mathrm{mol/L}) \times 0.1(\mathrm{L}) = 0.02\ \mathrm{mol}$$

次に CH_3COO^- の物質量も同様に計算すると，以下のようになる．

$$0.2(\mathrm{mol/L}) \times 0.2(\mathrm{L}) = 0.04\ \mathrm{mol}$$

混合液の体積は 100 mL と 200 mL の合計で 300 mL（0.3 L）となる．

これらを Henderson-Hasselbalch の式（2.74）に代入すると，pH を得ることができる．

$$\mathrm{pH} = 4.8 + \log \left[\frac{\frac{0.04(\mathrm{mol})}{0.3(\mathrm{L})}}{\frac{0.02(\mathrm{mol})}{0.3(\mathrm{L})}} \right]$$

$$\mathrm{pH} = 4.8 + \log 2 = 5.1$$

（例題 3）（例題 2）の緩衝液に 0.2 mol/L HCl 20 mL を加えた時の pH はいくらか．ただし，$\log 2 = 0.30$，$\log 3 = 0.48$ とする．

（解答）HCl は強酸であり，完全に解離している．

$$\mathrm{HCl} \longrightarrow \mathrm{H^+} + \mathrm{Cl^-}$$

この解離により生成する H^+ は，緩衝液中の解離している CH_3COO^- と反

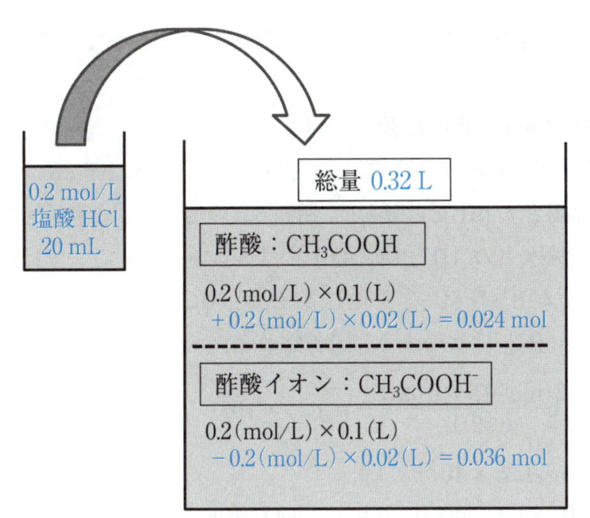

図 2.4　例題 2 の緩衝液に 0.2 mol/L HCl 20 mL を加えた場合（例題 3）

応し，CH_3COOH を生成させる．よって緩衝液中の酢酸は増加し，一方，酢酸イオンは減少する．

酢酸 CH_3COOH の物質量を計算すると，次のようになる．

HCl を加える前：0.2 (mol/L) × 0.1 (L) = 0.02 mol

HCl を加えた後：0.2 (mol/L) × 0.1 (L) + 0.2 (mol/L) × 0.02 (L) = 0.024 mol

これが，加えた HCl 分だけ増加した 320 mL に含まれ，モル濃度は，

$\frac{0.024}{0.32}$ (mol/L) となる．

酢酸イオン CH_3COO^- の物質量も同様に計算できる．

HCl を加える前：0.2 (mol/L) × 0.2 (L) = 0.04 mol

HCl を加えた後：0.2 (mol/L) × 0.2 (L) − 0.2 (mol/L) × 0.02 (L) = 0.036 mol

上記と同様に，この物質量が 320 mL に含まれると考え，モル濃度は，

$\frac{0.036}{0.32}$ (mol/L) となる．

酢酸と酢酸イオンのモル濃度を，Henderson-Hasselbalch の式（2.74）に代入して，pH を計算すると以下のようになる．

$$\mathrm{pH} = 4.8 + \log\left[\frac{\dfrac{0.036\,(\mathrm{mol})}{0.32\,(\mathrm{L})}}{\dfrac{0.024\,(\mathrm{mol})}{0.32\,(\mathrm{L})}}\right]$$

$$\mathrm{pH} = 4.8 + \log\frac{0.036}{0.024} = 4.8 + \log\frac{3}{2} = 4.98$$

$$\log 2 = 0.30,\ \log 3 = 0.48 \qquad \log\frac{3}{2} = \log 3 - \log 2 = 0.18$$

このように，pH が 5.1 の緩衝液に 0.2 mol/L の塩酸 HCl を 20 mL 加えて

もpHは4.98であり，緩衝液のpH変化は緩やかである．

緩衝液と蒸留水のpH変化の比較

最後に緩衝作用のない，例題と同じ体積の蒸留水300 mLに0.2 mol/L HCl 20 mLを加えた場合のpHを計算し，（例題3）の場合と，どれくらいpHが異なるかを比較する．純水中の $[H^+]$ と $[OH^-]$ は等しいので，ここでは加えられたHCl 20 mLに含まれる H^+ がpHの変化に関わる．HClを加えた後の全体の体積は320 mLであり，$[H^+]$ は次のように計算される．

$$[H^+] = \frac{0.2(\mathrm{mol/L}) \times 0.02(\mathrm{L})}{0.32(\mathrm{L})} = 1.25 \times 10^{-2}$$

$$\mathrm{pH} = -\log(1.25 \times 10^{-2}) = 1.9$$

酢酸緩衝液（pH = 5.1）を用いた場合，同じ濃度，体積の塩酸を加えた場合，pHは4.98までしか低下していないが，蒸留水ではこのような緩衝作用がなく，1.9まで大幅に低下している．これらの比較から，酢酸/酢酸ナトリウム混合液の緩衝作用について実感できる（図2.5）．

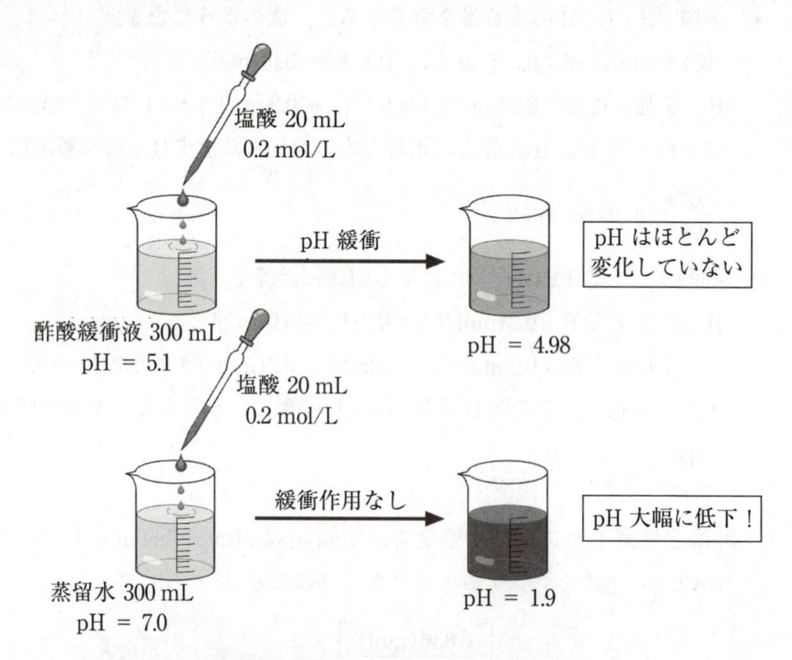

図2.5 緩衝液と蒸留水におけるpH変化のイメージ

2.3.2 アンモニア-塩化アンモニウム緩衝液

次に，弱塩基とその共役酸からなる緩衝液としてアンモニア-塩化アンモニウム緩衝液について取り上げる．アンモニア（NH_3）の解離平衡は式（2.76）で表すことができる．

$$\underline{NH_3} + H^+ \rightleftarrows NH_4^+$$

$$(\underline{NH_3} + H_2O \rightleftarrows NH_4^+ + OH^-) \qquad (2.76)$$

この緩衝液中のNH_3は塩基解離定数（$K_b = 1.8 \times 10^{-5}$ mol/L）が示すように，右方向への移行は進みにくく，アンモニア（NH_3）はほとんど下線の状態で存在している．

一方，塩化アンモニウムは強電解質であるので，式（2.77）の波線のように電離したものがほとんどである．

$$NH_4Cl \longrightarrow \underset{\sim\sim}{NH_4^+} + Cl^- \qquad (2.77)$$

このように，アンモニアと塩化アンモニウムを混合した緩衝液では，これら2つの電離式中の下線を引いたアンモニア分子（NH_3），波線をひいたアンモニウムイオン（NH_4^+）が多数を占めていることになり，式（2.78）のような関係となる．

$$\underline{NH_3} + H^+ \rightleftarrows \underset{\sim\sim}{NH_4^+} \qquad (2.78)$$

この混合溶液に，酸が添加されH^+が一瞬増加すると，このH^+は式（2.77）により生成している$\underline{NH_3}$と反応して，式（2.78）の右向きの反応を進行させることになる．また，塩基が添加されOH^-が一瞬増加すると，式（2.78）のH^+と中和反応しH_2Oとなる．そして，H^+が減少した分，式（2.78）の平衡は左に傾きH^+が新たに生成するので，この混合液の水素イオン濃度はほとんど変化しない．

pHの求め方

次に，アンモニア-塩化アンモニウム緩衝液のpHを求める計算式について考える．まず，式（2.75）より塩基であるアンモニアの解離定数K_bを式（2.79）に表す．

$$K_b = \frac{[NH_4^+][OH^-]}{[NH_3]} \qquad (2.79)$$

両辺の対数をとり

$$\log K_b = \log \frac{[NH_4^+][OH^-]}{[NH_3]} \qquad (2.80)$$

となり，pK_bならびにpOHで表すと式（2.81）が得られる．

$$pOH = pK_b + \log \frac{[NH_4^+]}{[NH_3]} \qquad (2.81)$$

次に，pHを求めることができるよう，$pH + pOH = pK_w$の関係を用い，$pOH = pK_w - pH$を式（2.81）に代入する．

$$pK_w - pH = pK_b + \log \frac{[NH_4^+]}{[NH_3]} \qquad (2.82)$$

さらに，pHについて表すと式（2.83）が得られる．

$$pH = pK_w - pK_b - \log \frac{[NH_4^+]}{[NH_3]} \qquad (2.83)$$

共役酸であるアンモニウムイオンの解離定数K_aとK_bの関係は，$pK_a + pK_b =$

pK_wであり，$pK_a = pK_w - pK_b$を用いて式（2.83）を整理し，最後にlogの符号を逆にすると式（2.84）が得られる．

$$pH = pK_a + \log \frac{[NH_3]}{[NH_4^+]} \tag{2.84}$$

この，アンモニア-塩化アンモニウム緩衝液に関するHenderson-Hasselbalchの式は，NH_3がH^+を受け取る塩基であり，NH_4^+がH^+を放出する酸（この場合，共役酸）であると捉えると，pK_aを用いるHenderson-Hasselbalchの式（2.75）$pH = pK_a + \log \frac{[塩基]}{[酸]}$…（2.75）を適用することができる．

（例題4）4.0×10^{-2} mol/Lの塩化アンモニウム水溶液100 mLと2.0×10^{-2} mol/Lのアンモニア水溶液100 mLを加えて緩衝液を調製した．この緩衝液のpHを求めよ．またこの緩衝液に1.0×10^{-2} mol/Lの塩酸HClを10 mL加えた場合のpHを求めよ．ただし，アンモニウムイオンの$pK_a = 9.3$, $\log 2 = 0.30$ $\log \frac{19}{41} = -0.33$とする．

（解答）緩衝液の最初の総量は200 mLとなる．

まず，NH_3の物質量を計算すると，以下のようになる．

$$2.0 \times 10^{-2}(mol/L) \times 0.1(L) = 2.0 \times 10^{-3} mol$$

次にNH_4^+の物質量も同様に計算すると，以下のようになる．

$$4.0 \times 10^{-2}(mol/L) \times 0.1(L) = 4.0 \times 10^{-3} mol$$

これらをHenderson-Hasselbalchの式（2.75，2.84）に代入すると，pHを得ることができる．

$$pH = 9.3 + \log \left[\frac{\frac{2.0 \times 10^{-3}(mol)}{0.2(L)}}{\frac{4.0 \times 10^{-3}(mol)}{0.2(L)}} \right]$$

$$= 9.3 + \log \frac{1}{2}$$

$$= 9.3 + \log 1 - \log 2$$

$$= 9.3 + 0 - 0.30$$

$$= 9.0$$

この緩衝液に塩酸を加えると，NH_3が反応し，アンモニウムイオンNH_4^+を生成する．

$$NH_3 + HCl \longrightarrow NH_4^+ + Cl^-$$

よって緩衝液中のNH_4^+は増加し，一方，NH_3は減少する．NH_4^+の物質量を計算すると，次のようになる．

HClを加える前：$4.0 \times 10^{-2}(mol/L) \times 0.1(L) = 4.0 \times 10^{-3}$ mol

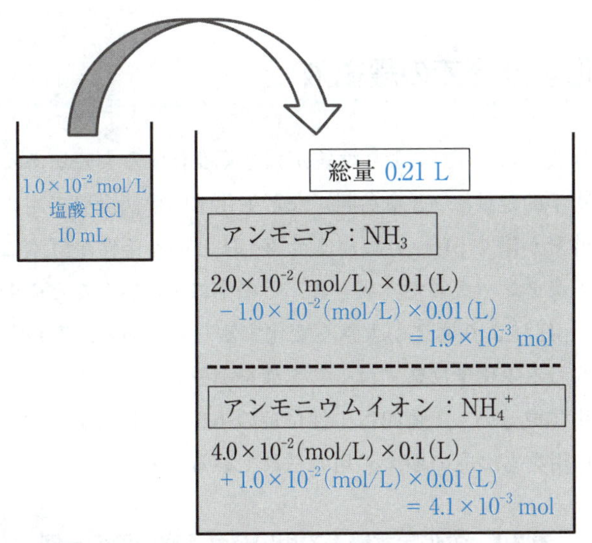

図 2.6　4.0×10^{-2} mol/L の塩化アンモニウム水溶液 100 mL と等量の 2.0×10^{-2} mol/L のアンモニア水溶液を加えた緩衝液に 1.0×10^{-2} mol/L の塩化 HCl を 10 mL 加えた場合

HClを加えた後：4.0×10^{-2}(mol/L) × 0.1(L) + 1.0×10^{-2}(mol/L) × 0.01(L) = 4.1×10^{-3} mol

次に，NH_3 の物質量を計算すると，次のようになる．

HClを加える前：2.0×10^{-2}(mol/L) × 0.1(L) = 2.0×10^{-3} mol

HClを加えた後：2.0×10^{-2}(mol/L) × 0.1(L) − 1.0×10^{-2}(mol/L) × 0.01(L) = 1.9×10^{-3} mol

緩衝液に HCl を加えた後の体積が合計 210 mL であるので，それぞれのモル濃度は次のようになる．

$$[NH_4^+] = \frac{4.1 \times 10^{-3}\,(\text{mol})}{0.21\,(\text{L})}$$

$$[NH_3] = \frac{1.9 \times 10^{-3}\,(\text{mol})}{0.21\,(\text{L})}$$

よって，pH は以下のとおり求められる．

$$\text{pH} = \text{p}K\text{a} + \log \frac{[NH_3]}{[NH_4^+]} = 9.3 + \log \left[\frac{\dfrac{1.9 \times 10^{-3}}{0.21}}{\dfrac{4.1 \times 10^{-3}}{0.21}} \right] = 8.97$$

もともとの緩衝液の pH = 9.0 から 0.03 しか変化していない．同様の条件で純水に HCl を加えた場合は pH = 3.33 となり，緩衝液により酸の添加による影響が緩和されていることが理解できる．

ただし，log 3 = 0.48，log 7 = 0.85 とする．

$$\text{pH} = -\log \left(1.0 \times 10^{-2}\,(\text{mol/L}) \times \frac{0.01\,(\text{L})}{0.21\,(\text{L})} \right) = 0 + 2 + \log 21 = 3.33$$

2.3.3 生化学分野での緩衝液

生体由来の物質には，pH により性質が大きく変化するものがある．代表例は酵素であり，生物学的定量法（3 章参照）など生化学的手法全般で用いる酵素反応では，最も良く酵素が働く pH，いわゆる至適 pH という条件が酵素ごとに異なる．これは酵素分子がタンパク質で構成され，その中に水素結合などの非共有結合を多数有しており，pH により構造が大きく変化するためである．安定した酵素反応やタンパク質が関わる生化学反応では，緩衝液を調製して pH を一定に保つ必要が生じる．通常，生体成分の pH 範囲は中性付近の 6.6 ～ 7.5 であるので，pH = 6 ～ 8 あたりで緩衝作用をもつものがよく用いられている（表 2.1）．

表 2.1　生化学実験等で用いられる緩衝液の一例

緩衝液	化合物名	緩衝 pH 範囲
Glycine-HCl	グリシン	2.2 ～ 3.6
MES/MES-Na	2-モルホリノエタンスルホン酸	5.5 ～ 7.0
KH_2PO_4/Na_2HPO_4	リン酸二水素カリウム , リン酸水素二ナトリウム	5.8 ～ 8.0
PIPES/PIPES-Na	1,4-ピペラジンジエタンスルホン酸	6.1 ～ 7.5
HEPES-HEPES-Na	2-[4-(2-ヒドロキシエチル)-1-ピペラジニル]-エタンスルホン酸	6.8 ～ 8.2
Tris/HCl	トリス(ヒドロキシメチル)アミノメタン	7.2 ～ 9.1
NH_3/NH_4Cl	アンモニア	8.0 ～ 11.0
Glycine-NaOH	グリシン	8.6 ～ 10.6

トリス（ヒドロキシメチル）アミノメタンとその共役酸による緩衝液は，pH 7.2 ～ 9.1 の緩衝液を調製する時に適している（表 2.1）．生化学反応においては，特に中性領域から弱塩基性領域の緩衝液としてよく用いられている．

グリシンは最も簡単なアミノ酸で，分子内にアミノ基とカルボキシ基をもっているので，酸性領域と塩基性領域の緩衝液を調製することができる（表 2.1）．調製する時に添加する酸や塩基に対応させ，グリシン-塩酸緩衝液，グリシン-水酸化ナトリウム緩衝液と呼ばれる．

2.3.4 生体内の緩衝液

血液はいくつかのシステムにより緩衝能をもっている．その中の 1 つ，炭酸-炭酸水素イオン（H_2CO_3/HCO_3^-）による緩衝システムについて考えてみたい（図 2.7）．赤血球内や血漿に溶けている二酸化炭素からは，炭酸脱水酵素により炭酸が生成される（式（2.85））．そして，炭酸が生成されたあとは弱酸として機能し，プロトンを放出して炭酸水素イオンとなる（式（2.86））．

$$CO_2 + H_2O \xrightarrow{\text{炭酸脱水酵素}} H_2CO_3 \tag{2.85}$$

$$H_2CO_3 \rightleftarrows H^+ + HCO_3^- \tag{2.86}$$

H_2CO_3/HCO_3^- 緩衝系では，過剰の酸が体内に存在する場合，式（2.87）により H_2CO_3 を生成することで，緩衝作用を示す．ここで生成した H_2CO_3 は CO_2 と H_2O に解離し，CO_2 は肺から放出される．

$$HCO_3^- + H^+ \longrightarrow H_2CO_3 \longrightarrow H_2O + CO_2\uparrow \tag{2.87}$$

一方，過剰の塩基が加えられた場合，式（2.88）により，HCO_3^- を生成することで緩衝作用を示す．

$$H_2CO_3 + OH^- \longrightarrow H_2O + HCO_3^- \tag{2.88}$$

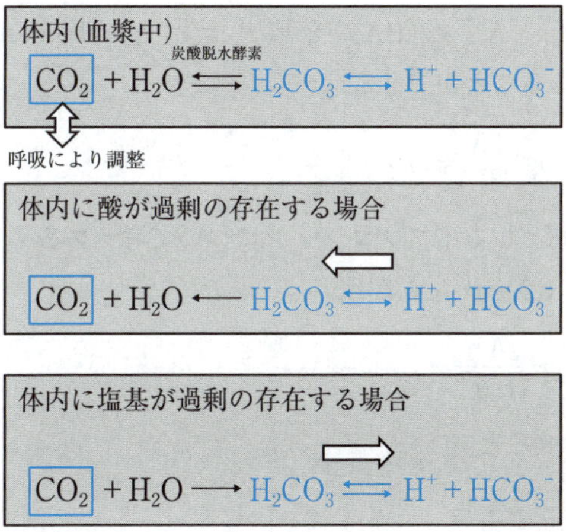

体内（血漿中）
$CO_2 + H_2O \xrightleftharpoons{\text{炭酸脱水酵素}} H_2CO_3 \rightleftarrows H^+ + HCO_3^-$
呼吸により調整

体内に酸が過剰の存在する場合
$CO_2 + H_2O \longleftarrow H_2CO_3 \rightleftarrows H^+ + HCO_3^-$

体内に塩基が過剰の存在する場合
$CO_2 + H_2O \longrightarrow H_2CO_3 \rightleftarrows H^+ + HCO_3^-$

図 2.7　炭酸-炭酸水素イオン（H_2CO_3/HCO_3^-）による緩衝システム

血液の pH は約 7.4 に保たれており，この状態が崩れたアルカローシスでは 7.4 より高くなり，アシドーシスでは 7.4 より低くなる．H_2CO_3/HCO_3^- 緩衝系の pH についての Henderson–Hasselbalch の式は式（2.89）のように表される．よって，血液中での H_2CO_3/HCO_3^- 緩衝系の各濃度について，式（2.90）の関係が得られる（炭酸の pK_a は 6.1 である）．

$$\mathrm{pH} = \mathrm{p}K_a + \log\frac{[HCO_3^-]}{[H_2CO_3]} \tag{2.89}$$

$$7.4 = 6.1 + \log\frac{[HCO_3^-]}{[H_2CO_3]} \tag{2.90}$$

$$1.3 = \log\frac{[HCO_3^-]}{[H_2CO_3]}$$

$$\log 2 = 0.3 \quad (10^{0.3} = 2)$$

$$10^{1.3} = 10^1 \times 10^{0.3} = 10 \times 2 = \frac{[HCO_3^-]}{[H_2CO_3]}$$

$$\frac{[\mathrm{HCO_3^-}]}{[\mathrm{H_2CO_3}]}=\frac{20}{1} \tag{2.91}$$

このように，pH = 7.4 のときは $[\mathrm{HCO_3^-}]:[\mathrm{H_2CO_3}]=20:1$ の比率となる．

2.4　pH と化学物質の形

2.4.1　一価の弱酸の分子形 / イオン形

ここでは，一塩基酸（1 分子あたり H^+ を 1 つ放出する酸）の溶液中での存在比，イオン形/分子形，$[A^-]$ / $[HA]$ を取り上げる．Henderson-Hasselbalch 式 (2.74) を用いて求めることができる．

$$\mathrm{pH}=\mathrm{pKa}+\log\frac{[\mathrm{A^-}]}{[\mathrm{HA}]} \tag{2.92}$$

ここで，一価の弱酸としてイブプロフェンについて考えてみる．$\mathrm{p}K_\mathrm{a}$ = 5.2 であるので，式 (2.92) に 5.2 を代入すると，

$$\mathrm{pH}=5.2+\log\frac{[\mathrm{A^-}]}{[\mathrm{HA}]} \tag{2.93}$$

左辺に 5.2 を移動させると，

$$\mathrm{pH}-5.2=\log\frac{[\mathrm{A^-}]}{[\mathrm{HA}]} \tag{2.94}$$

pH を $\mathrm{p}K_\mathrm{a}$ と同じ 5.2 とすると，

$$\log\frac{[\mathrm{A^-}]}{[\mathrm{HA}]}=0 \tag{2.95}$$

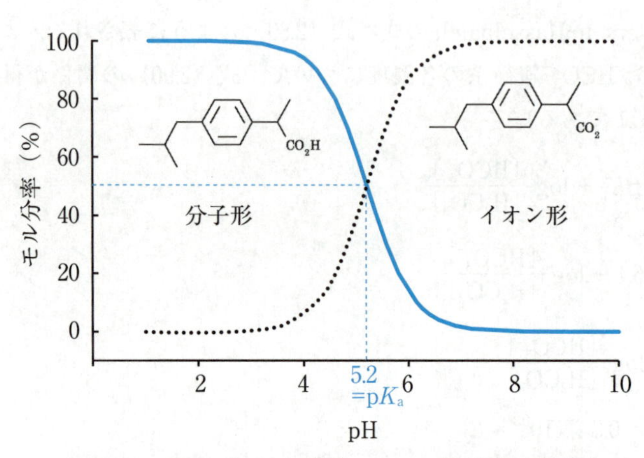

図 2.8　pH によるイブプロフェン化学種の分布

となる．図 2.8 のように，イブプロフェンの分子形 HA は左の構造式であり，イオン形 A^- は右側の構造式のとおりである．式（2.95）より，pH が pK_a と同じ 5.2 の水溶液では，[分子形]：[イオン形] = 1：1 となる．また，pH = 6.2 の水溶液では，[分子形]：[イオン形] = 1：10，pH = 4.2 の水溶液では，[分子形]：[イオン形] = 10：1 など，pH の異なる水溶液中でのイブプロフェンの分子形とイオン形の存在割合を知ることができる．

このように，分子形 HA とイオン形 A^- の存在割合は，その分子の pK_a と水溶液の pH により決まる（表 2.2）．

表 2.2　イブプロフェン（弱酸性薬物，pK_a=5.2）の分子形，イオン形の存在割合

pH	2.2	3.2	4.2	5.2	6.2	7.2	8.2
$\frac{[イオン形]}{[分子形]}$	$\frac{1}{1000}$	$\frac{1}{100}$	$\frac{1}{10}$	$\frac{1}{1}$	$\frac{10}{1}$	$\frac{100}{1}$	$\frac{1000}{1}$

生体内における薬の分子形 / イオン形の割合は，薬の細胞内への取り込みと密接な関係がある．薬はある程度の疎水性をもたないと，リン脂質からなる細胞膜を通過できないため，腸管や血中からの薬の吸収は疎水性の高い分子形が一般に有利である（pH 分配仮説）．

2.4.2　一価の弱塩基の分子形 / イオン形の割合

ここでは，1 分子あたり H^+ を 1 つ受容する塩基，すなわち一酸塩基の溶液中での存在比，[分子形]/[イオン形]，[B]/[BH^+]を取り上げる．塩基 B は例題 5 で取り上げたように，Henderson-Hasselbalch 式（2.74）を用いて，その pK_a とプロトン化した（H^+ を受容した）イオン形，分子形の各濃度より pH を表すことができる．分子形を B とすると，イオン形は BH^+ となり，

$$pH = pKa + \log\frac{[B]}{[BH^+]} \tag{2.96}$$

となる．ここで，一価の弱塩基としてプロプラノロールについて考えてみる．共役酸の pK_a = 9.5 であるので，pH を 9.5 としたときに，式（2.96）に代入すると次のようになる．

$$pH = 9.5 + \log\frac{[B]}{[BH^+]} \quad \log\frac{[B]}{[BH^+]} = 0 \tag{2.97}$$

図 2.9 には分子形（右側）とイオン形（左側）の化学式を示している．式（2.97）より pH = 9.5 の水溶液では［分子形]：[イオン形] = 1：1，pH = 8.5 の溶液では[分子形]：[イオン形] = 1：10，pH = 10.5 の水溶液では［分子形]：[イオン形] = 10：1 であり，pH の異なる水溶液中でのプロプラノロールの分子形とイオン形の

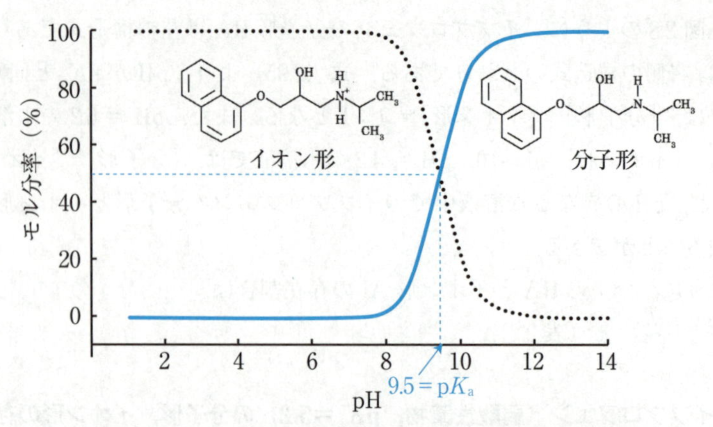

図 2.9　pH によるプロプラノロール化学種の分布

存在割合を知ることができる．

弱塩基の分子形 B とイオン形 BH^+ の存在割合は，弱酸の場合と同様，その分子の pK_a と水溶液の pH により決まる（表 2.3）．

表 2.3　プロプラノロール（弱塩基性薬物，共役酸の pK_a=9.5）の分子形，イオン形の存在割合

pH	6.5	7.5	8.5	9.5	10.5	11.5	12.5
［分子形］/［イオン形］	$\frac{1}{1000}$	$\frac{1}{100}$	$\frac{1}{10}$	$\frac{1}{1}$	$\frac{10}{1}$	$\frac{100}{1}$	$\frac{1000}{1}$

2.4.3　多価の弱酸の分子形 / イオン形の割合

次に，1 分子あたり複数の H^+ を放出する多塩基酸の解離平行について取り上げる．三塩基酸であるリン酸 H_3PO_4 は 1 分子あたり H^+ を 3 つ放出する．このリン酸の溶液中での分子形とイオン形の存在比，第二解離以降はそれぞれのイオン形の存在比について考える．リン酸の第一，第二および第三解離平衡は以下の通りである．またそれぞれの平衡定数（K_{a1}，K_{a2}，K_{a3}）は次式で表される．

多塩基酸の水溶液では一般的に一段階目の電離が一番大きい．

第一解離平衡：$H_3PO_4 \rightleftarrows H_2PO_4^- + H^+$

$$K_{a1} = \frac{[H_2PO_4^-][H^+]}{[H_3PO_4]} \tag{2.98}$$

第二解離平衡：$H_2PO_4^- \rightleftarrows HPO_4^{2-} + H^+$

$$K_{a2} = \frac{[HPO_4^{2-}][H^+]}{[H_2PO_4^-]} \tag{2.99}$$

第三解離平衡：$HPO_4^{2-} \rightleftarrows PO_4^{3-} + H^+$

$$K_{a3} = \frac{[PO_4^{3-}][H^+]}{[HPO_4^{2-}]} \tag{2.100}$$

いま，H_3PO_4 の初期濃度を c とすると水溶液中に存在する H_3PO_4，$H_2PO_4^-$，

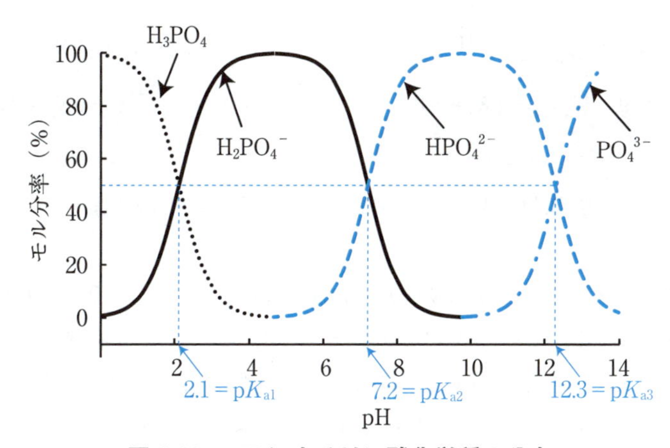

図 2.10　pH によるリン酸化学種の分布

HPO_4^{2-} および PO_4^{3-} のモル分率は，それぞれ $a_0 = [H_3PO_4]/c$，$a_1 = [H_2PO_4^-]/c$，$a_2 = [HPO_4^{2-}]/c$ および $a_3 = [PO_4^{3-}]/c$ と定義される．ここで，$c = [H_3PO_4] + [H_2PO_4^-] + [HPO_4^{2-}] + [PO_4^{3-}]$ である．$pK_{a_1} = 2.1$，$pK_{a_2} = 7.2$ および $pK_{a_3} = 12.3$ であるリン酸の分子形 H_3PO_4 とイオン形 $H_2PO_4^-$，HPO_4^{2-} および PO_4^{3-} の存在割合に対する pH の影響を図 2.10 に示す．このグラフにおける曲線の交点では，一価の弱酸や弱塩基の場合と同様に，pH = pK_{a_n} つまりその pK_{a_n} を有する弱酸とその共役塩基が 1：1 で存在する．また，どの pH においても，存在する分子種は 2 種類である．

例えば，pH = 2 では分子形 H_3PO_4 とイオン形 $H_2PO_4^-$ だけが存在し，pH = 8 ではイオン形 $H_2PO_4^-$ と HPO_4^{2-} だけが存在する．ほかの多価の弱酸の分子形とイオン形の存在比に対する pH の影響も，リン酸と同様に考えることができる．

リン酸塩緩衝液

図 2.10 において pH が pK_{a1} である 2.1 付近では H_3PO_4 と $H_2PO_4^-$ が 1：1 で共存，pH が pK_{a2} である 7.2 付近では $H_2PO_4^-$ と HPO_4^{2-} が 1：1 で共存，pH が pK_{a3} である 12.3 付近では HPO_4^{2-} および PO_4^{3-} が 1：1 で共存している．この性質を利用し，適当なリン酸塩の混合物を選択すれば，広範囲の pH をもつ緩衝液を調整できる．このときの pH については Henderson-Hasselbalch の式を用いて，求めることができる．

2.4.4　両性化合物の各種化学種の存在比

3-アミノフェノールとアラニンはいずれも酸性基と塩基性基を有する，いわゆる両性化合物である（図 2.11）．両者の pH 変化に伴う分子の存在状態は著しく異なる．

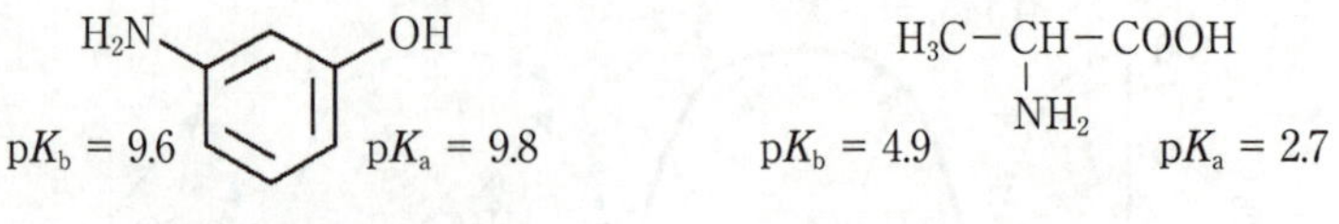

H_2N–C_6H_4–OH　$pK_b = 9.6$　$pK_a = 9.8$

3-アミノフェノール

$H_3C-CH(NH_2)-COOH$　$pK_b = 4.9$　$pK_a = 2.7$

アラニン

図 2.11　3-アミノフェノールとアラニンの構造

3-アミノフェノールの NH_2 基の pK_b は 9.6 である．よって，その共役酸 NH_3^+ 基の pK_a は 4.4 となる．よって 3-アミノフェノールの分子形の存在割合と pH の関係は図 2.12（a）となる．pH の減少に伴ってイオン形（$C_6H_4(NH_3^+)OH$）が生成し，分子形の割合が 50%のときの pH = 4.4 は NH_3^+ 基の pK_a を示す．また，pH の増加に伴ってイオン形（$C_6H_4(NH_2)O^-$）が生成するため分子形が減少し，分子形の割合が 50%のときの pH = 9.8 は OH 基の pK_a を示している．

一方，アラニンの NH_2 基の pK_b は 4.9 であるから，その共役酸の NH_3^+ 基の pK_a は 9.1 である．

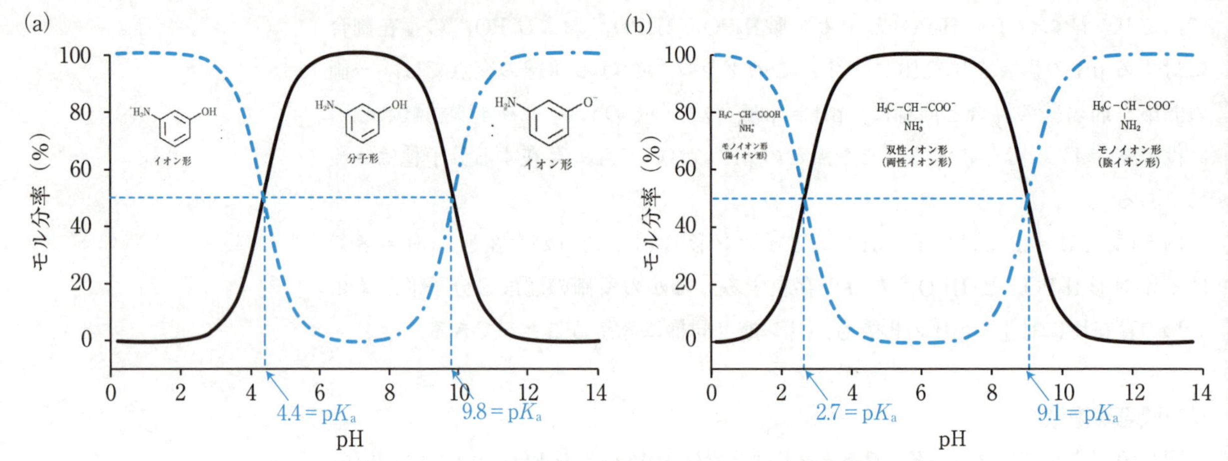

図 2.12　3-アミノフェノールの分子形の割合と pH の関係（a）と アラニンの双性イオン形の割合と pH の関係（b）

中性領域では双性イオン形（両性イオン）として存在し，アラニンの双性イオン形の存在割合と pH の関係は図 2.9（b）で示される．pH の減少に伴う双性イオン形の減少は，（$CH_3CH(NH_3^+)COOH$）の増加により，双性イオン形の割合が 50%のときの pH = 2.7 は COOH 基の pK_a である．また，pH の増大に伴う双性イオン形の減少は，（$CH_3CH(NH_2)COO^-$）の増加により，双性イオン形 50%の pH は NH_3 基の pK_a = 9.1 を示す．これら 2 つの pK_a 値の中間点は，アミノ酸の等電点（pI）という．見かけの電荷がないので，pI は（等電点）電気泳動等によるアミノ酸の分離に利用できる．

確認問題

次の記述について，正しいものには○，誤っているものには×を付けよ．

1) ある弱酸性薬物（pK_a = 5.2）の水溶液を pH = 5.2 に調製したときの分子形とイオン形の存在比は 1：1 である．（　）
2) 酢酸について，pK_a の値より pH が 2 低い場合，ほとんどが分子形で存在する．（　）
3) ある弱塩基性薬物（共役酸の pK_a = 9.5）の水溶液を pH = 9.5 に調製したときの分子形とイオン形の存在比は 1：1 である．（　）
4) pK_b = 5.0 の弱塩基について，pH = 9.0 に調製したときの分子形とイオン形の存在比は 1:1 である．（　）
5) pK_b = 4.7 の弱塩基について，pH = 11.3 では，ほとんどイオン形で存在する．（　）

解　答

1) （○）　図 2.8 参照
2) （○）
3) （○）　図 2.9 参照
4) （○）　pK_a + pK_b = 14 から求めると pK_a = 9.0 であり，pH = 9.0 では分子形：イオン形 = 1：1 で存在する．
5) （×）　pK_a + pK_b = 14 から求めると pK_a = 9.3 であり，pH = 11.3 では分子形：イオン形 = 100：1 で存在する．

2.5　金属錯体・キレート生成平衡

非共有電子対（**孤立電子対**）を有する原子を含んだ**配位子**が，**配位結合**によって金属イオンと結合した化合物のことを**金属錯体**という．特に，非共有電子対を有する原子を複数個含んでいる配位子は，金属イオンをはさみこむように配位して錯体をつくる．これを**キレート化合物**という．ここでは，分析化学において重要な金属錯体およびキレート生成反応について述べる．

非共有電子対　unshared electronpair
孤立電子対　lone pair

2.5.1 配位結合と錯体

化学結合 chemical bond

配位結合 coordinate bond

物質中にある原子やイオンは**化学結合**によってお互いに強く結びついている．この化学結合の種類には大きく分けてイオン結合，共有結合，金属結合があるが，一方の原子の非共有電子対を2つの原子で共有することでできる共有結合を特に**配位結合**という．例えば，アンモニア分子や水分子に水素イオンが配位結合することによって，それぞれアンモニウムイオンやオキソニウムイオンとなる（図 2.13）．

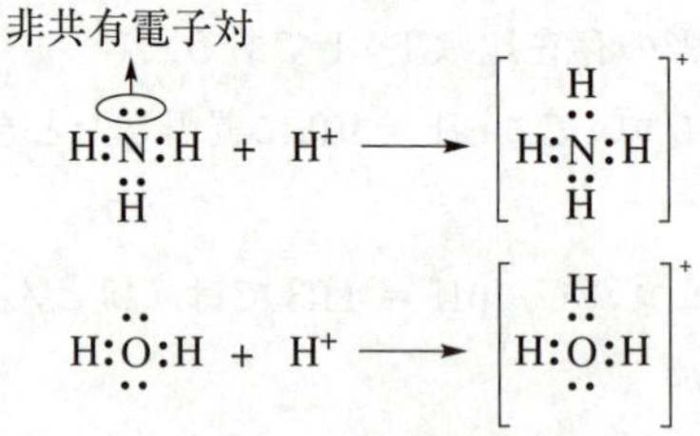

非共有電子対

$$\mathrm{H{:}\underset{\cdot\cdot}{\overset{\cdot\cdot}{N}}{:}H} \ (\text{下に } \mathrm{H}) + \mathrm{H^+} \longrightarrow \left[\mathrm{H{:}\underset{\cdot\cdot}{\overset{\cdot\cdot}{N}}{:}H}\ (\text{上下に } \mathrm{H})\right]^+$$

$$\mathrm{H{:}\underset{\cdot\cdot}{\overset{\cdot\cdot}{O}}{:}H} + \mathrm{H^+} \longrightarrow \left[\mathrm{H{:}\underset{\cdot\cdot}{\overset{\cdot\cdot}{O}}{:}H}\ (\text{上に } \mathrm{H})\right]^+$$

図 2.13 配位結合

錯体 complex
金属錯体 metal complex
配位子 ligand
配位原子 legand atom
単座配位子 monodentate ligand
多座配位子 polydentate ligand

2種類以上の分子またはイオンが配位結合によって結合すると，より複雑な組成の化合物ができあがる．このような化合物のことを一般に**錯体**という．特に金属イオンが分子やイオンと配位結合してできた錯体のことを**金属錯体**という．このとき金属イオンと配位結合する分子やイオンのことを**配位子**といい，配位子にある原子のうち，特に配位結合を行う原子を**配位原子**という．表 2.4 に代表的な配位子を示したが，1分子中に含まれている配位原子の数によって，1個のときは**単座配位子**，2個以上のときは**多座配位子**と分類できる．多座配位子の中で配位原子の数を明示するときには，二座配位子，三座配位子，四座配位子などと呼びあらわす．

配位数 coordination number

また金属の種類によって受容できる配位原子の数（すなわち電子対の数）は決まっており，これを**配位数**という．金属イオンの配位数と配位の方向により，金属錯体は様々な構造をとる．代表的な例を表 2.5 に示す．

2.5.2 キレート化合物

エチレンジアミン四酢酸 ethylenediaminetetraacetic acid（EDTA）

キレート化合物 chelate compound
金属キレート metal chelate

エチレンジアミン四酢酸（EDTA）のような多座配位子は，金属イオンと複数箇所の配位結合をすることによって図 2.14 に示すような安定な環状構造を有した金属錯体を生成する．この配位結合でできた構造はまるでカニのハサミで金属イオンを挟み込んだようにみえることから，ギリシア語のカニのハサミ（chele）にちなんで，このような環状構造をキレート環と呼び，キレート環を有する化合物のことを**キレート化合物**あるいは**金属キレート**という．六座配位子の EDTA は金属イオンを取り囲むようにしてキレート化合物を作るため，配位数が6以外の金属イオ

表 2.4　代表的な配位子

	化学式・名称
単座配位子	F^- フルオロ, Cl^- クロロ, Br^- ブロモ, I^- ヨード, CN^- シアノ, SCN^- チオシアナト, OH^- ヒドロキソ, H_2O アクア, NH_3 アンミン, ピリジン
二座配位子	$NH_2CH_2CH_2NH_2$ エチレンジアミン, $H_3C-C(=O)-CH=C(-O^-)-CH_3$ アセチルアセトナト, 2, 2′-ビピリジン, 1, 10-フェナントロリン
三座配位子	$HN(CH_2CH_2NH_2)_2$ ジエチレントリアミン
四座配位子	$N(CH_2CH_2NH_2)_3$ 2, 2′, 2″-トリアミノトリエチルアミン, $N(CH_2COO^-)_3$ ニトリロトリアセタト
六座配位子	$(^-OOCH_2C)_2NCH_2CH_2N(CH_2COO^-)_2$ エチレンジアミンテトラアセタト

表 2.5　金属の配位数と金属錯体の立体構造

配位数	立体構造	形状の名称	主な金属
2		直線形 (linear)	Ag(I), Hg(I)
4		平面四角形 (square planar)	Ni(II), Pd(II), Pt(II), Cu(II), Au(III)
4		正四面体形 (tetrahedral)	Co(II), Zn(II)
6		正八面体形 (octahedral)	Mg(II), Al(III), Mn(II), Mn(III), Cr(III), Fe(II), Fe(III), Co(II), Co(III), Ni(II), Pt(IV)

ンに対しても1：1の結合比でキレートを形成する．この性質を利用してEDTAは金属イオンの定量（キレート滴定）によく用いられている．

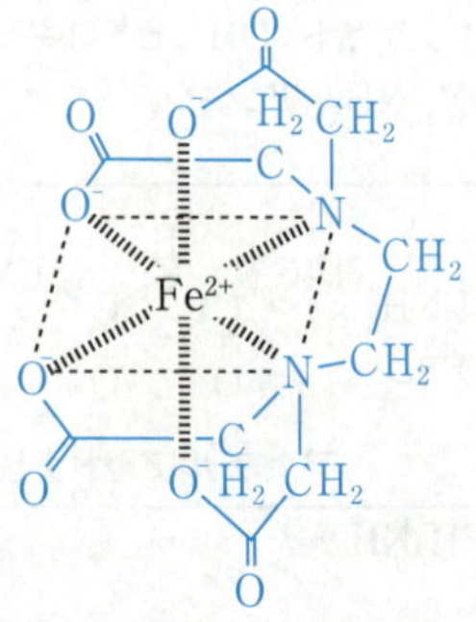

図2.14　EDTAが生成するキレート化合物（Fe^{2+}-EDTA）の構造

2.5.3　錯体生成反応に影響する因子

錯体生成反応は平衡反応であり，錯体の生成する速度と錯体の安定性（分解する速度）のバランスによって，錯体のできやすさが決まってくる．ここでは錯体形成に関わる代表的な因子について述べる．

A　pH

配位結合は，酸塩基の観点から見るとルイスの酸塩基の定義より，金属イオンなどの電子対受容体がルイス塩基，配位子などの電子対供与体がルイス酸となる酸塩基反応の結果，生じる結合である．したがって，錯体生成反応は金属イオンや配位子の種類だけではなく溶液のpHによって大きな影響を受ける．

M：金属イオン
L：配位子

金属イオンMと配位子Lとを反応させて金属錯体MLを生成させる反応を考えると，この反応は一般に可逆反応であり，生成定数は以下のように表される．

$$\mathrm{M + L \rightleftarrows ML} \qquad K = \frac{[\mathrm{ML}]}{[\mathrm{M}][\mathrm{L}]} \tag{2.101}$$

分析化学で用いる配位子Lは，通常，ブレンステッド塩基（2.2.1項参照）であるから，配位子Lと水素イオン（ここでは便宜上Hと表記）との間には以下の電離平衡が起きている．

$$\mathrm{H + L \rightleftarrows HL} \tag{2.102}$$

したがって，pHが低く，水素イオンが多い環境下では，HLが増えて［L］が低下するため，錯体が生成しにくくなってしまう．

一方，溶液のpHが高くなると水酸化物イオン（ここでは便宜上OHと表記）の濃度が上昇し，金属イオンと反応してヒドロキソ錯体や水酸化物の沈殿（これらを便宜上 MOH と表記）が生成する．

$$M + OH \rightleftarrows MOH \tag{2.103}$$

このため，pH が高く，水酸化物イオンが多い環境下では，[M] が減少するため錯体の生成量は減少することになる．

このように溶液の pH が低すぎても高すぎても錯体 ML の減少を招いてしまうため，錯体の生成量を最大にするための pH 範囲はおのずと定まってくる．この pH のことを**至適 pH** という．錯体生成反応を効率よく行う際は，緩衝液を用いて溶液の pH を至適 pH になるようコントロールする必要がある．

至適 pH　optimum pH

B　HSAB 則

金属イオンと配位子の間には錯体を作りやすい組み合わせもあれば，できにくい組み合わせもある．Pearson（ピアソン）は 1963 年に金属イオンと配位子の錯体生成のしやすさを定性的に説明するための概念，**HSAB 則**を提唱した．HSAB 則の中で Pearson は金属イオン（ルイス酸）のうち，電荷が大きく，イオン半径が小さいものを「かたい酸」，電荷が小さく，イオン半径が大きいものを「やわらかい酸」とし，配位子（ルイス塩基）のうち，F，O，N などの配位原子は，電気陰性度が大きく，分極しにくく，酸化されにくいので，これらを含む配位子を「かたい塩基」，I，S，P などの配位原子は，電気陰性度が小さく，分極しやすく，酸化されやすいため，これらを含む配位子を「やわらかい塩基」と分類した（表 2.6）．そしてかたい酸とかたい塩基は親和性が高いこと，また，やわらかい酸とやわらかい塩基の親和性が高いことを示した．

HSAB 則
Hard and Soft Acid and Base
かたい酸：hard acid
やわらかい酸：soft acid
かたい塩基：hard base
やわらかい塩基：soft base

表 2.6　HSAB 則による酸と塩基の分類

かたい酸	やわらかい酸	中間に属する酸
H^+，Li^+，Na^+，K^+，Mg^{2+}，Ca^{2+}，Cr^{3+}，Co^{3+}，Fe^{3+}，Al^{3+}	Cu^+，Ag^+，Au^+，Hg^+，Hg^{2+}，Pd^{2+}，Pt^{2+}，Cd^{2+}	Fe^{2+}，Co^{2+}，Ni^{2+}，Cu^{2+}，Zn^{2+}，Pb^{2+}，Sn^{2+}，Bi^{3+}
かたい塩基	**やわらかい塩基**	**中間に属する塩基**
H_2O，OH^-，RO^-，CH_3COO^-，CO_3^{2-}，SO_4^{2-}，PO_4^{3-}，F^-，Cl^-，NH_3，EDTA	R_2S，RSH，RS^-，SCN^-，CN^-，$S_2O_3^{2-}$，R_3P，I^-，CO	NO_2^-，SO_3^{2-}，Br^-

*R はアルキル基あるいはアリル基を示す．

C　キレート効果

金属イオンに単座配位子である NH_3 が 2 分子配位したときと比べて，多座配位子であるエチレンジアミン（$H_2N—CH_2—CH_2—NH_2$；en）1分子が金属イオンとキレート環を作ったときの方が，より安定であることが知られている．このような現象を**キレート効果**という．

キレート効果
chelate effect

この現象が起きる理由として以下のことが考えられている．まずは，錯体の分解において，単座配位子は1か所でしか配位結合していないため，その結合が切れると分離してしまうのに対し，多座配位子がキレート環を作っている場合は，1か所が切断されても，他の部分が結合しているのでその場に留まりやすく，再結合によってもとの構造に戻る確率が高い．また，錯体の形成の際も，単座配位子XとYは独立した配位子であるため，片方のXが結合しても，Yは自由に動くことができ，同じ金属イオンに接近して結合する確率は低いが，その一方で，多座配位子の1つ目の配位原子Xが金属イオンMと結合したとき，もう1つの配位原子YはXとつながっているため，Yが動ける範囲は狭くMの近傍に限られ，Mと結合する確率は高くなる（図2.15）．このように錯体の形成・解離の両面において，キレート環の構造の方が単座配位子よりも配位しやすくなるため，錯体として安定となる．

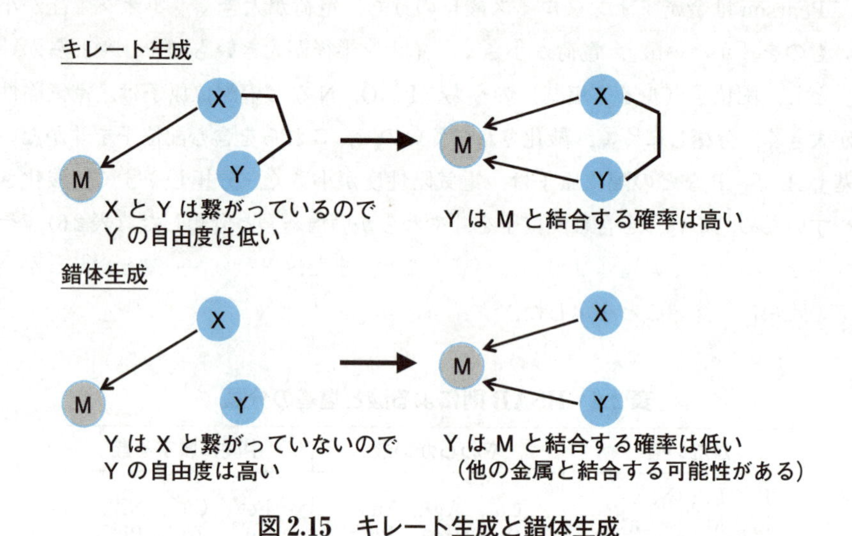

図2.15　キレート生成と錯体生成

2.5.4　錯体の生成しやすさの指標

もしそれぞれの錯体のできやすさを数値にして表すことができれば，どの錯体がどういった条件で生成されるかを簡単に予想することができ，様々な応用が可能になる．

錯体の生成反応は平衡反応であるので，その反応は最終的には見かけ上濃度が変化しない状態（平衡状態）に落ち着くことになる．この平衡状態のとき，各物質の濃度の間には一定の関係が成り立つことが知られている．例えば，4個の配位子Lが1つの金属イオンMと結合して錯体ML_4を生成する反応では，各物質の濃度の間には次のような関係が成り立つ．

$$M + 4L \rightleftarrows ML_4 \qquad \beta_1 = \frac{[ML_4]}{[M][L]^4} \tag{2.104}$$

この β は一般に平衡定数とよばれているが，β の値が大きいほど，平衡状態のときに錯体が多く生成されている（錯体が安定である）ことから，この平衡定数 β のことを**全生成定数**または**全安定度定数**という．全生成定数は値が非常に大きくなることもあるため，対数の形で表記することもある．これらは錯体のできやすさの指標として広く用いられている．

全生成定数
overall formation constant
全安定度定数
overall stability constant

また，式（2.104）の反応は以下の4段階の反応に分かれている．

$$M + L \rightleftarrows ML \qquad K_1 = \frac{[ML]}{[M][L]} \tag{2.105}$$

$$M + L \rightleftarrows ML_2 \qquad K_2 = \frac{[ML_2]}{[ML][L]} \tag{2.106}$$

$$ML_2 + L \rightleftarrows ML_3 \qquad K_3 = \frac{[ML_3]}{[ML_2][L]} \tag{2.107}$$

$$ML_3 + L \rightleftarrows ML_4 \qquad K_4 = \frac{[ML_4]}{[ML_3][L]} \tag{2.108}$$

この4つの反応に対する平衡定数 $K_1 \sim K_4$ を**逐次生成定数**または**逐次安定度定数**という．一般に錯体の逐次生成定数には $K_1 > K_2 > K_3 > K_4 \cdots > K_n$ の関係がある．また，逐次生成定数の積が全生成定数になることが知られている．例えば，ML，ML_2，ML_3，ML_4 の生成反応では，

逐次生成定数
stepwise formation constant
逐次安定度定数
stepwise stability constant

$$M + L \rightleftarrows ML \qquad \beta_1 = \frac{[ML]}{[M][L]} = K_1 \tag{2.109}$$

$$M + 2L \rightleftarrows ML_2 \qquad \beta_2 = \frac{[ML_2]}{[M][L]^2} = \frac{[ML]}{[ML][L]} \times \frac{[ML_2]}{[M][L]} = K_1K_2 \tag{2.110}$$

$$M + 3L \rightleftarrows ML_3$$

$$\beta_3 = \frac{[ML_3]}{[M][L]^3} = \frac{[ML]}{[M][L]} \times \frac{[ML_2]}{[ML][L]} \times \frac{[ML_3]}{[ML_2][L]} = K_1K_2K_3 \tag{2.111}$$

$$M + 4L \rightleftarrows ML_4$$

$$\beta_4 = \frac{[ML_4]}{[M][L]^4} = \frac{[ML]}{[M][L]} \times \frac{[ML_2]}{[ML][L]} \times \frac{[ML_3]}{[ML_2][L]} \times \frac{[ML_4]}{[ML_3][L]}$$

$$= K_1K_2K_3K_4 \tag{2.112}$$

が成り立つ．

キレート生成の場合においても，本来は金属イオンと逐次的に反応が進行するので，上記のように多段階反応として考えることになるが，代表的な六座配位子であるEDTA（Y^{4-}）は金属イオン（M^{n+}）と反応比1：1で反応するため，以下に示すように1段階の反応で表すことができる．このようなキレート生成反応における全

キレート生成定数
chelate formation constant

生成定数のことを，**キレート生成定数**という．

$$M^{n+} + Y^{4-} \rightleftarrows ML^{n-4} \quad K_{MY} = \frac{[MY^{n-4}]}{[M][Y^{4-}]} \tag{2.113}$$

以下の表2.7に，ニッケル（Ni^{2+}）にアンモニアが配位子したときと，エチレンジアミン（en）が配位したときの安定度定数を示す．$[Ni(NH_3)_2]^{2+}$ と $[Ni(en)]^{2+}$，$[Ni(NH_3)_4]^{2+}$ と $[Ni(en)_2]^{2+}$，$[Ni(NH_3)_6]^{2+}$ と $[Ni(en)_3]^{2+}$，の安定度定数で比較するとエチレンジアミンが配位したときの方が著しく大きい値となっている．このようにキレート効果の大きさも安定度定数によって評価することができる．

表2.7　全安定度定数に及ぼすキレート効果の影響

	$[Ni(NH_3)]^{2+}$ $\log \beta_1$	$[Ni(NH_3)_2]^{2+}$ $\log \beta_2$	$[Ni(NH_3)_3]^{2+}$ $\log \beta_3$	$[Ni(NH_3)_4]^{2+}$ $\log \beta_4$	$[Ni(NH_3)_5]^{2+}$ $\log \beta_5$	$[Ni(NH_3)_6]^{2+}$ $\log \beta_6$
$[Ni(NH_3)_n]^{2+}$	2.72	4.89	6.55	7.67	8.34	8.31
$[Ni(en)_n]^{2+}$		7.32		13.50		17.61
		$\log \beta_1$ $[Ni(en)]^{2+}$		$\log \beta_2$ $[Ni(en)_2]^{2+}$		$\log \beta_3$ $[Ni(en)_3]^{2+}$

確認問題

次の記述について，正しいものには○，誤っているものには×をつけよ．

1）非共有電子対をもつ原子が金属イオンと配位した化合物のことを錯体という．（　）
2）錯体生成反応はルイスの定義に基づく酸塩基反応である．（　）
3）エチレンジアミン四酢酸は二座配位子である．（　）
4）配位数4の金属が形成する錯体の立体構造は正八面体形である．（　）
5）錯体生成反応は溶液のpHに大きく影響を受ける．（　）
6）錯体生成平衡において全生成定数は逐次生成定数の和として表される．（　）

解　答

1）（○）
2）（○）錯体反応は電子の授受を伴う反応である．
3）（×）EDTAは水中で電離することで図2.14のように6か所で配位する．
4）（×）正八面体形のほかに平面四角形も存在する．
5）（○）
6）（×）正しくは積である．

2.6　酸化・還元平衡

私たちの身の回りでは，私たち自身の体の中も含めて，電子の受け渡しによる変化，「酸化」と「還元」が起きている．ここでは，電子の動きから化学反応を考えることで，酸化と還元のしくみ，酸化還元反応を引き起こす電気的な力やエネルギー，標準酸化還元電位，ネルンストの式，酸化還元平衡について学ぶ．

この単元を学ぶことで5.6節　酸化還元滴定についてより深く理解できるようになるであろう．

酸化　oxidation
　①物質が酸素が化合すること，②水素含有化合物から水素が失われること，③物質から電子が失われること，の定義があるがここでは主に③の定義を用いる．

還元　reduction
　①酸素含有化合物から酸素が失われること，②物質が水素と化合すること，③物質が電子を受け取ること，の定義があるがここでは主に③の定義を用いる．

2.6.1　酸化と還元

酸化と還元の定義には様々なものがあるが，原子・分子あるいはイオンから電子が失われる変化を酸化，その反対に電子を受け取る変化を還元というのが，広く一般的に使われている．酸化と還元は電子のやり取りで考えることによって統一的に説明することができ，その際，1つの反応においてある物質が電子を与えるときには同時に別の物質が電子を受け取ることになるため，酸化と還元は同時に起きることになる．この反応を**酸化還元反応**という（図2.16）．このとき相手から電子を受け取る（相手を酸化する）物質のことを**酸化剤**といい，反対に相手に電子を与える（相手を還元する）物質のことを**還元剤**という．酸化剤，還元剤のはたらきを電子の授受で表した反応式のことを**半反応式**という．

酸化還元反応
　oxidation-reduction reaction または redox reaction

酸化剤　oxidizing agent
　相手を酸化する物質．自分自身は電子を受け取り還元される．

還元剤　reducing agent
　相手を還元する物質．自分自身は電子を失い酸化される．

半反応式　half reaction formula

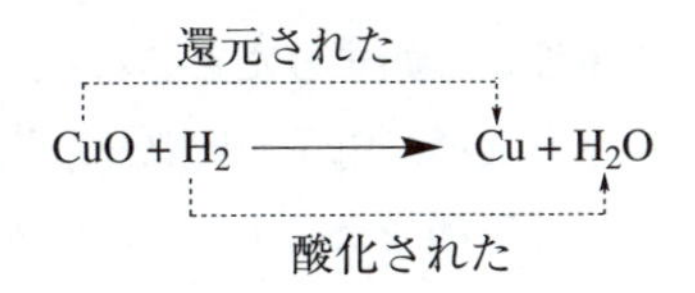

図2.16　酸化還元反応

（酸化剤のはたらきを表した半反応式）

$$Cl_2 + 2e^- \longrightarrow 2Cl^- \qquad (2.114)$$

（還元剤のはたらきを表した半反応式）

$$Cu \longrightarrow Cu^{2+} + 2e^- \qquad (2.115)$$

酸化還元反応においてどの物質が酸化され，どの物質が還元されたかを判断する際，**酸化数**という指標を用いる．酸化数とは原子やイオンがどの程度酸化（還元）されているかを表しており，ある原子の酸化数が増加したとき，その原子（あるいはその原子を含む物質）は酸化されたという．その逆に，ある原子の酸化数が減少

酸化数　oxidation number

したとき，その原子（あるいはその原子を含む物質）は還元されたという．

2.6.2　酸化剤の強さと標準酸化還元電位

物質Aと物質Bの間で酸化還元反応が起こるとき，反応を左から右へ見れば，物質Aから物質Bへの電子の移動が起きているが，逆に見れば物質Bから物質Aへの移動となり，両方向とも本質的には同一のものである．

$$A^{\bullet} + B \rightleftarrows A + B^{\bullet} \tag{2.116}$$

それではこの反応がどちら側に進むのかをどうやって知ればよいのだろう．それを知るためには，それぞれの物質の酸化（還元）されやすさを評価する必要がある．

一番簡単な例として金属を例に挙げると，金属においては，ナトリウムやカルシウムのように単体よりも陽イオンになりやすい（電子を与えやすい）金属もあれば，金や白金のように陽イオンよりも単体になりやすい（電子を受け取りやすい）金属もある．このように金属によって陽イオンのなりやすさが異なっており，金属の単体が陽イオンになろうとする性質を**金属のイオン化傾向**という．金属をイオン化傾向の大きい順に並べたものを**金属のイオン化列**（図2.17）という．

金属のイオン化列
ionized column of metal

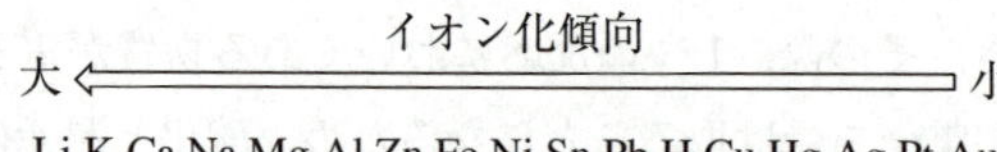

図2.17　金属のイオン化列

イオン化傾向の異なる2種類の金属を電解質水溶液に浸して導線でつなぐと，金属表面で反応が生じ，イオン化傾向の大きい金属から小さい金属へ導線を通じて電子の移動が起こる．これが**電池**と呼ばれるものであり，1800年に物理学者のボルタによって発明されたボルタ電池から始まったとされる．このときの2種類の金属を**電極**といい，電子を出す電極を**負極**，電子が流れ込む電極を**正極**と呼ぶ．負極では電子が失われるので酸化反応，正極では電子を受け取るため還元反応が起こる．電極に用いる金属の組合わせを変えていったとき，イオン化傾向の差が大きい組み合わせほど電池の電圧（起電力）が高くなることから，起電力の値からイオン化傾向，つまり酸化されやすさを実験的に評価することができるようになった．電圧とは正極と負極の電位の差のことであるから，片方の電極を基準として電位差を測ることで，相対的な電位を求めることができる．これを標準酸化還元電位（標準電極電位）$E°$といい，基準となる電極として，通常，標準水素電極（$2H^+ + 2e^- \rightleftarrows H_2$，25℃，$1.013 \times 10^5$ Pa）の標準酸化還元電位を0Vと定めて表す．この標準酸化還元電位は金属だけではなく様々な酸化剤，還元剤においても求めることができる．表2.8に主な物質の標準酸化還元電位を示す．

電池　electrochemical cell
または battery

電極　electrode
正極　anode
負極　cathode

起電力　electromotive force

標準酸化還元電位
standard redox potential
標準電極電位
standard electrode potential
標準水素電極
standard hydrogen electrode（SHE）または normal hydrogen electrode（NHE）

表 2.8　標準酸化還元電位（25℃）

電極反応	$E°/V$	電極反応	$E°/V$
$H_2O_2 + 2H^+ + 2e^- \rightleftarrows 2H_2O$	1.776	$I_2 + 2e^- \rightleftarrows 2I^-$	0.535
$Ce^{4+} + e^- \rightleftarrows Ce^{3+}$	1.61	$Fe(CN)_6^{3-} + e^- \rightleftarrows Fe(CN)_6^{4-}$	0.356
$BrO_3^- + 6H^+ + 5e^- \rightleftarrows 1/2\ Br_2 + 3H_2O$	1.52	$Cu^{2+} + 2e^- \rightleftarrows Cu$	0.337
$MnO_4^- + 8H^+ + 5e^- \rightleftarrows Mn^{2+} + 4H_2O$	1.51	$Sn^{4+} + 2e^- \rightleftarrows Sn^{2+}$	0.154
$BrO_3^- + 6H^+ + 6e^- \rightleftarrows Br^- + 3H_2O$	1.42	$Cu^{2+} + e^- \rightleftarrows Cu^+$	0.153
$Cr_2O_7^- + 14H^+ + 6e^- \rightleftarrows 2Cr^{3+} + 7H_2O$	1.35	$S_4O_6^{2-} + 2e^- \rightleftarrows 2S_2O_3^-$	0.08
$MnO_2 + 4H^+ + 2e^- \rightleftarrows Mn^{2+} + 2H_2O$	1.23	$2H^+ + 2e^- \rightleftarrows H_2$	0.000
$O_2 + 4H^+ + 4e^- \rightleftarrows 2H_2O$	1.229	$Pb^{2+} + 2e^- \rightleftarrows Pb$	−0.129
$IO_3^- + 6H^+ + 5e^- \rightleftarrows 1/2\ I_2 + 3H_2O$	1.195	$Sn^{2+} + 2e^- \rightleftarrows Sn$	−0.138
$IO_3^- + 6H^+ + 6e^- \rightleftarrows I^- + 3H_2O$	1.09	$Cd^{2+} + 2e^- \rightleftarrows Cd$	−0.402
$Br_2 + 2e^- \rightleftarrows 2Br^-$	1.065	$Fe^{2+} + 2e^- \rightleftarrows Fe$	−0.440
$HNO_2 + H^+ + e^- \rightleftarrows NO + H_2O$	1.00	$2CO_2 + 2H^+ + 2e^- \rightleftarrows H_2C_2O_4$	−0.49
$NO_3^- + 3H^+ + 2e^- \rightleftarrows HNO_2 + H_2O$	0.94	$Zn^{2+} + 2e^- \rightleftarrows Zn$	−0.763
$2Hg^{2+} + 2e^- \rightleftarrows Hg_2^{2+}$	0.920	$Mn^{2+} + 2e^- \rightleftarrows Mn$	−1.18
$Ag^+ + e^- \rightleftarrows Ag$	0.799	$Al^{3+} + 3e^- \rightleftarrows Al$	−1.663
$Hg_2^{2+} + 2e^- \rightleftarrows 2Hg$	0.789	$Na^+ + e^- \rightleftarrows Na$	−2.714
$Fe^{3+} + e^- \rightleftarrows Fe^{2+}$	0.771	$Ca^{2+} + 2e^- \rightleftarrows Ca$	−2.87
$O_2 + 2H^+ + 2e^- \rightleftarrows H_2O_2$	0.682	$K^+ + e^- \rightleftarrows K$	−2.925

この標準酸化還元電位を使って，酸化還元反応の反応する向きについて考えてみよう．例えば，ダニエル電池では，以下の 2 つの電極反応が存在している．

ダニエル電池　Daniell cell

$$Zn^{2+} + 2e^- \rightleftarrows Zn \qquad E°_{Zn} = -0.763\ V \tag{2.117}$$

$$Cu^{2+} + 2e^- \rightleftarrows Cu \qquad E°_{Zn} = 0.337\ V \tag{2.118}$$

式（2.117），式（2.118）をまとめると，酸化還元反応の式は，

$$Zn + Cu^{2+} \rightleftarrows Zn^{2+} + Cu \tag{2.119}$$

となるが，電子は電位が低いほうから高いほうへと移動するので，標準酸化還元電位の小さい Zn 極から標準酸化還元電位の大きい Cu 極へと移動する．したがって，Zn 極では電子の発生する左向きに，Cu 極では電子を受け取る右向きに反応が進行し，これらをまとめた酸化還元反応は右向きに進行することがわかる．つまり，2 つの標準酸化還元電位 $E°$ を比べたときに，標準酸化還元電位 $E°$ が低い方が電子を出す方向に反応が進む．この酸化還元反応において，Zn 極は電子を失う酸化反応なので還元剤としてはらたき，Cu 極では還元反応が起きているので酸化剤としてはたらく，したがって酸化還元反応において標準酸化還元電位 $E°$ が大きい方が強い酸化剤としてはたらき，小さい方が強い還元剤としてはたらくように反応が進む．この考え方は電池だけではなく溶液中の反応にも応用でき，ヨウ化カリウムと臭素の反応が容易に進行するのに対し，臭化カリウムとヨウ素の反応がほとんど進まないという事実に合致する．

また，この電池の起電力は正極と負極の電位差（正極－負極）となり，標準酸化還元電位の差（正極－負極）が**標準起電力**となる．ダニエル電池の接続直後の電圧は約 1.1 V であり，標準酸化還元電位の差（0.337 V －（－ 0.763 V）= 1.100 V）によく一致する．

標準起電力　standard electromotive force

2.6.3 ネルンスト式

正極と負極で反応が進行することで導線を通じて電極間を電子が流れる．この電子が流れる勢いは電位差（起電力）として表現されるが，反応の進行するに従って，反応物の濃度が減少し，生成物の増加に伴い逆反応の速度も大きくなるため，見かけ上の正反応の速度が低下し，それとともに起電力も低下する．そして最終的には起電力がゼロになったとき，電気は流れなくなり，見かけ上，反応は進行しない状態となる．これを**酸化還元平衡状態**という．ここでは起電力と物質の濃度（活量）の関係について述べる．

酸化還元反応 $aA + bB \longrightarrow cC + dD$ が起きたとき，ギブズの自由エネルギー変化 ΔG は，熱力学より，

$$\Delta G = \Delta G^\circ + RT \ln \frac{[C]^c[D]^d}{[A]^a[B]^b} \qquad (2.120)$$

（ΔG°：標準反応ギブズエネルギー，R：気体定数，T：温度）

で表される．この化学反応が自発的に進行するためには，ΔG が負でなくてはならない．一方，電磁気学では，電位に差がある（電圧がかかっている）空間を電荷が移動をする（電気が流れる）ことで，外部にエネルギーを与える（仕事する）ことが知られており，電気を流したときの仕事量（エネルギーの変化量）は，電気量をQ，2点間の電位差（電圧）をVとしたとき，$W = QV$ と表すことができる．上記の反応で n [mol] の電子が導線を流れたとき，電気量は nF（F はファラデー定数），電位差は酸化剤と還元剤の2つの酸化還元電位の差（起電力）E として表現できるので，電子が行った仕事量 W は，

電位　electric potential
1Cあたりの位置エネルギー，単位はV（ボルト）
電圧　voltage
2点間の電位の差のこと．電位差 potential difference ともよばれることもある．単位はV（ボルト）

$$W = nFE \qquad (2.121)$$

と求められる．

酸化還元反応の進行によって，電子の移動が起き，ギブズの自由エネルギーに変化が生じるわけだから，電子による仕事量 W とギブズの自由エネルギー変化 ΔG は同じエネルギーの変化を意味している．したがって，W と ΔG の関係は，符号の向きに気をつけると，

$$\Delta G = -W = -nFE \qquad (2.122)$$

が成り立つ．また標準状態でのギブズの自由エネルギー変化は ΔG° となり，標準状態での起電力は標準起電力 E° となるので，同様にして，

$$\Delta G^\circ = -nFE^\circ \qquad (2.123)$$

が成り立つ．

これらの式を式（2.121）に代入すると，

$$-nFE = -nFE^\circ + RT \ln \frac{[C]^c[D]^d}{[A]^a[B]^b} \qquad (2.124)$$

となり，両辺を $-nF$ で割ると

$$E = E^\circ - \frac{RT}{nF} \ln \frac{[C]^c[D]^d}{[A]^a[B]^b} \quad (2.125)$$

が得られる．この式より起電力が構成化合物の濃度に依存して決まることが示されている．

また，この式に定数値（$R = 8.31$ J/K・mol，$T = 298$ K，$F = 9.65 \times 10^4$ C/mol，$\ln x = 2.303 \log x$）を代入すると

$$E = E^\circ - \frac{0.059}{n} \log \frac{[C]^c[D]^d}{[A]^a[B]^b} \quad (2.126)$$

となる．この式より物質の濃度から電位差（起電力）を理論的に計算できるようになり，膜電位の研究に生かされているほか，電位差から逆に物質の濃度を求められることを利用して，各種の容量分析に用いられる電位差測定法（5.7 電気滴定，よくわかる薬学機器分析 p.371）や，pH 測定法（よくわかる薬学機器分析 p.376）にも応用されている．

さらにこの式を，Ox（酸化型）が n 個の電子を受け取って Red（還元型）になる半反応式 $\mathrm{Ox} + ne^- \rightleftharpoons \mathrm{Red}$（標準酸化還元電位：$E^\circ$）にあてはめれば，

$$E = E^\circ - \frac{0.059}{n} \log \frac{[\mathrm{Red}]}{[\mathrm{Ox}]} = E^\circ + \frac{0.059}{n} \log \frac{[\mathrm{Ox}]}{[\mathrm{Red}]} \quad (2.127)$$

が成り立つ．この式を**ネルンスト式**と呼び，標準酸化還元電位 E° は酸化型 Ox と還元型 Red の濃度が等しいときの溶液の電位 E に対応していることがわかる．

ネルンスト式　Nernst's equation

2.6.4 標準起電力と平衡定数

酸化還元反応 $aA + bB \rightleftharpoons cC + dD$ が平衡状態に達しているときの式 2.126 について考えてみよう．このとき，起電力 $E = 0$ となり，この反応の酸化還元平衡定数 K は平衡時の各化合物の濃度を［A］，［B］，［C］，［D］とすると

$$K = \frac{[C]^c[D]^d}{[A]^a[B]^b} \quad (2.128)$$

と表せることから，これらを式（2.126）に代入して，

$$0 = E^\circ - \frac{0.059}{n} \log K \quad (2.129)$$

となる．この反応が 1 回進むと電子は ab 個やり取りされることになるから，$n = ab$ となる．ここから酸化還元平衡定数は次のように表される．

$$\log K = \frac{ab}{0.059} E^\circ \text{ または } K = 10^{\frac{ab}{0.059}E^\circ} \quad (2.130)$$

この式から標準起電力 E° が大きいほど平衡定数 K は大きくなり，より定量的に右向きに進行することがわかる．

2.6.5　pH が関与する酸化還元反応

式（2.131）で示された水素イオンが関与する酸化還元反応では，酸化還元電位は水素イオン濃度に大きく影響を受ける．このような反応の一般式は式（2.132）のように表され，ネルンストの式から，その酸化還元電位 E は式（2.133）のように表される．

$$MnO_4^- + 8H^+ + 5e^- \longrightarrow Mn^{2+} + 4H_2O \quad (2.131)$$

$$a\mathrm{Ox} + m\mathrm{H}^+ + ne^- \longrightarrow b\mathrm{Red} + \frac{m}{2}\mathrm{H_2O} \quad (2.132)$$

$$E = E^\circ + \frac{0.059}{n}\log\frac{[\mathrm{Ox}]^a[\mathrm{H}^+]^m}{[\mathrm{Red}]^b} \quad (2.133)$$

式（2.133）を変形すると $\mathrm{pH} = -\log[\mathrm{H}^+]$ より，

$$E = E^\circ + \frac{0.059}{n}\log[\mathrm{H}^+]^m + \frac{0.059}{n}\log\frac{[\mathrm{Ox}]^a}{[\mathrm{Red}]^b}$$

$$= \boxed{E^\circ - \frac{0.059m}{n}\mathrm{pH}} + \frac{0.059}{n}\log\frac{[\mathrm{Ox}]^a}{[\mathrm{Red}]^b} \quad (2.134)$$

この式の四角で囲んだ部分を条件付き標準酸化還元電位とよび，pH が大きくなる（塩基性になる）につれ低下することがわかる．例えば過酸化マンガンイオンの場合，pH = 0.00 のときの条件付き標準酸化還元電位は標準酸化還元電位 1.51 V に相当するが，pH が大きくなるにつれ，条件付き標準酸化還元電位が小さくなり酸化力が弱くなるため，過マンガン酸イオンの酸化力を十分に生かすためには，硫酸酸性などの酸性条件が望ましいことがわかる．

確認問題

次の記述について，正しいものには○，誤っているものには×をつけよ．

1）　イオン，原子，分子などの化学種が電子を失う反応を酸化という．　（　）

2）　自分自身が還元される物質を還元剤という．　（　）

3）　標準酸化還元電位が高い化学種ほど酸化されやすい．　（　）

4）　半反応式 $\mathrm{Ox} + ne^- \rightleftarrows \mathrm{Red}$ におけるネルンスト式は，25℃において $E = E^\circ - \frac{0.059}{n}\frac{[\mathrm{Ox}]}{[\mathrm{Red}]}$ である．　（　）

5）　標準起電力が大きくなるような酸化剤と還元剤の組合わせほど，反応は右に定量的に進む．　（　）

6）　酸化還元反応は酸塩基反応とは異なるので，水素イオンの濃度の影響を全く受けない．　（　）

解　答

1)　(○)
2)　(×)
3)　(×)
4)　(×)
5)　(○)
6)　(×)

2.7　沈殿・溶解平衡

溶解とは，溶質（固体）が溶媒中に溶け込み分散して均一な液体（均一系平衡）となる現象であり，沈殿とは，溶液中において化学反応によって生じた反応生成物（固体）が，下部に沈積する現象である（図 2.18）.

物質が一定量の溶媒に溶ける溶質の最大量を溶解度と呼び，溶解が平衡状態（溶解平衡）に達したときの溶解度を，飽和溶解度と呼ぶことがある.

溶解度 solubility

沈殿平衡とは，沈殿した固体とその飽和平衡に達した溶液との化学平衡（不均一

沈殿平衡 precipitation equilibrium

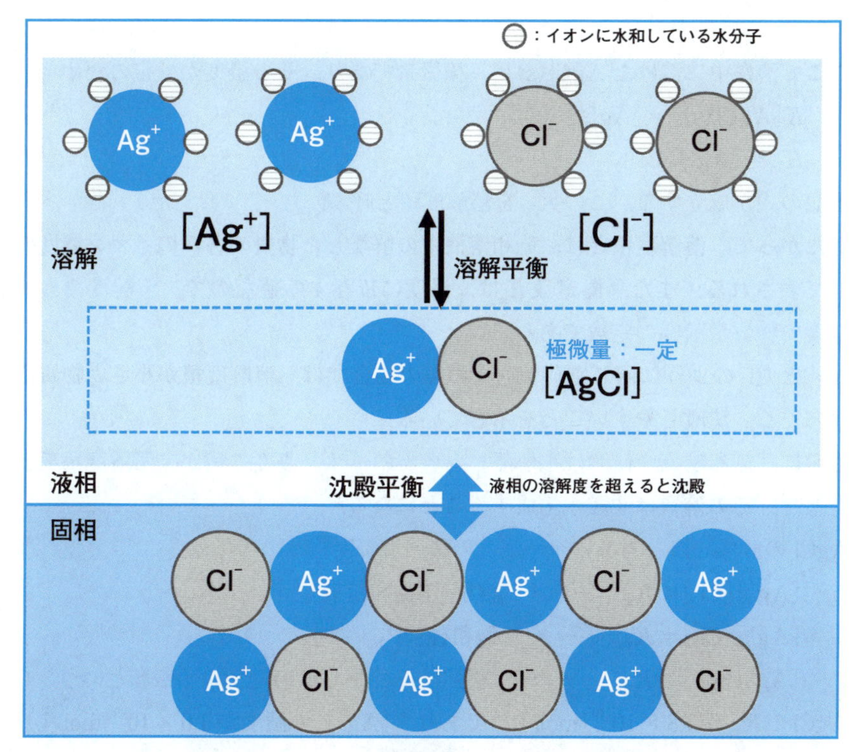

図 2.18

系平衡）状態を示す．

この沈殿平衡は，化学物質の分離や定量に利用される沈殿滴定の原理だけでなく，激しい痛みを伴う痛風や尿路結石の原因となる血液中の尿酸やシュウ酸カルシウムならびにリン酸カルシウムの**溶解度**や，**溶解度積**とも関連があるので，ぜひ理解してほしい．

2.7.1　沈殿生成と溶解度および溶解度積

一定量の溶媒に溶ける溶質の最大量が**溶解度**であり，水への可溶性の高い塩であるNaClでは，溶媒100 gに最大限溶ける溶質の質量（g）で表す．溶解度は，個々の溶質と溶媒の温度に特有であり，20℃における水に対するNaClの溶解度は，35.89 gである．

一方，水に難溶性の塩である塩化銀AgClの20℃における場合の溶解度は，0.0001923 gと非常に小さいため，溶液1 L中に溶けている溶質の量（mol/L）で表し，**モル溶解度**という．

難溶性のAgClを水に加えると，極微量のAgClが溶けて飽和溶液となり液相中では溶解平衡が成立し，次式が得られる．

$$\mathrm{AgCl(s)} \rightleftarrows \mathrm{Ag^+} + \mathrm{Cl^-}$$

$$K = \frac{[\mathrm{Ag^+}][\mathrm{Cl^-}]}{[\mathrm{AgCl(s)}]}$$

ここで溶媒中に溶けたAgCl(s)は，極微量であり，その濃度が一定のため

$$K[\mathrm{AgCl(s)}] = [\mathrm{Ag^+}][\mathrm{Cl^-}]$$

$$K_{\mathrm{sp}} = [\mathrm{Ag^+}][\mathrm{Cl^-}]$$

溶解度積 solubility product

上記の式が成立する．このK_{sp}を**溶解度積**と呼ぶ．

したがって，溶解度積とは，飽和溶液中の解離した物質の各々のイオン濃度の積として表される．また平衡定数Kは，温度に依存する値なので，溶解度積も一定の温度で物質に固有の定数である．

$\mathrm{Ag^+}$と$\mathrm{Cl^-}$のように同じ電荷数同士の塩の場合では，溶解度積が小さい物質ほど溶けにくく，沈殿しやすいことを示している．

さらに，飽和溶液中における解離した各々のイオン濃度の積が，**溶解度積を上回ったとき**，その溶質は**沈殿が生成する**ことになる．

AgClの解離した各々のイオン濃度の積と溶解度積との関係は，

$[\mathrm{Ag^+}][\mathrm{Cl^-}] < K_{\mathrm{sp}}$　………　溶解(不飽和溶液)

$[\mathrm{Ag^+}][\mathrm{Cl^-}] = K_{\mathrm{sp}}$　………　飽和(溶けている)

$[\mathrm{Ag^+}][\mathrm{Cl^-}] > K_{\mathrm{sp}}$　………　**沈殿(沈殿が生じない場合を過飽和という)**

AgClのK_{sp}が$1.8 \times 10^{-10}(\mathrm{mol/L})^2$であり，$[\mathrm{Ag^+}]$の濃度が$1.0 \times 10^{-5}(\mathrm{mol/L})$のとき，$[\mathrm{Cl^-}]$の濃度が$2.0 \times 10^{-4}$であった場合では

$[Ag^+][Cl^-] = (1.0 \times 10^{-5}) \times (2.0 \times 10^{-4}) = 2.0 \times 10^{-9}$(mol/L) となり，
AgCl の K_{sp}：1.8×10^{-10}(mol/L)^2 を上回るため，沈殿が生じることになる．

2.7.2　溶解度積と溶解度との関係

難溶性塩の溶解度（モル溶解度）を S mol/L と表記すると，AgCl の飽和水溶液中では，$[Ag^+]$ と $[Cl^-]$ は，1 対 1 の化学反応であり共に溶解度 S と等しい．

$[Ag^+] = [Cl^-] = S$ mol/L

そのため $K_{sp} = [Ag^+][Cl^-]$ は，

$K_{sp} = S^2$(mol/L)^2 と表すことができる．

また溶解度 S mol/L は，$S = \sqrt{K_{sp}}$ で表される．

Ag_2CrO_4 の場合では，$Ag_2CrO_4 \rightleftharpoons 2\,Ag^+ + CrO_4^{2-}$ の反応であり

$[Ag^+] = 2\,S$(mol/L) と $[CrO_4^{2-}] = S$(mol/L) と表すことができるため，

Ag_2CrO_4 の K_{sp} は，

$K_{sp} = [Ag^+]2 \times [CrO_4^{2-}] = (2\,S)^2 \times S = 4\,S^3$(mol/L)^3 と表すことができる．

また溶解度 S mol/L は，$S = \sqrt[3]{\dfrac{K_{sp}}{4}}$ で表される．

このように難溶性塩の溶解度積がわかれば，その溶解度を求めることができる．

一般的な難溶解性塩の解離における溶解度積（K_{sp}），溶解度（S）および K_{sp} の単位の関係については，表 2.9 にまとめて示す．例としては，① AgCl（$n = 1$），$BaSO_4$（$n = 2$），② $Fe(OH)_2$，③ Ag_2CrO_4，④ は一般的な例である．

表 2.9　難溶解性塩の溶解度積

	難溶解性塩	K_{sp}	溶解度を S とすると	K_{sp} の単位
①	$MX \rightleftharpoons M^{n+} + X^{n-}$	$[M^+][X^-]$	S^2	(mol/L)^2
②	$MX_2 \rightleftharpoons M^{2+} + 2X^-$	$[M^{2+}][X^-]^2$	$4S^3$	(mol/L)^3
③	$M_2X \rightleftharpoons 2M^+ + X^{2-}$	$[M^+]^2[X^{2-}]$	$4S^3$	(mol/L)^3
④	$M_aX_b \rightleftharpoons aM^{b+} + bX^{a-}$	$[M^{b+}]^a[X^{a-}]^b$	$a^ab^bS^{a+b}$	(mol/L)$^{a+b}$

2.7.3　沈殿の生成と溶解に影響を及ぼす因子

沈殿を構成するイオン，難溶性塩を構成するイオンと無関係な塩や pH などは，沈殿生成や溶解に影響を及ぼす因子となる．

A 共通イオン効果および異種イオン効果

水溶液中の AgCl が飽和濃度に達していなくても，HCl や NaCl を加えることで，共通するイオン（Cl^-）の濃度の総和が増加し，$[Ag^+][Cl^-]$ の値が AgCl の溶解度積（K_{sp}）を上回り，新たに沈殿が生じる．

飽和状態 K_{sp} = $[Ag^+][Cl^-]$ → ① HCl の添加による共通イオン（Cl^-）の増加→溶解度積を上回る→ ② 沈殿生成→ ③ 飽和溶液中の AgCl が減少→溶解度が低下

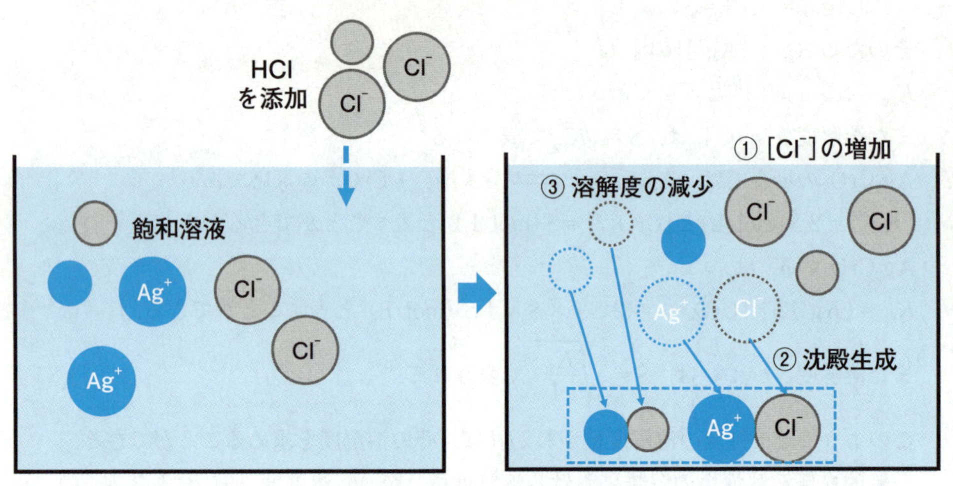

図 2.19　共通イオン効果

共通イオン効果
common ion effect

このように沈殿を構成するイオンと共通イオンを添加することで，新たに沈殿が生じ，その結果として著しく水溶液中の溶解度が減少する．この現象を**共通イオン効果**という．

一方，AgCl の沈殿を含む飽和溶液に，硝酸（HNO_3）や硫酸（H_2SO_4）を加える

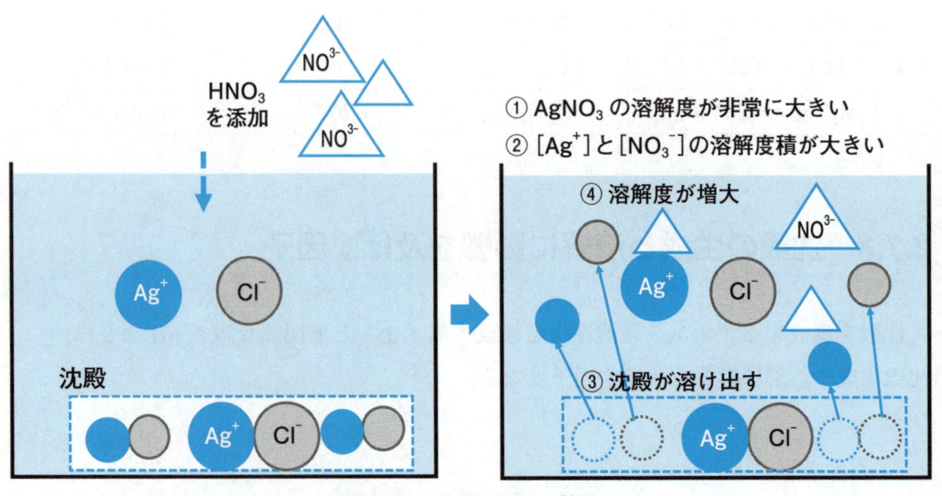

図 2.20　異種イオン効果

と，水溶液中の溶解度が増大することを，**異種イオン効果**または**塩効果**という．これは AgCl の 20℃における溶解度（0.0001923 g）に比べ，硝酸銀（$AgNO_3$）の溶解度（265 g）が非常に大きく，また Ag^+ と NO_3^- との溶解度積も大きいため，沈殿した AgCl が溶液中に溶け出すことで，溶液中の Ag^+ の濃度が増大し，溶解度が増大することによるものである．

異種イオン効果 diverse ion effect
塩効果 salt effect

B　pH の影響

アルカリ金属以外の多価金属イオン M^{n+}（イオン価数が 2 以上の多価イオン）を含む水溶液に，NaOH を加えて塩基性にすると金属水酸化物 $M(OH)_n$ の沈殿が生じる．

その反応は，以下のように表すことができる．

$$M^{n+} + nOH^- \rightleftarrows M(OH)_n$$

金属水酸化物 $M(OH)_n$ の K_{sp} は

$K_{sp} = [M^{n+}] \times [OH^-]^n$ で表される．…… ①

金属水酸化物 $M(OH)_n$ が沈殿するためには，M^{n+} の濃度と OH^- の濃度の n 乗との積が，K_{sp} の値より大きくなることが必要となる．また溶液の**塩基性**が高まると沈殿が生成することになる．

$K_{sp} < [M^{n+}] \times [OH^-]^n$ …… **沈殿が生じる**

さらに**水素イオン濃度** $[H^+]$ と K_{sp} との関係では，

水のイオン積 K_w は，$K_w = [H^+] \times [OH^-]$ で表すことができるため，式を OH^- の濃度として表すと，

$[OH^-] = Kw/[H^+]$ となる．

この式を上記の ① に代入すると

金属水酸化物 $M(OH)_n$ の K_{sp} は

$K_{sp} = [Mn^+] \times (K_w/[H^+])^n$ で表される．

水のイオン積 K_w は温度一定のもとでは一定の値を示すため，$M(OH)_n$ の K_{sp} は，水素イオン濃度が高くなる（pH が小さくなる）に従い，低下することを示している．

$K_{sp} > [Mn^+] \times (K_w/[H^+])^n$ …… 溶解(不飽和溶液)

C　分別沈殿とマスキング

水溶液中に共存するイオン同士を，それぞれの塩の溶解度および溶解度積の差に基づいて沈殿させて分離する操作を，**分別沈殿**という．また沈殿の生成や呈色反応が起こるときに，あらかじめ別の物質を加えることによって，沈殿が起こらなくなる現象をマスキングという．

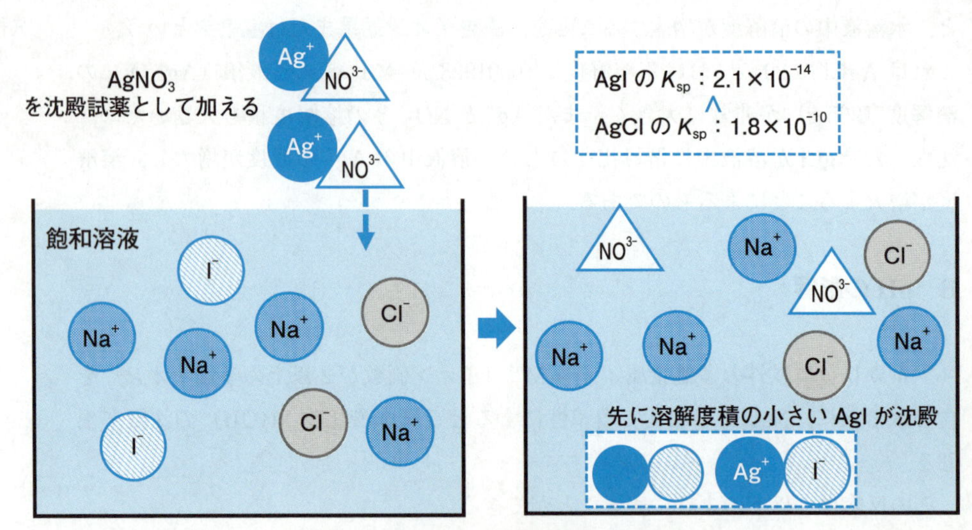

図 2.21　分別沈殿

NaCl と NaI の混合水溶液に，硝酸銀 $AgNO_3$ を沈殿試薬として徐々に加えるとき，Cl^- と I^- は，Ag^+ と反応して AgCl，AgI となる．ここで AgI と AgCl の溶解度積は，

　　AgI の K_{sp}：$2.1 \times 10^{-14} (\mathrm{mol/L})^2$

　　AgCl の K_{sp}：$1.8 \times 10^{-10} (\mathrm{mol/L})^2$

であり，AgI の K_{sp} の方が小さいため，AgI が先に沈殿することになる．

D　その他の要因

一般的に，電解質が水に溶解する場合，吸熱反応を伴うため，水に難溶性の塩でもその溶解度が増加する．しかしながら，$ZnSO_4 \cdot H_2O$ のように温度の上昇と共に溶解度が減少する塩類もある．また，極性の大きな弱電解質は，溶媒の極性が高い場合に溶けやすく，極性の低い場合にその溶解度が減少する．さらに，水と混合する有機溶媒（アセトン，エタノールなど）の添加は，一般に，誘電率が減少するため，水溶液中の場合よりも溶解度が減少する傾向にある．一方，コロイド液は，生成した結晶粒子表面に過量の陽イオンまたは陰イオンが結合して正または負に帯電することで反発し合い，粒子が大きくなれないため，一般的に放置しても沈殿しない．

確認問題

次の記述について，正しいものには○，誤っているものには×を付けよ．

1)　Ag_2CrO_4 の溶解度が S (mol/L) であるとき，溶解度積（K_{sp}）と溶解度の関係

式は，$K_{sp} = 4S^3$ である．（　）

2）　ある難溶性塩 MX_2（分子量 500）は，水中で解離し，$(MX_2)_{固体} \rightleftarrows M^{2+} + 2X^-$ のような平衡状態にある．MX_2 は水 1.0 L に最大 1.0 mg 溶解した．その場合の溶解度は 2.0×10^{-6} mol/L，溶解度積は $K_{sp} = 4S_{固体}{}^3$ となり，3.2×10^{-17} である．（　）

3）　共通イオン効果とは，難溶性塩の飽和溶液に共通イオンを加えると，難溶性塩の溶解度が著しく増加することである．（　）

4）　異種イオン効果とは，溶液中に沈殿物と無関係なイオンが多量に存在すると，沈殿物の溶解度が減少することである．（　）

5）　硫酸バリウムが胃の造影剤として安全に用いられる理由の 1 つは，その溶解度が小さいことにある．

6）　ある温度における AgCl の K_{sp} が，4.0×10^{-10} $(mol/L)^2$ であった場合，AgCl の溶解度は 2.0×10^{-5}(mol/L) である．

7）　Cl^- の濃度が 1.0×10^{-2} の水溶液に，Ag^+ を加えるとき，AgCl の沈殿が生じるときの Ag^+ の濃度は 1.8×10^{-8}(mol/L) である．(K_{sp} 1.8×10^{-10})

解　答

1）（○）

2）（○）

3）（×）

4）（×）

5）（○）

6）（○）　2.0×10^{-5}(mol/L)

S mol/L は，$S = \sqrt{K_{sp}}$ で表されるため，$S = \sqrt{4.0 \times 10^{-10}} = 2.0 \times 10^{-5}$

7）（○）　1.8×10^{-8}(mol/L)

$K_{sp} = [Ag^+][Cl^-]$ より，

$1.8 \times 10^{-10} = [Ag^+] \times (1.0 \times 10^{-2})$

$[Ag^+] = (1.8 \times 10^{-10}) / (1.0 \times 10^{-2}) = 1.8 \times 10^{-8}$

2.8　分配平衡

私たちが飲む水の中に有害な化学物質が含まれていた場合，どのようにしてその物質を取り出し分析することができるであろうか．

分配平衡とは，一般に水（水溶液）の中に含まれる化合物（化学物質）を，どのようにして効率的に取り出すかを知る上で大切な知識であり，将来的には，薬物中

分配平衡
distribution equilibrium

毒患者の血液や胃液の中に含まれる化学物質を分析・特定するために，測定前の前処理法としても利用される技術である．

ある液相（一般に水相）の中に，取り出したい測定対象物質（化学物質）が入っていた場合，その液相と混ざり合わない別の液相（一般に有機相）に測定対象物質を移動させる**抽出（溶媒抽出）**と呼ばれる操作を行う．ここで重要なのは，水相中の化学物質は，イオン形と分子形が混在した状態で存在しているが，有機相に移るのは**分子形のみ**であるということで，そのため水相中の分子形の割合が増えると抽出の効率が上がることになる．

抽出 extraction
溶媒抽出 solvent extraction

分配平衡を理解するためには，分配平衡で利用できる様々な溶媒の特性（水との溶解性・水との比重の違い）を覚えておかなければならない．また測定対象物質が，酸性化合物もしくは塩基性化合物の場合，それらの化学物質が，水溶液中で**分子形の割合**が多くなるためには，水溶液の pH をどのように調整すればよいかを理解しておく必要がある．

2.8.1　分配に関する基礎知識

水（水溶液）の中に含まれる化学物質を，他の溶媒によって抽出するため，水と混和する溶媒を用いることができない．また実際の操作では，分液ロートが用いられるため，2つの液相のどちらが，上層となり下層となるかを，確実に覚えておく必要がある．表 2.10 には，水に溶解する溶媒と水に溶解しない溶媒および水の比重（比重：1）との違いを示している．特に，**水に溶解しない溶媒**であり，水に比べ比重の軽いものと重いものを覚えておく必要がある．

また溶媒の特性として，ハロゲン原子を含む四塩化炭素（CCl_4）やクロロホルム（$CHCl_3$）などは，一般的に水よりも比重が重く不燃性である．

ベンゼンは引火性が高く，ベンゼンや四塩化炭素においては，神経系に対する大きな影響や発がん性がある．これらの有機溶媒の取り扱いや廃棄には非常に注意を要するため，分配平衡の実験や溶媒抽出に用いることは少ない．分配平衡の実験や溶媒抽出における有機溶媒の取り扱いは，ドラフト装置などを用い安全に配慮する必要がある．

表 2.10　水に対する溶解性と比重

水に溶解する溶媒		水に溶解しない溶媒	
比重＜1	比重＞1	比重＜1	比重＞1
メタノール エタノール イソプロパノール アセトン アセトニトリル	フェノール	ヘキサン 酢酸エチル ブタノール 1-オクタノール **ベンゼン** **ジエチルエーテル**	**クロロホルム** **四塩化炭素** **二硫化炭素**

2.8.2　分配の法則と分配係数

化学物質が含まれている水相とジエチルエーテル（有機相）を，ともに分液ロートに入れ，よく振り混ぜた後しばらく放置すると，図 2.22 のように，互いに混ざり合わない二液相が形成され，ジエチルエーテル（有機相）は，比重が水よりも軽いため上層となり，水（水相）は下層になる．

このとき，一定の温度および圧力のもとで，化学物質が互いに混ざり合わない二液相に溶解し，平衡に達すると一定の割合で分配することを，**分配の法則（ネルンストの分配律）**という．

測定対象物質（化学物質）を HA と表し，水相中の HA 濃度を $[HA]_w$，有機相の濃度を $[HA]_o$ とすると，その濃度の比を以下の式で表すことができる．

$$\frac{[HA]_o}{[HA]_w} = K_D \tag{2.135}$$

ここで示す K_D とは，**分配係数**と呼ばれ，**有機相と水相の体積に関係なく一定である**．K_D は，その溶媒系において物質（溶質）に固有の値であり，真の分配係数とも呼ばれる．ただしこれは，水相中の *HA* がすべて分子形として存在する場合である．

分配係数
distribution coefficient

この分配係数は，用いた溶媒が水の比重よりも重くても軽くても，分母は必ず水相中の $[HA]_w$ であり，分子が有機相の $[HA]_o$ で示されることに注意する．また，水相中から有機相への移行も，有機相から水相への移行も**分子形のみ**である（イオン形は移行しない）ことを，図 2.22 を見て確認してほしい．

例えば分配平衡に達した後，水相の $[HA]_w$ が 2 mg/mL，有機相の $[HA]_o$ が 4 mg/mL であった場合，以下のように K_D は 2 となる．

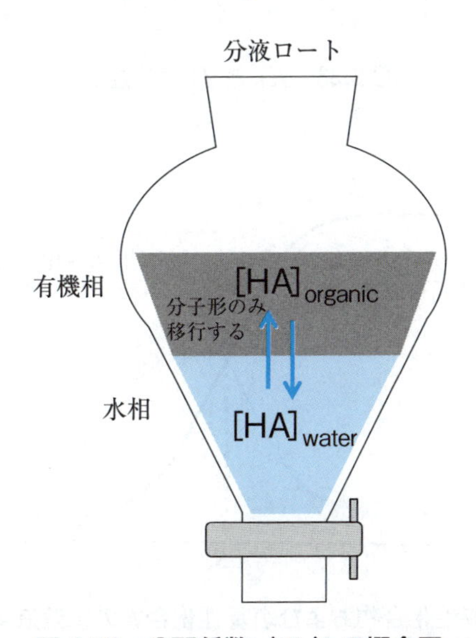

図 2.22　分配係数（K_D）の概念図

$$K_D = \frac{[HA]_o}{[HA]_w} = \frac{4\ mg/mL}{2\ mg/mL} = 2$$

2.8.3 分配比（見かけの分配係数）

式（2.149）で示した分配係数K_Dは，水相中のHAがすべて分子形であることを想定した理論的な係数であり，真の分配係数と呼ばれるのは前述した通りである．

しかし実際には，水相において溶けている化合物（化学物質）は，図2.23に示すように解離し分子形とイオン形が混在しているため，式（2.135）で示した式は成立しない．

図2.19は，酸性化合物および塩基性化合物の水溶液中におけるpH変化に伴う分子形割合の変化を示している．

酸性化合物は，水相のpHが低いときほど分子形の割合が高く，塩基性物質は，

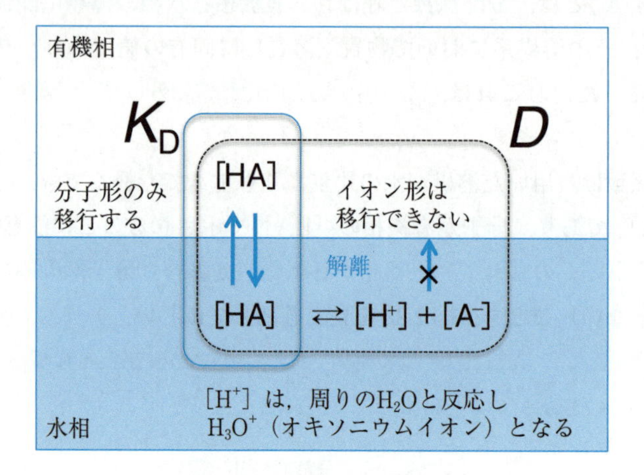

図2.23 K_DとDとの違い

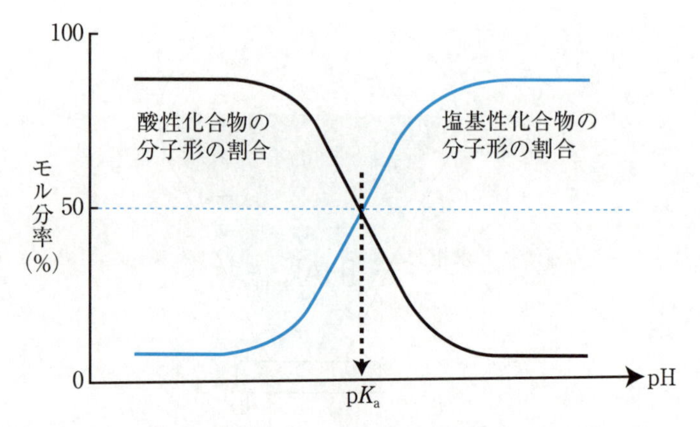

図2.24 酸性化合物および塩基性化合物の水溶液中における pH変化に伴う分子形割合の変化

pH が高いほど分子形の割合が高いことがわかる．

そこで，水相中において化学物質が，分子形とイオン形の分子種に解離している場合では，各相の分子形およびイオン形を含む全溶質濃度の比を，**分配比 D** または**見かけの分配係数**として，次の式（2.136）で表す．

$$D = \frac{\text{有機相に存在する溶質の全濃度}}{\text{水相に存在する溶質の全濃度}} \tag{2.136}$$

水相に存在する溶質の全濃度は，$[HA]_w + [A^-]_w$ で表記される．
有機相に存在する溶質の全濃度は，分子形のみが有機相に移行するため $[HA]_o$ で表され，**分配比 D** は以下の式（2.137）で表すことができる．

$$\frac{[HA]_o}{[HA]_w + [A^-]_w} = D \tag{2.137}$$

弱酸性化合物の場合，水相中，以下のように解離するものとする．

$$HA \rightleftarrows H^+ + A^-$$

$$K_a = \frac{[H^+]_w \times [A^-]_w}{[HA]_w}$$

さらに K_a は以下のように変換される．

$$[A^-]_w = K_a \frac{[HA]_w}{[H^+]_w} \tag{2.138}$$

有機相中にはイオン形は移行せず，分子形が移行するため，分配比 D は以下のように表される．

$$D = \frac{[HA]_o}{[HA]_w + [A^-]_w} \tag{2.139}$$

そして式（2.138）を式（2.139）に代入すると，以下のように表される．

$$D = \frac{[HA]_o}{[HA]_w + K_a \dfrac{[HA]_w}{[H^+]_w}} = \frac{[HA]_o}{[HA]_w} \times \frac{1}{1 + \dfrac{K_a}{[H^+]_w}} \tag{2.140}$$

さらに，以下のように変換できる．

$$D = K_D \times \frac{1}{1 + \dfrac{K_a}{[H^+]_w}} \tag{2.141}$$

ここで示す式（2.141）は，分配比 D が水相の水素イオン濃度 $[H^+]_w$ に依存して変化することを意味しており，水素イオン濃度が大きくなるに従い，分配比 D は分配係数 K_D に近づくことを示している．

そのため分配比を高め，分配係数に近づけるためには，水相の pH を調整し，分子形の濃度を高めることが必須となる．

一方，ある酸性物質の pK_a に水相中の pH を調整したときでは（pK_a = pH），水相中の分子形とイオン形濃度は等しいため，式（2.139）から，$D = 1/2 \times K_D$ が導かれる．したがって，水相の pH を変化させたときの分配比 D の値と，その最大値となる分配係数 K_D の値が実験によってわかる場合には，分配係数 K_D の 1/2 の値を示す水相の pH のところが，その物質の pK_a を示すことになる．

2.8.4 溶媒抽出

溶媒抽出とは，2 つの液相間における物質の分配平衡を利用して，一方の液相に存在する物質を他方の液相に移行させる操作である（一般的に水相に含まれる化合物を，有機相を用いて抽出する場合が多い）．また溶媒抽出に利用される有機相（有機溶媒）は毒性を有するものが多いため，使用量の軽減や廃棄方法などを考慮する必要がある．

ある化合物が水に溶解しているとき，水と混ざり合わない有機溶媒を加え，よく撹拌し分配平衡に達した際において，水相から有機相に移行した溶質（化合物）の割合を**抽出率 E（%）**として表す．

水相の濃度を C_w，有機相の濃度を C_o，水相の体積を V_w，有機相の体積を V_o とすると，抽出率 E（%）は以下の式で表される．

$$E(\%) = \frac{C_o \times V_o}{(C_o \times V_o) + (C_w \times V_w)} \times 100$$

$$= \frac{D}{D + \frac{V_w}{V_o}} \times 100 \qquad (2.142)$$

この（2.142）の式より，抽出率 E（%）を増加させるためには，以下の 4 つの条件が必要である．

（1）抽出に用いる有機溶媒の量（体積）を大きくする．
（2）分配比 D（もしくは分配係数 K_D）の大きい有機溶媒を用いる．
（3）抽出する回数を増やす．
（4）塩析を利用する．

（3）については，一定量の有機溶媒を用いて抽出する場合には，有機溶媒を分けて抽出回数を増やすことによって，抽出率が上げることを，**繰返し抽出（多段階抽出）**という．以下の例題を解いて理解してほしい．

例題

ある化合物 A：1.0 g が，水 100 mL に溶解している．有機溶媒 100 mL を用いて，化合物 A を抽出する場合，一度に 100 mL 使う場合と，50 mL を 2 回に分けて使う場合の抽出率を比較しなさい．ただし，物質 A の分配比 D は，3.0 とする．

(a) 有機溶媒 100 mL を一度に使った場合

$$E(\%) = \frac{D}{D + \frac{V_w}{V_o}} \times 100 = \frac{3.0}{3.0 + \frac{100}{100}} \times 100 = \frac{3.0}{4.0} \times 100 = 75$$

抽出率 E（%）= 75%

水相中の 1.0 g の化合物が，有機溶媒に 0.75 g 抽出される．

(b) 有機溶媒 100 mL を 50 mL の 2 回に分けて使った場合

1 回目の抽出

$$E(\%) = \frac{D}{D + \frac{V_w}{V_o}} \times 100 = \frac{3.0}{3.0 + \frac{100}{50}} \times 100 = \frac{3.0}{5.0} \times 100 = 60$$

抽出率 E（%）= 60%

水相中の 1.0 g の化合物が，有機溶媒に 0.6 g 抽出される．

水相には 0.4 g（1.0 − 0.6）残っている．

2 回目の抽出

$$E(\%) = \frac{D}{D + \frac{V_w}{V_o}} \times 100 = \frac{3.0}{3.0 + \frac{100}{50}} \times 100 = \frac{3.0}{5.0} \times 100$$

抽出率は 1 回目と同じ 60%

水相には 0.4 g 残っているため，0.4(g) × 60(%) = 0.24（g）が抽出される．

1 回目と 2 回目で抽出された 0.6 g と 0.24 g の合計 0.84 g が抽出されたことになり，抽出率は 84%になる．

この例題でわかるように，分配係数が大きい場合には，1 回で十分であるが，与えられた溶媒量で抽出率を高めるには，一度に全量を用いるのではなく，何回かに分けて用いるのが効果的であることがわかる（ただし 5 回もすると抽出率は変わらなくなる）．

(4) については，水相に NaCl などの無機塩類を添加すると，水相中の無機塩類が飽和することによって，水相中の極性物質の溶解度が低下する．そのため水相中の分子形の割合を増加することになり，抽出率を良くする方法である．この操作を**塩析**といい，加える塩類を**塩析剤**という．

塩析 salting out

確認問題

次の記述について，正しいものには○，誤っているものには×を付けよ．

1) 水溶液中の目的成分を抽出するための有機溶媒として，水に不溶なアセトンが適している．（ ）
2) 水溶液中の目的成分を抽出するための有機溶媒として，水に不溶なクロロホルムが適している．（ ）
3) 水溶液中の目的成分を抽出するため，水とジエチルエーテルを混和して分配平衡に達すると水は上層に存在する．（ ）
4) K_D は分配係数であり，見かけの分配係数と呼ばれる．（ ）
5) K_D は有機相と水相の体積に関係しない．（ ）
6) 分配の法則（ネルンストの分配律）は，温度や圧力に関係なく一定である．（ ）
7) 分配平衡では，溶質の各相での化学ポテンシャル（部分モル自由エネルギー）は等しい．（ ）
8) K_D の値は，pH が変わると変化する．（ ）
9) D は pH が変わると変化する．（ ）
10) 抽出目的の化合物が弱酸性物質の場合，水相中の水素イオン濃度が増加すると，K_D と D が近似する．（ ）
11) 見かけの分配係数には，温度は関係しない．（ ）
12) 弱酸性物質の場合，pH が低いほど水溶液中で分子形の割合が多くなる．（ ）
13) 弱塩基性物質の場合，pH が低いほど水溶液中でイオン形の割合が多くなる．（ ）
14) 弱酸性物質の見かけの分配係数は，水相の pH が低いほど小さくなる．（ ）
15) 水溶液中の目的成分を有機相に抽出するために，塩化ナトリウムなどの無機塩を水相に加え飽和させる方法がある．（ ）
16) 親油性の高い溶質ほど誘電率が小さく，分配係数が大きくなる．（ ）
17) 抽出率は体積には影響を受けない．（ ）
18) 水溶液中の目的成分を一定量の有機溶媒で抽出する場合，一度で抽出するより抽出回数を増やした方が抽出効率が高まる．（ ）
19) 抽出効率を上げるため，分配比もしくは分配係数の大きい有機溶媒を用いる．（ ）

解 答

1) （ × ）
2) （ ○ ）
3) （ × ）

4)　(×)
5)　(○)
6)　(×)
7)　(○)
8)　(×)
9)　(○)
10)　(○)
11)　(×)
12)　(○)
13)　(○)
14)　(×)
15)　(○)
16)　(○)　誘電率が低い溶質とは，水に溶解しにくい極性の低い疎水性物質であり，低極性の有機溶媒に溶けやすい親油性物質である．誘電率が低ければ，溶媒中の分子形分率がイオン形よりも増えることにより有機溶媒への移行が生じやすく，分配係数や抽出率が増加する．
17)　(×)
18)　(○)
19)　(○)

2.9　イオン交換

前節の 2.8　分配平衡では，化合物（化学物質）が水（水相）に溶けている場合において，そこに水と混ざり合わない液相を加えて，どのようにして効率的に抽出するかについて学んできた．

イオン交換とは，溶媒抽出のように液体を用いるのではなく，イオンの入れ換えを行う**イオン交換基**と**支持体（担体）**が結合したイオン交換膜およびイオン交換樹脂などの**交換体**（固体）を用いた物質の抽出方法である．イオン交換樹脂などの交換体の利点として，適切な洗浄液および溶出液を用いて吸着した物質を洗い流すことにより，再生してくり返し使用が可能となる．

イオン交換 ion exchange

イオン交換とは，水溶液中に何らかのイオンが存在するとき，そのイオンを交換体に取り込み，代わりに自らのもつ別種のイオンを放出することで，イオン種の入れ換えを行うことをいう．

例えば図 2.25 のように，食塩水（NaCl 水溶液）にイオン交換基としてスルホ基（$-SO_3-H^+$）をもつ交換体を入れると，スルホ基に付いている H^+ が，Na^+ とイオン

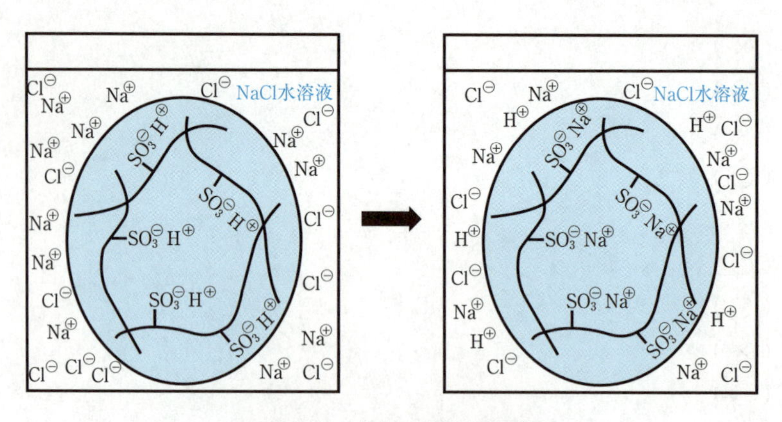

図 2.25　イオン交換の概略

スルホ基（スルホン基，スルホン酸基）
↕
スルホニル基（$-SO_2-$）

交換され，スルホ基は $-SO_3^-Na^+$ となる．『化学量論的にイオン交換する』とは，Ca^{2+} はマグネシウムイオン（Mg^{2+}）とイオン交換でき，ナトリウムイオン（Na^+）2個とも交換できることをいう．

イオン交換は，化学物質を特定・定量分析する際に利用される液体クロマトグラフィーなどの分離分析技術の基礎となるため，交換体の特徴や分類について覚えておく必要がある．

2.9.1　イオン交換体（イオン交換樹脂）

イオン交換樹脂には，交換基や支持体の違いによって，図 2.26 のように分類することができる．

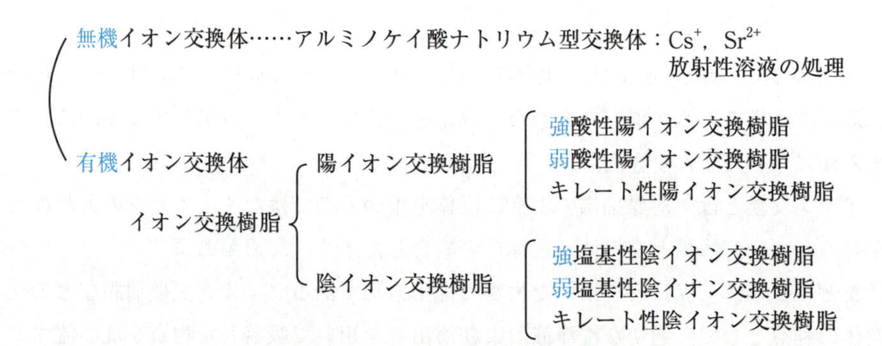

図 2.26　イオン交換樹脂の分類

イオン交換体は，無機イオン交換体と**有機イオン交換体**に大別されるが，一般に利用される交換体のほとんどが有機イオン交換体に分類される．無機イオン交換体は，放射性セシウム（Cs^+）やストロンチウム（Sr^{2+}）の抽出に利用されるアルミノケイ酸ナトリウム型交換体がある．

広く利用される有機イオン交換体（イオン交換樹脂）は，陽イオンを交換する**陽イオン交換樹脂**，陰イオンを交換する**陰イオン交換樹脂**に分けられる．また陽イオン交換樹脂および陰イオン交換樹脂の支持体のほとんどに利用されるのが，**スチレンと *p*-ジビニルベンゼンの共重合体**である（図2.27）．*p*-ジビニルベンゼンは架橋剤としての役目をもち，その含有量を調整することで，ポリスチレン間の架橋の度合いを変えることができる．

有機イオン交換体
↓
合成高分子
↓
不溶
（水にも有機溶媒にも）
陽イオン交換
cation exchange
陰イオン交換
anion exchange

陽イオン交換樹脂は，主に交換基の違いにより，強酸性陽イオン交換樹脂，弱酸性陽イオン交換樹脂，キレート性陽イオン交換樹脂に分けられる．

強酸性陽イオン交換樹脂の支持体は，スチレンと *p*-ジビニルベンゼンの共重合体であり，交換基として**スルホ基（$-SO_3H$）**をもつ．イオンの選択性はイオンの原子価が高いものほど強く，同じ原子価なら原子番号が大きいものほど強くなる特徴がある．

弱酸性陽イオン交換樹脂の支持体は，**メタクリル酸**と *p*-ジビニルベンゼンの共重合体，交換基として**カルボキシ基（$-COOH$）**をもつ．Ca^{2+} に対する選択性が強いため，硬度の高い水を陽イオン交換樹脂で処理する際の前処理に使用されることがある．

キレート性陽イオン交換樹脂の支持体は，スチレンと *p*-ジビニルベンゼンの共重合体であり，交換基としてイミノ二酢酸基をもつ．水溶液中の多価金属陽イオンを効率よく抽出できる特徴がある．

陰イオン交換樹脂は，強酸性陰イオン交換樹脂，弱酸性陰イオン交換樹脂，キレート性陰イオン交換樹脂に分けられる．

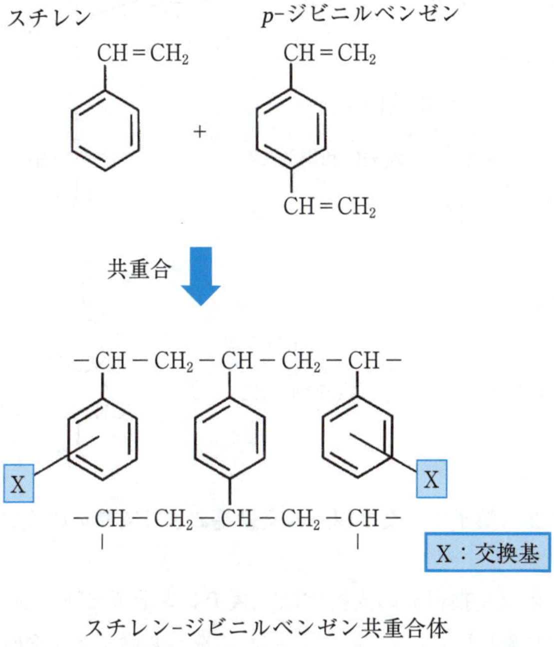

図2.27　代表的なスチレン系のイオン交換樹脂

強酸性陽イオン交換樹脂

スチレンとジビニルベンゼンとの共重合体であり
交換基としてスルホ基（$-SO_3H$）をもっている

$Ca^{2+} > Mg^{2+} > K^{+} > NH_4^{+} > Na^{+} > H^{+}$

$-CH_2-CH-CH_2-$

SO_3H ⟺ Na^{+}

構造式を比べてみよう！

弱酸性陽イオン交換樹脂

メタクリル酸とジビニルベンゼンとの共重合体であり
交換基としてカルボキシ基（$-COOH$）をもっている

Ca^{2+} に対する選択性が強いので，硬度の高い水の場合
強酸樹脂の前処理に使用されることがある．

$-CH_2-CH-CH_2-CH$

$COOH$ ⟺ $\frac{1}{2}Ca^{2+}$

$-CH-$

キレート性陽イオン交換樹脂

スチレンとジビニルベンゼンとの共重合体であり
交換基としてイミノ二酢酸基をもっており
水溶液中の多価金属陽イオンを効率よく
抽出できる

遷移金属＞アルカリ土類金属＞＞＞アルカリ金属
Pb＞Cu＞Cd＞Co＞Fe＞Ca＞Sr＞＞＞K，Na

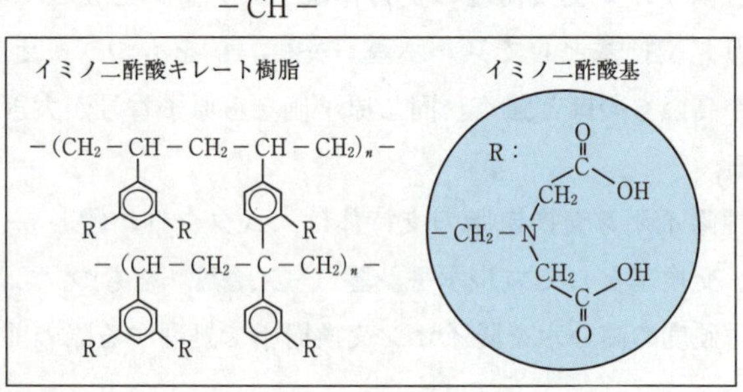

図 2.28　陽イオン交換樹脂の交換基および支持体の違い

強塩基性陰イオン交換樹脂

スチレンとジビニルベンゼンとの共重合体であり
交換基として4級アンモニウム基をもち
陰イオン全般に対して，優れた交換能をもつ

$SO_4^{2-} > NO_3^{-} > KSO_4^{-} > Cl^{-} > HCO_3^{-} > HSiO_3^{-} > OH^{-}$

弱塩基性陰イオン交換樹脂

スチレンとジビニルベンゼンとの共重合体であり
交換基として3級アンモニウム基をもち
中性もしくは弱酸性を示す陰イオンの除去に利用される

OH^{-} に対する選択性が高いのが特徴である
$OH^{-} > SO_4^{2-} > NO_3^{-} > Cl^{-}$

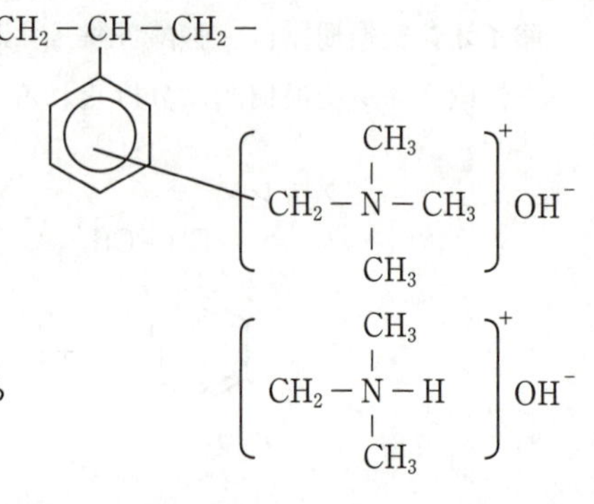

キレート性陰イオン交換樹脂

架橋ポリスチレン基体に*N*-メチルグルカミン基を結合させたキレート樹脂であり，ホウ酸イオンに強い親和性をもつ
他の陰イオンが共存する中からホウ酸イオンを選択的に
吸着する

ホウ酸：H_3BO_3

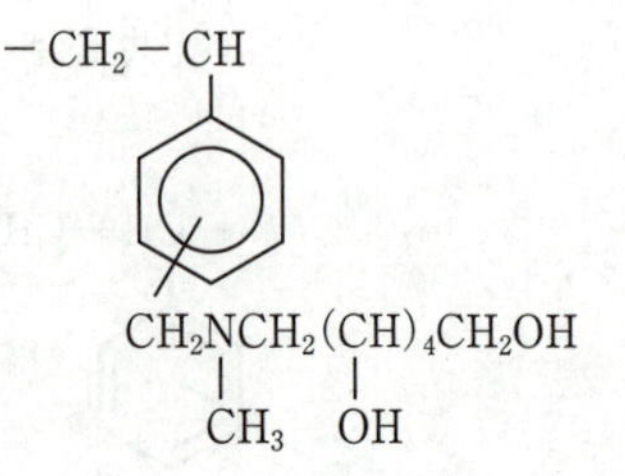

図 2.29　陰イオン交換樹脂の交換基および支持体の違い

強塩基性陰イオン交換樹脂の支持体は，スチレンと*p*-ジビニルベンゼンの共重合体であり，交換基として4級アンモニウム基をもち陰イオン全般に対して優れた交換能をもつ．

弱塩基性陰イオン交換樹脂の支持体は，スチレンと*p*-ジビニルベンゼンの共重合体であり，交換基として3級アンモニウム基をもち中性もしくは弱酸性を示す陰イオンの除去に利用される．

キレート性陰イオン交換樹脂の支持体は，架橋ポリスチレン基体に*N*-メチルグルカミン基を結合させたキレート樹脂であり，ホウ酸イオンに強い親和性をもち，他の陰イオンが共存する中からホウ酸イオン（ホウ酸：H_3BO_3）を選択的に吸着する特徴がある．

2.9.2 イオン選択性を支配する因子

イオン交換樹脂へのイオンの吸着性は，樹脂の架橋度，溶媒の種類や濃度およびpHなどの様々な要因に左右されるが，イオン交換樹脂がイオンを交換・吸着する強さ（イオンの選択性）には，**イオン価**と**イオン半径**の2つの因子が存在する．

イオン価とは，イオンのもつ電気量を単位として表したものであり，例えばナトリウムイオンNa^+のイオン価は+1，塩化物イオンCl^-のイオン価は−1である．なお，符号をつけずに絶対値で表すこともある．

陽イオン交換樹脂と陰イオン交換樹脂のどちらにおいても，イオン価が大きいものほど選択的に交換する性質があり，イオン交換樹脂への吸着性は以下のように示される．

イオン価：イオンの電荷が大きいほど吸着性が高い	
陽イオン交換樹脂：	$Th^{4+} > Al^{3+} > Ca^{2+} > Na^+$
陰イオン交換樹脂：	$PO_4^{3-} > SO_4^{2-} > Cl^- > OH^-$

水溶液中，イオンは水分子の結合した**水和イオン**として存在している．イオン交換樹脂は，この水和イオンの半径が小さいものほど強く吸着する性質をもつ．電荷の等しいイオンでは，イオン半径が大きいイオンほど小さい水和イオン半径をもち，より強く吸着される．

イオン半径：水和イオン半径が小さいほど吸着性が高い	
陽イオン交換樹脂：	$Cs^+ > K^+ > Ca^{2+} > Li^+$
	$Ba^{2+} > Sr^{2+} > Na^+ > Mg^{2+}$
陰イオン交換樹脂：	$I^- > Br^- > Cl^- > F^-$

2.9.3　イオン交換平衡

イオン交換樹脂と交換されるイオンとの間には，イオン交換平衡が成り立つ．例えば，強酸性陽イオン交換樹脂として表される R-SO_3H と陽イオン（M^+）との化学平衡は，以下で示される．

$$\text{R-SO}_3\text{H} + \text{M}^+ \rightleftarrows \text{R-SO}_3\text{M} + \text{H}^+$$

またこれに化学平衡の法則を適用すると，以下のように示される．

$$\frac{[\text{R-SO}_3\text{M}][\text{H}^+]}{[\text{R-SO}_3\text{H}][\text{M}^+]} = K_\text{M}$$

K_M とはイオン交換平衡定数と呼ばれ，K_M の値が高いほどイオン交換樹脂への吸着性が高い．

同じ電荷のイオンが交換される場合，イオン交換樹脂のイオンのモル数と，水溶液中に含まれる交換されるイオンのモル数は同じであることを理解しておく必要がある．次に示される 2.9.4 項　交換容量においても，重要な概念である．

2.9.4　交換容量（イオン交換容量）

前述してきたイオン交換樹脂のイオンを交換できる能力の指標として，交換容量が利用される．イオン交換樹脂 1 g がイオンを交換しうる最大の交換量を**交換容量**と定義し，一般に mol/g で表される．

例えば，強酸性陽イオン交換樹脂（交換基：-SO_3H）1 g を図 2.25 のようにガラス管（もしくはカラム）に充てんし，これに十分な量の 1 mol/L の NaCl 水溶液を通すと，スルホ基に付いている H^+ が Na^+ とイオン交換され，スルホ基は -SO_3^- Na^+ となる．このとき，ガラス管からの溶出液には，水素イオン（H^+）と NaCl 水溶液の塩素イオン（Cl^-）が含まれており（塩酸酸性溶液）(①)，この溶出液を 0.1 mol/L の NaOH 水溶液で滴定したとき（②），その消費量が 50 mL であったとする．

上記で示した①，②の反応は，以下のように示すことができる．

① $\text{R-SO}_3\text{H} + \text{NaCl} \rightleftarrows \text{R-SO}_3\text{Na} + \text{HCl}$

② $\text{HCl} + \text{NaOH} \rightleftarrows \text{NaCl} + \text{H}_2\text{O}$

R-SO_3H と NaOH の物質量（モル数）は等しくなる．この場合，滴定に要した NaOH 水溶液（0.1 mol/L）は 50 mL なので，イオン交換されたモル数は以下に示される．

$$0.1(\text{mol/L}) \times \frac{50(\text{mL})}{1000(\text{mL})} = 5.0 \times 10^{-3}(\text{mol})$$

上記で示されたモル数が，ガラス管に充填された 1 g の交換樹脂の交換容量とな

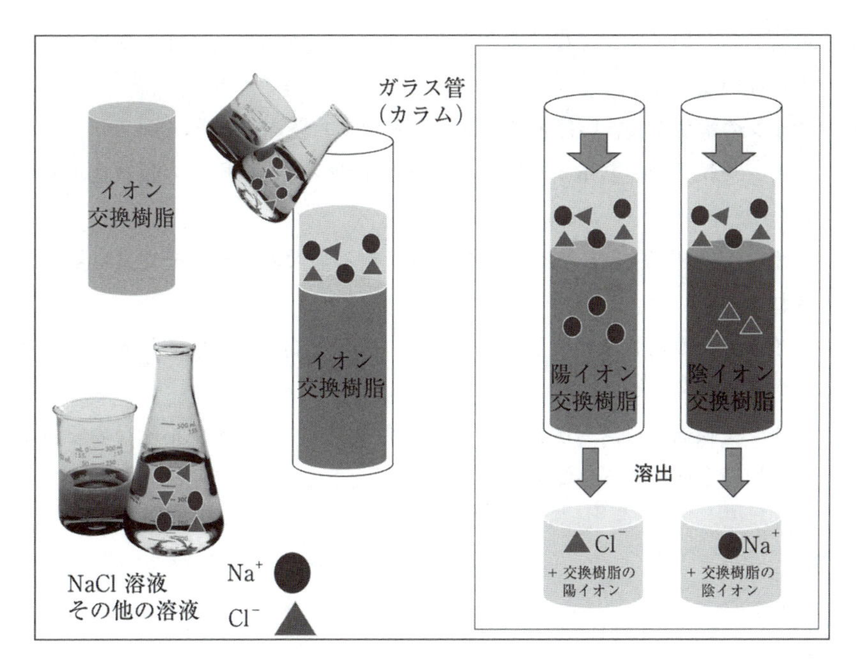

図 2.30 イオン交換の模式図

るため，この強酸性陽イオン交換樹脂の交換容量は，5.0×10^{-3}（mol/g）と表記される．Na^{+} を吸着したイオン交換樹脂は酸を加えることにより再生して使用可能となる．

確認問題

次の記述について，正しいものには○，誤っているものには×を付けよ．

1) イオン交換樹脂で最も広く利用されるのは，無機イオン交換樹脂である．（　）
2) スルホ基およびカルボキシ基は，いずれも陽イオン交換樹脂の交換基である．（　）
3) 弱酸性陽イオン交換樹脂の支持体としてスチレンとジビニルベンゼンの共重合体が利用される．（　）
4) 強酸性陽イオン交換樹脂の交換基は，カルボキシ基である．（　）
5) 強塩基性陰イオン交換樹脂の交換基は，3 級アンモニウム基である．（　）
6) 支持体を構成する *p*-ジビニルベンゼンは架橋剤としての役目をもち，その含有量を調整することで，ポリスチレン間の架橋の度合いを変えることができる．（　）
7) イオン交換樹脂がイオンを吸着する強さは，イオン価とイオン半径の 2 つの因子によって決まる．（　）

8）電荷の等しいイオンでは，水和イオン半径が大きいほどイオン交換樹脂への吸着性が高くなる．（　）

9）イオンの電荷が大きいほどイオン交換樹脂への吸着性が低い．（　）

10）イオン交換平衡定数 K_M の値が高いほどイオン交換樹脂への吸着性が低い．（　）

11）イオン交換樹脂 1 mg がイオンを交換しうる最大の交換量を交換容量と定義される．（　）

12）陰イオン交換樹脂を充填したカラムに，Ca^{2+} を含む水溶液を注入することで，Ca^{2+} を取り除くことができる．（　）

13）イオン交換樹脂は，一度使用すると，次の試料用には再生不能なので新たな交換樹脂を使用する必要がある．（　）

解　答

1）（×）
2）（○）
3）（○）
4）（×）
5）（×）
6）（○）
7）（○）
8）（×）
9）（×）
10）（×）
11）（×）
12）（×）
13）（×）

2.10　章末問題

問 1　リン酸の pH による化学種の変化についての正しい記述はどれか．ただし，リン酸の酸解離指数は $pK_{a1} = 2.0$，$pK_{a2} = 7.2$ および $pK_{a3} = 12.2$ とする．

1　pH = 2.0 では，ほとんどが H_3PO_4 として存在する．
2　pH = 4.6 では，ほとんどが HPO_4^{2-} として存在する．
3　pH = 7.2 では，$H_2PO_4^-$ と HPO_4^{2-} が 1：1 で存在する．
4　pH = 9.7 では，HPO_4^{2-} と PO_4^{3-} が 1：1 で存在する．

5　pH = 12.2 では，ほとんどが PO_4^{3-} で存在する．

問 2　ヒトの体液は主に炭酸と炭酸水素イオンの濃度バランスにより pH 7.4 に維持されている．pH 7.3 のアシドーシスを起こした患者の体液中の HCO_3^-/H_2CO_3 の存在比に最も近い値はどれか．1 つ選べ．ただし，炭酸は次式のように解離し，その 2 つの pK_a はそれぞれ $pK_{a1} = 6.1$，$pK_{a2} = 10.5$ とする．また，$\log_{10} 1.6 = 0.2$ とする．

$$H_2CO_3 \xrightleftharpoons{K_{a1}} HCO_3^- + H^+$$

$$HCO_3^- \xrightleftharpoons{K_{a2}} CO_3^{2-} + H^+$$

1　1.6
2　2.0
3　8.3
4　16
5　20

問 3　Cu^{2+} とエチレンジアミンの錯体に関する以下の記述のうち，正しいものはどれか．1 つ選べ．
1　エチレンジアミンは単座配位子である．
2　アンモニアが配位した錯体の方がより安定である．
3　キレート環を形成する．
4　エチレンジアミンは塩基なので，塩基性条件の方が錯体が形成されやすい．
5　Cu^{2+} とエチレンジアミンは，1：1 で錯体を形成する．

問 4　錯体の生成平衡に関する以下の記述のうち，正しいものはどれか．1 つ選べ．
1　錯イオン $[Ag(NH_3)_2]^+$ において，錯体の全安定度定数は逐次安定度定数の差で求められる．
2　錯体生成反応は pH の影響は全く受けない．
3　キレート化合物の中には必ず多座配位子が含まれている．
4　錯体は，金属イオンが分子あるいは陰イオンのもつ共有電子対に配位結合することで生成される．
5　HSAB 則によると，やわらかい酸とかたい塩基，あるいは，かたい酸とやわらかい塩基の組み合わせで錯体を作ると安定な錯体になる．

問 5　0.1 mol/L $FeCl_2$ 溶液と 0.1 mol/L $FeCl_3$ 溶液を等量混ぜた溶液の酸化還元電位（E）の値として最も近いのはどれか．ただし，$Fe^{3+} + e^- \rightleftharpoons Fe^{2+}$ とし，標準酸化還元電位 = 0.77 V とする．
1　0.38 V
2　0.77 V
3　1.00 V
4　1.14 V
5　1.54 V

問6　次の酸化還元平衡式に関する記述のうち，正しいのはどれか．**2つ**選べ．

$$Fe^{2+} + Ce^{4+} \rightleftarrows Fe^{3+} + Ce^{3+}$$

なお，この酸化還元電位（E）はネルンスト式，

$$E = E^\circ + 0.059 \log \frac{[\text{酸化体}]}{[\text{還元体}]}$$

で示され，$Fe^{3+} + e^- \rightleftarrows Fe^{2+}$ および $Ce^{4+} + e^- \rightleftarrows Ce^{3+}$ の標準酸化還元電位は（E°）それぞれ，0.78 V および 1.72 V とする．

1　標準酸化還元電位は，[酸化体]：[還元体]＝1：1 のときの電位である．
2　Fe^{2+} と Ce^{4+} の混合溶液では，自発的には反応は進行しない．
3　Fe^{2+} を Ce^{4+} で滴定したとき，当量点における電位は 1.25 V になる．
4　この平衡式においては，Fe^{2+} が酸化剤であり，Ce^{4+} は還元剤としてはたらく．

問7　ある難溶性塩 MX_2（分子量 500）は，水中で解離し，次式のような平衡状態にある．

$$MX_2 \rightleftarrows M^{2+} + 2X^-$$

MX_2 は水 1.0 L に最大 1.0 mg 溶解した．その場合の溶解度（mol/L）と溶解度積の正しい組合せはどれか．

	溶解度	溶解度積
1	2.0×10^{-3}	3.2×10^{-8}
2	2.0×10^{-3}	1.6×10^{-8}
3	2.0×10^{-6}	8.0×10^{-12}
4	1.0×10^{-6}	4.0×10^{-12}
5	2.0×10^{-6}	3.2×10^{-17}

問8　難溶性電解質 MX_2 は水中では，次式の平衡状態で存在する．

$$MX_2 \rightleftarrows M^{2+} + 2X^-$$

溶解度および溶解度積に関する記述の正誤（○，×）を記せ．

1　難溶性電解質 MX_2 の溶解度積 K_{sp} は，各イオンの濃度積 $[M^{2+}][X^-]$ で表せる．（　）
2　難溶性電解質 MX_2 の溶解度積 K_{sp} は，$[M^{2+}][X^-]^2$ で表せる．（　）
3　MX_2 の溶解度を C_{sat} とすると，その溶解度積は $K_{sp} = C_{sat}^2$ である．（　）
4　MX_2 の溶解度を C_{sat} とすると，その溶解度積は $K_{sp} = 4C_{sat}^3$ である．（　）
5　X^- イオンを添加すると，MX_2 の溶解度は増加する．これを共通イオン効果という．（　）

問9　沈殿平衡に関する記述のうち，正しいものはどれか．**2つ**選べ．

1　難溶性塩の Ag_2CrO_4 の溶解度 S と溶解度積 K_{sp} の間には，$K_{sp} = 4S^3$ の関係がある．
2　異種イオン効果とは，溶液中に沈殿物と無関係なイオンが多量に存在すると，沈殿物の溶解度が減少することである．
3　金属水酸化物 $M(OH)_n$ が沈殿するためには，M^{n+} の濃度と OH^- の濃度の n 乗との積が，K_{sp} の値より小さくなることが必要である．
4　共通イオン効果とは，難溶性塩の飽和溶液に共通イオンを加えると，難溶性塩の溶解度が著しく増加する

ことである．

5　難溶性塩の AgCl の溶解度 S（mol/L）は，$S = \sqrt{K_{sp}}$ で表される．

【第 93 回国家試験　問 19 改変】

問 10　純水中および 4.0×10^{-3} mol/L K_2CrO_4 水溶液中におけるクロム酸銀 Ag_2CrO_4 の溶解度（mol/L）はいくらか．それぞれの溶解度の数値の組合せとして，正しいのはどれか．1 つ選べ．ただし，Ag_2CrO_4 の溶解度積は 4.0×10^{-12}(mol/L)^3，$\sqrt{10} = 3.2$ とする．

1　純水中：2.0×10^{-6}　　K_2CrO_4 水溶液中：1.6×10^{-5}

2　純水中：2.0×10^{-6}　　K_2CrO_4 水溶液中：3.2×10^{-5}

3　純水中：1.0×10^{-4}　　K_2CrO_4 水溶液中：1.6×10^{-5}

4　純水中：1.0×10^{-4}　　K_2CrO_4 水溶液中：3.2×10^{-5}

5　純水中：2.0×10^{-4}　　K_2CrO_4 水溶液中：1.6×10^{-5}

6　純水中：2.0×10^{-4}　　K_2CrO_4 水溶液中：3.2×10^{-5}

【第 95 回国家試験　問 19 改変】

問 11　沈澱平衡に関する記述の正誤（○，×）を記せ．

1　硫酸バリウムが胃の造影剤として安全に用いられる理由の 1 つは，その溶解度積が小さいことにある．（　）

2　溶解度とは，一定量の溶媒に溶ける溶質の最大量のことである．（　）

3　難溶性塩 AgCl の溶解度（S）と溶解度積（K_{sp}）の間には，$K_{sp} = S^2$ の関係がある．（　）

4　共存する塩同士をそれぞれの溶解度の差に基づいて沈殿として分離する操作を分別沈殿という．（　）

問 12　$AgCrO_4$ の溶解度積が S（mol/L）であるとき，溶解度積（K_{sp}）と溶解度との関係式として正しいのはどれか．

1　$K_{sp} = 2S$

2　$K_{sp} = S^2$

3　$K_{sp} = 2S^2$

4　$K_{sp} = 2S^3$

5　$K_{sp} = 4S^3$

問 13　$pK_a = 7.0$ の弱酸性物質 600 mg を量り取り，100 mL の水に完全に溶かして pH = 7.0 に調整した．次にクロロホルム 50 mL を加え振り混ぜ，分配平衡が成立した後，各々の層中の薬物濃度を測定したところ，クロロホルム中の濃度は 8 mg/mL であった．ただし，イオン形（解離形）はクロロホルム層に移行しないものとする．以下の各問に答えなさい．

問 13-1　見かけの分配係数を求めなさい．

問 13-2　分配平衡が成立した後の，水層中の分子形（非解離形）の薬物の濃度を求めなさい．

問 14　ある物質 A：1.0 g が水 100 mL に溶解している．有機溶媒 150 mL を用いて物質 A を抽出する場合，

50 mL を 3 回に分けて使う場合の抽出率を求めなさい．ただし，物質 A の分配比（D）は 3.0 とする．

問 15　分配平衡に関する記述の正誤（○，×）を記せ．

1　分配係数＝(有機溶媒中に存在する溶質の全濃度)/(水相に存在する溶質の全濃度) で表す．(　)

2　分配係数 K_D は，pH の影響を受けない．(　)

3　pK_a が 5 の弱酸性物質の場合，水相の pH を 5 よりも大きくすると分子形の存在率が増加し，見かけの分配係数は増加する．(　)

4　分配係数 K_D は，物質（溶質）に固有の値である．(　)

5　分配係数は，互いに混ざり合わない有機相と水相の体積は関係しない．(　)

問 16　5.0 g/L 濃度の食塩水 200 mL を陽イオン交換樹脂（H^+ 型）のカラムを通して，Na^+ を除去するためには，少なくともどれほどの交換樹脂が何 g 必要か．ただし陽イオン交換樹脂の交換容量は 4.5 mmol/g，NaCl の分子量は 58.5 とする．

問 17　イオン交換について，正しい記述はどれか．

1　陽イオンを交換する樹脂を陰イオン交換樹脂という．

2　陰イオンを交換する樹脂を陽イオン交換樹脂という．

3　陽イオン交換樹脂を用いる場合，陽イオンの電荷が大きいほど吸着性が低くなる．

4　陽イオン交換樹脂を用いる場合，電荷が等しい陽イオンでは，水和イオン半径が小さいものほど吸着性が高くなる．

第3章

化学物質の検出

3.1 検出の科学

3.1.1 はじめに

「何があるか」を調べる定性分析，「どれだけあるか」を調べる定量分析において，試料中に含まれる成分の種類や存在量を知るためには，その物質の化学構造の特徴に基づく性質に合わせて，最適な「性質の検出」の方法を選択する必要がある．その性質には，官能基に基づく特異的な反応性などの化学的性質や，電磁波との相互作用による光の吸収などの物理的性質がある．それ以外にも，検出の対象となるものは分子ばかりでなく原子やイオン，固体・液体・気体・プラズマ状態，純物質や混合物，検出したい物質の量の大きさなどさまざまな状態がある．本項で述べる日本薬局方の化学的試験法・物理的試験法・生化学的試験法は，物質の化学的・物理学的・生化学的な性質を巧みに利用した検出法に基づいており，簡便で鋭敏に物質を分析することができる．

ところで分析化学は，定性分析，定量分析以外に「どんなかたちか」を調べる構造解析を加え大別することもできる．構造解析は分子の化学構造を決定するものであり，**核磁気共鳴スペクトル測定法**，**質量分析法**，**X 線結晶構造解析法**などから分子のかたちの情報を検出する．これにより図 3.1（a）のような分子モデルとして構造を推測することができる．ところが最近では，特定の条件では**原子間力顕微鏡**により分子 1 個の「かたちの検出」も直接できるようになっている．図 3.1（b）は 2009 年に原子結合の様子まで捉えたペンタセンの写真であり，予測された分子モデルとよく合致していることがわかる．さらに 2013 年には分子中の共有結合が変化し化学反応している様子（図 3.2）まで捉えることに成功しており，検出科学の進歩の目覚ましさを感じさせる．

核磁気共鳴スペクトル測定法
nuclear magnetic resonance（NMR）
磁場に置かれた化合物にラジオ波を照射し，水素や炭素の原子核と電磁波の相互作用の力を測定することで，分子を構成する原子どうしのつながりがわかり，構造を精密に分析できる．

質量分析法
mass spectrometry（MS）
物質の正確な質量を測定することができ，化合物の部分構造や組成式を明らかにすることができる．

X 線結晶構造解析法
X-ray crystal structural analysis
結晶中を通過する X 線の回折現象によって得られる像を利用することで，低分子化合物，タンパク質や核酸などの巨大分子の立体構造を原子レベルで決定できる．

原子間力顕微鏡
atomic force microscopy（AFM）
原子レベルの細い針（探針）の先端で試料表面をなぞることにより表面の凹凸を三次元画像として記録する．

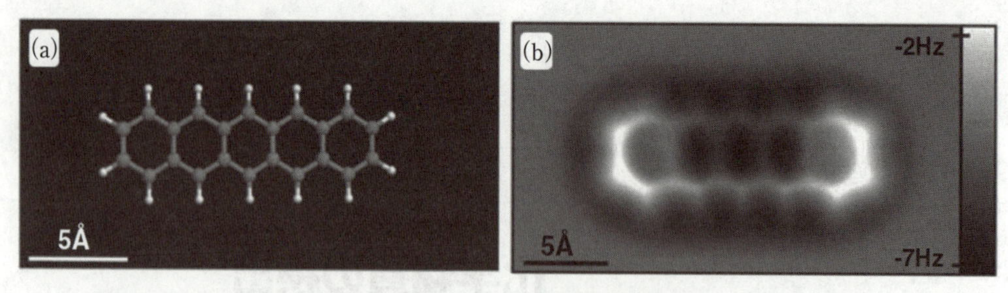

図 3.1 ペンタセンの分子モデル（a）と原子間力顕微鏡（AFM）像（b）
(*Science* **325**, 1110 (2009))

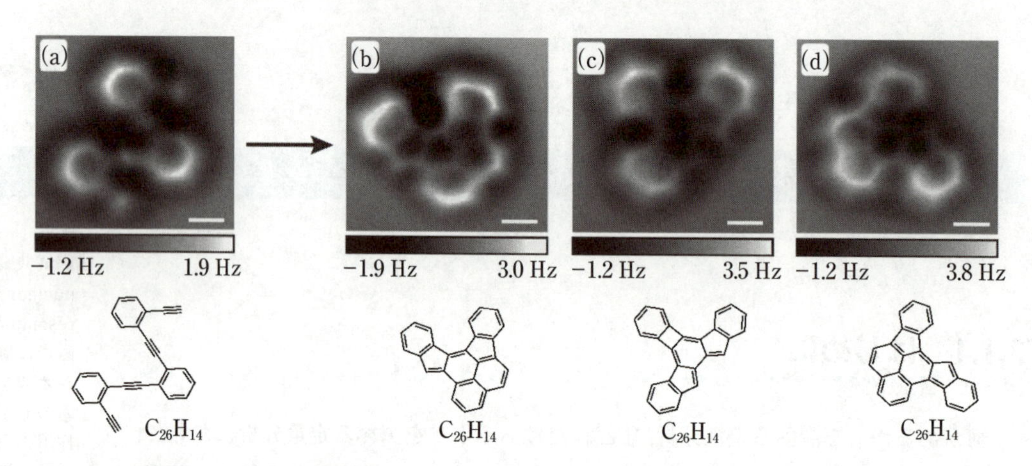

図 3.2 反応物（a）とその生成物（b, c, d）の AFM 像（上）とその分子モデル（下）
(*Science* **340**, 1434 (2013))

3.1.2 化学的試験法

化学的試験法は，難溶または有色の塩，錯塩，金属キレートや分子化合物の生成に基づく反応などを利用した試験法である．

A 塩析による析出を検出するアルコール数測定法

医薬品のジゴキシン注射液（強心薬）を図 3.3 の装置で**蒸留**するとエタノール（C_2H_5OH）と水の混ざった留液が得られる．これに**炭酸カリウム（K_2CO_3）**を加えると，**塩析**によって水層が白濁し，エタノールが**析出**する．あらかじめ留液にアルカリ性フェノールフタレインを加えておけば，エタノール層のみ赤色となるので検出しやすくなり，含まれているエタノールの量を正確に測定することができる．この方法は**日本薬局方**の**一般試験法**の項に**アルコール数測定法** *<1.01>* として，苦味チンキ（芳香性苦味健胃薬原料），トウガラシチンキ（局所刺激薬），アンモニア・ウイキョウ精（去痰薬），サリチル酸精（角化性皮膚疾患治療薬）などチンキ

蒸留 distillation

塩析 salting out
ある溶質物質の水溶液に多量の無機塩を溶解させてその溶質物質を析出させること．

チンキ剤 tinctures
通例，生薬をエタノールまたはエタノールと精製水の混液で浸出して製した液状の製剤．

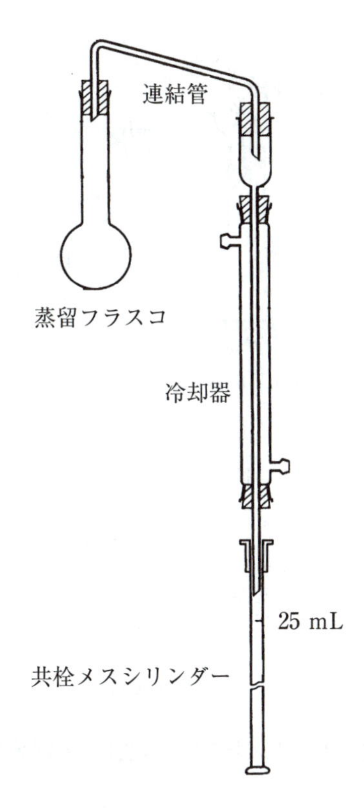

図 3.3　アルコール数測定法の装置

剤やエタノールを含む製剤中のエタノールの定量に利用される．

B　インドフェノール色素の生成を検出するアンモニウム試験法

アンモニウム塩が混在する医薬品にアルカリ剤として**酸化マグネシウム**を加えると，アンモニウム塩と反応し**アンモニア**を生じる．図 3.4 の装置でこれを加熱蒸留すると，アンモニアが留出する．触媒のペンタシアノニトロシル鉄（Ⅲ）酸ナトリウムの下，アンモニアと**次亜塩素酸ナトリウム（NaClO）**をアルカリ性で反応させると**クロラミン（NH_2Cl）**を生成する．このクロラミンを**フェノール**と縮合させることで青色の**インドフェノール色素が生じ発色する**．色のないアンモニアが下記の反応式により**呈色**反応することで肉眼観察できるようになる．この方法は**アンモニウム試験法** <*1.02*> として，L-イソロイシン（アミノ酸），タウリン（膵・胆道疾患治療薬），メチクラン（抗高血圧症薬）などの医薬品にアンモニウム塩が規定以上混在していないかを調べるための純度試験に利用される．

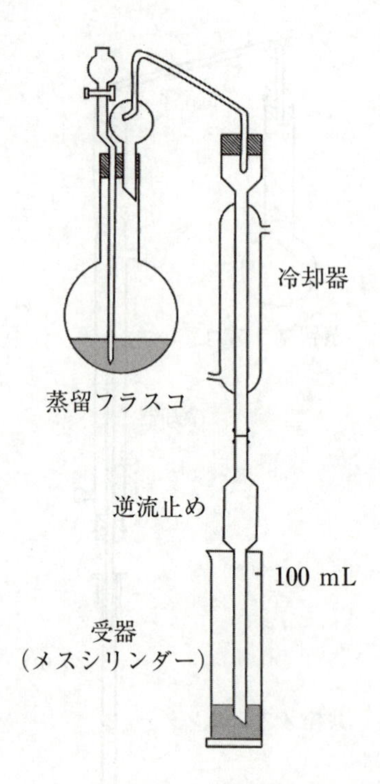

図 3.4　アンモニウム試験用蒸留装置

$$Na_2[Fe(CN)_5NO] + 2NaOH \longrightarrow Na_4[Fe(CN)_5ONO] + H_2O$$

$$NH_3 + OCl^- \xrightarrow{Na_4[Fe(CN)_5ONO]} NH_2Cl + OH^-$$

$$2NH_2Cl + C_6H_5{-}OH \longrightarrow O{=}C_6H_4{=}N{-}Cl + NH_4Cl + 2H^+$$

$$O{=}C_6H_4{=}N{-}Cl + C_6H_5{-}OH \longrightarrow O{=}C_6H_4{=}N{-}C_6H_4{-}OH + HCl$$

インドフェノール（青色）

C　塩化銀の混濁を検出する塩化物試験法

塩化物は医薬品の製造原料，製造工程から極めて混入の機会が多い．可溶性塩化物が混在する医薬品に硝酸酸性下で**硝酸銀（$AgNO_3$）**を加えると塩化物イオンと反応し，下記の反応式に示すように不溶性の**塩化銀（AgCl）を生じ，白く混濁する**．**塩化物試験法** <*1.03*> としてアセタゾラミド（抗てんかん薬），トルブタミド（経口抗糖尿病薬），クロロブタノール（保存剤）など多くの医薬品の純度試験に利用される．

$$Cl^- + AgNO_3 \longrightarrow AgCl\downarrow\ (白) + NO_3^-$$

D　元素特有の炎の色を検出する炎色反応試験法

図3.5のように白金線に付けた炭酸リチウム（Li_2CO_3）（抗躁薬）をブンゼンバーナーの無色の炎の中に入れるとその炎は持続する赤色を呈する．金属塩がこのように無色炎中で加熱されると，炎の中で気化して分解し原子化する．更に炎の熱によって最外殻の電子が励起され高いエネルギー準位に移り，これが元の基底状態のエネルギー準位に戻るとき，元素固有の光が放射され表3.1のように特有の炎色を示す．

ブンゼンバーナー
下部に空気孔があり，ガスと共に空気を適量吸入させ，完全燃焼するよう工夫された化学実験用ガスバーナー．

一方，塩素を構造中に持つエスタゾラム（催眠鎮痛薬）を酸化銅で被膜した銅網に付けて無色炎の中に入れると，炎は緑色を呈する．このようにハロゲン（Cl, Br，I）を含む有機化合物と酸化銅を混合して加熱するとハロゲン化銅が生成し，そのハロゲン化銅は炎中で緑色～青色に発光する．この反応はバイルシュタイン反応と呼ばれる．なお，フッ素はCuF_2が不揮発性のため本反応に陰性である．

エスタゾラム

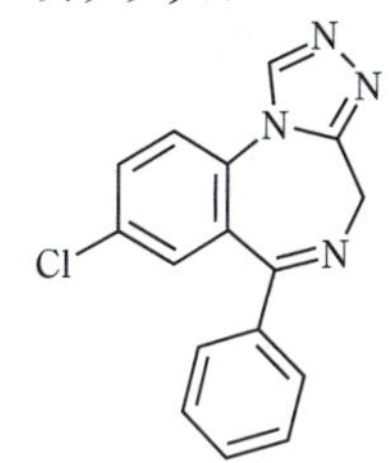

これらの炎光分析は元素の定性ができ，炎色反応試験法 <*1.04*> として，塩化カリウム（電解質補給薬）中のナトリウムの純度試験や，塩素を含むアモキサピン（抗うつ薬）やレバミピド（消化性潰瘍治療薬）などの確認試験に用いられる．

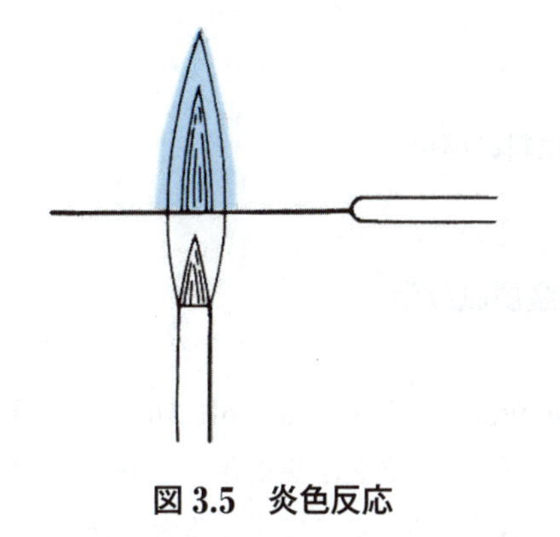
図3.5　炎色反応

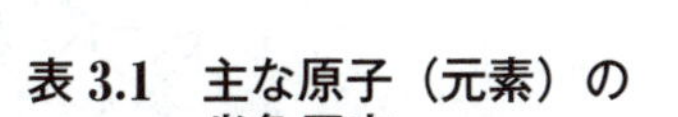
表3.1　主な原子（元素）の炎色反応

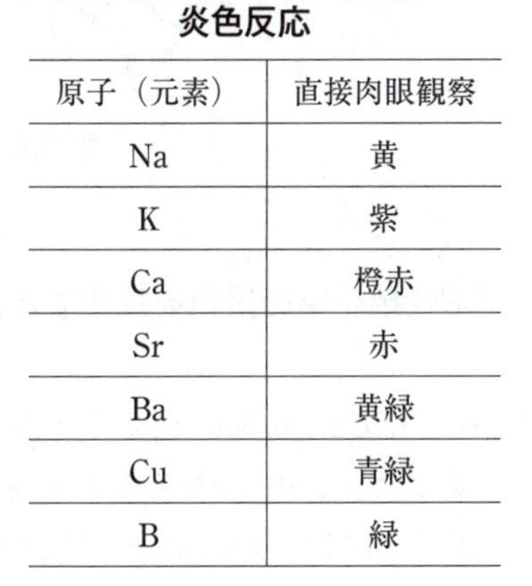

原子（元素）	直接肉眼観察
Na	黄
K	紫
Ca	橙赤
Sr	赤
Ba	黄緑
Cu	青緑
B	緑

E　けん化の有無を検出する鉱油試験法

植物性脂肪油のテレビン油（局所刺激薬）はアルカリでけん化されるので，その残留物に水を加えても液は濁らない．しかしこのテレビン油に鉱物性油（パラフィン，流動パラフィン，ケロシンなど）が混入していると，その鉱物性油はけん化さ

けん化
元来，油脂やろうに水酸化アルカリを作用させ，脂肪酸石ケン（RCOONa）をつくる反応をいう．

れないため，水に溶けず液は**濁る**．**鉱油試験法** *<1.05>* として，注射剤および点眼剤に用いる非水性溶剤中の鉱油の試験に利用される．

F　燃焼により生成するハロゲンやイオウを含むガスを検出する酸素フラスコ燃焼法

トリクロホスナトリウム

アザチオプリン

トリクロホスナトリウム（催眠鎮痛薬）やアザチオプリン（免疫抑制薬）は，**ハロゲン（Cl，Br，I，F）やイオウを構造中にもつ有機化合物**である．これらは図3.6のように酸素を満たしたフラスコ内で白金を触媒として**燃焼分解**すると，**ハロゲンやイオウを含むガス**を生じる．あらかじめフラスコ内に入れた水や希アルカリ溶液などの吸収液でハロゲンやイオウを吸収し，ハロゲンイオンや硫酸イオンとして捕捉する．これらのイオンをそれぞれ適当な方法で測定することにより，定性や定量を行うことができる．**酸素フラスコ燃焼法** *<1.06>* として，デキサメタゾン（ステロイド性抗炎症薬），フルオロウラシル（抗悪性腫瘍薬）などの確認試験や定量法などに利用される．

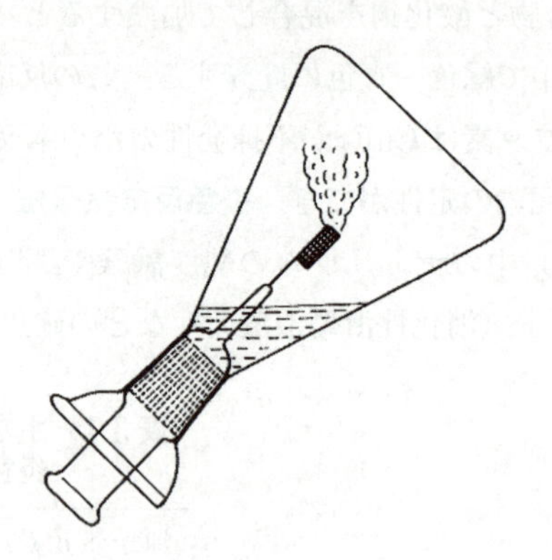

図 3.6　試料の燃焼

G　不溶性硫化物の呈色を検出する重金属試験法

Pb, Bi, Cu, Cd, Sb, Sn, Hg などの**重金属**が混在した医薬品に pH 3.0 ～ 3.5 の酢酸酸性で**硫化ナトリウム**を加えると重金属と反応し，黄色～黒褐色の**不溶性硫化物を生じ呈色する**．この反応は下記の反応式で示される．ここで生じる硫化物は生成後しばらくの間はコロイド状になっており，溶液が着色しているように見える．この方法は医薬品に混在する人体に有害な金属を調べる方法に用いられ，**重金属試験法** *<1.07>* として，アスコルビン酸（抗酸化剤），アンチピリン（解熱鎮痛薬），イソソルビド（利尿薬）など多くの医薬品の純度試験に利用される．

$$Pb^{2+} + S^{2-} \longrightarrow PbS\downarrow$$

H　硫酸を用いた加熱分解により生成する硫酸アンモニウムを検出する窒素定量法

尿素（角化性皮膚疾患治療薬）のように**窒素を構造中にもつ有機化合物**は，**硫酸と分解促進剤を用いて加熱分解**すると，**硫酸アンモニウムを生じる**．水酸化ナトリウムでアルカリ性にすると**アンモニア**が遊離してくるので，ホウ酸溶液で捕集し**ホウ酸アンモニウム**として捕捉する．このホウ酸アンモニウムを硫酸で滴定することにより，有機化合物中の窒素の量を求めることができる．下記に反応式を示す．この方法は**窒素定量法（セミミクロケルダール法）**<*1.08*>として，図 3.7 の装置を用いてリゾチーム塩酸塩（去痰薬）やプロタミン硫酸塩（解毒薬）などに含まれる窒素量の定量に利用される．

尿素

$H_2N-C(=O)-NH_2$

含窒素有機物質（尿素など） $\xrightarrow[\text{触媒}]{H_2SO_4}$ $CO_2 + H_2O + NH_4HSO_4 + SO_2$

$$NH_4HSO_4 + 2NaOH \longrightarrow NH_3 + Na_2SO_4 + 2H_2O$$

$$NH_3 + H_3BO_3 \longrightarrow NH_4 \cdot BO_2 + H_2O \qquad (1)$$

$$2NH_4 \cdot BO_2 + 2H_3BO_3 \longrightarrow (NH_4)_2B_4O_7 + 3H_2O \qquad (2)$$

（希薄溶液では，（1）の反応が主である．）

$$2NH_3 + H_2SO_4 \longrightarrow (NH_4)_2SO_4 \quad \text{（滴定の反応）}$$

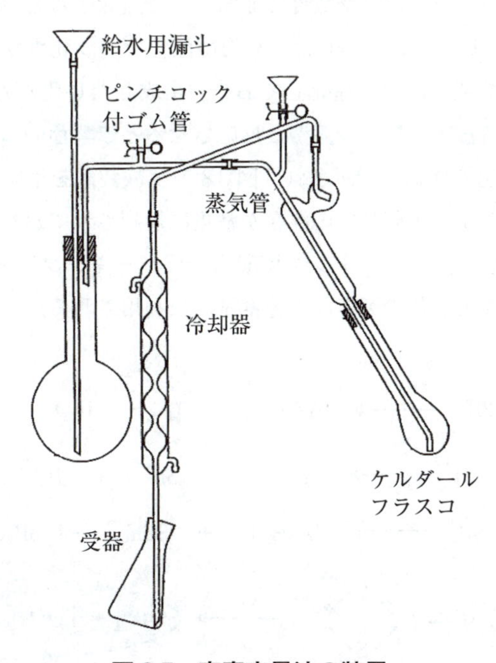

図 3.7　窒素定量法の装置

I　キレートの呈色を検出する鉄試験法

鉄が混在した医薬品は，溶液中で**2,2′-ビピリジル**を加えるとFe(Ⅱ)イオン(Fe^{2+})と反応し，**赤色のキレートを生成する**．下記に反応式を示す．Fe(Ⅲ)イオン(Fe^{3+})の混在については，アスコルビン酸を加えることでFe^{3+}がFe^{2+}に還元されるので，同様のキレートを生じさせることができる．この方法は医薬品に混在する鉄を調べる方法に用いられ，**鉄試験法** <*1.10*> として，炭酸マグネシウム（制酸薬）や乳酸（緩衝剤）などの純度試験に利用される．

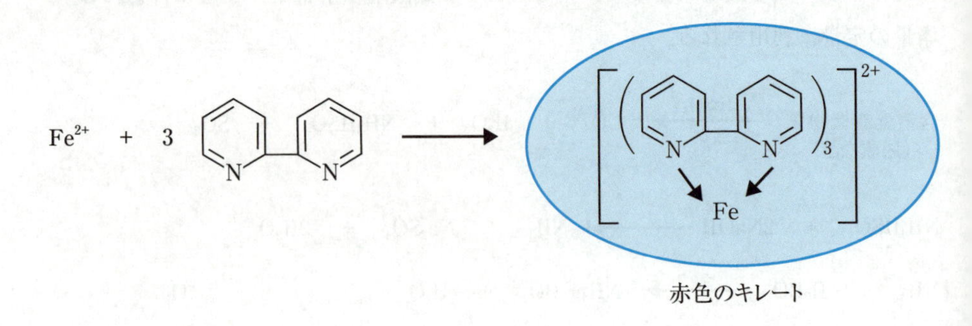

赤色のキレート

J　コロイド状銀の生成を検出するヒ素試験法

天然の**ヒ素化合物**は大部分がヒ酸塩（AsO_4^{3-}）または亜ヒ酸塩（AsO_3^{3-}）の形であると考えられる．これらは塩酸酸性で亜鉛により還元すると，揮発性のヒ化水素（AsH_3）を生じる．ヒ酸塩は，あらかじめ塩酸酸性でヨウ化カリウムおよび酸性塩化スズ(Ⅱ)によって亜ヒ酸塩に還元しておく．生成したヒ化水素は***N,N*-ジエチルジチオカルバミド酸銀・ピリジン溶液**と反応させると**赤紫色のコロイド状銀を生じる**．この反応は下記の反応式で示され，図3.8の試験装置を用いて行う．ヒ素化合物は猛毒であることから医薬品中の混在が厳重に規制されており，この方法は**ヒ素試験法** <*1.11*> として，アマンタジン塩酸塩（抗パーキンソン病薬），アロプリノール（抗痛風薬）など多数の医薬品の純度試験に利用される．

$$AsO_4^{3-} + 2I^- + 2H^+ \longrightarrow AsO_3^{3-} + I_2 + H_2O$$

$$AsO_4^{3-} + Sn^{2+} + 2H^+ \longrightarrow AsO_3^{3-} + Sn^{4+} + H_2O$$

$$AsO_3^{3-} + 3Zn + 9H^+ \longrightarrow AsH_3\uparrow + 3Zn^{2+} + 3H_2O$$

$$AsH_3 + 6\ (C_2H_5)_2N-C(=S)S\rightarrow Ag \longrightarrow \text{遊離コロイド状銀（赤紫色）}$$

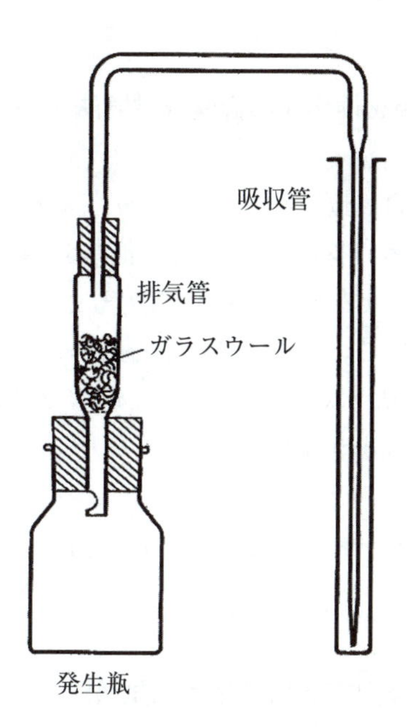

図 3.8　ヒ素試験装置

K　キノン色素の生成を検出するメタノール試験法

メタノール（CH_3OH）が混在するエタノールにリン酸酸性で過マンガン酸カリウム（$KMnO_4$）を加えると，メタノールが酸化されホルムアルデヒド（HCHO）を生じる．これとフクシンでシッフ塩基を形成させることで赤紫色のキノン色素が生成する．下記に反応式を示す．この反応は医薬品のブドウ酒（矯味剤）中のメタノールの混在を調べる方法に用いられ，メタノール試験法 <*1.12*> として純度試験に利用される．この試験法ではエタノールの酸化は抑制される．

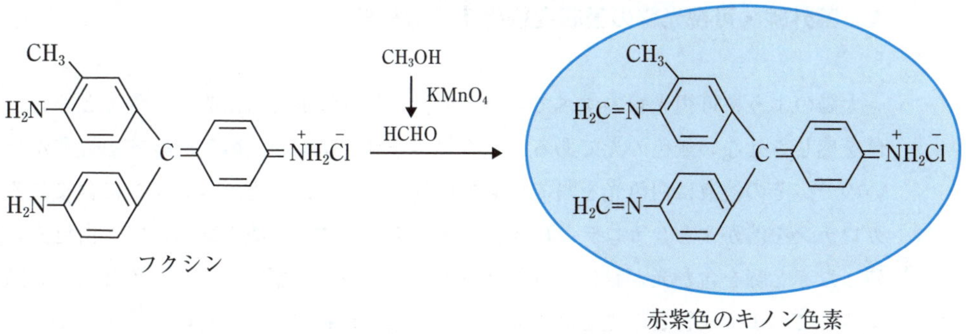

$CH_3OH \xrightarrow{KMnO_4} HCHO$

フクシン　→　赤紫色のキノン色素

L　硫酸バリウムの混濁を検出する硫酸塩試験法

医薬品の製造原料または製造工程が原因となり，医薬品のなかに**硫酸塩**が不純物として混在することは極めて多い．医薬品中に混在する硫酸塩を塩酸酸性で**塩化バリウム（$BaCl_2$）**と反応させると不溶性の**硫酸バリウム（$BaSO_4$）**を生じ，混濁する．下記に反応式を示す．この方法は**硫酸塩試験法**<*1.14*>として，濃グリセリン（浣腸薬），安息香酸ナトリウム（殺菌薬・消毒薬），ビサコジル（瀉下薬）など多くの医薬品の純度試験に利用される．

$$SO_4^{2-} + BaCl_2 \longrightarrow BaSO_4 \downarrow + 2Cl^-$$

M　硫酸による呈色を検出する硫酸呈色物試験法

有機物質には**濃硫酸に溶解**すると，**特有の呈色**を示すものが多い．この呈色は医薬品中の不純物の検出に用いられる．**硫酸呈色物試験法**<*1.15*>として，アトロピン硫酸塩水和物（鎮痙薬）やアミノ安息香酸エチル（局所麻酔薬）などに混在する不純物の純度試験に利用される．

3.1.3　物理的試験法

機器を用いた分析法であり，電磁波分析法の分光学的測定法，分離分析法のクロマトグラフィーなどがある．詳細は「よくわかる薬学機器分析」を参照のこと．

A　紫外線・可視光線の吸収を検出する分析法

シクロヘキサン

紫外可視分光光度計
（日立ハイテクノロジーズ製）

太陽のように可視光線のすべての**波長**の光が均等に混じった光を**白色光**といい，色を感じさせない無色の光である．シクロヘキサンは**可視光線を吸収する性質**がないので，その溶液に白色光を当てても無色透明である．一方，ニンジンに含まれるカロテンを溶かすと，カロテンは青紫色の光を吸収する性質があるので，白色光に残った赤と緑を含む光が目に入り錐体細胞が刺激され，脳はオレンジ色として認識する．このような物質が光を吸収する性質を**紫外可視分光光度計**は，検出することができる．

日本薬局方では，物質が紫外線や可視光線を吸収する度合いを測るこの**機器分析法**を**紫外可視吸光度測定法**<*2.24*>として，一般試験法の項に記載している．アシクロビル（抗ウイルス薬），イソニアジド（抗結核薬），プロゲステロン（黄体ホルモン）を含め多くの医薬品の確認試験や定量法などに利用される．

β-カロテン

1）装　置

図 3.9 は紫外可視分光光度計の模式図であり，人間が光を見る仕組みとよく似ている．装置には光源として，**紫外線を放出する重水素放電管**や**可視光線を放出するタングステンランプ**などの 2 種類のランプが組み込まれている．光源からの光はプリズムや回折格子（分光器）などで分け，調べたい溶液の入った角形の入れ物（**セル**）に通過させる．通過した光の強度を測光部で検出し，記録部で記録する．

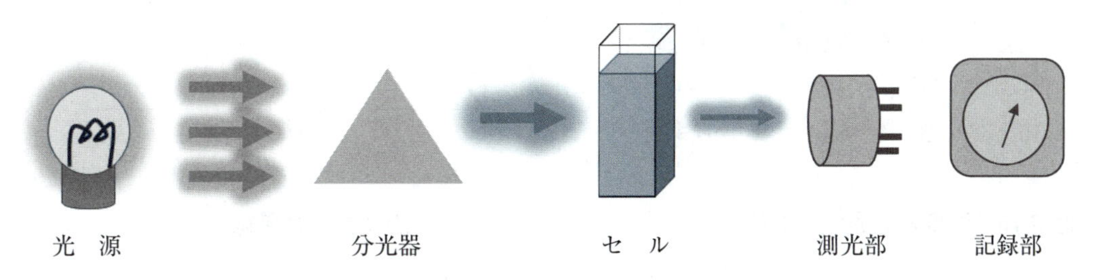

図 3.9　紫外可視分光光度計の模式図

2）定　量

紫外可視分光光度計を用いることで，色の濃さ，すなわち溶液の光の吸収度合いを数値にして表すことができる．数値化の方法は，セルに当てた光の強さ（入射光の強さ）(I_0) に対して，通過した光の強さ（透過光の強さ）(I) がどの程度減ったかを調べる方法であり，以下の式で透過度（T）や**吸光度**（A）として求めることができる．

$$透過度\ (T) = \frac{I}{I_0}$$

$$吸光度\ (A) = \log \frac{I_0}{I}$$

この吸光度（A）は，光を吸収する物質の濃度（c），および光が通過する距離である光路長（l）に比例し，$A = kcl$（k は定数）と表すことができる．これを **Lambert-Beer の法則**という．すなわち同じ濃さの溶液の入ったセルを 2 つ，3 つと増やして並べ光路長を長くすると，1 つの時より溶液の色は濃くなり，吸光度は比例して増える．また，濃度がわかっているカロテン溶液（標準溶液）を数種類用意して吸光度を測定すれば，吸光度が濃度に比例して増える（図 3.10）．濃度と吸光度の関係を示す検量線から濃度未知のカロテン溶液の濃度が，吸光度を測定することで求めることができる（図 3.11）．

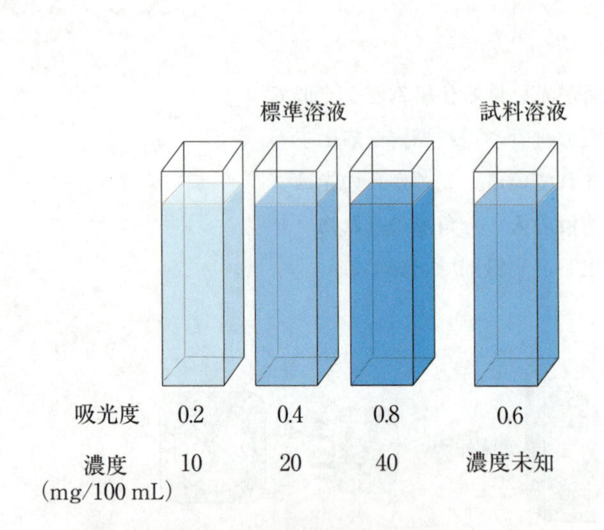

図 3.10　濃度と吸光度の関係

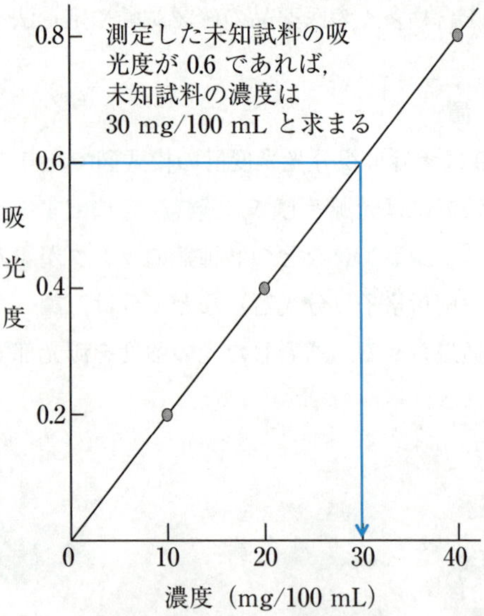

測定した未知試料の吸光度が 0.6 であれば，未知試料の濃度は 30 mg/100 mL と求まる

図 3.11　検量線

3）定　性

紫外可視吸光度測定法では，波長 200 nm から 800 nm までの範囲の光が利用される．光を吸収する物質の入った溶液にこの範囲の波長の光を通すとき，波長ごとに吸収度合いが変化するので，吸光度と波長との関係を示す曲線を描くことができる．これを**紫外可視吸収スペクトル**といい，物質の化学構造によって異なる吸収スペクトルが得られる．図 3.12 は日本薬局方インドメタシン（解熱鎮痛薬）溶液（a）とリボフラビン（ビタミン B_2）(b) 溶液の紫外可視吸収スペクトルである．各波長での吸光度が変化することで各々特徴的な曲線となっているのがわかる．スペクトルの形は分子に固有のため，同じ曲線を示していれば同じ物質であるといえる．日本薬局方では，試料から得られた吸収スペクトルと，確認しようとする物質の**参照スペクトル**を比較し，両者のスペクトルが同一波長のところに同様の強度の吸収を与えるとき互いの同一性が確認されるとしている．

参照スペクトル
参照スペクトルによる試験の方法が設定された医薬品各条品目について，比較の際の対象となる参照スペクトルが「参照紫外可視吸収スペクトル」の項に規定されている．

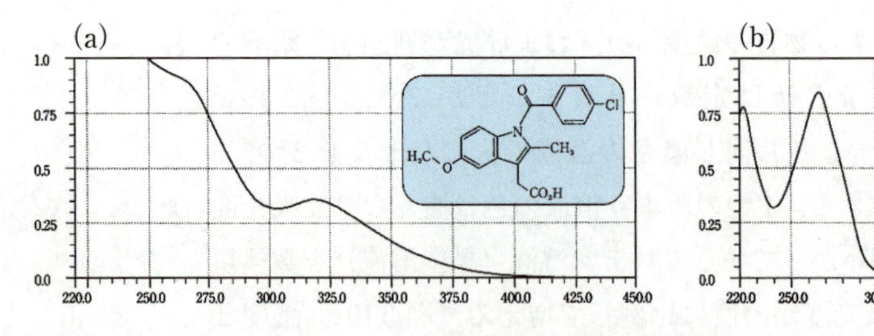

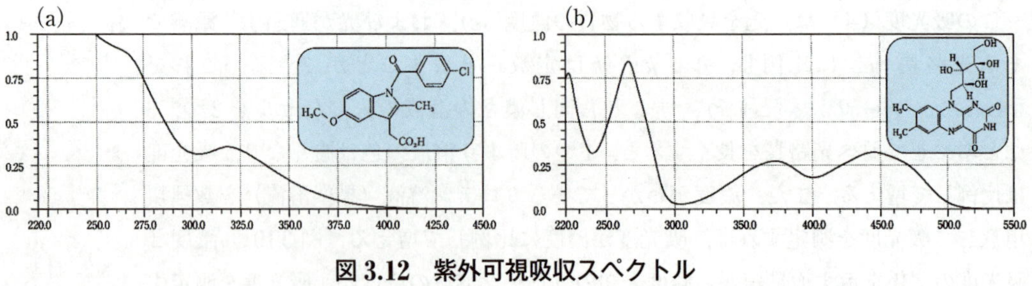

図 3.12　紫外可視吸収スペクトル
(a) インドメタシン，(b) リボフラビン

B 発光を検出する蛍光光度法

ホタルが光るのは，ルシフェリンという発光物質が体内の代謝から生じるエネルギーを吸収し，その吸収したエネルギーを光として放出するからである．このように物質が吸収したエネルギーを光として放出する現象を**発光**という．**蛍光**は蛍光物質が電磁波，すなわち光のエネルギーを吸収して，それよりも低エネルギーである波長の長い光を放射する現象である．また暗闇で光を放つ夜光塗料として利用されるリン光物質は電磁波の照射が終わっても光り続けることができ，この光を**リン光**と呼ぶ．日本薬局方では特定波長域の励起光を照射するとき，放射される蛍光の強度を測定する方法として**蛍光光度法** <*2.22*> が一般試験法の項に記載されている．この方法はリン光物質にも適用される．ジギトキシン錠（強心薬），メチルエルゴメトリンマレイン酸塩錠（子宮収縮薬），レセルピン錠（統合失調症治療薬）の溶出性の試験などに利用される．

発光 luminescence
蛍光 fluorescence

リン光 phosphorescence

1）蛍光性と化学構造

蛍光を検出するためにはその物質が蛍光性を有する必要がある．蛍光物質の化学構造の特徴として，安息香酸は蛍光性を示さないが，蛍光を増大させる水酸基がついたサリチル酸は青色の蛍光を発する（図 3.13）．またフェノールフタレインは蛍光性を示さないが，環構造が 1 つ増えたことで平面構造が保たれているフルオレセインは，緑色の強い蛍光を発する．多くの蛍光物質は分子骨格が共役系からなり，平面構造の特徴がある．このような化学構造をもつ物質は多くないため，高感度・高特異性を特徴とする蛍光光度法により測定できる物質は限られる．そのため蛍光を発しない無蛍光性の物質や蛍光強度が弱い物質を化学反応により蛍光物質に導く**蛍光誘導体化**が利用される．この誘導体化には，蛍光誘導体化試薬のベンゾインと無蛍光性のアルギニンなどのグアニジノ化合物との反応等がある（図 3.14）．

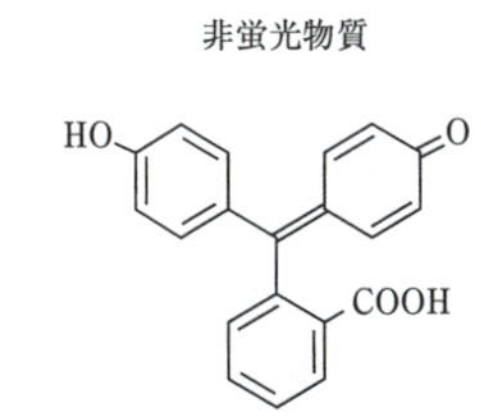

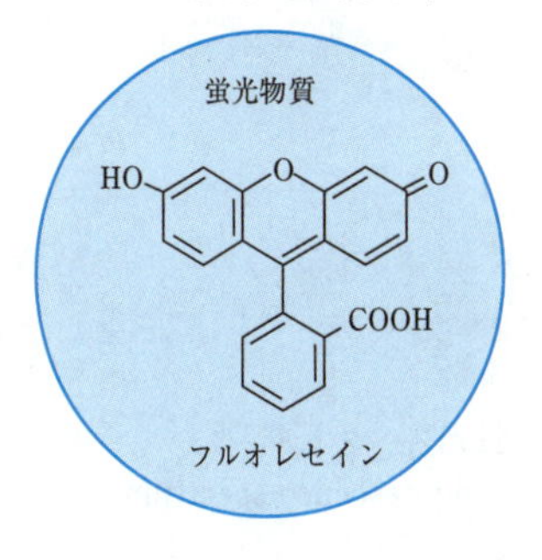

蛍光誘導体化 fluorescence derivatization

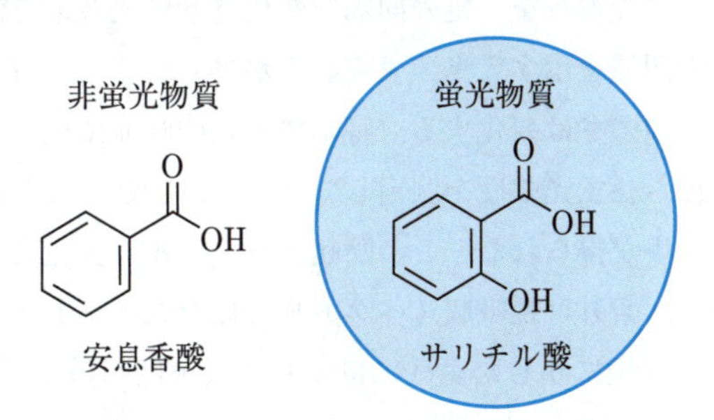

図 3.13 非蛍光物質と蛍光物質の構造

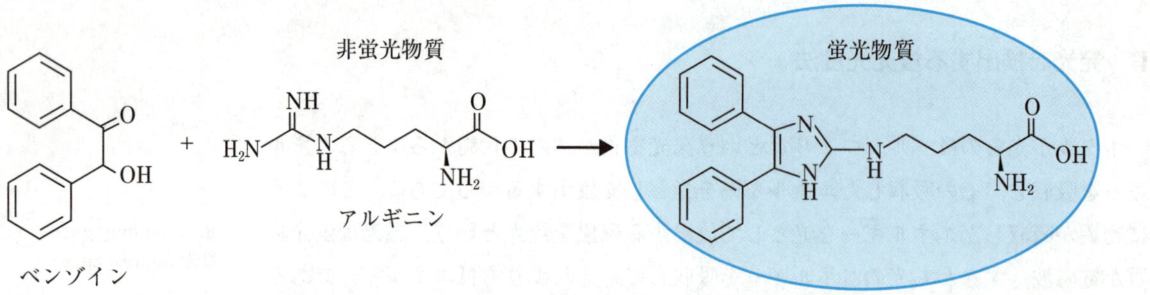

図 3.14 蛍光誘導体化

2) 定 量

蛍光物質を溶かした溶液に励起光を照射するとき，希薄溶液では蛍光物質の濃度に比例して蛍光強度は強くなる．その蛍光の強さを測定すれば物質の量を求めることができる．

$$F = kI_0\phi\varepsilon cl$$

蛍光強度（F），比例定数（k），励起光の強さ（I_0），蛍光またはリン光の量子収率（ϕ），励起光の波長におけるモル吸光係数（ε），溶液中の蛍光物質の濃度（c），層長（l）

蛍光光度法は，紫外可視吸光度測定法と比べて約1000倍の感度をもち，極微量の物質を測定することができる．これは入射光と透過光のわずかな差を測定する紫外可視吸光度測定法に対し，蛍光光度法は励起光（I_0）を強くすればそれに応じて強い蛍光（F）を得ることができるからである．そのため蛍光分光光度計の光源には強い光を発生する**キセノンランプ**やレーザーが用いられる．

3) 定 性

蛍光の強さは測定波長をずらすと変化する．蛍光分光光度計で特定の波長の励起光を照射したまま，蛍光波長を一定の間隔で変化させ蛍光強度を測定していくと，波長と蛍光強度との関係を示す**蛍光スペクトル**が得られる．一方，励起光の波長をずらすことでも蛍光の強さは変化する．特定の波長の蛍光強度について，励起波長を一定の間隔で変化させ蛍光強度を測定していくと，励起波長と蛍光強度との関係を示す**励起スペクトル**が得られる．この励起スペクトルは蛍光物質に光が吸収される度合いを表すので，紫外可視吸収スペクトルと似たスペクトルとなる．この2つのスペクトルは互いに鏡に映したように似ており（鏡像関係），図3.15のように双子のスペクトルになる．

蛍光・励起スペクトルの形は分子に固有のため，これら2つのスペクトルが一致する物質は同じ物質であるといえる．紫外可視吸光度測定法では吸収スペクトルのみで物質を同定するのに対し，蛍光光度法は2つのスペクトルを用いるので，蛍光光度法は**特異性**が高い．

蛍光スペクトル
fluorescence spectrum

励起スペクトル
excitation spectrum

特異性 specificity
試料中に共存すると考えられる物質の存在下で，分析対象物を正確に測定する能力のこと．選択性ともいう．

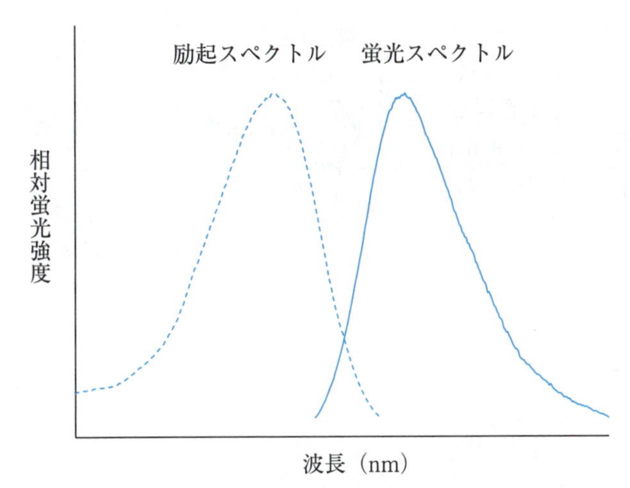

図 3.15　蛍光スペクトル（実線）と励起スペクトル（点線）

3.1.4　生化学的試験法

パンクレアチン（消化酵素）は，胃の調子が悪く消化異常の症状があるときに用いられる．主にブタの膵臓をすりつぶして製したもので，特異なにおいのある薬である．このパンクレアチンを飲むと消化異常症状が改善されるのは，膵液中に含まれるプロテアーゼ，アミラーゼ，リパーゼ，トリプシン，キモトリプシン，カルボキシペプチダーゼ，リボヌクレアーゼなど多くの消化酵素が，タンパク質，炭水化物，脂肪等を分解し，消化を助けるからである．

薬局で購入するパンクレアチンの効果がいつも同じ品質であるためには，これら消化酵素の消化力が一定である必要がある．そのため日本薬局方には，でんぷんを分解する**アミラーゼ**，タンパク質を分解する**プロテアーゼ**，脂肪を分解する**リパーゼ**についてその消化力を測定する**消化力試験法** <*4.03*> が記載される．消化力試験法は，でんぷん消化力試験法，タンパク消化力試験法，脂肪消化力試験法の 3 つからなる．これらの**酵素的定量法**によりパンクレアチンの品質を一定に管理することができる．

A　でんぷんの分解産物を検出するでんぷん消化力試験法

でんぷんは直鎖状多糖のアミロースと分岐した構造をもつアミロペクチンからなる（図 3.16）．パンクレアチンに含まれるアミラーゼの酵素作用は，**糖化**，**糊精化**（こせいか）および**液化**という 3 つのでんぷんの消化現象に大別される．**でんぷん消化力試験法**は，この 3 つの消化現象を測定する方法である．パンクレアチンとジアスターゼ（消化酵素）の定量法に利用される．

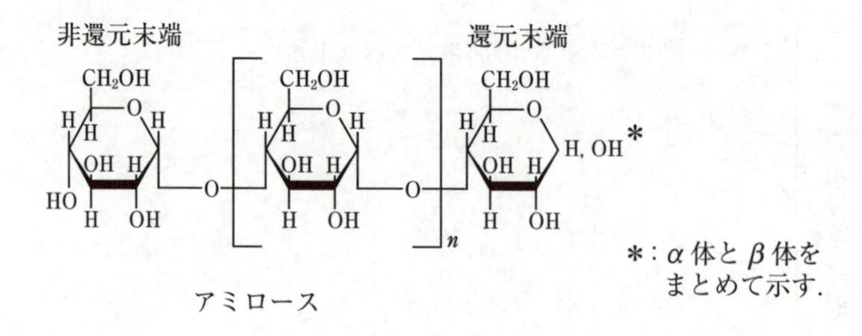

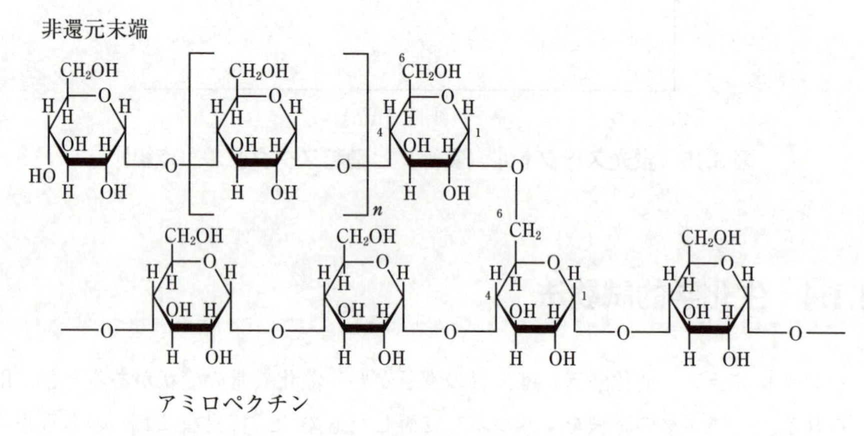

図3.16　アミロース（上）とアミロペクチン（下）

1）還元力を検出するでんぷん糖化力測定法

糖化は，でんぷんの加水分解により還元糖が生成する現象をいう．でんぷんの *α*-1,4-グルコシド結合の加水分解により還元糖が生じるので，この増加する還元力を**フェーリング試液**により測定し，**でんぷん糖化力**として求める．

フェーリング試液
　硫酸銅水溶液とアルカリ性酒石酸塩溶液を用時混合したもの．

2）らせん構造を検出するでんぷん糊精化力測定法

糊精化は，でんぷん中の直鎖成分であるアミロースのグルコシド結合が加水分解されることにより，でんぷんが低分子化する現象をいう．アミロースはグルコース6残基で一巻きするらせん構造をしており，このらせん空間内に1分子のヨウ素が入ると青色を呈する．アミロースの低分子化に伴い**ヨウ素・でんぷん反応**における青色の呈色度が低下するので，この呈色の減少を測定し，**でんぷん糊精化力**として求める．

3）粘度を検出するでんぷん液化力測定法

液化は，でんぷん中のアミロースとアミロペクチンのグルコシド結合が加水分解され，でんぷんが低分子化する現象をいう．低分子化により粘度が低くなるので，この**粘度**の低下を測定し，**でんぷん液化力**として求める．

B　タンパク質の分解産物を検出するタンパク消化力試験法

パンクレアチンに含まれるプロテアーゼはエンドペプチダーゼ型の酵素であり，タンパク質分子内部のペプチド結合（図 3.17）を切断する．タンパク消化力試験法では，タンパク質の一種であるカゼインを基質としてプロテアーゼを作用させる．ペプチド結合が切断されるに伴い生成する酸可溶性低分子分解産物をフォリン試液で発色させ，比色定量することでプロテアーゼ活性を測定する．パンクレアチンと含糖ペプシン（消化酵素）の定量法に利用される．

フォリン試液
　タングステン酸，モリブデン酸，リン酸等から製する．

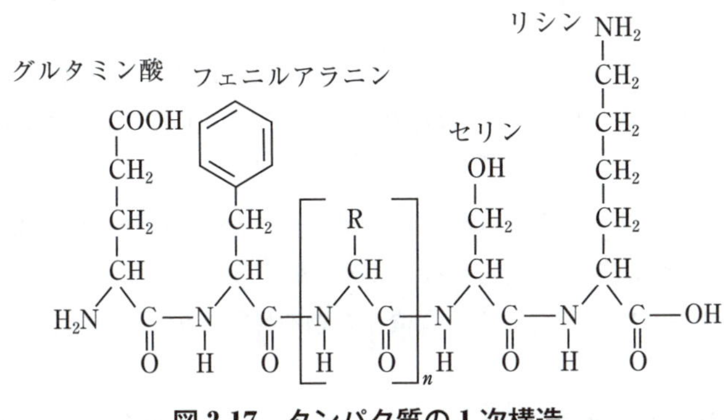

図 3.17　タンパク質の 1 次構造

C　脂肪の分解産物を検出する脂肪消化力試験法

パンクレアチンに含まれるリパーゼは，脂肪の主成分であるトリグリセリドのエステル結合を加水分解して脂肪酸を遊離させる（図 3.18）．脂肪消化力試験法では，オリブ油を基質に用いてリパーゼを作用させる．エステル結合が切断されるに伴い生成する脂肪酸の量を滴定により求め，リパーゼ活性を測定する．パンクレアチンの定量法に利用される．

$$\begin{array}{ccccc} CH_2OCOR & & CH_2OH & & RCOOH \\ | & & | & & \\ CH_2OCOR' & \longrightarrow & CH_2OH & + & R'COOH \\ | & & | & & \\ CH_2OCOR'' & & CH_2OH & & R''COOH \end{array}$$

トリグリセリド　　グリセロール　　脂肪酸

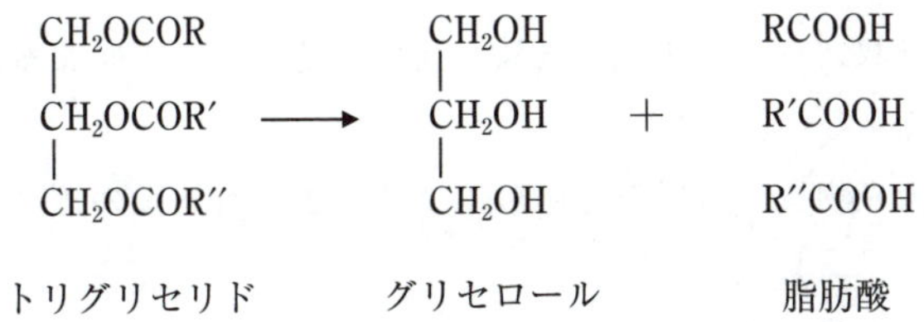

図 3.18　リパーゼによるトリグリセリドの分解

確認問題

次の記述について，正しいものには○，誤っているものには×を付けよ．

1) アルコール数測定法で測定するのは，メタノールの量である．(　)
2) アンモニウム試験法では，インドフェノールを生成させる．(　)
3) 塩化物イオンは，硝酸酸性で硝酸銀と反応して不溶性の塩化銀を生じる．(　)
4) 炎色反応試験法は，元素特有の炎の色を利用した元素の検出法である．(　)
5) 鉱油試験法は，注射剤および点眼剤に用いる水性溶剤中の鉱油を試験する方法である．(　)
6) 酸素フラスコ燃焼法では，ハロゲン（Cl，Br，I，F）やイオウを含む無機化合物を酸素で満たしたフラスコ内において白金を触媒として燃焼分解する．(　)
7) 重金属試験法では，Pb，Bi，Cu，Cd，Sb，Sn，Hgなどの重金属が硝酸銀により不溶性硫化物を生成することを利用する．(　)
8) 窒素定量法では，窒素を含む有機化合物を硫酸と分解促進剤を用いて加熱分解する．(　)
9) 溶液中のFe(Ⅱ)イオン（Fe^{2+}）は，2,2′-ビピリジルと反応し赤色のキレートを生成する．(　)
10) ヒ素試験法では，赤紫色のコロイド状銀の生成を検出する．(　)
11) メタノール試験法では，ホルムアルデヒドがフクシンと反応し赤紫色のキノン色素を生じる．(　)
12) 硫酸塩を塩化バリウムと反応させると不溶性の塩化銀となり，混濁を生じる．(　)
13) 有機物質には濃硫酸に溶けて，特有の呈色を示すものが多い．(　)
14) 紫外可視吸光度測定法では，物質が光を反射する特性を利用している．(　)
15) 紫外可視吸光度測定法で定量を行うことができるのは，Lambert-Beerの法則による．(　)
16) 紫外可視吸収スペクトルは，物質の化学構造によって異なるため定性に用いることができる．(　)
17) 蛍光は，蛍光物質が電磁波を吸収し，それよりも波長の短い光を放射する現象である．(　)
18) 無蛍光性の物質を化学反応により蛍光物質に導く方法を蛍光誘導体化と呼ぶ．(　)
19) 蛍光光度法は，蛍光スペクトルと励起スペクトルの両方を得ることができるので特異性が高い．(　)
20) 消化力試験法では，でんぷんを分解するプロテアーゼ，タンパク質を分解す

るアミラーゼ，脂肪を分解するリパーゼについて消化力を測定する．(　　)

21)　でんぷん糖化力測定法は，還元糖の生成による酸化力をフェーリング試液により測定し求める方法である．(　　)

22)　タンパク消化力試験法は，ペプチド結合の切断に伴って増加する酸可溶性低分子分解産物の量をフォリン試液で発色させ比色定量する方法である．(　　)

23)　脂肪消化力試験法は，エステル結合の切断に伴って生成する脂肪酸の量を測定し求める方法である．(　　)

解　答

1)　(×)　メタノールではなくエタノールを測定する．

2)　(○)

3)　(○)

4)　(○)

5)　(×)　水性溶剤ではなく非水性溶剤である．

6)　(×)　無機化合物ではなく有機化合物である．

7)　(×)　硝酸銀ではなく硫化ナトリウムである．

8)　(○)

9)　(○)

10)　(○)

11)　(○)

12)　(×)　塩化銀ではなく硫酸バリウムである．

13)　(○)

14)　(×)　反射ではなく吸収である．

15)　(○)

16)　(○)

17)　(×)　短いではなく長いである．

18)　(○)

19)　(○)

20)　(×)　でんぷんを分解するのがアミラーゼであり，タンパク質を分解するのがプロテアーゼである．

21)　(×)　酸化力ではなく還元力である．

22)　(○)

23)　(○)

3.2 定性反応

炎色反応試験法〈*1.04*〉
定性反応〈*1.09*〉

第17改正日本薬局方 一般試験法中に収載された**炎色反応試験法**と**定性反応**から主なものを抜粋し，表3.2，表3.3，表3.4にまとめた．

3.2.1 金属塩の炎色反応

日本薬局方 一般試験法〈*1.04*〉炎色反応試験 (1)（ブンゼン反応）

白金線を用い，少量の試料を先端に付け，ブンゼンバーナーの無色炎中に入れ，試験する．表3.2に主な原子（元素）の炎色反応を示す．

表3.2 主な金属塩の炎色反応

元 素	直接肉眼観察	コバルトガラスを通して観察*
Na	黄	吸収されて見えない
K	紫	紅紫
Li	深紅	紅
Ca	橙赤	淡緑
Ba	黄緑	黄緑
Cu	青緑	淡青

*混在の可能性が高く，自身の炎色も強いNaの黄色をキャンセルする
Naが共存すると，Naの強い黄色のため目的成分の炎色を確認できないので，その際はNaの色を吸収するコバルトガラスを通して観測する．

3.2.2 陽イオンの定性反応

日本薬局方 一般試験法〈*1.09*〉定性反応

定性反応は，医薬品の確認試験に用い，通例，医薬品各条に規定する液2～5 mLをとり，試験を行う．

代表的な定性反応を表3.3に示す．

表 3.3　局方収載の主な陽イオンの定性反応

陽イオン	試薬および反応	変　化
亜鉛塩（Zn^{2+}）	硫化アンモニウム試液（中性～アルカリ性条件）	帯白色沈殿（ZnS）
	ヘキサシアノ鉄(II)酸カリウム（$K_4[Fe(CN)_6]$）試液	白色沈殿
アルミニウム塩（Al^{3+}）	塩化アンモニウム試液	白色ゲル状沈殿（$Al(OH)_3$） 過量のアンモニア試液では溶けないが，過量の水酸化ナトリウム試液によって溶ける
アンモニウム塩（NH^{4+}）	過量の水酸化ナトリウム試液を加えて加熱	アンモニアのにおい 潤した赤色リトマス紙を青変
カルシウム塩（Ca^{2+}）	炭酸アンモニウム試液	白色沈殿（$CaCO_3$）
	シュウ酸アンモニウム試液	白色沈殿（$Ca(COO)_2$）
銀塩（Ag^+）	希塩酸	白色沈殿（AgCl） 過量のアンモニア試液で溶ける
	クロム酸カリウム試液	赤色沈殿（Ag_2CrO_4）
	アンモニア試液を過量に加え，ホルムアルデヒド 1 ～ 2 滴を加えて加温	器壁に銀鏡（銀鏡反応）
鉄塩，第一（Fe^{2+}）	ヘキサシアノ鉄(III)酸カリウム（$K_3[Fe(CN)_6]$）試液	青色沈殿（タンブル青）
	NaOH 試液	灰緑色ゲル状沈殿（$Fe(OH)_2$）
	1,10-フェナントロリン・エタノール試液	濃赤色
鉄塩，第二（Fe^{3+}）	ヘキサシアノ鉄(II)酸カリウム（$K_4[Fe(CN)_6]$）試液	青色沈殿（ベルリン青）
	水酸化ナトリウム試液	赤褐色ゲル状沈殿（$Fe(OH)_3$）
銅塩，第二（Cu^{2+}）	アンモニア試液	淡青色沈殿（$Cu(OH)_2$） 過剰のアンモニア試液で溶けて濃青色となる（$[Cu(NH_3)_4]^{2+}$）
	ヘキサシアノ鉄(II)酸カリウム試液	赤褐色沈殿
	硫化ナトリウム試液	黒色沈殿（CuS）
鉛塩（Pb^{2+}）	希硫酸	白色沈殿（$PbSO_4$）
	水酸化ナトリウム試液	白色沈殿（$Pb(OH)_2$）
	クロム酸カリウム試液	黄色沈殿（$PbCrO_4$）
バリウム塩（Ba^{2+}）	希硫酸	白色沈殿（$BaSO_4$）
	クロム酸カリウム試液（酢酸酸性条件下）	黄色沈殿（$BaCrO_4$）

3.2.3　陰イオンの定性反応

表 3.4　局方収載の主な陰イオンの定性反応

陰イオン等	試薬および反応	変　化
亜硝酸塩	ヨウ化カリウム試液（希硫酸酸性）にクロロホルムを加えて混ぜ合わせる	クロロホルム層は紫色（NO_2^-によって，I^-が酸化されてI_2になる）
安息香酸塩	希塩酸	白色結晶性の沈殿（安息香酸を遊離）
塩化物	硫酸，過マンガン酸カリウム液，加熱	塩素ガス（Cl_2）を発生し，潤したヨウ化カリウムデンプン紙を青変する
過酸化物	過マンガン酸カリウム試液	試液の色は消え，泡立ってガス（O_2）を発生する
	硝酸銀試液	白色沈殿（AgCl）
過マンガン酸塩	過酸化水素試液（硫酸酸性）	泡立って脱色
	シュウ酸（硫酸酸性），加温	脱色
クエン酸塩	塩化カルシウム試液，煮沸	白色結晶性沈殿（クエン酸カルシウム）
グリセロリン酸塩	七モリブデン酸六アンモニウム試液，長く煮沸	黄色沈殿
クロム酸塩・重クロム酸塩	酢酸エチル試液・過酸化水素試液（硫酸酸性）	酢酸エチル層は青色
酢酸塩	硫酸・メタノール，加熱	酢酸エチルのにおい
サリチル酸塩	ソーダ石灰，加熱	フェノールのにおい
	塩化鉄（Ⅲ）試液	赤色
臭化物	硝酸銀試液	淡黄色沈殿（AgBr）
シュウ酸塩	塩化カルシウム試液	白色沈殿（CaC_2O_4）
臭素酸塩	亜硝酸ナトリウム試液＋クロロホルム	クロロホルム層は黄色～赤褐色
硝酸塩	過マンガン酸カリウム試液（硫酸酸性）	試液の赤紫色は退色しない
炭酸塩	冷時，フェノールフタレイン試液	赤色
炭酸水素塩	冷時，フェノールフタレイン試液	赤色を呈さないか，きわめて薄い
チオシアン酸塩	硝酸銀試液	白色沈殿（AgSCN）
	塩化鉄(Ⅲ)試液	赤色
乳酸塩	過マンガン酸カリウム試液，加熱	アセトアルデヒドのにおい
チオ硫酸塩	ヨウ素試液	試液の色は消える

表 3.4　つづき

陰イオン等	試薬および反応	変　化
フッ化物	クロム酸・硫酸試液に加えて加熱	液は試験管の内壁を一様に濡らさない（HF の生成）
ヨウ化物	硝酸銀試液	黄色沈殿（AgI）
	亜硝酸ナトリウム試液	黄褐色～黒紫色沈殿 デンプン試液で濃青色
硫化物	希塩酸	硫化水素（H_2S）のにおい 潤した酢酸鉛(Ⅱ)紙を黒変
リン酸塩	硝酸銀試液	黄色沈殿（$Ag3PO_4$）
	七モリブデン酸六アンモニウム試液，加温	黄色沈殿

確認問題

次の記述について，正しいものには○，誤っているものには×を付けよ．

1) Fe^{3+} の弱酸性溶液にヘキサシアノ鉄(Ⅱ)酸カリウム試液を加えると青色の沈殿を生じるが，この沈殿は希塩酸を追加すると溶解する．(　)
2) Cu^{2+} 溶液に少量のアンモニア試液を加えると沈殿を生じるが，過量のアンモニア試液を加えると溶解する．(　)
3) 金属塩の炎色反応は，銅網を用いて行う．(　)
4) 炭酸塩と炭酸水素塩との区別は，冷溶液にフェノールフタレイン試液を加えて行う．(　)
5) チオ硫酸塩の酢酸酸性溶液にヨウ素試液を滴加しても試液の色は消えない．(　)
6) 乳酸塩の硫酸酸性溶液に過マンガン酸カリウムを加えて加熱するとき，フェノールのにおいを発する．(　)
7) シュウ酸の硫酸酸性溶液に温時，過マンガン酸カリウム試液を滴加するとき，試液の色は消え，泡立ってガスを発生する．(　)
8) ホウ酸塩に硫酸およびメタノールを混ぜて点火するとき，黄色の炎を上げて燃える．(　)
9) フッ化物の溶液をクロム酸・硫酸試液に入れて加熱するとき，発生したガスは潤したヨウ化カリウムデンプン紙を青変する．(　)
10) 塩化物の溶液に硫酸および過マンガン酸カリウムを加えて加熱するとき，液は試験管の内壁を一様にぬらさない．(　)

解答と解説

1) (×)　生じた青色沈殿（ベルリン青）は，希塩酸を追加しても溶解しない．
2) (○)

3)（×）　金属塩の炎色反応は，白金線を用いる．
4)（○）
5)（×）　チオ硫酸塩の還元作用により，試液の色は消える．
6)（×）　アルデヒドのにおいを発する．
7)（×）　ガス（O_2）を発生するのは，過酸化水素などの過酸化物である．
8)（×）　緑色の炎である．
9)（×）　塩化物である．
10)（×）　フッ化物である．生成したHFはガラス壁を侵す．

3.3　日本薬局方収載の確認試験

確認試験とは，定性試験であり，化学反応や呈色反応，さらには機器分析を利用した分光学的試験法もある．いずれにおいても，有機化合物（医薬品）の構造と性質に関する十分な知識が必要である．本項においては，有機化学的確認試験法について例を示して解説する．

3.3.1　アルコール性ヒドロキシ基

A　エステル化反応

ヒドロキシ基を含む医薬品は，酸無水物や酸ハロゲン化物との反応によりアシル化され，エステル誘導体を生成するので，これが確認試験に利用されている．

㊇　イソソルビド（鎮暈鎮吐薬）

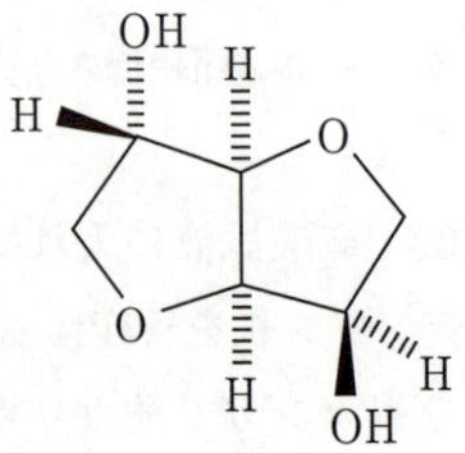

確認試験（2）「本品2gにピリジン30mL及び塩化ベンゾイル4mLを加え，還流冷却器を付け，50分間煮沸した後，冷却し，この液を100mLの冷水中に徐々に流し込む．生じた沈殿をガラスろ過器（G3）を用いてろ取し，水で洗い，エタノール(95)から2回再結晶し，デシケーター（減圧，シリカゲル）で，4時間乾燥す

融点測定法〈*2.60*〉により測定する．

るとき，その融点は 102 ～ 103℃である．」

OH H H O O H H OH H + C–Cl O N O C O H O H O H O H H O O C O

mp. 102～103℃

(処)　**D-ソルビトール（糖質補給薬）**

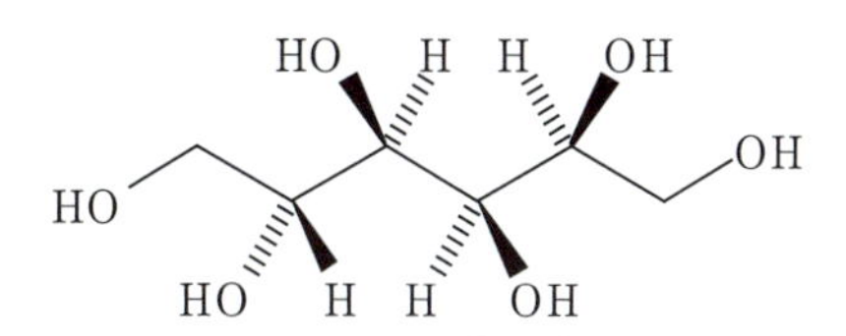

確認試験（1）「本品の水溶液（7 → 10）1 mL に硫酸鉄（Ⅱ）試液 2 mL 及び水酸化ナトリウム溶液（1 → 5）1 mL を加えるとき，液は青緑色を呈するが混濁を生じない．」

→**多価アルコールは $Fe(OH)_2$ と水溶性の錯塩を生成する．**

確認試験（3）「本品 0.5 g に無水酢酸 10 mL 及びピリジン 1 mL を加え，還流冷却器を付けて 10 分間煮沸した後，冷却し，水 25 mL を加えて振り混ぜ，冷所に放置する．この液を分液漏斗に移し，クロロホルム 30 mL を加えて抽出する．抽出液を水浴上で蒸発し，油状の残留物に水 80 mL を加え，水浴上で 10 分間加熱し，熱時ろ過する．冷後，生じた沈殿をガラスろ過器（G3）を用いてろ取し，水で洗い，エタノール（95）から 1 回再結晶し，デシケーター（減圧，シリカゲル）で，4 時間乾燥するとき，その融点は 97 ～ 101℃である．」

HO H H OH HO OH HO H H OH $(CH_3CO)_2O$ N

O O H_3C-C-O H H $O-C-CH_3$ O H_3C-C-O $O-C-CH_3$ O H_3C-C-O H H $O-C-CH_3$ O O

mp. 97～101℃

B　ヨードホルム反応

アルコール性ヒドロキシ基を含む医薬品は，ヨウ素試液と水酸化ナトリウム試液を加えて振り混ぜると，淡黄色の沈殿を生じる．原理や反応の詳細は，「3.3.4　カルボニル化合物」の項で論述する．

イソプロパノール（殺菌薬・消毒薬）

消毒用エタノール（殺菌薬・消毒薬）

㊓　クロロブタノール（保存剤）

3.3.2　フェノール性ヒドロキシ基

A　エステル化反応

㊈　エチニルエストラジオール（合成卵胞ホルモン）

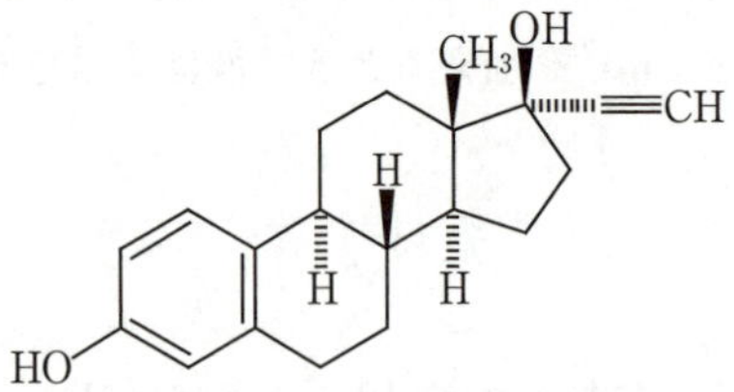

確認試験（2）「本品 0.02 g を共栓試験管にとり，水酸化カリウム溶液（1 → 20）10 mL に溶かし，塩化ベンゾイル 0.1 g を加えて振り混ぜ，生じた沈殿をろ取し，メタノールから再結晶し，デシケーター（減圧，酸化リン(V)）で乾燥するとき，その融点は 200 ～ 202 ℃である．」

→ **Schotten-Baumann 反応**

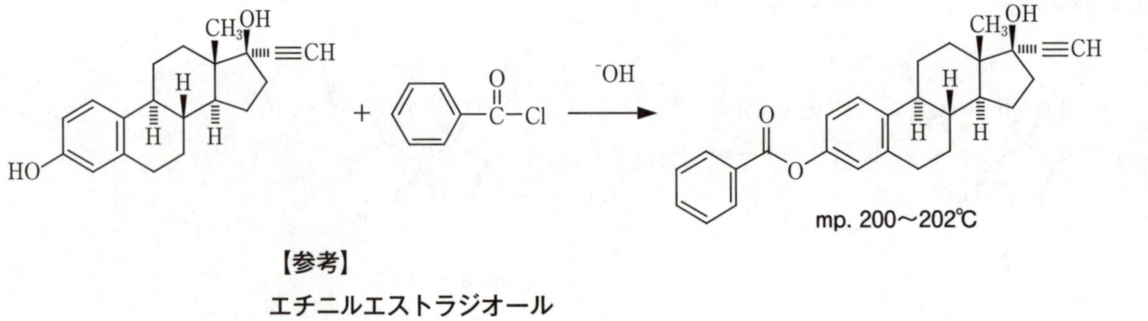

mp. 200～202℃

【参考】

エチニルエストラジオール

確認試験（1）「本品 2 mg を硫酸/エタノール(95)混液（1：1）1 mL に溶かすとき，液は帯紫赤色を呈し，黄緑色の蛍光を発する．この液に注意して水 2 mL を加えるとき，液は赤紫色に変わる.」

→ステロイドのエタノール硫酸呈色反応

B　ギブズ反応，インドフェノール系色素の生成

パラ位に置換基のないフェノール性ヒドロキシ基に特異な反応.

(劇)(処)　ブプラノロール塩酸塩（狭心症・虚血性心疾患治療薬）

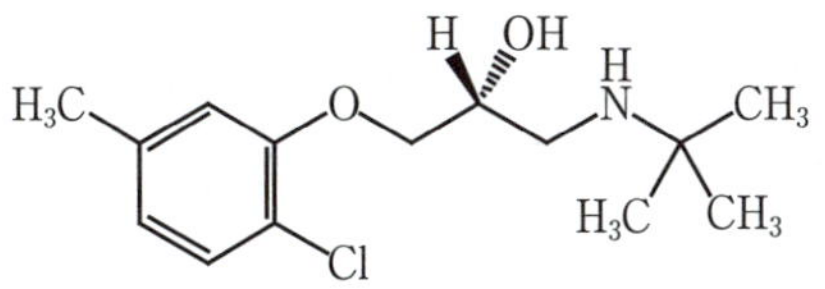

· HCl
及び鏡像異性体

確認試験（1）「本品 0.01 g を試験管にとり，ヨウ化カリウム 25 mg 及びシュウ酸二水和物 25 mg を加えて混ぜ合せ，2,6-ジブロモ-*N*-クロロ-1,4-ベンゾキノンモノイミンのエタノール(95)溶液（1 → 100）で潤したろ紙を試験管の口に当て数分間弱く加熱する．このろ紙をアンモニアガスに接触するとき青色を呈する.」

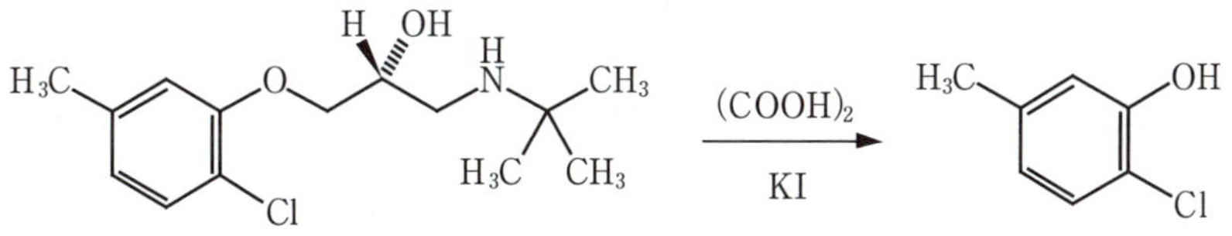

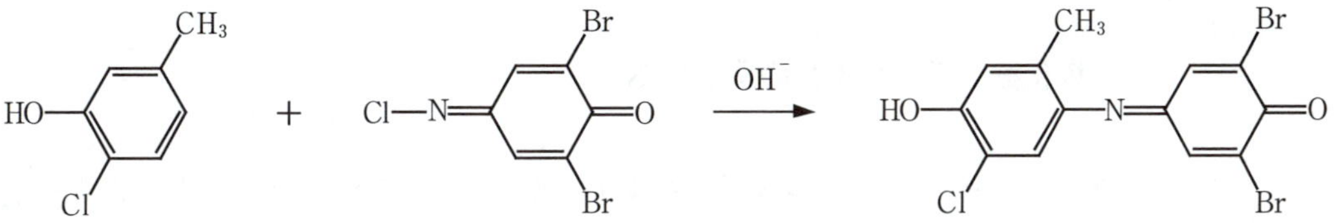

$(COOH)_2$, KI

OH^-

インドフェノール系色素

C　4-アミノアンチピリンによるインドフェノール縮合

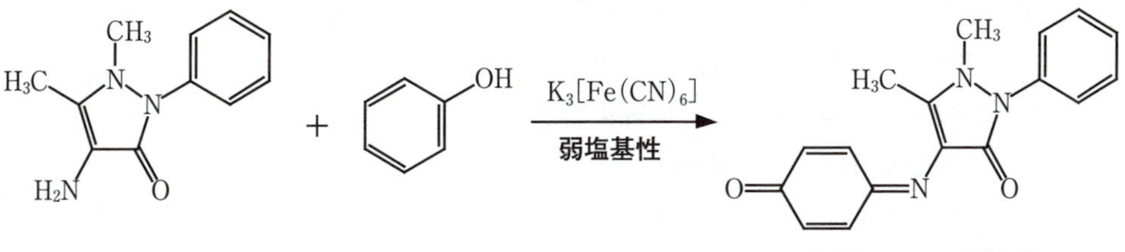

$K_3[Fe(CN)_6]$
弱塩基性

インドフェノール系色素

(毒)　テルブタリン硫酸塩（気管支喘息治療薬）

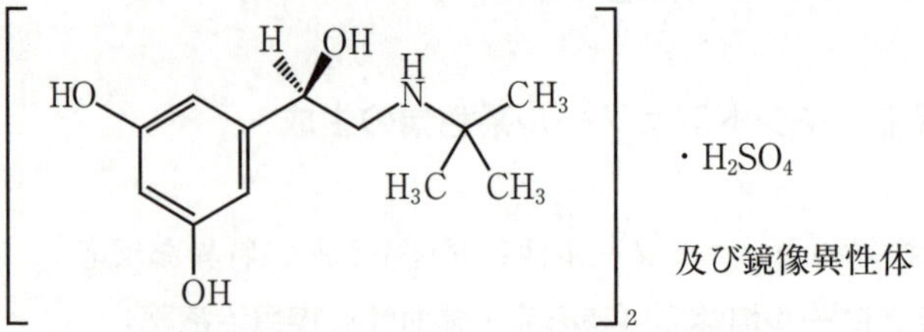

$\cdot H_2SO_4$

及び鏡像異性体

確認試験（1）「本品 1 mg を水 1 mL に溶かし，pH 9.5 のトリス緩衝液 5 mL，4-アミノアンチピリン溶液（1 → 50）0.5 mL 及びヘキサシアノ鉄(Ⅲ)酸カリウム溶液（2 → 25）2 滴を加えるとき，液は赤紫色を呈する.」

(処)　レボドパ（抗パーキンソン病薬）

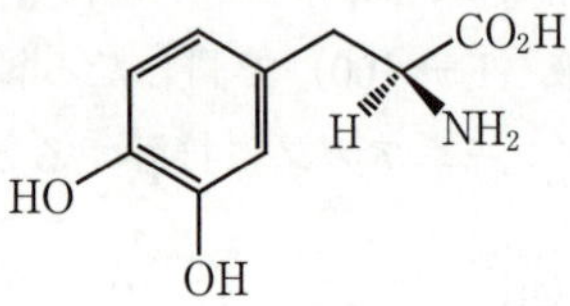

確認試験（2）「本品の水溶液（1 → 5000）2 mL に 4-アミノアンチピリン試液 10 mL を加えて振り混ぜるとき，液は赤色を呈する.」

D　塩化鉄（Ⅲ）$FeCl_3$ の呈色反応

フェノール性ヒドロキシ基は，塩化鉄（Ⅲ）試液と錯体を形成し，紫色，青色，赤色などさまざまな呈色を示す.

サリチル酸（角化性皮膚疾患治療薬）

→サリチル酸塩の〈*1.09*〉定性反応　中性で赤色，酸性で紫色→退色

サリチル酸メチル（局所刺激薬）　紫色

(劇)　エドロホニウム塩化物（機能検査薬）　淡赤紫色

(劇)　フェノール（歯科用薬原料，殺菌薬・消毒薬）　青紫色

(処)　アドレナリン液　濃緑色→赤色

エテンザミド（解熱鎮痛薬）の純度試験

サリチルアミド　紫色

3.3.3　チオールなど硫黄を含む原子団

ペンタシアノニトロシル鉄(Ⅲ) 酸ナトリウム $Na_2Fe^{III}(CN)_5(NO)$ は，アルカリ性で SH^- または S^{2-} と反応し，錯塩を形成する．呈色はさまざまである．

A　ペンタシアノニトロシル鉄（Ⅲ）酸ナトリウムの呈色反応

(処)　チアマゾール（甲状腺ホルモン合成阻害薬）

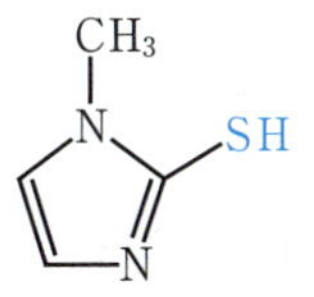

確認試験 (1) 「本品 5 mg を水 1 mL に溶かし，水酸化ナトリウム試液 1 mL を加えて振り混ぜた後，ペンタシアノニトロシル鉄(Ⅲ)酸ナトリウム試液 3 滴を加えるとき，液は黄色から徐々に黄緑色～緑色に変わる．この液に酢酸 (31) 1 mL を加えるとき，液は青色となる.」

B　酢酸鉛（Ⅱ）Pb $(CH_3COO)_2$ の呈色反応

イオウを含む医薬品から生成した硫化水素または硫化物は，酢酸鉛紙上の酢酸鉛と反応して硫化鉛 PbS を生成し黒変する.

(処)　アセタゾラミド（抗てんかん薬）

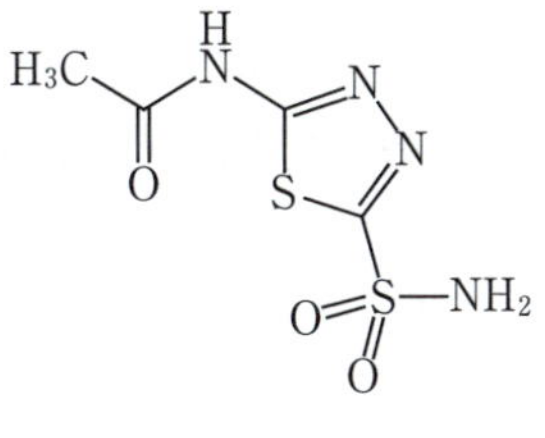

確認試験 (3) 「本品 0.2 g に粒状の亜鉛 0.5 g 及び薄めた塩酸 (1 → 2) 5 mL を加えるとき，発生するガスは潤した酢酸鉛（Ⅱ）紙を黒変する.」

3.3.4　カルボニル化合物（カルボキシ化合物を含む）

A　ヒドロキサム酸の鉄キレート

㊖　ナプロキセン（解熱鎮痛薬）

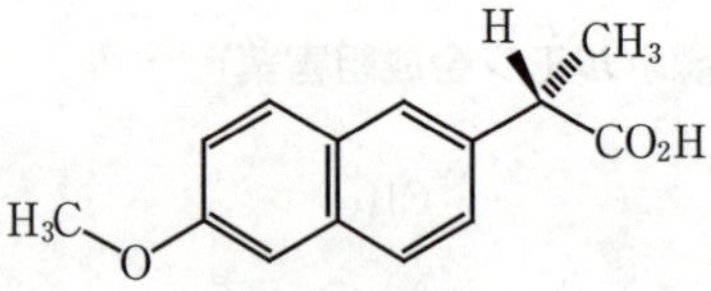

確認試験（2）「本品のエタノール(99.5)溶液（1→300）1 mL に過塩素酸ヒドロキシルアミン・エタノール試液4 mL 及び *N,N'*-ジシクロヘキシルカルボジイミド・エタノール試液1 mL を加え，よく振り混ぜた後，微温湯中に20分間放置する．冷後，過塩素酸鉄(Ⅲ)・エタノール試液1 mL を加えて振り混ぜるとき，液は赤紫色を呈する．」

→カルボン酸から生成されたヒドロキサム酸は，鉄キレートを生成する．

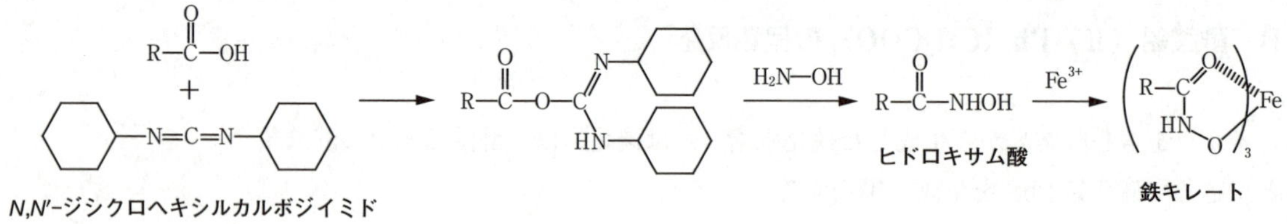

N,N'-ジシクロヘキシルカルボジイミド

ヒドロキサム酸

鉄キレート

B　ヒドラゾンの生成

㊖㊇　ベタメタゾンジプロピオン酸エステル（局所用副腎皮質ホルモン）

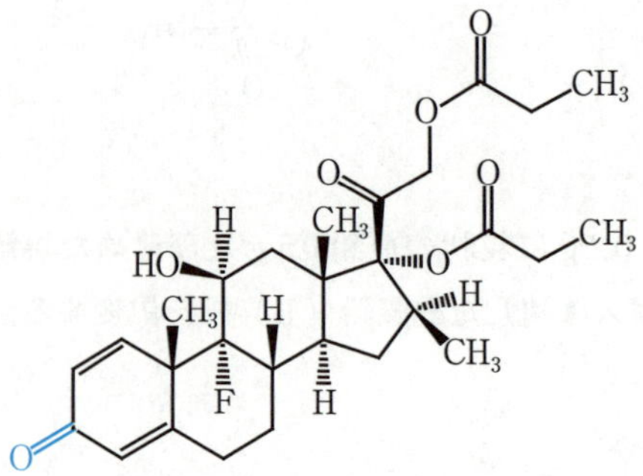

確認試験（1）「本品のメタノール溶液（1→10000）1 mL にイソニアジド試液

4 mL を加え，水浴上で2分間加熱するとき，液は黄色を呈する.」
→イソニアジドのヒドラジノ基とカルボニル基とから，ヒドラゾンを生成する.

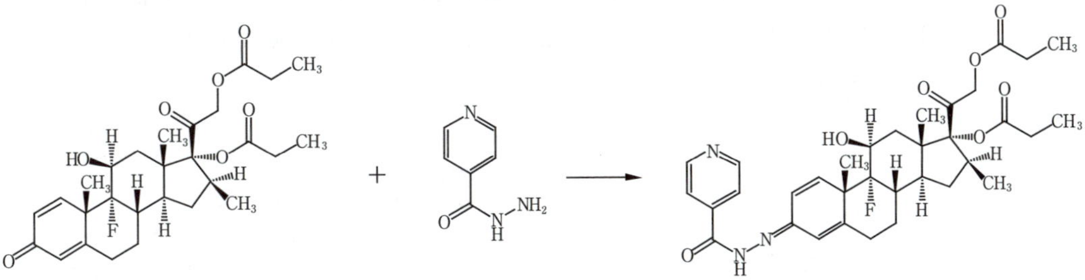

㊖ イソソルビド（鎮暈鎮吐薬）

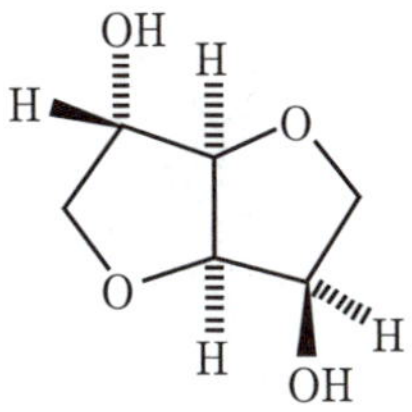

確認試験 (2) 「本品 0.1g に薄めた硫酸 (1 → 2) 6 mL を加え，水浴中で加熱して溶かす．冷後，過マンガン酸カリウム溶液 (1 → 30) 1 mL を加えてよく振り混ぜ，更に過マンガン酸カリウムの色が消えるまで水浴中で加熱する．この液に 2,4-ジニトロフェニルヒドラジン試液 10 mL を加え，水浴中で加熱するとき，だいだい色の沈殿を生じる.」

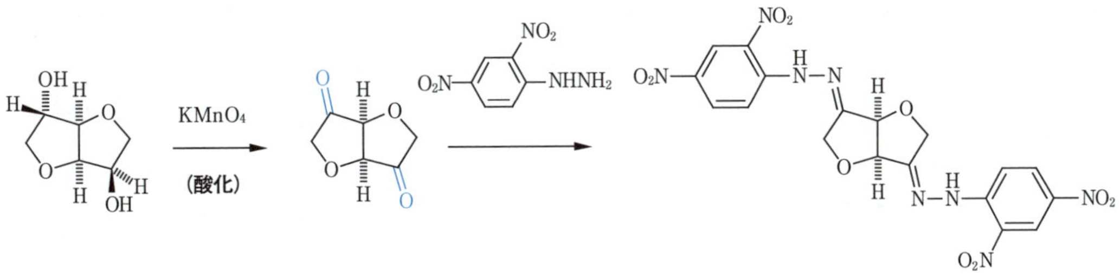

$KMnO_4$
(酸化)

㊖ 硝酸イソソルビド（狭心症・虚血性心疾患治療薬）

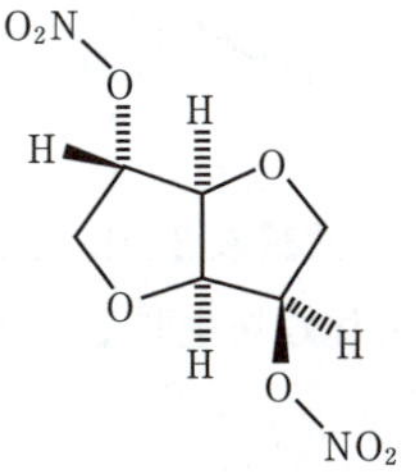

確認試験 (2) 「本品 0.1 g に薄めた硫酸 (1 → 2) 6 mL を加え，水浴中で加熱して溶かす．冷後，過マンガン酸カリウム溶液 (1 → 30) 1 mL を加えてよく振り混ぜ，更に過マンガン酸カリウムの色が消えるまで水浴中で加熱する．この液に 2,4-ジニトロフェニルヒドラジン試液 10 mL を加え，水浴中で加熱するとき，だいだい色の沈殿を生じる．」

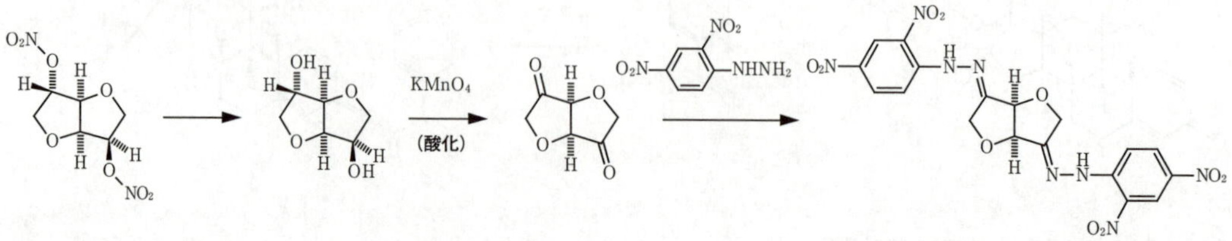

$KMnO_4$ (酸化)

d-カンフル（局所刺激薬）

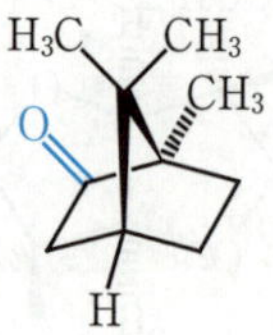

確認試験 「本品 0.1 g をメタノール 2 mL に溶かし，2,4-ジニトロフェニルヒドラジン試液 1 mL を加えた後，水浴上で 5 分間加熱するとき，だいだい赤色の沈殿を生じる．」

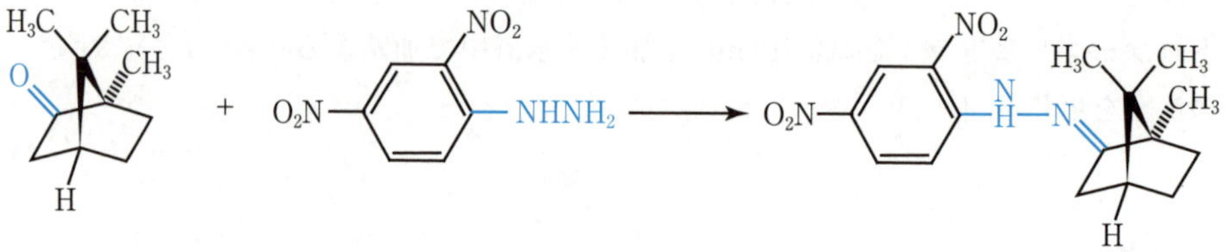

C ヨードホルム反応

イソプロパノール（殺菌薬・消毒薬）

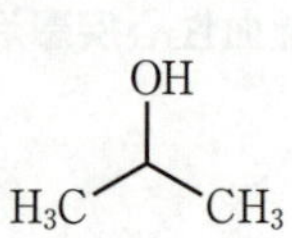

確認試験 (1) 「本品 1 mL にヨウ素試液 2 mL 及び水酸化ナトリウム試液 2 mL を加えて振り混ぜるとき，淡黄色の沈殿を生じる．」

劇　クロロブタノール（保存剤）

昇華性

$$\mathrm{CCl_3C(CH_3)_2OH}$$

確認試験（1）「本品の水溶液（1→200）5 mL に水酸化ナトリウム試液 1 mL を加え，ヨウ素試液 3 mL を徐々に加えるとき，黄色の沈殿を生じ，ヨードホルムのにおいを発する.」

$$\mathrm{(CH_3)_2C(OH)CCl_3} \xrightarrow{^-OH} \mathrm{(CH_3)_2C(OH)COOH} \xrightarrow{I_2} \mathrm{CH_3COCH_3} + \mathrm{HOCOOH}$$

$$\mathrm{CH_3COCH_3} \xrightarrow[^-OH]{I_2} \mathrm{CH_3COO^-} + \mathrm{CHI_3}$$

$$\mathrm{HOCOOH} \longrightarrow \mathrm{CO_2} + \mathrm{H_2O}$$

確認試験（2）「本品 0.1 g に水酸化ナトリウム試液 5 mL を加えてよく振り混ぜ，アニリン 3 ～ 4 滴を加え，穏やかに加温するとき，フェニルイソシアニド（有毒）の不快なにおいを発する.」

$$\mathrm{(CH_3)_2C(OH)CCl_3} \xrightarrow{^-OH} \mathrm{CH_3COCH_3} + \mathrm{CHCl_3}$$

$$\mathrm{CHCl_3} \xrightarrow{C_6H_5NH_2} \mathrm{C_6H_5\text{-}\overset{+}{N}{\equiv}\overset{-}{C}}$$

Phenyl isocyanide

$$\mathrm{CHCl_3 + 3NaOH + C_6H_5NH_2 \longrightarrow C_6H_5NC + 3NaCl + 3H_2O}$$

劇 処 習　抱水クロラール（催眠鎮静薬）

昇華性

$$\mathrm{CCl_3CH(OH)_2}$$

確認試験（1）「本品 0.2g を水 2 mL に溶かし，水酸化ナトリウム試液 2 mL を加えるとき，液は混濁し，加温するとき，澄明の二液層となる.」

$$\mathrm{CCl_3CH(OH)_2 + NaOH \longrightarrow CHCl_3 + HCOONa + H_2O}$$

確認試験（2）「本品0.2gにアニリン3滴及び水酸化ナトリウム試液3滴を加えて加熱するとき，フェニルイソシアニド（有毒）の不快なにおいを発する.」

1）反応機構

①アルコールからケトンへの酸化

$$(CH_3)_2CHOH + I_2 \longrightarrow (CH_3)_2CO + 2HI$$

②エノラートアニオンの生成（塩基触媒）

$$CH_3COCH_3 \underset{}{\overset{^-OH}{\rightleftharpoons}} [CH_3COCH_2^- \longleftrightarrow CH_3C(O^-){=}CH_2] + H^+$$

③ハロゲン化

$$CH_3COCH_2^- + I{-}I \longrightarrow CH_3COCH_2{-}I + I^-$$

④②と③を2回繰り返す（ヨウ素の電子求引性のため，水素の酸性度が上がる）.

$$CH_3COCH_2{-}I \longrightarrow CH_3COCI_3$$

⑤C–C結合の開裂（脱離基であるハロホルムアニオンは，電気陰性度の大きいヨウ素原子のために，負電荷が安定化（非局在化）されている）

$$CH_3COCI_3 \xrightarrow{^-OH} [H_3C{-}C(O^-)(OH){-}CI_3] \longrightarrow CH_3COOH + {}^-CI_3 \longrightarrow CH_3COO^- + CHI_3$$

2）化学反応式

$$(CH_3)_2CHOH + 6NaOH + 4I_2 \longrightarrow CH_3COONa + CHI_3 + 5NaI + 5H_2O$$

$$CH_3COCH_3 + 4NaOH + 3I_2 \longrightarrow CH_3COONa + CHI_3 + 3NaI + 3H_2O$$

$$CH_3CH_2OH + 6NaOH + 4I_2 \longrightarrow HCOONa + CHI_3 + 5NaI + 5H_2O$$

3）基本有機化学

3-1）ケト-エノール互変異性　（α 水素の酸性度は高い）

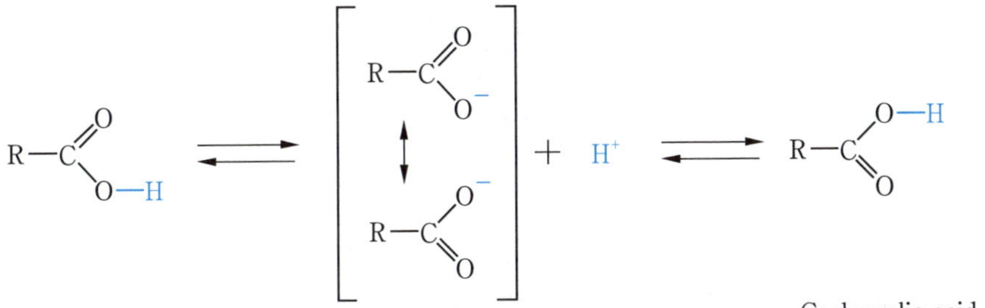

R—C(=O)—O—H ⇄ [R—C(=O)—O^- ↔ R—C(—O^-)=O] + H^+ ⇄ R—C(—O—H)=O

Carboxylic acid　Carboxylate anion　Carboxylic acid

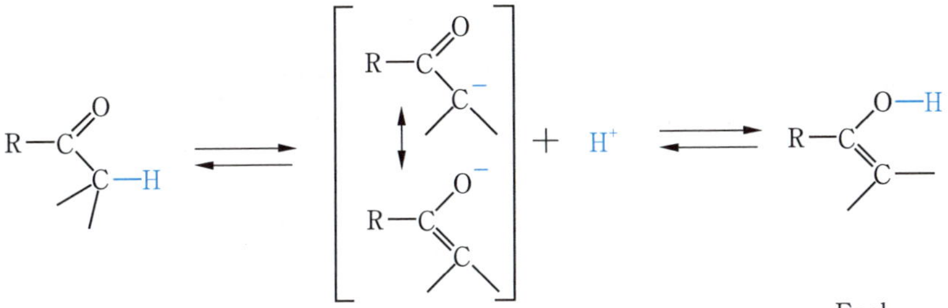

R—C(=O)—C—H ⇄ [R—C(=O)—C^- ↔ R—C(—O^-)=C] + H^+ ⇄ R—C(—O—H)=C

Ketone　Enolate anion　Enol

プロトン互変異性のおもな例（＊＝より安定な互変異性体）

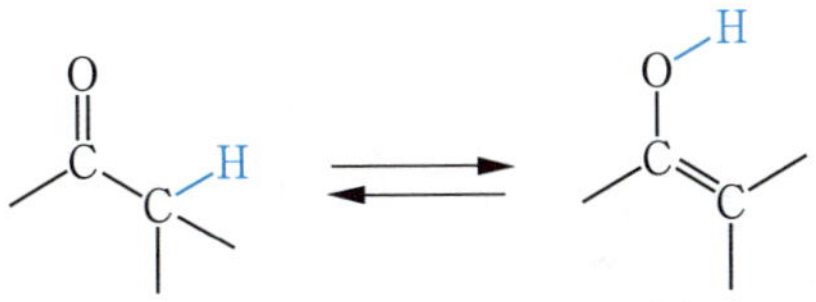

O=C—C—H ⇄ H—O—C=C

Carbonyl*　Enol

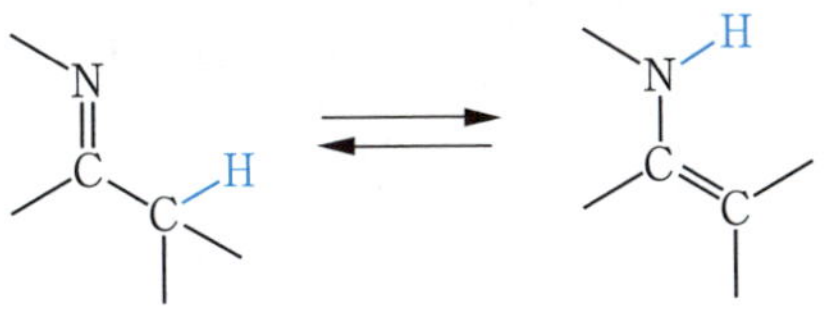

N=C—C—H ⇄ H—N—C=C

Imine　Enamine*

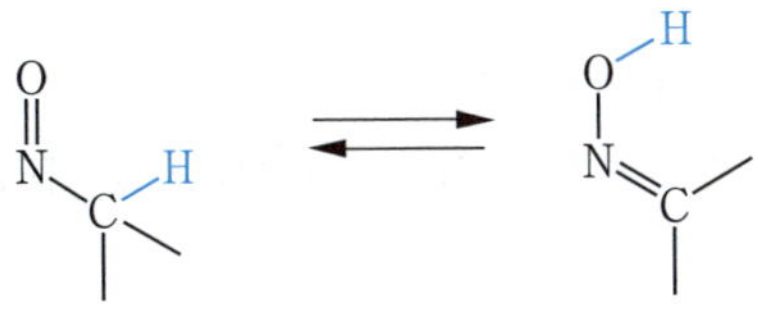

O=N—C—H ⇄ H—O—N=C

Nitroso　Oxime*

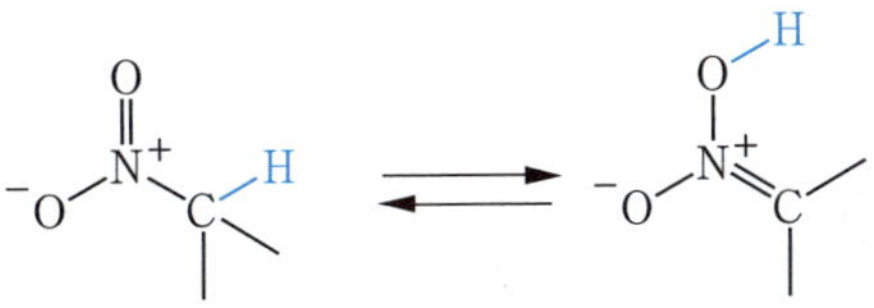

O=N^+(—O^-)—C—H ⇄ H—O—N^+(—O^-)=C

Nitro*　Isonitro

N≡C—C—H ⇄ H—N=C=C

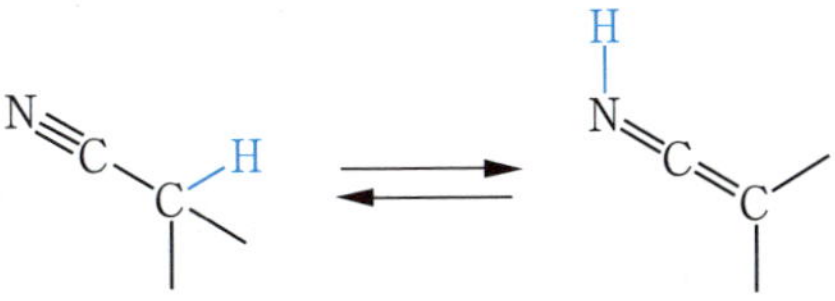

Nitrile*

劇　クロロブタノール（保存剤）

昇華性

$$(CH_3)_2C(OH)CCl_3$$

「本品の水溶液（1 → 200）5 mL に水酸化ナトリウム試液 1 mL を加え，ヨウ素試液 3 mL を徐々に加えるとき，黄色の沈殿を生じ，ヨードホルムのにおいを発する.」

$$H_3C-C(CH_3)(OH)-CCl_3 \xrightarrow{^-OH} H_3C-C(CH_3)(OH)-C(=O)OH \xrightarrow{I_2} H_3C-C(CH_3)=O + HO-C(=O)-OH$$

$$H_3C-C(CH_3)=O \xrightarrow[^-OH]{I_2} H_3C-C(=O)O^- + CHI_3$$

$$HO-C(=O)-OH \longrightarrow CO_2 + H_2O$$

「本品 0.1 g に水酸化ナトリウム試液 5 mL を加えてよく振り混ぜ，アニリン 3 ～ 4 滴を加え，穏やかに加温するとき，フェニルイソシアニド（有毒）の不快なにおいを発する.」

$$H_3C-C(CH_3)(OH)-CCl_3 \xrightarrow{^-OH} H_3C-C(CH_3)=O + CHCl_3$$

$$CHCl_3 \xrightarrow{C_6H_5NH_2} C_6H_5-\overset{+}{N}\equiv\overset{-}{C}$$

Phenyl isocyanide

$$CHCl_3 + 3NaOH + C_6H_5NH_2 \longrightarrow C_6H_5NC + 3NaCl + 3H_2O$$

劇 処 習　抱水クロラール（催眠鎮静薬）

昇華性

$$Cl_3C-CH(OH)_2$$

「本品 0.2 g にアニリン 3 滴及び水酸化ナトリウム試液 3 滴を加えて加熱するとき，フェニルイソシアニド（有毒）の不快なにおいを発する.」

「本品 0.2g を水 2 mL に溶かし，水酸化ナトリウム試液 2 mL を加えるとき，液は混濁し，加温するとき，澄明の二液層となる.」

$$CCl_3CH(OH)_2 + NaOH \longrightarrow CHCl_3 + HCOONa + H_2O$$

クロロホルム

3-2）カルボニル基への求核付加反応（カルボニル酸素は塩基）

H_3C–C(=O)–CH_3 + H_2O ⇄ H_3C–C(O^-)($^+OH_2$)–CH_3 ⇄ H_3C–C(OH)(OH)–CH_3

オキソニウムイオン　　水和物

アルデヒド　　ケトン

O δ−, C δ+

H_3C–CO–CH_3 + H_2O ⇄ ($K_{eq} = 2\times10^{-3}$) H_3C–C(OH)(OH)–CH_3

アセトン

H_3C–CHO + H_2O ⇄ ($K_{eq} = 1.06$) H_3C–CH(OH)(OH)

アセトアルデヒド

H–CHO + H_2O ⇄ ($K_{eq} = 2.2\times10^{3}$) H–CH(OH)(OH)

ホルムアルデヒド

Cl_3C–CHO + H_2O ⇄ ($K_{eq} = 2.8\times10^{4}$) Cl_3C–CH(OH)(OH)

トリクロロアセトアルデヒド　　抱水クロラール

D　フェーリング反応

㊕　ヒドロコルチゾン酪酸エステル（局所用副腎皮質ホルモン）

確認試験（2）「本品 0.01 g にメタノール 1 mL を加え，加温して溶かし，フェーリング試液 1 mL を加えて加熱するとき，だいだい色～赤色の沈殿を生じる.」
→ 20, 21 位の *α*-ケトール基（*α*-ヒドロキシケトン基）による**還元**性

フェーリング試液
　銅液：硫酸銅(Ⅱ)五水和物 34.66 g を水に溶かし，500 mL とする．共栓瓶にほとんど全満して保存する．
　アルカリ性酒石酸塩液：酒石酸ナトリウムカリウム四水和物 173 g および水酸化ナトリウム 50 g を水に溶かし，500 mL とする．ポリエチレン瓶に保存する．
　用時，両液の等容量を混和する．

㊕　メチルプレドニゾロン（ステロイド性抗炎症薬）

確認試験（2）「本品 0.01 g をメタノール 1 mL に溶かし，フェーリング試液 1 mL を加えて加熱するとき，赤色の沈殿を生じる.」

α-ケトール基の互変異性

$$-C(=O)-CH_2-OH \rightleftharpoons -C(OH)=CH-OH \rightleftharpoons -CH(OH)-CH=O$$

果糖（糖質補給薬）

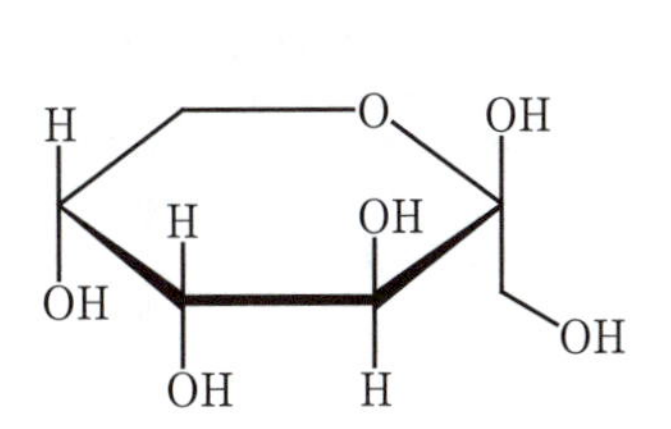

ブドウ糖（糖質補給薬）

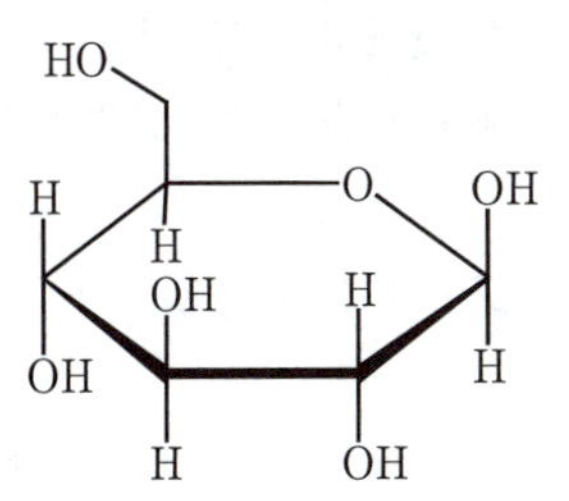

確認試験「本品の水溶液（1 → 20）2 ～ 3 滴を沸騰フェーリング試液 5 mL に加えるとき，赤色の沈殿を生じる.」
→還元糖

$$R\text{-}CHO + 2Cu(OH)_2 + NaOH \longrightarrow R\text{-}COONa + Cu_2O\downarrow + 3H_2O$$

ブドウ糖のアルデヒド基が酸化されてカルボキシ基になるだけでなく，炭素鎖は酸化開裂し，種々の酸の混合物を与える．ブドウ糖 1 分子は，約 5 原子の銅を還元する．

白糖（矯味材）

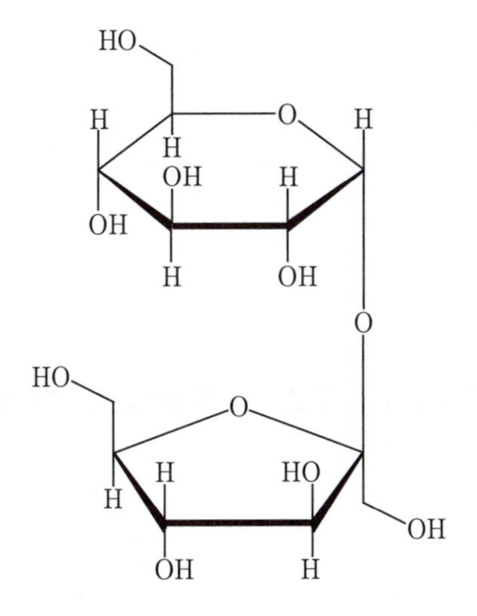

確認試験（2）「本品 0.1 g に希硫酸 2 mL を加えて煮沸*し，水酸化ナトリウム試液 4 mL 及びフェーリング試液 3 mL を加えて沸騰するまで加熱するとき，赤色～暗赤色の沈殿を生じる.」

*白糖（ショ糖）は還元糖ではないが，酸化水分解により果糖とブドウ糖に分解した後，フェーリング反応を行っている．

フェーリング試液

銅液：硫酸銅（Ⅱ）五水和物 34.66 g を水に溶かし，500 mL とする．共栓瓶にほとんど全満して保存する．

アルカリ性酒石酸塩液：酒石酸ナトリウムカリウム四水和物 173 g 及び水酸化ナトリウム 50 g を水に溶かし，500 mL とする．ポリエチレン瓶に保存する．
用時，両液の等容量を混和する．

E エノールの銅キレート

㊈ エトスクシミド（抗てんかん薬）

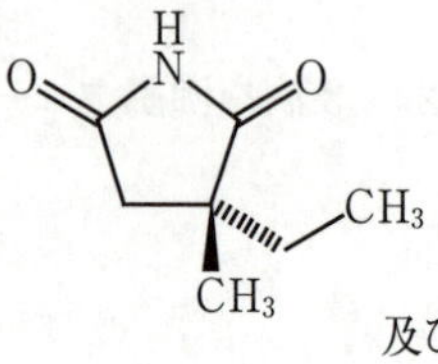

及び鏡像異性体

確認試験（2）「本品 0.05 g をエタノール(95) 1 mL に溶かし，硫酸銅(Ⅱ)一水和物溶液（1 → 100）3 滴を加え，わずかに加温した後，水酸化ナトリウム試液 1 ～ 2 滴を滴加するとき，液は紫色を呈する.」
→銅キレートの生成

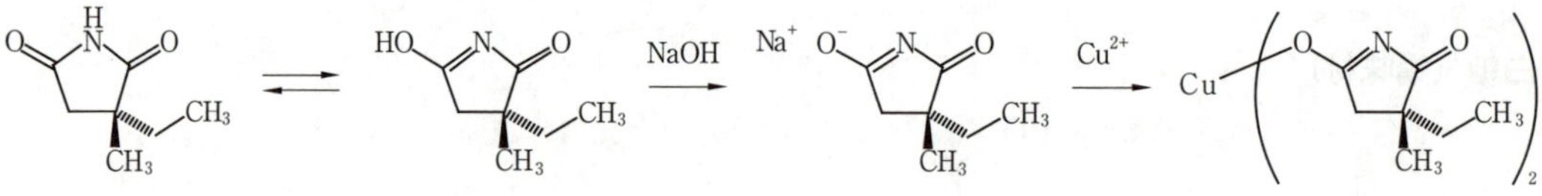

ケト型 ⇄ エノール型 —NaOH→ —Cu^{2+}→ 銅キレート

3.3.5 アミン類

A 芳香族第一級アミンの呈色反応（一般試験法，〈*1.09*〉定性反応）

【原理，基盤知識】

a アミンと亜硝酸との反応

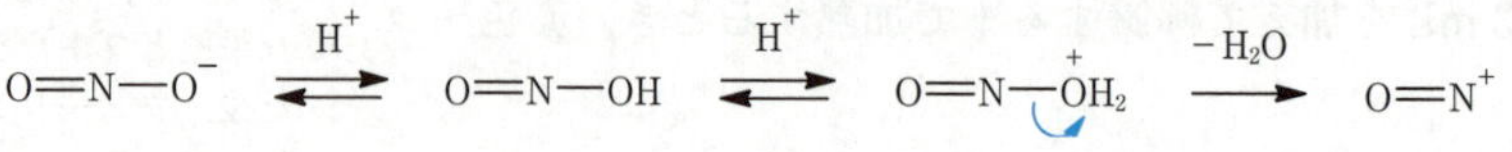

$$O{=}N{-}O^- \overset{H^+}{\rightleftharpoons} O{=}N{-}OH \overset{H^+}{\rightleftharpoons} O{=}N{-}\overset{+}{O}H_2 \xrightarrow{-H_2O} O{=}N^+$$

ニトロシルカチオンの反応
（ニトロソニウムイオン）

a-1 芳香族第一級アミン：ジアゾ化

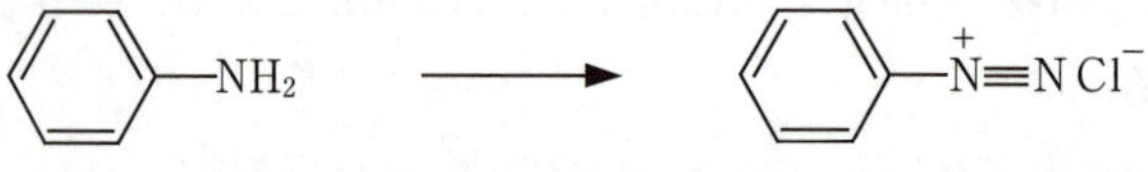

$$C_6H_5{-}NH_2 \longrightarrow C_6H_5{-}\overset{+}{N}{\equiv}N\ Cl^-$$ ジアゾニウム塩

a-2　芳香族第二級アミン：*N*-ニトロソ化

a-3　芳香族第三級アミン：*C*-ニトロソ化

ジアゾ化または *N*-ニトロソ化の反応機構

ジアゾニウムイオン

C-ニトロソ化の反応機構

b　過量の亜硝酸イオン（NO_2^-）のアミド硫酸アンモニウムによる除去

$$NO_2^- + NH_2SO_3NH_4 \longrightarrow NH_4^+ + SO_4^{2-} + H_2O + N_2\uparrow$$

c　芳香族ジアゾニウム塩のカップリング反応

N,N-ジエチル-*N'*-1-ナフチルエチレンジアミンシュウ酸塩試液（津田試薬）との反応

津田試薬

アゾ色素（赤紫色）

(向)(処)(習)　ニトラゼパム（催眠鎮静薬）

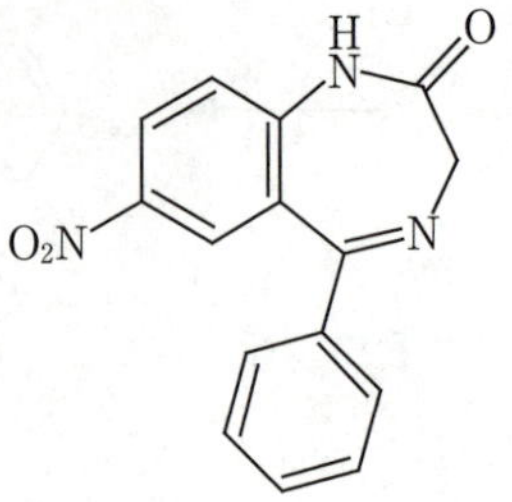
H
N
O
O2N
N

確認試験（2）「本品 0.02 g に希塩酸 15 mL を加え，5 分間煮沸し，冷後，ろ過する．ろ液は**芳香族第一アミンの定性反応**を呈する.」

確認試験（3）「(2)のろ液 0.5 mL に水酸化ナトリウム試液を加えて中和し，ニンヒドリン試液 2 mL を加えて水浴上で加熱するとき，液は紫色を呈する.」

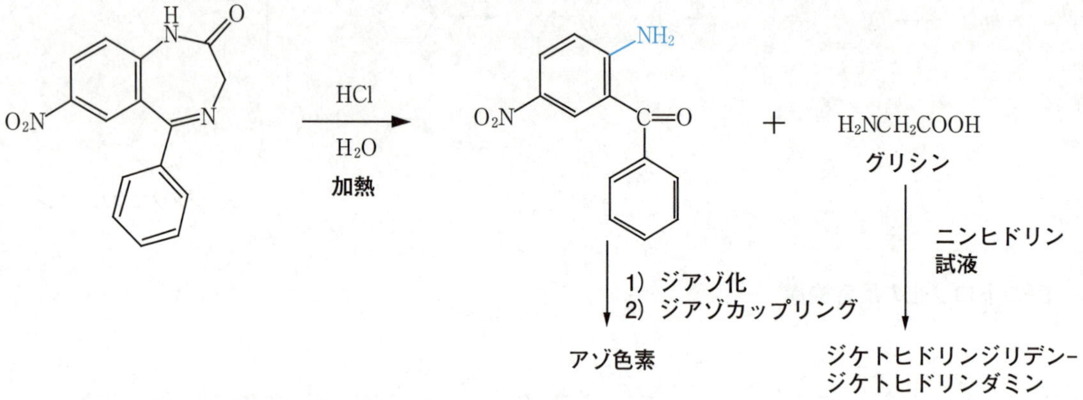
HCl
H2O
加熱
NH2
O2N
C=O
＋
H2NCH2COOH
グリシン
ニンヒドリン
試液
1）ジアゾ化
2）ジアゾカップリング
アゾ色素
ジケトヒドリンジリデン-
ジケトヒドリンダミン

(向)(処)　ロラゼパム（抗不安薬）

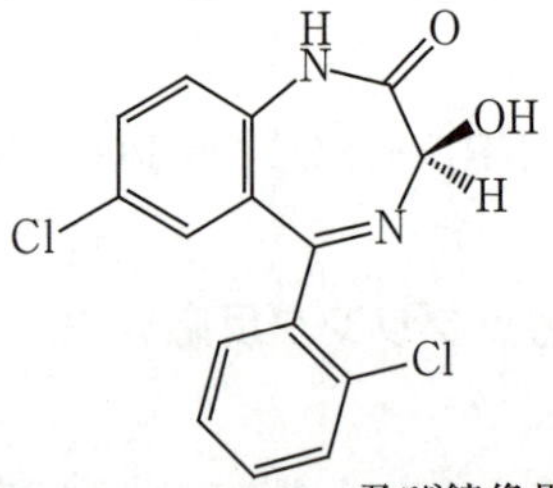
H
N
O
OH
H
Cl
N
Cl

及び鏡像異性体

確認試験（1）「本品 0.02 g に希塩酸 15 mL を加え，5 分間煮沸し，冷却した液は**芳香族第一アミンの定性反応**を呈する.」

㊕ アセタゾラミド（抗てんかん薬）

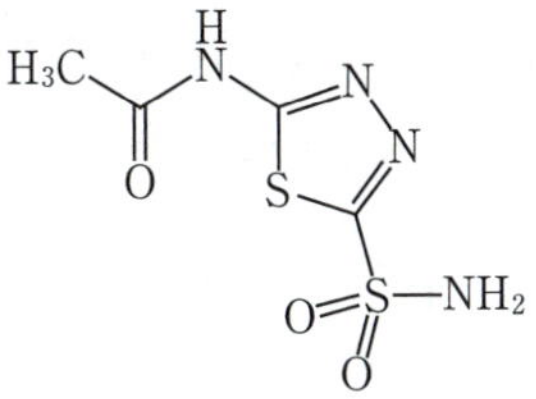

確認試験 (2) 「本品 0.02 g に希塩酸 2 mL を加えて 10 分間煮沸し，冷後，水 8 mL を加えた液は**芳香族第一アミンの定性反応**を呈する.」

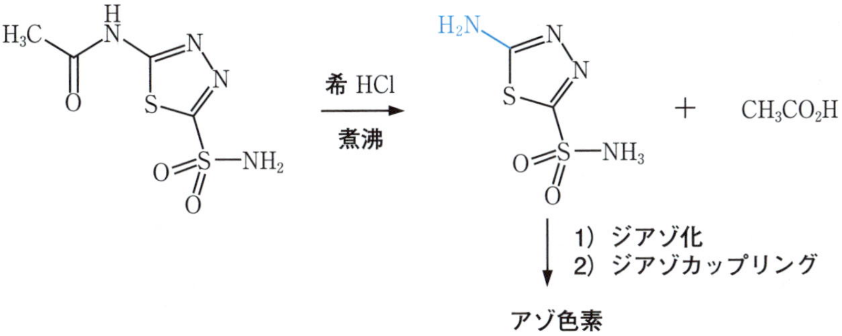

希 HCl
煮沸
＋ CH_3CO_2H
1) ジアゾ化
2) ジアゾカップリング
アゾ色素

㊕ フロセミド（抗高血圧症薬）

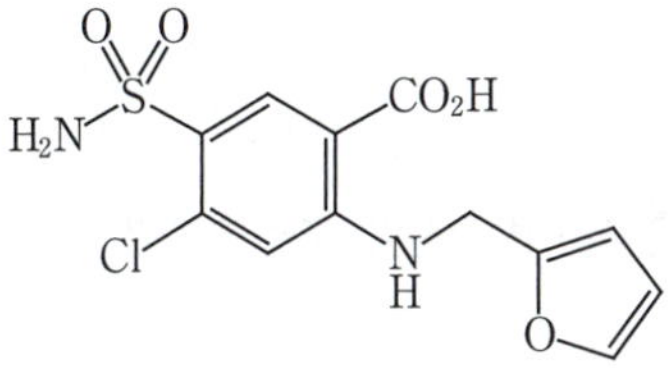

確認試験 (1) 「本品 25 mg をメタノール 10 mL に溶かし，この液 1 mL に 2 mol/L 塩酸試液 10 mL を加え，還流冷却器を付けて水浴上で 15 分間加熱した後，冷却し，水酸化ナトリウム試液 18 mL を加えて弱酸性とした液は芳香族第一アミンの定性反応を呈する．ただし，液は赤色～赤紫色を呈する.」

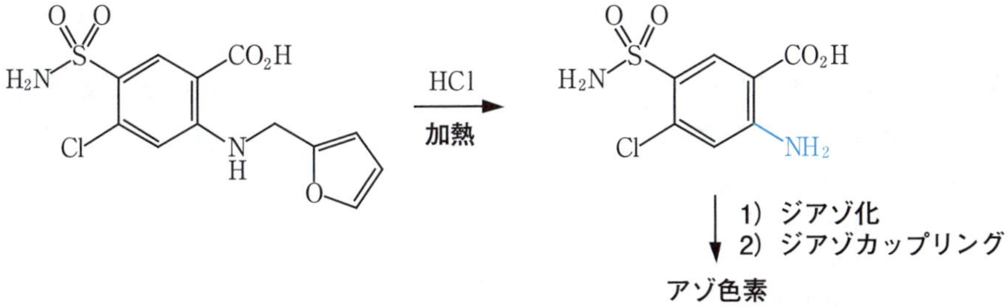

HCl
加熱
1) ジアゾ化
2) ジアゾカップリング
アゾ色素

イオパミドール（X 線造影剤）

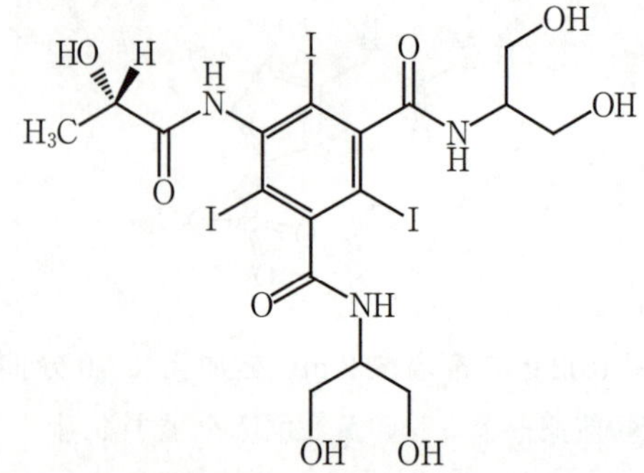

確認試験（1）「本品 0.05 g に塩酸 5 mL を加え，水浴中で 10 分間加熱した液は，**芳香族第一アミンの定性反応**を呈する．」

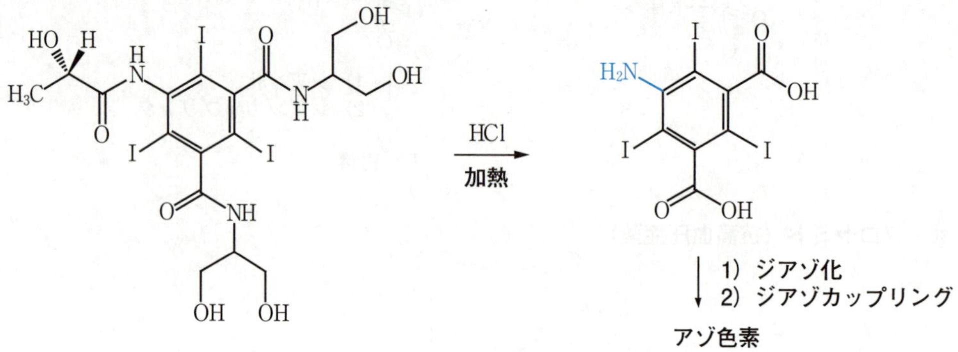

HCl
加熱

1）ジアゾ化
2）ジアゾカップリング

アゾ色素

㊓㊕ ニフェジピン（狭心症・虚血性心疾患治療薬）

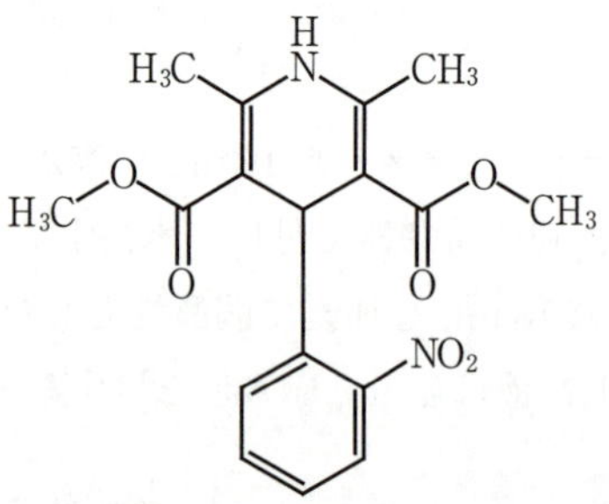

確認試験（1）「本品 0.05 g をエタノール(95) 5 mL に溶かし，塩酸 5 mL 及び亜鉛粉末 2 g を加え，5 分間放置した後，ろ過する．ろ液につき，**芳香族第一アミンの定性反応**を行うとき，液は赤紫色を呈する．」

H
H_3C　N　CH_3
H_3C　O　O　CH_3
O　O
NO_2

Zn
HCl

H
H_3C　N　CH_3
H_3C　O　O　CH_3
O　O
NH_2

1）ジアゾ化
2）ジアゾカップリング

アゾ色素

㊙㊕　アザチオプリン（免疫抑制薬）

N　NO_2
N　S
H_3C
H
N　N
N　N

確認試験（1）「本品 0.01 g に水 50 mL を加え，加温して溶かす．この液 5 mL に希塩酸 1 mL 及び亜鉛粉末 0.01 g を加え，5 分間放置するとき，液は黄色を呈する．この液をろ過して得た液は芳香族第一アミンの定性反応を呈する．ただし，液は赤色を呈する．」

N　NO_2
N　S
H_3C
H
N　N
N　N

Zn
HCl

N　NH_2
N　S
H_3C
H
N　N
N　N

1）ジアゾ化
2）ジアゾカップリング

アゾ色素

B C-ニトロソ化の特殊な例

㊖ アンチピリン（解熱鎮痛薬）

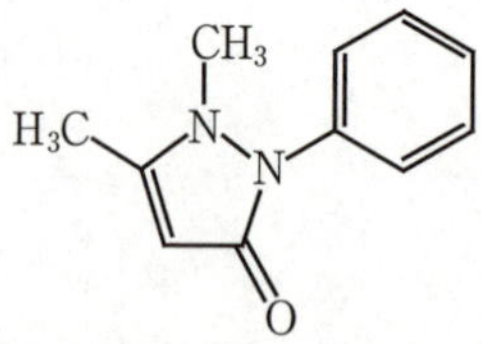

確認試験（1）「本品の水溶液（1 → 100）5 mL に亜硝酸ナトリウム試液 2 滴及び希硫酸 1 mL を加えるとき，液は濃緑色を呈する.」

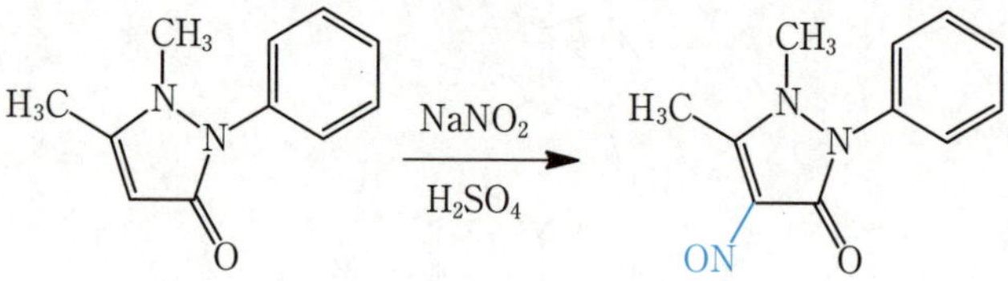

$NaNO_2$

H_2SO_4

ON

ニンヒドリンは，脂肪族第二級アミンとも反応するが，黄色色素を生成する（後述）.

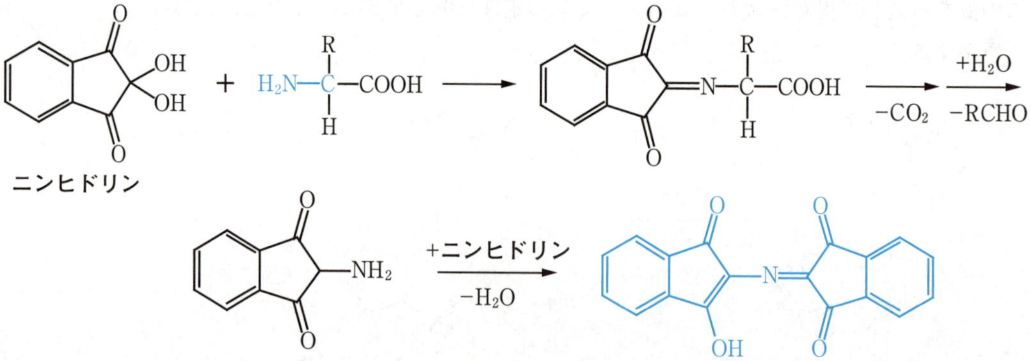

C ニンヒドリン反応（脂肪族第一級アミン）

ニンヒドリン

$+H_2O$

$-CO_2$ $-RCHO$

+ニンヒドリン

$-H_2O$

ジケトヒドリンジリデン-ジケトヒドリンダミン

ルーヘマン紫

㊇ レボドパ（抗パーキンソン病薬）

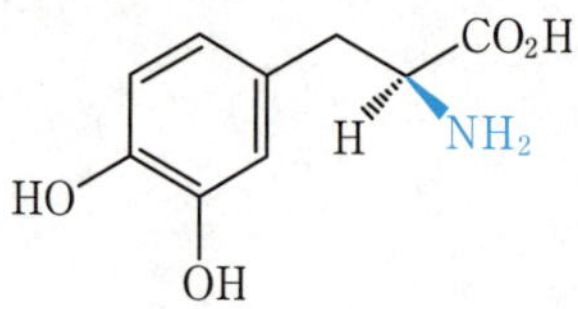

確認試験（1）「本品の水溶液（1 → 1000）5 mL にニンヒドリン試液 1 mL を加え，水浴中で 3 分間加熱するとき，液は紫色を呈する．」

劇 処　リオチロニンナトリウム（合成甲状腺ホルモン）

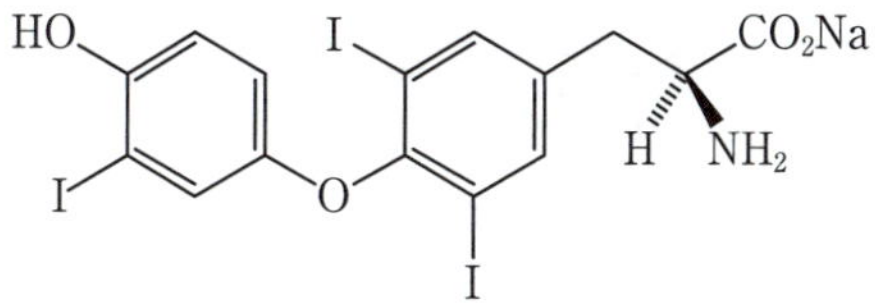

確認試験（1）「本品のエタノール（95）溶液（1 → 1000）5 mL にニンヒドリン試液 1 mL を加え，水浴中で 5 分間加温するとき，液は紫色を呈する．」

向 処 習　ニトラゼパム（催眠鎮静薬）

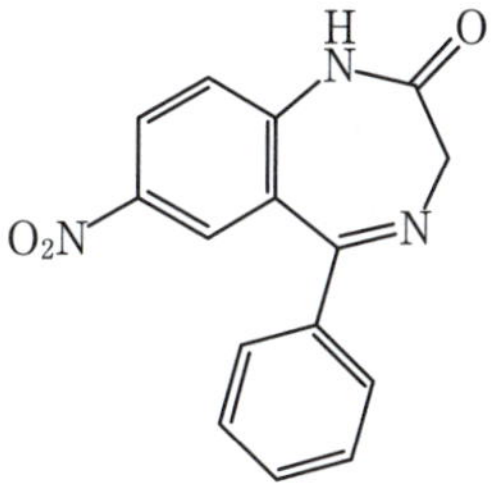

確認試験（2）「本品 0.02 g に希塩酸 15 mL を加え，5 分間煮沸し，冷後，ろ過する．ろ液は芳香族第一アミンの定性反応を呈する．」
確認試験（3）「(2)のろ液 0.5 mL に水酸化ナトリウム試液を加えて中和し，ニンヒドリン試液 2 mL を加えて水浴上で加熱するとき，液は紫色を呈する．」

HCl / H_2O 加熱
H_2NCH_2COOH グリシン
ニンヒドリン試液
1）ジアゾ化
2）ジアゾカップリング
アゾ色素
ジケトヒドリンジリデン-ジケトヒドリンダミン

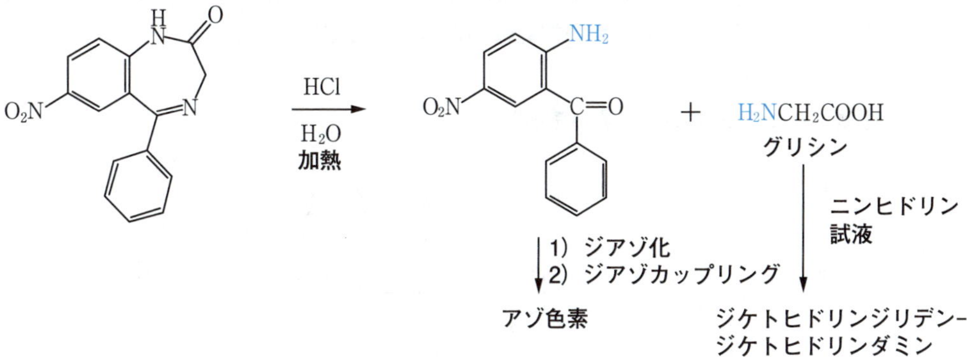

脂肪族第二級アミンの例

㊀ カイニン酸水和物（駆虫薬）

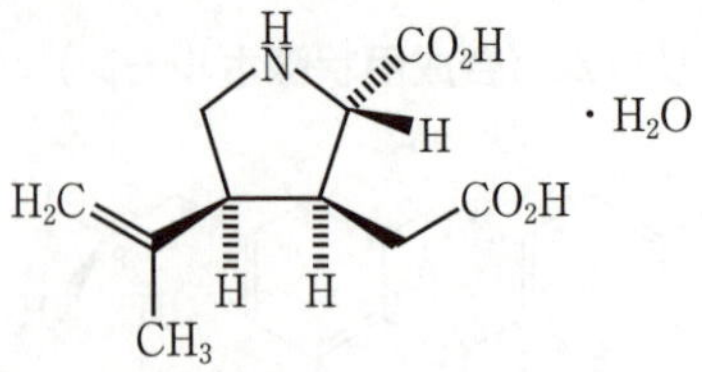

確認試験（1）「本品の水溶液（1 → 5000）5 mL にニンヒドリン試液 1 mL を加え，60 ～ 70℃の水浴中で 5 分間加温するとき，液は黄色を呈する．」

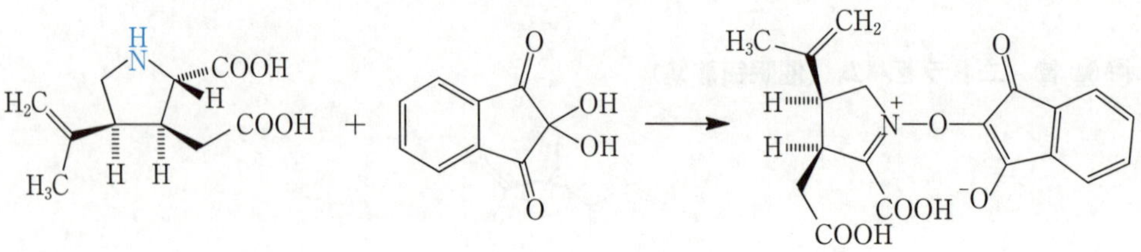

3.3.6　ハロゲンの検出

A　炎色反応（バイルシュタイン反応）

日本薬局方　一般試験法　炎色反応試験（2）(バイルシュタイン反応)

フッ素以外のハロゲン（Cl，Br，I）を含む医薬品は，酸化銅被膜をつけた銅網との反応でハロゲン化銅を生成し，揮発性のハロゲン化銅は炎中で緑色～青色に発光する．フッ素は，CuF_2 が不揮発性のため，本反応は陰性である．

劇 処　インドメタシン（解熱鎮痛薬）

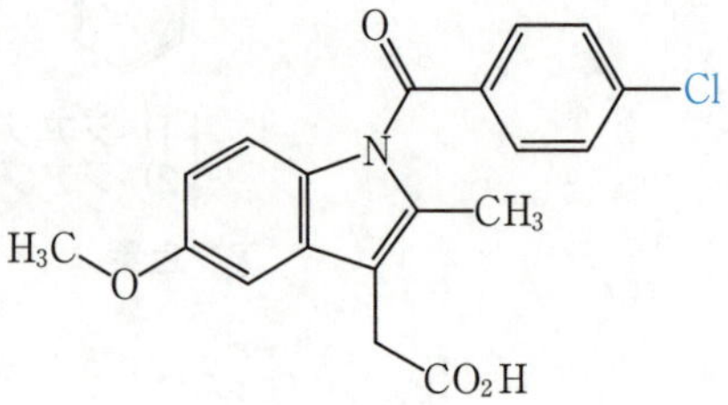

確認試験（3）「本品につき，炎色反応試験（2）を行うとき，緑色を呈する．」

(向)(処)　ロラゼパム（抗不安薬）

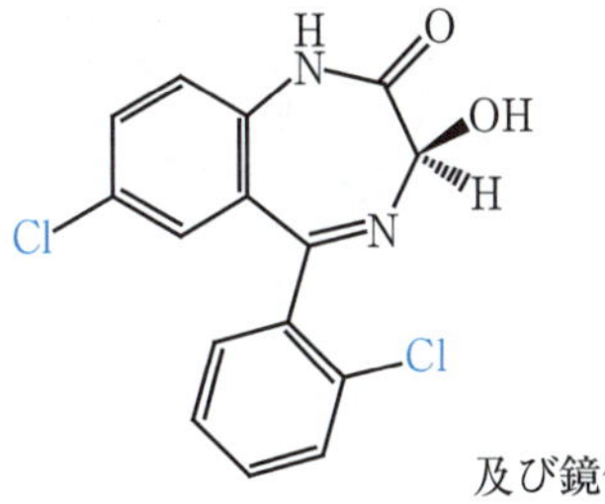

及び鏡像異性体

「本品につき，**炎色反応試験（2）**を行うとき，緑色を呈する.」

(劇)　クレマスチンフマル酸塩（抗アレルギー薬）

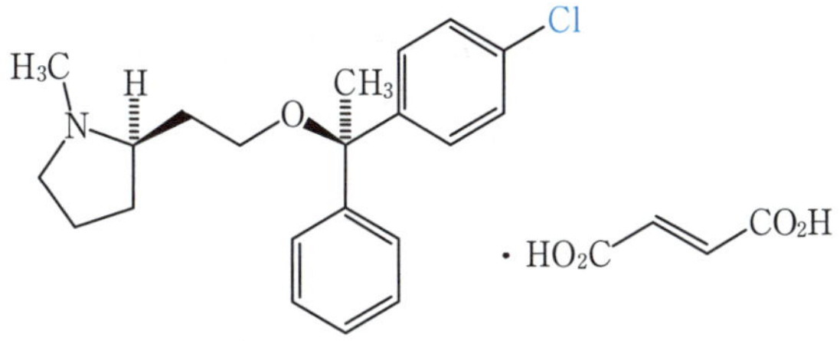

確認試験（4）「本品につき，**炎色反応試験（2）**を行うとき，緑色を呈する.」

B　ヨウ素ガスの発生

芳香環がヨウ素置換された医薬品は，直火による加熱または硫酸を加えて加熱すると，**ヨウ素ガス（紫色）を発生**する.

イドクスウリジン（抗ウイルス薬）

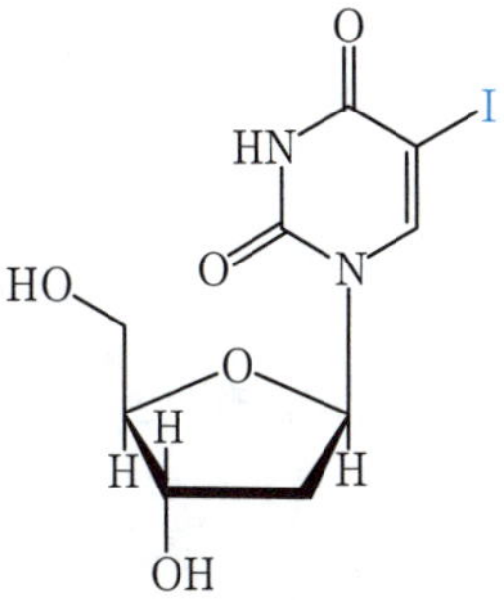

確認試験（2）「本品 0.1 g を加熱するとき，紫色のガスを発生する.」

イオパミドール（X 線造影剤）

HO H
H
N
H_3C
O
I
I
I
O
N
H
OH
OH
O
NH
OH OH

確認試験（2）「本品 0.1 g を直火で加熱するとき，紫色のガスを発生する.」

クロルフェネシンカルバミン酸エステル（中枢性筋弛緩薬）

H OH
O
O
NH_2
O
Cl
及び鏡像異性体

確認試験（3）「本品につき，炎色反応試験（2）を行うとき，緑色を呈する.」

㊈　ブロモクリプチンメシル酸塩（抗パーキンソン病薬）

H_3C CH_3
OH
O
O
N
H
N
H
H
N
O
O
N
H
O
N
CH_3
H
H
H_3C CH_3
HN
Br
$\cdot H_3O\text{-}SO_3H$

確認試験（4）「本品につき，炎色反応試験（2）を行うとき，緑色を呈する.」

3.3.7　不飽和結合の検出

A　臭素の付加反応による臭素試液の脱色

B　過マンガン酸カリウムの酸化反応による過マンガン酸カリウム試液の脱色

(劇)　カイニン酸水和物（駆虫薬）

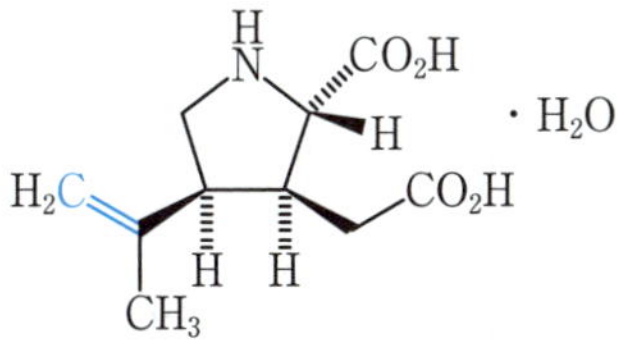

確認試験（2）「本品 0.05 g を酢酸（100）5 mL に溶かし，臭素試液 0.5 mL を加えるとき，試液の色は直ちに消える.」

(劇)　エタクリン酸（利尿薬）

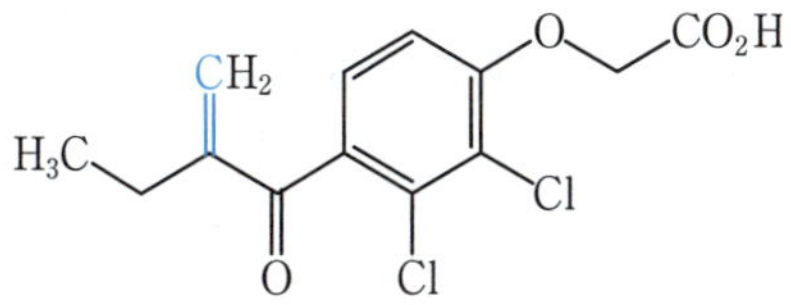

確認試験（1）「本品 0.2 g を酢酸(100）10 mL に溶かし，この液 5 mL をとり，臭素試液 0.1 mL を加えるとき，試液の色は消える．また，残りの 5 mL に過マンガン酸カリウム試液 0.1 mL を加えるとき，試液の色は直ちにうすいだいだい色に変わる.」

(劇)(処)　アルプレノロール塩酸塩（抗不整脈薬）

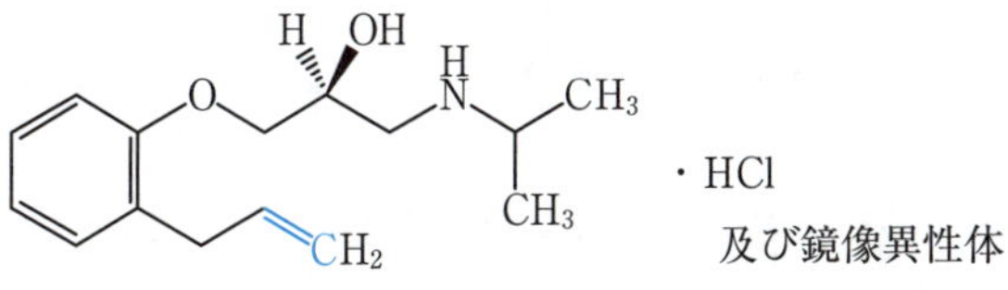

確認試験（2）「本品 0.05 g を水 5 mL に溶かし，臭素試液 1 ～ 2 滴を加え，振り混ぜるとき，試液の色は消える.」

確認問題

次の記述について，正しいものには○，誤っているものには×を付けよ．

1) カルボニル基は，ヒドロキシルアミンと反応して，オキシムを生成する．（　）
2) カルボン酸にヒドロキシルアミンおよび *N,N'*-ジシクロヘキシルカルボジイミドを加えると，ヒドロキサム酸を生成する．（　）
3) アスピリンに水を加え煮沸し，冷後，塩化鉄(Ⅲ)試液を加えると，液は赤紫色を呈する．（　）
4) メタノールは，ヨードホルム反応陽性である．（　）
5) 還元糖の水溶液にフェーリング試液を加えると，酸化銀の赤色沈殿を生じる．（　）
6) エステルは，ヒドロキシルアミンと反応して，オキシムを生成する．（　）
7) 芳香族第一級アミンに酸性条件下，亜硝酸ナトリウムを加えると，アルコールと窒素ガスが発生する．（　）
8) 脂肪族第二級アミンは，亜硝酸ナトリウムと反応し，*N*-ニトロソ化合物を生成する．（　）
9) イミノ酸に，ニンヒドリン試液を加えて加熱すると，紫色の色素を生成する．（　）
10) アセトンは，ヨードホルム反応陽性である．（　）

〈解答と解説〉

1) （○）
2) （○）
3) （○）
4) （×） 陰性である．
5) （×） フェーリング試液を加えて生じる赤色沈殿は，酸化第一銅（Cu_2O）である．
6) （×） エステルは，ヒドロキシルアミンと反応して，ヒドロキサム酸を生成する．
7) （×） ジアゾニウム塩を生成する．
8) （○）
9) （×） イミノ酸は，ニンヒドリン試液を加えると黄色を示す．
10) （○）

3.4　日本薬局方収載の純度試験

3.4.1　日本薬局方と純度試験

薬剤師のように医薬品に携わる者は，いつも疑念の目をもってその品質を追求する姿勢が必要である．例えば図3.19のように日本薬局方アスピリン（解熱鎮痛薬）の入った製品が陳列棚に置いてあるのを見たとき思うべきことは，「本当にアスピリンが入っているのか？」，「アスピリン以外の物質が混入していないか？」，「表示量通りにアスピリンが入っているのか？」である．

ドラッグストアできれいなパッケージで販売されていると，普通このような考えは浮かばない．しかし不純物が原因で大きな薬害に発展した鎮静・催眠剤のサリドマイドは大衆薬として薬局で容易に購入できた商品であった．また最近では性的不能治療薬バイアグラ（ファイザー）(図3.20）の偽造医薬品が流通しており，製薬会社のホームページでも注意が喚起されている．インターネットからの医薬品購入は

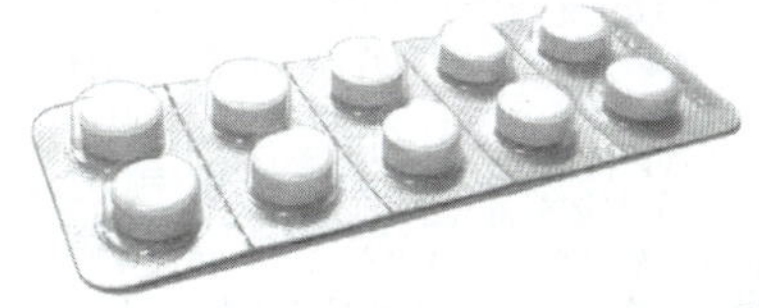

図 3.19　アスピリンの入った一般用医薬品

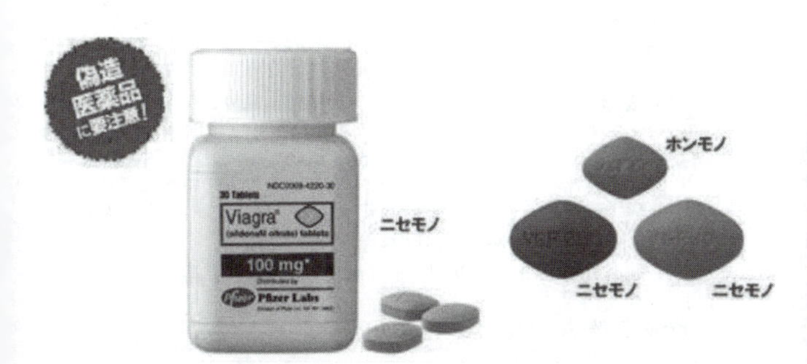

図 3.20　バイアグラの偽造医薬品

図 3.21　日本薬局方

容易であるため，知らずに偽造品を摂取してしまう可能性はとても高い．このようなことから薬事衛生をつかさどる薬剤師は医薬品の品質に対していつも目を光らせねばならない．

一方，製薬会社は医薬品の安全性のために不純物の混入などがないよう，医薬品製造において最大限の品質管理に努めている．この医薬品の品質管理で活躍するのが“医薬品の品質を適正に確保する公的な規範書”の日本薬局方である（図 3.21）．

図 3.22 は医薬品各条に記載されたアスピリンの規格であり，アスピリンであるためにはこれらの項目をすべて満たす必要がある．そのうち純度試験は「アスピリン以外の物質は混入していない！」を保証する試験である．確認試験は「本当にアスピリンが入っている！」，定量法は「表示量通りにアスピリンが入っている！」を保証する試験であり，工場で合成した化学物質がこれらの試験に適合しない場合

アスピリン

Aspirin

アセチルサリチル酸

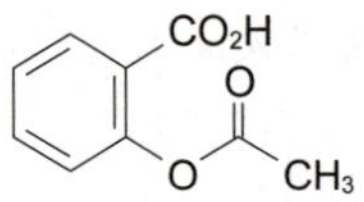

$C_9H_8O_4$: 180.16
2-Acetoxybenzoic acid
[*50-78-2*]

本品を乾燥したものは定量するとき，アスピリン（$C_9H_8O_4$）99.5％以上を含む．

性状 本品は白色の結晶，粒又は粉末で，においはなく，僅かに酸味がある．

本品はエタノール(95)又はアセトンに溶けやすく，ジエチルエーテルにやや溶けやすく，水に溶けにくい．

本品は水酸化ナトリウム試液又は炭酸ナトリウム試液に溶ける．

本品は湿った空気中で徐々に加水分解してサリチル酸及び酢酸になる．

融点：約 136℃（あらかじめ浴液を 130℃に加熱しておく）．

確認試験

（1）本品 0.1 g に水 5 mL を加えて 5～6 分間煮沸し，冷後，塩化鉄(Ⅲ)試液 1～2 滴を加えるとき，液は赤紫色に呈する．

（2）本品 0.5 g に炭酸ナトリウム試液 10 mL を加えて 5 分間煮沸し，希硫酸 10 mL を加えるとき，酢酸のにおいを発し，白色の沈殿を生じる．また，この沈殿をろ過して除き，ろ液にエタノール(95) 3 mL 及び硫酸 3 mL を加えて加熱するとき，酢酸エチルのにおいを発する．

純度試験

（1）溶状 本品 0.5 g を温炭酸ナトリウム試液 10 mL に溶かすとき，液は澄明である．

（2）サリチル酸 本品 2.5 g をエタノール(95)に溶かし 25 mL とし，この 1.0 mL をとり，新たに製した希硫酸アンモニウム鉄(Ⅲ)試液 1 mL に水を加えてネスラー管中で 50 mL とした液に加え，30 秒間放置するとき，液の色は次の比較液より濃くない．

比較液：サリチル酸 0.100 g を水に溶かし，酢酸(100) 1 mL 及び水を加えて 1000 mL とする．この液 1.0 mL をとり，新たに製した希硫酸アンモニウム鉄(Ⅲ)試液 1 mL にエタノール(95) 1 mL 及び水を加えてネスラー管中で 50 mL とした液に加え，30 秒間放置する．

（3）塩化物〈*1.03*〉 本品 1.8 g に水 75 mL を加え，5 分間煮沸し，冷後，水を加えて 75 mL とし，ろ過する．ろ液 25 mL に希硝酸 6 mL 及び水を加えて 50 mL とする．これを検液とし，試験を行う．比較液には 0.01 mol/L 塩酸 0.25 mL を加える（0.015％以下）．

（4）硫酸塩〈*1.14*〉 (3)のろ液 25 mL に希塩酸 1 mL 及び水を加えて 50 mL とする．これを検液とし，試験を行う．比較液には 0.005 mol/L 硫酸 0.50 mL を加える（0.040％以下）．

（5）重金属〈*1.07*〉 本品 2.5 g をアセトン 30 mL に溶かし，希酢酸 2 mL 及び水を加えて 50 mL とする．これを検液とし，試験を行う．比較液は鉛標準液 2.5 mL にアセトン 30 mL，希酢酸 2 mL 及び水を加えて 50 mL とする（10 ppm 以下）．

（6）硫酸呈色物〈*1.15*〉 本品 0.5 g をとり，試験を行う．液の色は比較液 Q より濃くない．

乾燥減量〈*2.41*〉 0.5％以下（3 g，シリカゲル，5 時間）．

強熱残分〈*2.44*〉 0.1％以下（1 g）．

定量法 本品を乾燥し，その約 1.5 g を精密に量り，0.5 mol/L 水酸化ナトリウム液 50 mL を正確に加え，二酸化炭素吸収管（ソーダ石灰）を付けた還流冷却器を用いて 10 分間穏やかに煮沸する．冷後，直ちに過量の水酸化ナトリウムを 0.25 mol/L 硫酸で滴定〈*2.50*〉する（指示薬：フェノールフタレイン試液 3 滴）．同様の方法で空試験を行う．

0.5 mol/L 水酸化ナトリウム液 1 mL＝45.04 mg $C_9H_8O_4$

貯法 容器 密閉容器．

図 3.22　医薬品各条　アスピリン

には「アスピリン」と呼ぶことはできない．このように日本薬局方では，有効性や安全性に関して，一定の品質を総合的に保証する上で必要な**試験項目**が設定されている．製薬会社はこれらの試験を行い，品質を管理することで社会から信頼されるよう努力している．

3.4.2　品質管理と純度試験

純度試験は「日本薬局方 通則 33」において次のように定義される．

> 純度試験は，医薬品中の混在物を試験するために行うもので，医薬品各条のほかの試験項目と共に，医薬品の純度を規定する試験でもあり，通例，その混在物の**種類**及びその量の**限度**を規定する．この試験の対象となる混在物は，その医薬品を製造する過程又は保存の間に混在を予想されるもの又は有害な混在物例えば重金属，ヒ素などである．また，異物を用い又は加えることが予想される場合については，その試験を行う．

図 3.23 はアスピリンの原薬とそれを含む製品が製造され薬局・ドラッグストアで販売されるまでの模式図である．医薬品製造会社では，まず会社の購買部がアスピリンの原料となるサリチル酸やアセチル化のための無水酢酸，触媒の硫酸を原料会社から仕入れる．そして製造部でこれらをステンレス製の大きな反応釜中で反応

原薬
　医薬品に含まれている有効成分．

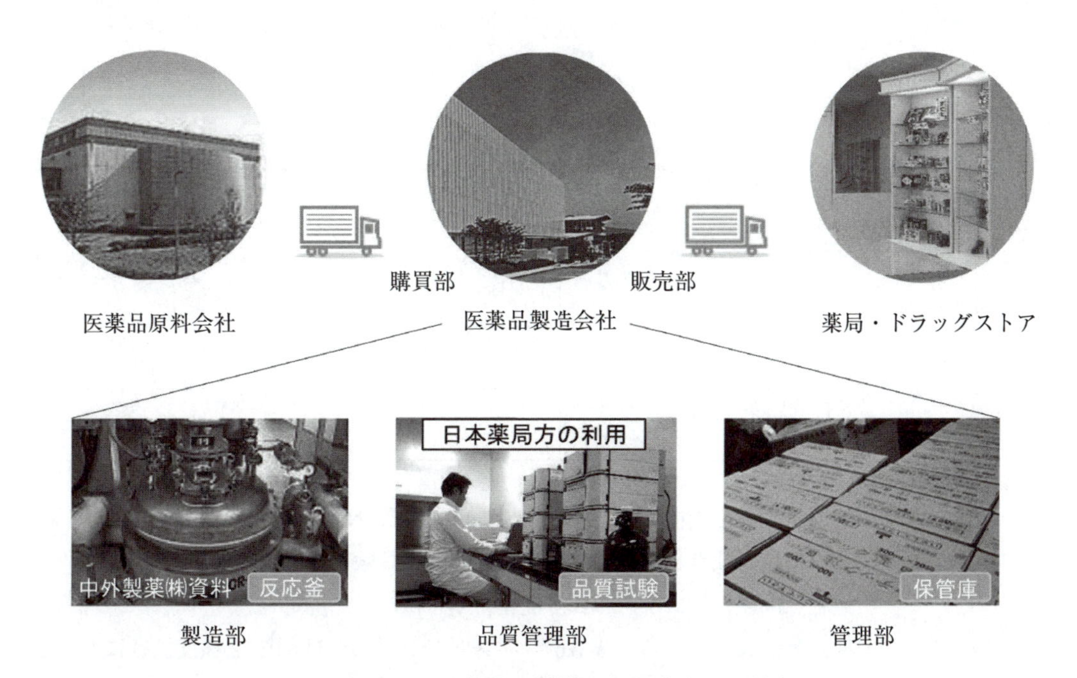

図 3.23　医薬品の製造から販売までの流れ

させ製造し，再結晶などの精製により目的物質を得る．この精製により純度の高い物質を得ることができるが，不純物を全く含まない医薬品を製造することは困難である．なぜなら純品にするための精製は，技術的に難しい場合があることや，精製の繰り返しが製造コストの上昇を引き起こすからである．このため医薬品には不純物が少なからず含まれるが，混在する不純物の種類は医薬品によって異なり，その混入可能性の原因から表3.5のように分類できる．

表3.5 混在不純物の種類と医薬品の例

混在不純物の種類	医薬品の例	不純物
原料や中間体の混在 原料中の混在物 溶剤，酸，アルカリその他の反応剤，触媒などの混在	イソニアジド（抗結核薬） 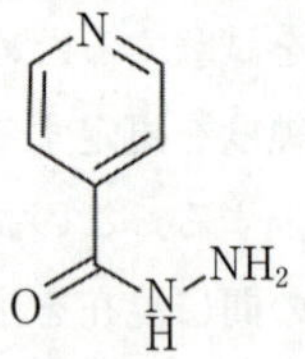	ヒドラジン H_2NNH_2
保存中の分解で生成する可能性のある物質	パラアミノサリチル酸カルシウム水和物（抗結核薬） 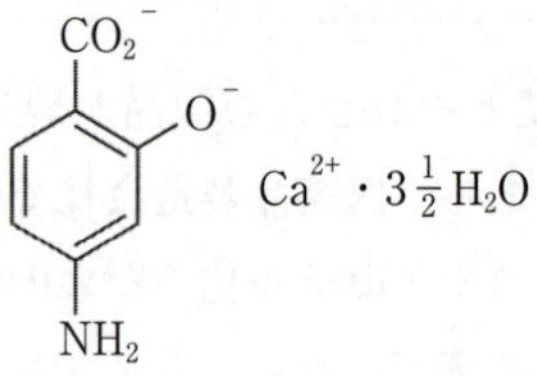 $Ca^{2+} \cdot 3\frac{1}{2}H_2O$	3-アミノフェノール 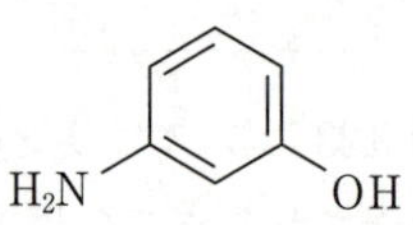
安定剤，保存剤など少量添加する可能性のある物質	オキシドール（殺菌薬・消毒薬） H_2O_2	有機安定剤 アセトアニリド等 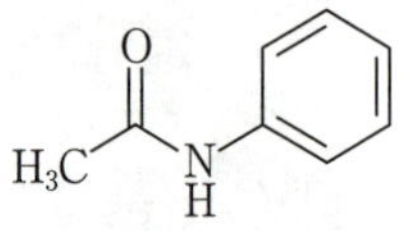
偽和や増量を目的として不正に加えられる可能性のある物質	サントニン（駆虫薬） 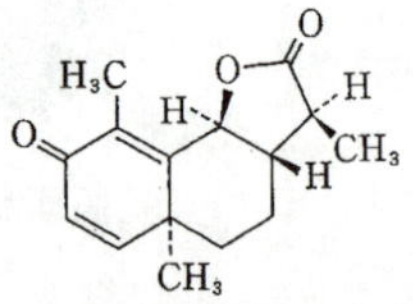	アルテミシン 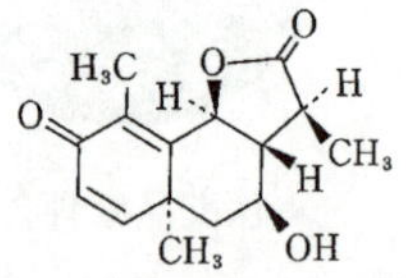
万一混入した場合，微量でも大きな危害を与える物質		ヒ素や重金属など

混在する可能性のある不純物について品質管理部は，日本薬局方の医薬品各条を見ながら記載された項目について品質管理試験を行う．純度試験には医薬品の製造過程や保存の際に予想される混在物の「種類」が規定され，医薬品ごとに適当な純度試験が設定される（表3.6）．アスピリンであれば図3.22純度試験にあるように，溶状，サリチル酸，塩化物，硫酸塩，重金属，硫酸呈色物であり，これらを記載さ

表 3.6　純度試験の項目例

色	におい	溶状	液性	酸	アルカリ	塩化物	硫酸塩	亜硫酸塩
硝酸塩	亜硝酸塩	炭酸塩	臭化物	ヨウ化物	可溶性ハロゲン化合物	チオシアン化物	セレン	陽イオンの塩
アンモニウム	重金属	鉄	マンガン	クロム	ビスマス	スズ	アルミニウム	亜鉛
カドミウム	水銀	銅	鉛	銀	アルカリ土類金属	ヒ素	遊離リン酸	異物
類縁物質	異性体	光学異性体	多量体	残留溶媒	その他の混在物	蒸発残留物	硫酸呈色物	

れた試験法により試験する．

また混在物は「種類」とともに「量の限度」も規定される．例えば，図 3.22 純度試験（3）塩化物なら 0.015% 以下である．これは「種類」を確認するだけの確認試験とは異なる点である．不純物といっても多量に摂取すれば人体にとって有害であるが，微量であれば人体にとって有害とはならない．そこで日本薬局方では，医薬品ごとに人体にとって有害にはならない不純物の限度，すなわち安全性が確保

試験成績書

日付：*2019. 3. 2*
廣川薬品株式会社
品質管理部

日本薬局方「アスピリン」

Lot No. *JDR1970*			
項目		規格	試験結果記入欄
性状	色	白色結晶	（ *白色結晶* ）
	形	粒または粉末	（ *粉末* ）
	におい	なし	（ *なし* ）
	味	わずかな酸味	（*わずかな酸味*）
確認試験	(1)	赤紫色	（ *適合* ）
	(2)	①酢酸のにおい・白色沈殿 ②酢酸エチルのにおい	（ *適合* ）
純度試験	(1) 溶状	液は澄明	（ *澄明* ）
	(2) サリチル酸	比較液より濃くない	（ *適合* ）
	(3) 塩化物	0.015% 以下	（ *適合* ）
	(4) 硫酸塩	0.040% 以下	（ *適合* ）
	(5) 重金属	10ppm 以下	（ *適合* ）
	(6) 硫酸呈色物	比較液より濃くない	（ *適合* ）
乾燥減量		0.5%　以下	（ *適合* ）
強熱残分		0.1%　以下	（ *適合* ）
定量		99.5% 以上	（ *99.8%* ）

試験者：*医療太郎*（印）
試験責任者：*創生花子*（印）

図 3.24　試験成績書

許容（範囲）
分析法で検出されないか，検出されても安全面で全く問題がないとされる一定の量（許容限度）．

される範囲で微量の混在を許容している．量の限度はヒトへの安全性を考慮したうえで，不純物の存在が許容される最大量である．猛毒なヒ素などは極微量のppmレベルで厳しく規制されている．

品質管理部の検査員は日本薬局方を見ながら，純度試験を含めすべての項目の試験を行い，図3.24のような品質証明書に試験結果を記録する．この品質証明書は日本薬局方に適合していることを証明する大事な書類であり，試験者・責任者・日付が記入され，厳重に保管される．場合によっては製造したアスピリン原薬が他の製薬会社に販売され，そこで賦形剤を添加し製剤として販売されることもある．その際には相手先へこの品質証明書が手渡されるが，相手先はこの証明書の内容に偽りがないかを自社で再試験するなどして，品質管理について徹底した管理が行われている．

品質管理部で日本薬局方に適合であると判断されると，きれいに包装したパッケージの製品が管理部で管理され，販売部によって薬局・ドラッグストアに運ばれる．このような品質管理のシステムにより，消費者は安全な医薬品を購入することができる．

3.4.3 アスピリンの純度試験

不純物がどのように混在してしまうのか，そしてその試験の必要性と測定原理について以下にアスピリンの例を示す．図3.22の純度試験の試験法を参照しながら読み進めること．

A 純度試験（1） 溶状

アスピリンは温炭酸ナトリウム試液中で溶けるが，濁りや液が澄明でない場合には明らかに不純物があると確認できる．

この溶状は，水，メタノールなどの有機溶媒，酸性またはアルカリ性溶液などに対する医薬品の溶解の有無，溶液の色調とその濃淡を観察する試験法であり，混在物の限度は比較液を使わずに規定される．簡単ではあるが，おおよその純度を知ることができるので重要性の大きい試験であり，多数の品目に適用される．

B 純度試験（2） サリチル酸

アスピリンの製造方法は下記反応式で示され，製造工程中に原料であるサリチル酸が残存したり，製造したアスピリンの保存中に加水分解によりサリチル酸が生成する可能性がある．試料中に混在するサリチル酸と希硫酸アンモニウム鉄(Ⅲ)試液の鉄(Ⅲ)イオンはキレート化合物を形成し赤紫色に呈色する．比較液から生じる色を比べ，サリチル酸が限度以上に混在していないことを確認する．

この項目は医薬品に固有の不純物を検査するための試験である．医薬品の製造の際に原料となる物質，原料に含まれている夾雑物，製造中間体，副生成物，分解生成物など製品中に混在することが予想される混在物の限度が設定される．

$$\text{(OH, OH)} + H_3C\text{-}CO\text{-}OH \underset{H_2O}{\overset{H_2SO_4}{\rightleftharpoons}} \text{(}CO_2H\text{, O-CO-}CH_3\text{)}$$

サリチル酸の限度量

サリチル酸の限度量について具体的な数値の表記はないが，以下のように求めることができる．

［比較液中のサリチル酸の量］　0.100 g/1000 mL のサリチル酸溶液が調製され，そのうち 1.0 mL が用いられる．この 1.0 mL 中にはサリチル酸が 0.0001 g 含まれる．

［検液］　2.5 g/25 mL のアスピリン溶液が調製され，そのうち 1.0 mL が用いられる．この 1.0 mL 中にはアスピリンが 0.1 g 含まれる．

［限度量］　検液中のアスピリン 0.1 g の中に，不純物としてサリチル酸 0.0001 g が混在すると，検液，比較液とも呈色の度合いは同じになる．アスピリン 0.1 g 中のサリチル酸 0.0001 g は (0.0001 g/0.1 g) × 100 = 0.1 % の不純物に相当する．したがってサリチル酸の限度は 0.1%以下である．

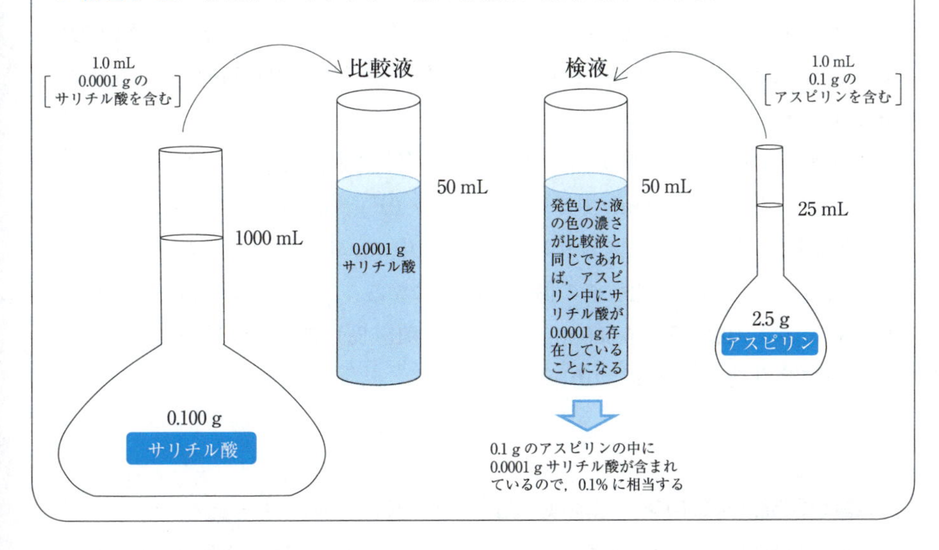

C　純度試験（3）塩化物，（4）硫酸塩

医薬品の製造には塩酸，塩化物，硫酸，硫酸塩を反応試薬として使用する場合が多くあり，最終製品中に不純物として混在する可能性がある．これらは人体に直接害を与えるとはいえないが，塩化物や硫酸塩の混在は精製の尺度とみなし得ることができるため，多数の品目に対してこれらの試験が行われる．アスピリンの製造は主に硫酸を触媒として用いるため硫酸塩の純度試験が行われるが，100年前から製造されるアスピリンには各種の製造法があり，それらにも対応させるため塩化物の純度試験も設定されると考えられる．これらはそれぞれ一般試験法の塩化物試験法〈*1.03*〉，硫酸塩試験法〈*1.14*〉により試験する．

1）塩化物試験法<*1.03*>（原理は「3.1　検出の科学」の項も参照）

試料中に混在する塩素イオンと硝酸銀試液の銀イオンは，硝酸酸性で塩化銀（AgCl）の混濁を生じる．反応式を下記に示す．比較液の0.01 mol/L 塩酸から生じるAgClの混濁と比較し，限度以上に混在していないことを確認する．試験の際はネスラー管を用いる．

$$Cl^- + Ag^+ \longrightarrow AgCl \downarrow \text{（白）}$$

ネスラー管
共栓付き円筒で，無色の硬質ガラス製

塩化物の限度量

医薬品中に混在する塩化物（Clとして）の限度は%で表す．アスピリンの場合は0.015%以下であり下記のように求めることができる．

［比較液中の塩化物に相当する量］　0.01 mol/L 塩酸は1 L（1000 mL）中に0.01 mol（10 mmol）のClを含むので，試験に用いる0.25 mLには0.0025 mmol含まれる．Clの原子量を35.45とすると，0.0025 mmol × 35.45 ≒ 0.0886 mgである．

［検液］　1.8 g/75 mLのアスピリン溶液が調製され，そのうち25 mLが試験に用いられる．この25 mL中にはアスピリン0.6 g（600 mg）を含む．

［限度量］　検液中のアスピリン600 mgの中に，不純物としてCl 0.0886 mgが混在すると，検液と比較液の混濁は同じになる．アスピリン600 mg中のCl 0.0886 mgは（0.0886 mg/600 mg）× 100 ≒ 0.015（%）の不純物に相当する．したがって塩化物の限度%は0.015%以下である．

2）硫酸塩試験法<*1.14*>（原理は「3.1　検出の科学」の項も参照）

試料中に混在する硫酸塩は塩化バリウム試液により塩酸酸性で難溶性塩の硫酸バリウム（$BaSO_4$）を生成し混濁する．反応式を下記に示す．比較液として0.005

mol/L 硫酸から生じる $BaSO_4$ の混濁と比較し，限度以上に混在していないことを確認する．

$$Ba^{2+} + SO_4^{2-} \longrightarrow BaSO_4 \downarrow \text{（白）}$$

硫酸塩の限度量

医薬品中に混在する硫酸塩（SO_4 として）の限度は％で表す．アスピリンの場合は 0.040％以下であり，上記塩化物の限度量と同じように求めることができる．

D　純度試験（5）　重金属

一般に研究室レベルでの合成反応にはガラス製の容器を用いて行うが，医薬品の製造は図 3.23 のようにステンレス製の大きな反応釜を用いて大量に合成する．そのため原料，製造の工程，製造装置のいずれからも重金属が混入する可能性がある．重金属は有害であるとともに，鉛，水銀，カドミウム，銅，ビスマスなどはその触媒作用から医薬品の安定性や保存期間に大きな影響を与える場合がある．この重金属は一般試験法の重金属試験法〈*1.07*〉により試験する．この試験は非常に多くの医薬品について行われる．

重金属試験法<*1.07*>（原理は「3.1　検出の科学」の項も参照）

ここでは重金属を酢酸酸性で硫化ナトリウム試液により呈色する金属性混在物としており，その量は鉛（Pb）の量として表す．Pb, Bi, Cu, Cd, Sb, Sn, Hg などの有害性重金属は pH 3.0 ～ 3.5 で硫化ナトリウム試液により黄色～黒褐色の不溶性硫化物を生成する．反応式を下記に示す．比較液として硝酸鉛（Ⅱ）より調製された鉛標準液の呈色と比較し，限度以上に混在していないことを確認する．

$$Pb^{2+} + S^{2-} \longrightarrow PbS \downarrow$$

重金属の限度量

医薬品中に混在する重金属（Pbとして）の限度はppmで表す．アスピリンの場合は10 ppm以下であり下記のように求めることができる．

［比較液中の重金属に相当する量］　鉛標準液1 mLは鉛（Pb）0.01 mgを含むと規定されるので，試験に用いる2.5 mLには0.025 mg含まれる．

［検液］　検液はアスピリン2.5 g（2500 mg）を含む．

［限度量］　検液中のアスピリン2500 mgの中に不純物としてPb 0.025 mgが混在すると，検液と比較液の混濁は同じになる．アスピリン2500 mg中のPb 0.025 mgは（0.025 mg/2500 mg）$\times 10^6 = 10$(ppm）の不純物に相当する．したがって重金属の限度ppmは10 ppm以下である．

E　純度試験（6）　硫酸呈色物

有機物には濃硫酸に溶解すると，特有の呈色を示すものが多い．硫酸中で無色のはずの物質が呈色したとすれば，硫酸呈色性の不純物を夾雑することが確実である．アスピリンについても硫酸中の呈色の有無を観察している．この硫酸呈色物は一般試験法の硫酸呈色物試験法〈*1.15*〉により試験する．方法として簡便かつ鋭敏なため，多くの医薬品に適用される．

硫酸呈色物試験法<*1.15*>（原理は「3.1　検出の科学」の項も参照）

試料中に混在する不純物が硫酸呈色物用硫酸により呈色する．比較液として色の比較液Qの呈色と比較する．色の比較液Qは色の比較の対照に用いるもので，塩化コバルト(Ⅱ)，塩化鉄(Ⅲ)，硫酸銅(Ⅱ）から調製された溶液である．

以上が「アスピリン」についての純度試験の項目であり，これらの項目の試験に適合することで安全性が保証され，消費者は安心して製品を購入することができる．

3.4.4　純度試験の試験法

純度試験は多くの医薬品に含まれる可能性のある混在物について，一般試験法の化学的試験法（表3.7），物理的試験法（表3.8）が用いられることが多い．表3.9は一般試験法を用いずに医薬品に固有の不純物を検査する例である．

表 3.7　化学的試験法を利用した純度試験の例（「3.1　検出の科学」の項目も参照）

試験法	目　的	限度表示	原　理
塩化物試験法	塩化物の限度試験	Cl として％表示	硝酸銀試液により塩化銀（AgCl）を生成させる． $Cl^- + Ag^+ \longrightarrow AgCl\downarrow$（白）
硫酸塩試験法	硫酸塩の限度試験	SO_4 として％表示	塩化バリウム試液により硫酸バリウム（$BaSO_4$）を生成させる． $Ba^{2+} + SO_4^{2-} \longrightarrow BaSO_4\downarrow$（白）
アンモニウム試験法	アンモニウム塩の限度試験	NH_4^+ として％表示	フェノール・ペンタシアノニトロシル鉄(Ⅲ)酸ナトリウム試液及び次亜塩素酸ナトリウム・水酸化ナトリウム試液によりインドフェノール色素を生成させる． 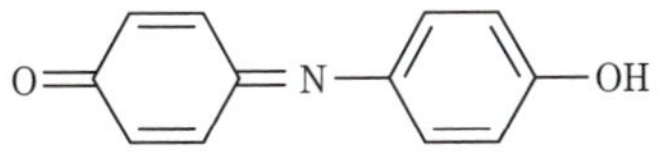 O=⟨⟩=N—⟨⟩—OH
重金属試験法	重金属（酢酸酸性で硫化ナトリウム試液により呈色する金属性混在物）の限度試験	Pb として ppm 表示	硫化ナトリウム試液により不溶性硫化物を生成させる． $Pb^{2+} + S^{2-} \longrightarrow PbS\downarrow$
鉄試験法	鉄の限度試験	Fe として ppm 表示	L-アスコルビン酸溶液及び2,2′-ビピリジルのエタノール溶液により，Fe^{2+}・2,2′-ビピリジルキレートを生成させる． 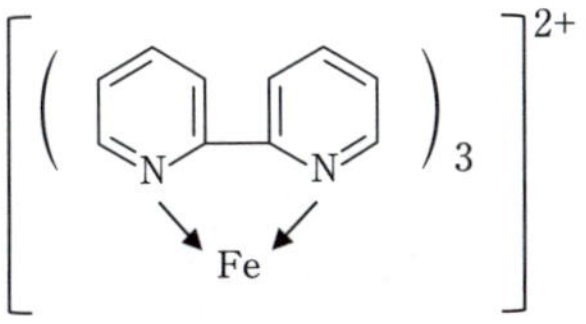 $[Fe(bipy)_3]^{2+}$
ヒ素試験法	ヒ素の限度試験	As_2O_3 として ppm 表示	ヒ化水素吸収液（*N,N*-ジエチルジチオカルバミド酸銀・ピリジン溶液）によりコロイド状銀を生成させる．
硫酸呈色物試験法	硫酸によって容易に着色する物質の試験	色の比較液	硫酸呈色物用硫酸により呈色させる．

表 3.8　物理的試験法を利用した純度試験の例（試験法は「よくわかる薬学機器分析」も参照）

試験法	医薬品の例	混在物	検出方法
液体クロマトグラフィー（分離分析法）	クロフィブラート（高脂質血症治療薬）	原料または分解から混入する 4-クロロフェノール	紫外吸光光度計（測定波長：275 nm）
ガスクロマトグラフィー（分離分析法）	亜酸化窒素（吸入麻酔薬） N_2O	一酸化炭素 CO	熱伝導度型検出器
薄層クロマトグラフィー（分離分析法）	L-アルギニン（アミノ酸）	類縁物質 シトルリン オルニチン	ニンヒドリンによるスポットの呈色
原子吸光光度法（金属元素の分析法）	水酸化ナトリウム（アルカリ化剤） NaOH	製造時に混入する水銀 Hg	波長 253.7 nm の吸光度
紫外可視吸光度測定法（紫外･可視光線を吸収する物質の分析法）	ブドウ糖注射液（糖質補給薬） α-D-グルコピラノース：R^1=H, R^2=OH β-D-グルコピラノース：R^1=OH, R^2=H	加熱滅菌（特に高圧蒸気滅菌法）の際に生じる 5-ヒドロキシメチルフルフラール類	波長 284 nm の吸光度
旋光度測定法（光学活性物質の分析法）	アトロピン硫酸塩水和物（鎮痙薬） $\cdot H_2SO_4 \cdot H_2O$	ロート根中の副アルカロイド（夾雑物）のヒヨスチアミン	比旋光度

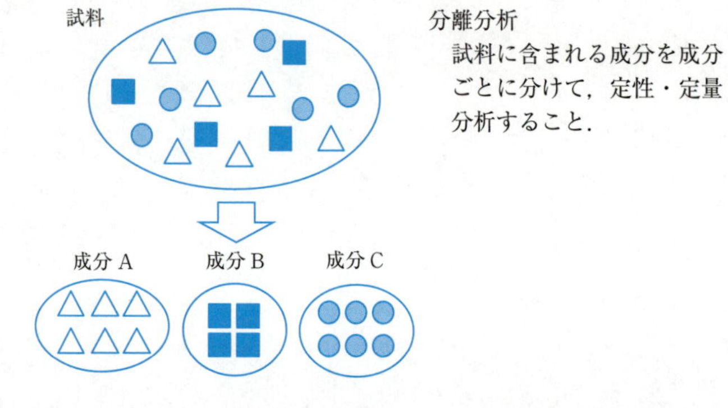

分離分析
試料に含まれる成分を成分ごとに分けて，定性・定量分析すること．

表 3.9　一般試験法を用いずに医薬品に固有の不純物を検査する試験例

医薬品の例	不純物	試験法
イソプロピルアンチピリン（解熱鎮痛薬） 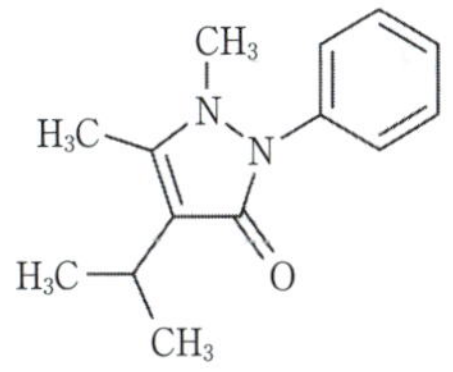	原料のアンチピリン 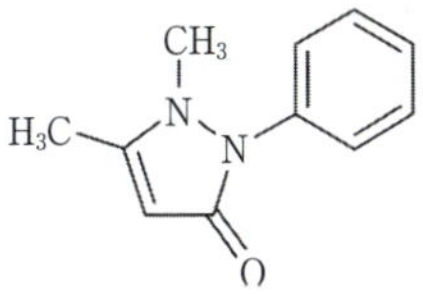	本品 1.0 g を希エタノール 10 mL に溶かし，亜硝酸ナトリウム試液 1 mL 及び希硫酸 1 mL を加えるとき，液は緑色を呈しない．（アンチピリンはニトロソ化するので混在していると緑色を呈する．）
グリセリン（浣腸薬） 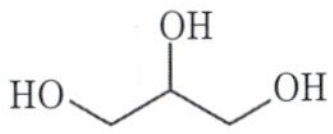	反応中間体のアクロレイン $CH_2=CHCHO$	本品 1.0 g にアンモニア試液 1 mL を混和し，60℃の水浴中で 5 分間加温するとき，液は黄色を呈しない．
コカイン塩酸塩（局所麻酔薬） 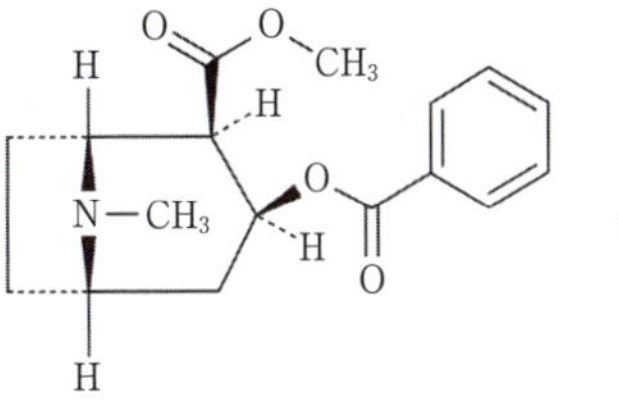 ・HCl	コカ葉中にコカインと共に含まれるアルカロイドのシンナミルコカイン 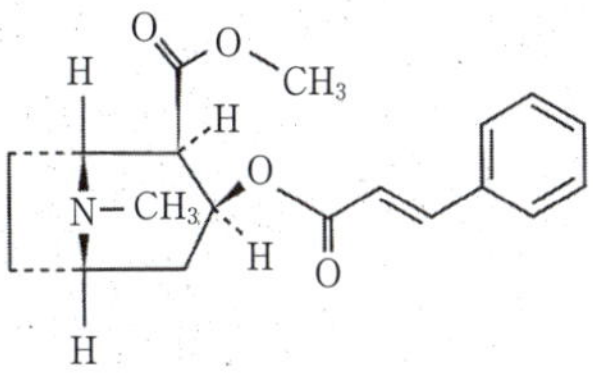	本品 0.10g を水 5 mL に溶かし，薄めた硫酸（1 → 20）0.3 mL 及び 0.02 mol/L 過マンガン酸カリウム液 0.10 mL を加えるとき，液の赤色は 30 分以内に消えない．（シンナミルコカインが混在すると側鎖の二重結合が過マンガン酸カリウムで酸化を受け，消費した過マンガン酸カリウムの赤色が消える．）
スルピリン水和物（解熱鎮痛薬） 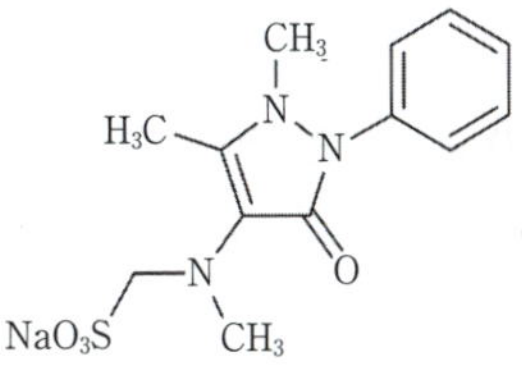 ・H_2O	副生成物のメルブリン 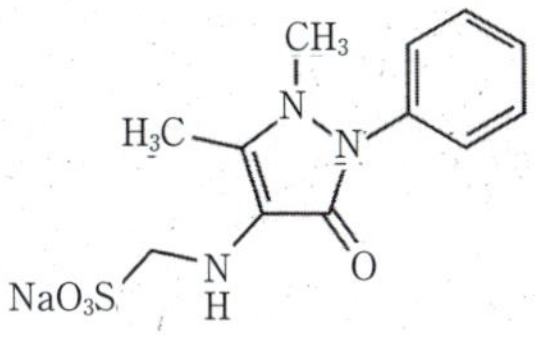	本品 0.10 g に水 2 mL 及び希硫酸 1 mL を加え，漏斗で覆い，穏やかに 15 分間煮沸する．冷後，酢酸ナトリウム三水和物溶液（1 → 2）2 mL 及び水を加えて 5 mL とし，ベンズアルデヒド飽和溶液 5 mL を加えて振り混ぜ，5 分間放置するとき，液は澄明である．（メルブリンが混在すると，硫酸で加水分解により 4-アミノアンチピリンが生成し，その第一アミンにベンズアルデヒドが反応すると黄赤色の色素を生じる．）
ハロタン（吸入麻酔薬） 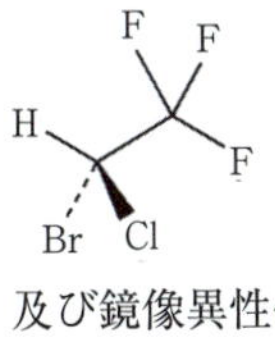 及び鏡像異性体	自動酸化により生成するホスゲン $COCl_2$	本品 50 mL を 300 mL の乾燥した三角フラスコにとり，栓をし，ホスゲン紙を栓から垂直に下げ，下端を液面上 10 mm の高さに保ち，暗所に 20 ～ 24 時間放置するとき，試験紙は黄変しない．

確認問題

次の記述について，正しいものには○，誤っているものには×を付けよ．

1) 純度試験とは医薬品中の混在物の試験であり，混在物の「種類」および「量」が規定されている．（ ）
2) 医薬品の製造過程や保存の間に混在を予想されるもの，または重金属やヒ素などの有害な混在物は純度試験の対象である．（ ）
3) 確認試験と純度試験は同様の化学反応を用いるため試験方法が似ているが，確認試験には混在物の限度が記される．（ ）
4) 重金属試験法は医薬品中に混在する重金属の限度試験であり，重金属の限度を亜鉛（Zn）の量として表す．（ ）
5) アスピリンの混在物として，塩化物，硫酸塩，重金属の限度量が％レベルで規制されている．（ ）
6) ヒ素化合物は猛毒なことから混在が厳重に規制されており，ヒ素試験法では As_2O_3 として％表示される．（ ）

解 答

1) （○）
2) （○）
3) （×） 限度が記されるのは純度試験である．
4) （×） 重金属試験法では重金属の限度を鉛（Pb）の量として表す．
5) （×） 重金属は％ではなくppmレベルで厳しく規制される．例えば，アスピリンでは10 ppm以下．
6) （×） ％ではなく，ppm表示される．猛毒なヒ素化合物はppmレベルで厳しく規制される．

3.5 章末問題

問 1 銅網を用いた炎色反応試験 (2) で緑色の炎を生じるものはどれか.

H N O NH F O

1

CH_3 N SH N

2

H_3C H N N O N S O S NH_2 O

3

H N O OH H Cl N Cl 及び鏡像異性体

4

H CH_3 CO_2H H_3C O

5

問 2 ニンヒドリン試液を加えて加温するとき, 黄色を呈するものはどれか.

H N CO_2H H $\cdot H_2O$ H_2C CO_2H H H CH_3

1

CH_3 H_3C N N O

2

CO_2H H NH_2 HO OH

3

NH_2 H CO_2H Cl 及び鏡像異性体

4

H CO_2H H_2N H

5

問 3　1)，2) の純度試験の記述は，示された反応式によって合成される医薬品の試験法である．反応式の空欄に混在物の構造式，医薬品と混在物の名称を書きなさい．また，考えられる混在物の混入原因を述べなさい．この混在物の試験法の測定原理について簡潔に述べなさい．

1)「本品 2.5 g をエタノール (95) に溶かし 25 mL とし，この 1.0 mL をとり，新たに製した希硫酸アンモニウム鉄 (Ⅲ) 試液 1mL に水を加えてネスラー管中で 50 mL とした液に加え，30 秒間放置するとき，液の色は次の比較液より濃くない.」

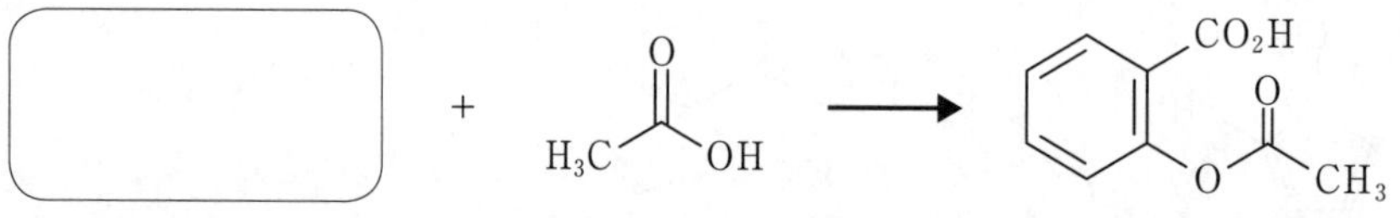

[　　　　] + H_3C–C(=O)–OH → (ベンゼン環：CO_2H, O–C(=O)–CH_3)

混在物　　　　医薬品

名称：＿＿＿＿＿＿　　　　名称：＿＿＿＿＿＿

混在物の混入原因：＿＿＿＿＿＿＿＿＿＿＿＿

測定原理：＿＿＿＿＿＿＿＿＿＿＿＿

2)「本品 0.10 g を水 5 mL に溶かし，水酸化ナトリウム試液 1 mL を加え，氷冷しながらジアゾベンゼンスルホン酸試液 1 mL を加えるとき，液は呈色しない.」

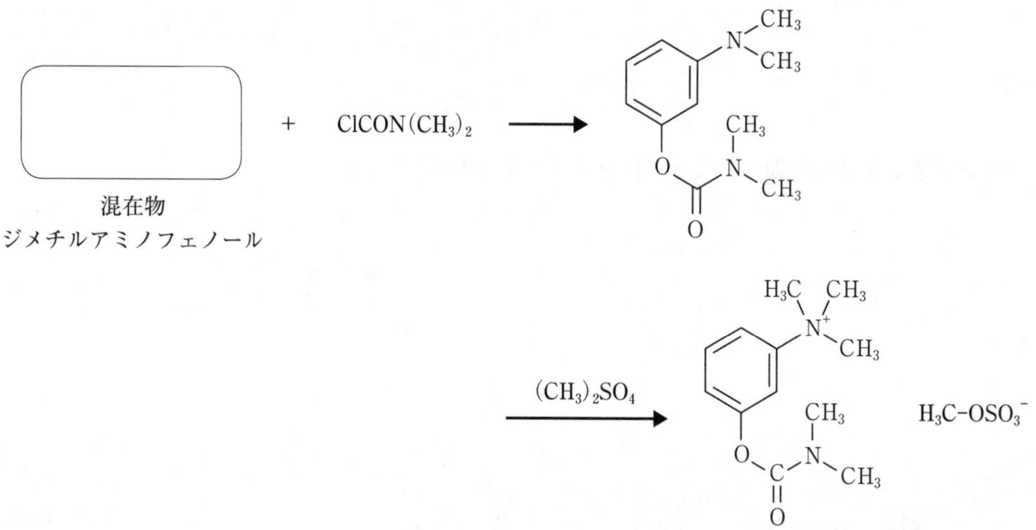

[　　　　] + $ClCON(CH_3)_2$ → (ベンゼン環：$N(CH_3)_2$, O–C(=O)–$N(CH_3)_2$)

混在物
ジメチルアミノフェノール

$\xrightarrow{(CH_3)_2SO_4}$ (ベンゼン環：$N^+(CH_3)_3$, O–C(=O)–$N(CH_3)_2$)　$H_3C{-}OSO_3^-$

医薬品
ネオスチグミンメチル硫酸塩

混在物の混入原因：＿＿＿＿＿＿＿＿＿＿＿＿

測定原理：＿＿＿＿＿＿＿＿＿＿＿＿

問 4　次の記述は，日本薬局方エテンザミドの純度試験に関するものである．

「本品 0.20 g を薄めたエタノール (2 → 3) 15 mL に溶かし，希塩化鉄 (Ⅲ) 試液 2 ～ 3 滴を加えるとき，液は紫色を呈しない.」

1) 下記1～5の化合物の構造式を調べて枠内に書き入れなさい.

2) この試験の対象となる混在物はどれか. 1～5の中から1つ選びなさい.

3) この試験では混在物の何の官能基を調べているのか答えなさい.

4) なぜこの混在物が存在する可能性があるのか理由を述べなさい.

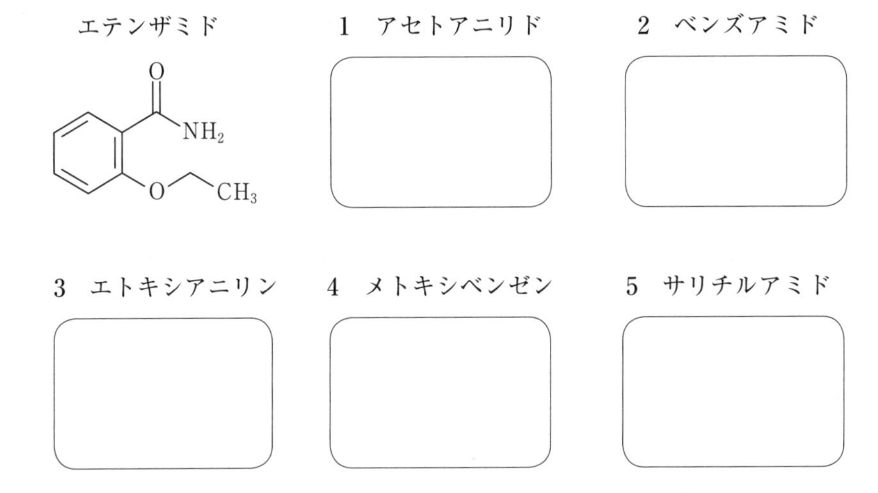

問5 次の記述は, 酸が混在する中性医薬品の純度試験に関するものである. 以下の試験から求められる酸の残存量は, 硫酸に換算して何%以下か. 最も近い値を1つ選べ. ただし, 硫酸の分子量を98.08とする.「本品10.0 gを新たに煮沸して冷却した水100 mLに溶かし, フェノールフタレイン試液3滴及び0.01 mol/L水酸化ナトリウム液1.20 mLを加えるとき, 液の色は赤色である.」

1 0.6　　2 0.3　　3 0.12　　4 0.012　　5 0.006

問6「溶液は赤紫色を呈し, その硫酸酸性溶液に過酸化水素試液を加えるとき, 泡だって脱色する」ことによって確認される化合物はどれか. **1つ**選べ.

1 過マンガン酸塩　　2 臭素酸塩　　3 第一鉄塩

4 第二銅塩　　5 ヨウ化物

(第98回 (2013))

問7 日本薬局方一般試験法の定性反応とその対象物の組合せとして正しいのはどれか. **2つ**選べ.

	対象物	定性反応
1	過マンガン酸塩	本品の硫酸酸性溶液に過量の過酸化水素試液を加えるとき, 泡立って脱色する.
2	塩化物	本品の溶液に硝酸銀試液を加えるとき, 黄色の沈殿を生じる. 沈殿を分取し, この一部に希硝酸を, また, 他の一部に過量のアンモニア試液を追加してもいずれも沈殿は溶けない.
3	チオ硫酸塩	本品に硫酸及びメタノールを混ぜて点火するとき, 緑色の炎をあげて燃える.

4	炭酸塩	本品の冷溶液にフェノールフタレイン試液1滴を加えるとき，液は赤色を呈しないか，または赤色を呈しても極めてうすい．
5	リン酸塩	本品の希硝酸酸性溶液に七モリブデン酸六アンモニウム試液を加えて加温するとき，黄色の沈殿を生じ，水酸化ナトリウム試液又はアンモニア試液を追加するとき，沈殿は溶ける．

第101回（2016）

問8　日本薬局方で確認試験が適用される対象医薬品，使用する試液，確認試験の結果の組合せとして正しいのはどれか．**2つ**選べ．

	対象医薬品	試液	結果
1	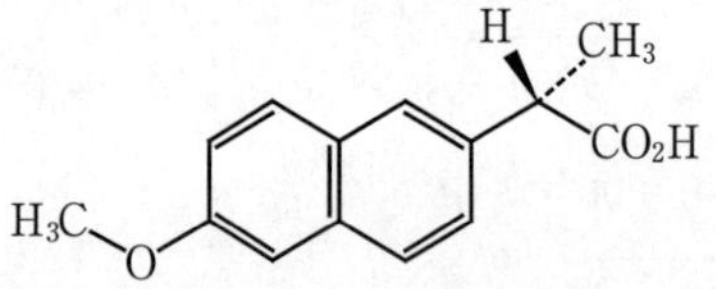 H, CH_3, CO_2H, H_3C, O	ヒドロキシルアミン過塩素酸塩・エタノール試液 *N,N'*-ジシクロヘキシルカルボジイミド・エタノール試液 過塩素酸鉄（Ⅲ）・エタノール試液	赤紫色を呈する
2	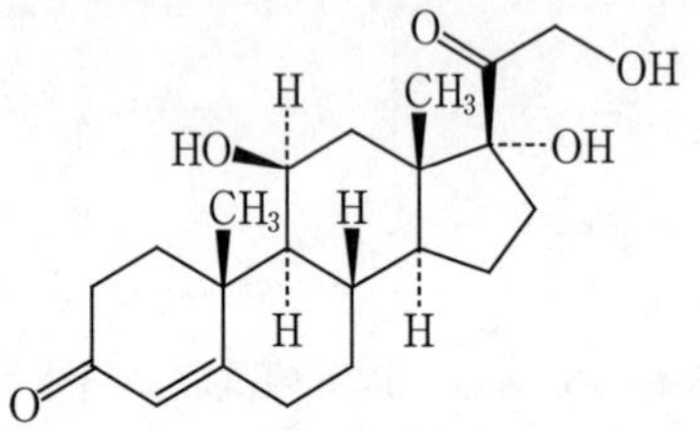 O, OH, H, CH_3, HO, OH, CH_3, H, H, H, O	フェーリング試液	赤色の沈殿を生じる
3	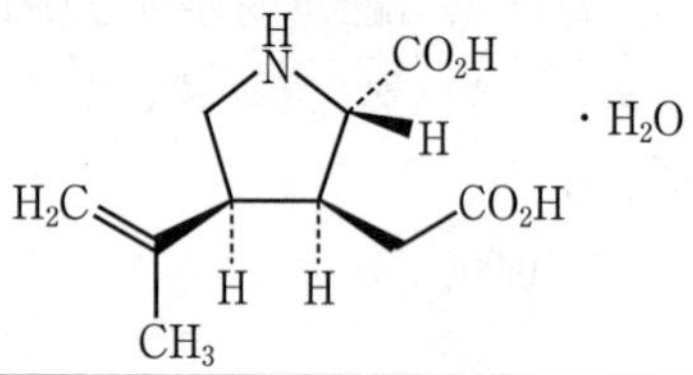 H, N, CO_2H, H, $\cdot H_2O$, H_2C, CO_2H, H, H, CH_3	ニンヒドリン試液	緑色を呈する
4	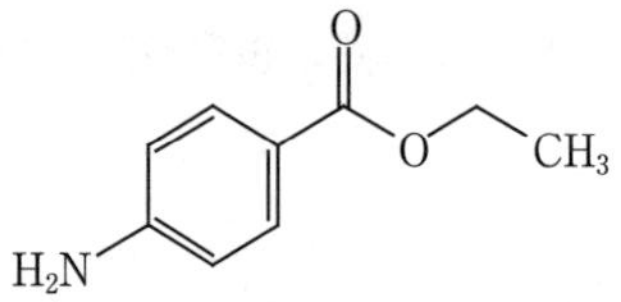 O, O, CH_3, H_2N	4-アミノアンチピリン試液	赤色を呈する
5	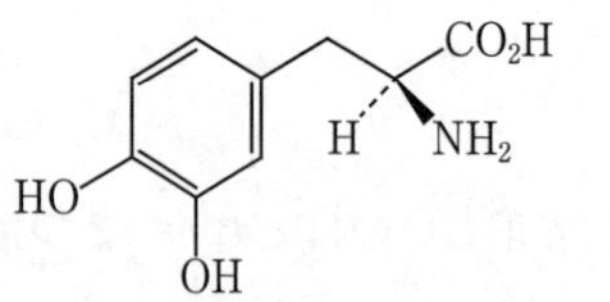 CO_2H, H, NH_2, HO, OH	亜硝酸ナトリウム試液 アミド硫酸アンモニウム試液 *N,N*-ジエチル-*N'*-1-ナフチルエチレンジアミンシュウ酸塩試液	青色を呈する

第103回（2018）問98

第 4 章

化学物質の定量と解析

4.1 定量分析の基礎

分析には様々な目的あるいはニーズがあり，それに適した分析法を選択して対応しなければならない．例えば医療現場で患者が薬物中毒らしき症状で運び込まれたとする．まずはその量ではなく，何が原因なのかを早急に，できれば簡便な方法で判断したい．患者から採取された試料には何が存在するのか，**定性分析**を行う．第3章で学習した定性反応の知識が役立つ．一方，対象の薬物がわかっているのであればその量がどのくらいなのか，明らかにしなくてはならない．このほか投与された医薬品の血中や尿中濃度の測定，モニタリング，環境中の汚染物質の測定など，いずれも量を測る**定量分析**を行う．

定性分析
qualitative analysis

定量分析
quantitative analysis

定量分析では，医薬品の品質管理を目的とした原薬や製剤の分析のように，試料量が十分にあり，溶解やろ過等の操作により分析に供せるものから，複雑な成分，例えば血液（臨床分析）や土壌（環境分析）など，試料そのままでは分析困難なものまで様々なものが対象となる．後者では一般的に前処理が必要となる．目的成分を効率的に抽出し，多くの場合，存在量が極めて低いので濃縮操作も必要である．

臨床分析
clinical analysis
環境分析
environmental analysis

また，単に試験法を作って測定したとしてもその測定結果は意味を持たない．なぜか，それは用いた試験法が正しく目的成分を評価できるかの検証がないからである．これを行うのが分析法バリデーションであり，分析データを適切に取り扱うことが大切となる．以下，定量分析の基礎として，用いられている原理と様々な手法，得られた測定データの取扱いについて述べる．

分析法バリデーション
4.5 分析法バリデーション参照

4.1.1 定量分析の原理

量を測る分析法には，代表的なものとして滴定法と分析機器を用いる測定法があ

滴定法
titration

る．滴定法は第2章で学習した酸塩基平衡，キレート平衡など，様々な化学平衡（化学反応）を利用する定量法で，化学反応が定量的（99.9％以上右に）に起これば，反応に関係する物質，あるいは生成する物質の定量が可能となる．この原理に基づく定量法では標準物質を必要としない．医薬品では，多くの原薬の定量法に滴定法が採用され，指示薬あるいは電気的手法により，定量的に反応が起こった時点（終点）を検出している．

機器分析法
instrumental analysis
標準物質
reference material
日局・一般試験法9に約400種類の標準品が収載．また，参考情報「G9標準品関連」に詳細な記述がある．
検量線
calibration curve

また，吸光度や発光強度など，その物質の量（濃度）に比例することが知られている物理的，あるいは物理化学的な諸性質を用いても定量分析を行える．これらは分析機器を用いて行う（機器分析法）が，この場合は標準物質を必要とし，通常，検量線を作成して定量を行う．医薬品では，製剤中の主薬の分析に液体クロマトグラフィー（HPLC）が広く採用されているが，ここでは得られたピーク面積が量（濃度）と比例関係にあることを用いて定量を行う．なお，検量線を用いる定量法には，絶対検量線法，内標準法，標準添加法があるがHPLC法も含めて，「よくわかる薬学機器分析」で学習する．

4.1.2 定量分析の種類

定量分析は用いる方法の違いから，化学的分析法，物理的分析法および生物学的分析法に分類することができる．

A 化学的分析法

主として溶液中の化学反応を用いて行う定量法で，重量分析法，容量分析法，ガス分析法などがある．これらのなかでは容量分析法，すなわち滴定法が最も広く用いられている．

重量分析法
gravimetric analysis

天秤
balance

1）重量分析法

重量分析法は，定量したい目的成分を揮発，抽出，沈殿，昇華といった操作により分離し，その質量を天秤により計測して定量する方法である．精度のよい機器である天秤を用いるため測定精度はよいが，操作が煩雑であり，時間を要する．そのため日本薬局方で定量法に採用されているのは数品目に限られる（4.2 日本薬局方収載の重量分析法で詳述）．

容量分析法
volumetric analysis

2）容量分析法

容量分析法は，濃度未知の試料溶液に濃度既知の標準液を加え，反応が終了するのに要した標準液の体積（容量）から定量する方法である．いわゆる滴定分析であり，代表的なものとして中和滴定，非水滴定，キレート滴定，沈殿滴定，酸化還元滴定がある．標準品を必要とせず，簡単な器具で精度よく定量ができるため，原薬の定量法として広く採用されている．それぞれの滴定法については，第5章で詳しく学習する（4.3　日本薬局方収載の容量分析を参照）．

3）ガス分析法

ガス分析法
gas analysis

ガス分析法は，測定対象のガス試料を溶液に吸収させてその減量を測定，あるいはガス試料を燃焼させて容積の変化を測定して定量を行う．日本薬局方では二酸化炭素及び酸素の定量法に採用されている程度で，あまり用いられていない．

B　物理的分析法

物理的分析法は，物質の物理的あるいは物理化学的特性を利用して行う分析法である．分析機器を用いて行う**機器分析法**に代表される．特に HPLC 法や電気泳動法といった選択性の優れた分離分析法は，製剤やバイオ医薬品中の有効成分の定量法に汎用されている．一般的に自動分析が可能であり，分析での試料消費量が少なくて済む．原薬の定量法としても，滴定法に代わって類縁物質等の不純物との分離性に優れた HPLC 法が採用される傾向にある（詳しくは，「よくわかる薬学機器分析」参照）．

C　生物学的分析法

生物学的定量法とは，ホルモン，ビタミン，アミノ酸といった生物活性物質を用いて，その生物活性を指標とする定量法である．**バイオアッセイ**とも呼ばれ，測定には動物や生物材料が用いられる．広い意味で酵素や抗体を用いる分析法も含む．日本薬局方では，動物愛護の観点等から動物個体を用いる定量法は，機器分析法による定量法に変更される傾向にある．日本薬局方では，雌シロネズミを用いるヒト絨毛性性腺刺激ホルモンの定量法などに限られている（4.4　日本薬局方収載の生物学的定量法で詳述）．

バイオアッセイ
bioassay

4.1.3　分析データの取扱いと統計手法の適用

定量分析で得られる測定値には**誤差**が含まれている．そのため一般的には繰り返し分析が行われ，得られた複数個の測定値につき，統計学的な処理を行い，評価と考察を行って報告書を作成する．

誤差
error

A　有効数字とその計算

有効数字
significant figure

1）有効数字

実験より得られるデータ（数値）には誤差が含まれ，どの桁まで測定するか考えなくてはならない．この場合，考慮するのが**有効数字**である．有効数字とは確実な，保証できる数字（桁数）とさらに一桁下の不確実な誤差を含む数字（桁）を加えたものをいう．データはこの有効数字まで測定する．容量分析での試料の秤量とビュレット（5.1.4 滴定に用いる量器を参照，最小目盛が 0.1 mL）の滴定数について考えてみる．原薬の定量で，試験法に「約 0.5 g を精密に測り…」とあるとする．まず，「精密に測り」とあるので4桁のデジタル表示の電子天秤を用いて，0.5014 g の値を得たとする．この数値では 0.501 まで確実で，最後の1桁は誤差を含む．この場合，有効数字は4桁となる．ビュレットの測定では最小目盛りの 1/10 まで目測するので，滴定数が 24.83 mL となったとする．この場合も 24.8 まで確実で最後の桁は誤差を含み，有効数字は4桁となる．

なお，上記のような測定値を表記する際には，有効数字がはっきりと分かるようにする．例えば測定値が 24300 であれば，下2桁のゼロが有効数字なのか明瞭でない．この場合，3までが有効であるなら 2.43×10^4 と表示して，ゼロが有効数字ではないことを明らかにする．また，0.00352 であれば位取りを示すだけのゼロを除いて，有効数字3桁であることをはっきりとわかるよう 3.52×10^{-3} と表記する．

2）数値の整理（丸め方）

数字を丸める
round a number
四捨五入
rounding

測定値を用いて計算を行い，多くの桁数をもつ数値が得られたときは，有効数字を考慮して数値を整理する．この操作を“**数値を丸める**”という．具体的には有効数字の次の桁を四捨五入して有効数位の桁にあわせる．計算機を用いる場合は一連の計算の最後に丸める操作を1回行うのが原則である．日本薬局方では，通則 25 に「医薬品の試験において，n 桁の数値を得るには，通例，$(n+1)$ 桁まで数値を求めた後，$(n+1)$ 桁目の数値を四捨五入する」と規定されている．一般には計算の各過程では有効数字よりも1桁以上多くとって計算を行い，最後に四捨五入により有効数字の桁数とする．

3）計算での有効数字の取扱い

測定値を用いて計算する場合の有効数字の取扱いについて，① 加減算，② 乗除算での例を示す．計算機を用いる場合は一連の計算をそのまま行い，最後に丸める操作を1回行う．

① 加減算

計算に用いる測定値（数値）のうち，少数点以下の桁数が最も少ない数値に計算結果の桁数を合わせる．

例題）1.1 + 1.33 + 1.234 の計算を，有効数字を考慮して求めなさい．

（答）計算結果は 3.664 となるが，1.1 の小数点以下 1 桁の位は誤差を含んでおり，この計算の場合は，有効数字の桁数は 1.1 が支配し，3.664 の小数点以下 2 桁目を四捨五入して 3.7 とする．

② 乗除算

計算に用いる測定値（数値）のうち，最も桁数が少ない数値に計算結果の桁数を合わせる．

例題）1.21 × 6.395 の計算を，有効数字を考慮して求めなさい．

（答）計算結果は 7.73795　となるが，この計算における有効数字の桁数は 1.21 が支配し，有効数字の桁数は 3 桁となる．この場合は，7.73795 の少数点以下 3 桁目を四捨五入して，有効数字の桁数が 3 桁となる 7.74 とする．

B　誤　差

測定値は誤差を含んでおり，真の値とは異なる．この差を**誤差**という．真の値とは，通例，**標準物質**あるいは**認証標準物質**の特性値あるいは認証値を用いる．誤差を生じる要因は様々であるが，要因によって**系統誤差**と**偶然誤差**とに分類される．

標準物質
reference materials
認証標準物質
certified reference materials
系統誤差
systematic error
偶然誤差
random error
器差
instrumental error
方法誤差
methodic error
操作誤差
operative error
個人誤差
personal error

1）系統誤差

系統誤差とは，繰り返して測定する時に一定の方向（正あるいは負）に生じる誤差のことであり，原因が究明できる誤差である．これに分類されるものとしては，測定機器の不正確さに由来する誤差（**器差**），分析法自体に原因がある誤差（**方法誤差**），分析操作の未熟さに由来する誤差（**操作誤差**），測定者の癖などにより起こる誤差（**個人誤差**）などがある．系統誤差は対応により軽減することができる．

2）偶然誤差

偶然誤差とは，明らかな原因が存在せず，同じ試料を繰り返して分析しても，一定の傾向を示さない誤差のことをいう．測定値には必ずこの誤差が含まれ，ばらつきともよばれる．この誤差のみの場合は，測定値は真の値を中心にばらつく（正規分布をとる）と考えられ，測定を繰り返して行い，測定値の平均を用いることでその影響を小さくすることができる．

3）誤差の表し方

絶対誤差
absolute error
相対誤差
relative error

誤差の表示法として，**絶対誤差**と**相対誤差**がある．前者は，測定値と真の値との差を，後者はこの絶対誤差の真の値に対する割合（%）をいう．

$$絶対誤差 = |測定値 - 真の値|$$

$$相対誤差(\%) = \frac{絶対誤差}{真の値} \times 100$$

C 測定値と母集団

上記のように測定値は誤差を含むため，真の値を得ることはできない．そこで通常，誤差の影響を小さくし，真の値に近い測定値を得るために繰り返し測定が行われる．また，得られた複数の測定値から統計学的手法により，真の値（の存在範囲）を推定することが行われる．真の値を求めることが究極の分析であるが，試料のすべて（これを母集団），また，無限回 N の測定を行うことは一般的ではなく，サンプリングを行って測定を行い，統計学な考えに基づいて測定値を扱う．以下に基本的な事項について述べる．

母集団
population
正規分布
normal distribution
Gauss 分布の図

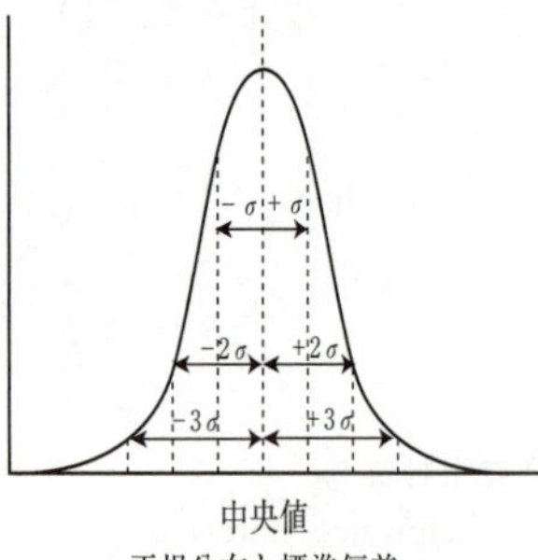

中央値
正規分布と標準偏差

同一の試料につき，ある試験法に従って測定を無限回 N 行って得られる測定値の集まりを**母集団**という．この測定値を横軸に，その頻度を縦軸にプロットすると，その分布は**正規分布**（ガウス分布）となることが知られている．この母集団の分布の広がり（ばらつき）を示す値を**母標準偏差**（σ）という．ここで分布の中心 μ は母集団の平均値（**母平均**）であり，σ^2 を**分散**（母分散）という．正規分布曲線では，$\mu \pm \sigma$ の範囲に測定値の 68.3% が，$\mu \pm 2\sigma$ 範囲に測定値の 95.4% が，$\mu \pm 3\sigma$ 範囲に測定値の 99.7% が存在する．

$$\sigma = \sqrt{\frac{\Sigma(x_i - \mu)^2}{N}}$$

母標準偏差
population standard deviation
母平均
population mean
分散
variance
標本
sample
標本平均
sample mean
標本標本偏差
sample standard deviation
不偏分散
unbiased variance
相対標準偏差
relative standard deviation（RSD）
変動係数
coefficient of variation（CV）

実際の実験では，測定値は有限個（回）となるため，統計量を求めるには，まず母集団から無作為に n 個の**標本**を取り出した（サンプリング）と考え，その平均値（**標本平均**）$\bar{x}$ を母平均 μ の代わりに用いる．そして，母集団の標準偏差の推定値（**標本標準偏差**）s を求める．なお，s^2 は**不偏分散**（V）という．

$$\bar{x} = \frac{\Sigma x_i}{n}$$

$$s = \sqrt{\frac{\Sigma(x_i - \bar{x})^2}{n-1}}$$

また，s の平均値 $\bar{x}$ に対する割合（%）は，**相対標準偏差**（**RSD**）または**変動係数**（**CV**）といい，測定値のばらつきの程度の相対的な大きさを示す指標となる．

$$相対標準偏差(\%) = \frac{s}{\bar{x}} \times 100$$

D　信頼区間の推定

実際の測定で得られた測定値（標本）の平均値 $\bar{x}$ は，母集団の平均値 μ と一致するとは限らない．そこで，標本の平均値 $\bar{x}$ および標準偏差 s から，以下の式を用いて，ある確率（通常95% あるいは99% 信頼水準）で母平均が存在する範囲（**信頼区間**）を推定することが行われる．95% 信頼区間とは，100 回測定すれば95 回は μ はこの範囲に入ることを示す．t は，t 分布表（表4.1）から求める．$n = 6$ 回の繰り返し測定を行い，95% 信頼水準で母平均を推定する場合，以下の式で $n = 6$，t を 2.571（自由度 $n - 1 = 5$）として信頼区間を求める．

信頼区間
confidence interval

t 分布
正規分布を仮定した少数データの統計解析に用いられる．平均値が0，分散1の正規分布を標準正規分布という．データ数が多くなるに従って t 分布は標準正規分布に近づく．

$$\bar{x} - t \times \frac{s}{\sqrt{n}} < \mu < \bar{x} + t \times \frac{s}{\sqrt{n}}$$

表 4.1　t 分布表（95% 信頼水準）

自由度（$n-1$）	t 値
2	4.303
3	3.182
4	2.776
5	2.571
6	2.447
7	2.365
8	2.306
9	2.262

（n：測定回数）

試験法に従って測定値を得た場合は，繰り返し測定回数，その平均値 $\bar{x}$，標準偏差 s，および相対標準偏差（RSD）あるいは変動係数（CV），また，これらから求められる母平均の95%信頼区間などを計算して，分析結果として報告書にまとめる．

例題）ある錠剤中の有効成分の含量を6回繰り返して測定し，以下の結果を得た．
平均値，標準偏差，母平均の95% 信頼区間を求めなさい．
$n = 6$：　100.3%，102.1%，98.9%，101.5%，99.0%，100.9%

（答）

① 平均値（%）：$\bar{x} = (100.3 + 102.1 + 98.9 + 101.5 + 99.0 + 100.9) / 6 = 100.5\%$

② 標準偏差（%）：$s = ((100.3 - 100.5)^2 + (102.1 - 100.5)^2 + (98.9 - 100.5)^2$
$+ (101.5 - 100.5)^2 + (99.0 - 100.5)^2 + (100.9 - 100.5)^2) / (6 - 1)^{1/2}$
$= 1.30919\cdots \fallingdotseq 1.31\%$

③ 母平均の 95% 信頼区間：　　99.1%〜101.9%

$$\bar{x} - t \times \frac{s}{\sqrt{n}} = 100.5 - 2.571 \times \frac{1.31}{\sqrt{6}} = 99.12\cdots$$

$$\bar{x} - t \times \frac{s}{\sqrt{n}} = 100.5 + 2.571 \times \frac{1.31}{\sqrt{6}} = 101.87\cdots$$

信頼区間が 100%を挟んでおり，この製剤はラベル表示通りの含量を含んでいるものと判断された．

なお，既に後述の分析法バリデーションが取得済みである試験法を用いる場合，例えば医薬品の出荷判定における試験では，試験法はバリデートされており，1 回の測定を行うのが通例である．

また，試験法を変更する場合など，同じ試料に対して新旧の測定法で測定を行い，2 組のデータを取得し，これらの間に差がないことを判定することが行われる．この場合は 2 つのデータが正規分布しているか，これらの母分散 σ^2 が等しいかにより検定に用いる統計手法が異なる．詳細は専門書を参考にされたい．

4.1.4　かけ離れた測定値（異常値）の棄却

棄却検定
rejection test

繰り返し測定を行って得られたデータのなかに，他の値と著しくかけ離れた値（異常値）がある場合，採用するか棄却してよいかの検定（棄却検定）を行うことがある．なお，検定に基づいて測定値（異常値）を棄却する場合は，原因について十分に考察を行う．**一般的には測定値は安易に棄却できない**．

1）平均誤差による方法

残差
residual
平均残差

測定値が 4 〜 8 個で異常値が 1 個のときに適用できる手法である．異常値を除いたデータから測定値の平均を求め，その平均値と各測定値との差（残差）の絶対値について平均値（平均残差）を求める．異常値と平均値の差が平均残差の 4 倍を超える場合，異常値を棄却してよい．

2）標準偏差による方法

$\mu \pm 3\sigma$ 範囲に測定値の 99.7% が存在する．全測定値の平均値から，標準偏差の 3 倍以上外れた疑わしい測定値は棄却してよい．

3）Q 検定

Q 検定では，Q_0 = ｜異常値 − 最近接値｜/(最大値 − 最小値) で Q_0 値を求め，測定数（n）と有意水準（α = 0.1, 0.05, 0.01）からなる Q 検定の臨界値の値と比較する．Q_0 が対応する表の臨界値と等しいか大きい場合，異常値を棄却する．表 4.2 に有意水準 0.05 における Q の臨界値を示す．

表 4.2　Q 検定の臨界値（$\alpha = 0.05$）

データ数	Q の臨界値
3	0.970
4	0.829
5	0.710
6	0.625
7	0.568
8	0.526
9	0.493
10	0.466

確認問題

次の記述について，正しいものには○，誤っているものには×を付けよ．

1）容量分析法には，中和滴定，キレート滴定，沈殿滴定，電気分析などの方法がある．（　）

2）測定値 1.23 と 45.67 の積は，有効数字を考慮して 56.17 となる．（　）

3）95％の確率で母平均が存在する範囲を 95％信頼区間という．（　）

4）母平均を μ，母標準偏差を σ とした場合，$\mu \pm 2\sigma$ の範囲に測定値の 99.7％が存在する．（　）

5）相対標準偏差（RSD）は，変動係数（CV）ともいわれる．（　）

解　答

1）（×）電気分析は該当しない．

2）（×）有効数字の桁数は 3 桁となるため，56.2 となる．

3）（○）

4）（×）$\mu \pm 2\sigma$ の範囲には，測定値の 95.4％が存在する．

5）（○）

4.2 日本薬局方収載の重量分析法

重量分析法
gravimetric analysis

揮発重量法
volatilization gravimetry
沈殿重量法
precipitation gravimetry
抽出重量法
extraction gravimetry
質量分析法
mass spectrometry

重量分析法とは，試料中の目的成分を揮発，抽出，沈殿，昇華などの方法を用いて分離し，その**質量を計測**して定量する方法である．純粋な単体として分離できない場合は，一定の量的な関係にある安定な物質に変化させてから計測する．また，場合によっては目的成分を揮発させ，その前後の秤量値（減量）から間接的に計測する．日局収載の重量分析法は，分離法の違いにより，**揮発重量法**，**沈殿重量法**，**抽出重量法**などに分類される．なお，日局では用語として「重量」の代わりに「質量」を用いることになっているが，**質量分析法**との混同を避けるため，従来の呼称がそのまま使用されている．

古典的な手法であるが，操作が簡便でかつ天秤という精度のよい機器を用いるので，重量分析法では精密な定量が可能である．ただ，前処理等に若干の熟練が必要なものもあり，自動化された機器分析法が主流となっている現在では，限られた試料や目的のために利用されている．

乾燥減量試験法
loss on drying test
強熱減量試験法
loss on ignition test
強熱残分試験法
residue on ignition test

日局では，上記の揮発重量法，沈殿重量法，抽出重量法といった名称ではなく，具体的なものとして，一般試験法の2. 物理的試験法のところに，**乾燥減量試験法**，**強熱減量試験法**および**強熱残分試験法**が収載されている．これらの中で，乾燥減量試験法と強熱残分試験法は，日局収載品目（各条という）が原薬である場合，揮発性不純物あるいは無機性不純物の評価法として必ずといってよいほど採用されている品質評価のための試験項目で，極めて重要な試験法である．詳細は後述する．

4.2.1 天秤と恒量

化学はかり chemical balance

電子天秤 electronic balance

質量（重量）を測定することを秤量といい，測定には，**化学はかり**（化学天秤）を用いる．現在はもっぱらデジタル表示（直示）される**電子天秤**が用いられている．また，内蔵された標準分銅により，自動校正できるものがポピュラーとなっており，精度のよい機器の1つである．天秤は精密機器であるので，風，静電気，湿度等の様々な要因によって影響される．そのため天秤を設置する場所は，一般的な化学実験室とは別室にし，除震台の上に設置しているラボが多い．小数点以下2桁グラムの上皿タイプ，4桁，あるいは5桁の電子天秤で対応できる分析法が大多数であるが，貴重な標準物質を用いての定量分析の場合などは，小数点以下6桁まで測定できる電子天秤を用いる．

恒量 constant weight

重量分析法での操作では，測定対象の秤量に際して，十分に乾燥，あるいは強熱の操作が行われ，一定とみなせる状態となっていることが必要である．これを**恒量**

という．日局ではこの規定が**通則 36** にあり，“乾燥又は強熱するとき，恒量とは別に規定するもののほか，引き続き更に 1 時間乾燥又は強熱するとき，前後の秤量差が前回に量った乾燥物又は強熱した残留物の質量の **0.10%以下**であることを示し，生薬においては 0.25％以下とする．ただし，秤量差が，化学はかり（質量を 0.1 mg まで読み取れる天秤）を用いたとき 0.5 mg 以下，セミミクロ化学はかり（同じく 10 μg まで）を用いたとき 50 μg 以下，ミクロ化学はかり（同じく 1 μg まで）を用いたとき 5 μg 以下の場合は，恒量とみなす”とある．

4.2.2　揮発重量法

揮発重量法とは，試料を精密に量った後，乾燥あるいは強熱し，前後の質量差から揮発量を計測する（減量法）か，揮発した物質を他の物質に吸収させてその増加量から揮発量を計測する（吸収法），重量分析法である．前者では，日本薬局方の一般試験法に，乾燥減量試験法，強熱減量試験法および強熱残分試験法の 3 種類が収載されている．一方，後者は有機化合物の元素分析法として，炭素や水素の分析に用いられている．図 4.1 に揮発重量法の分析手順の流れを示す．なお，定量法として揮発重量法を用いたものは少なく日局 17 での適用は，ケイ酸マグネシウム，軽質無水ケイ酸など数品目に限られており，二酸化ケイ素（SiO_2）の定量に用いられている．

以下，日局に収載されている上記 3 つの一般試験法について詳述する．

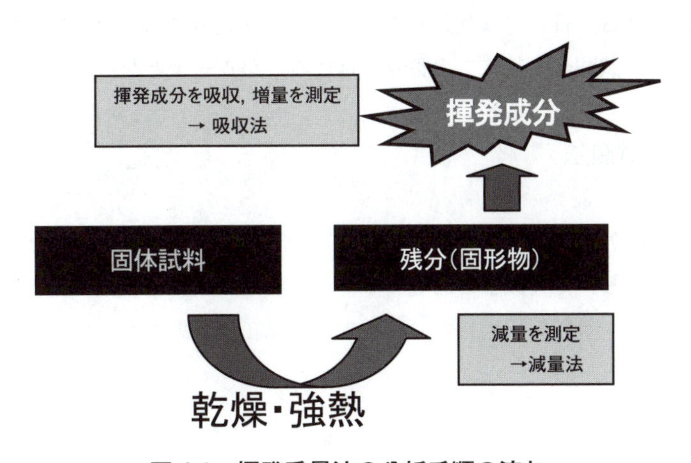

図 4.1　揮発重量法の分析手順の流れ

A　乾燥減量試験法

乾燥減量試験法は，原薬に混在する揮発性不純物，具体的には付着や吸湿した水，合成過程で残留した溶媒類を対象とし，これらを規制する簡便かつ有効な純度試験

はかり瓶 weighing bottle

法として，汎用されている．試験法の呼称のとおり，まず，試料を精密にはかり瓶（秤量瓶）に量り，規定された方法で乾燥し，乾燥後の質量を計測する．減量分が揮発性不純物ということになる．乾燥機器と天秤があれば実施できる．通常，0.5～2.0%以下の規格値が設定されているものが多い．

日局の医薬品各条では，試験項目としての記載例は，次のようになっている．

例1）　乾燥減量 <*2.41*> 1.0%以下（1 g，105℃，4時間）

例2）　乾燥減量 <*2.41*> 0.5%以下（1 g，減圧，酸化リン(V)，3時間）

例1は，試料約1 gをはかり瓶に精密に量り，恒温槽等を用いて105℃で4時間乾燥するとき，その減量が本品1 gにつき，10 mg以下であることを示す．約1 gを精密に量るとは，日局では指定の質量の±10%の範囲を必要なけた数まで，ここでは10 mgが量れる天秤を用いて量ることを意味する．具体的には，0.900 g～1.100 gの範囲の試料を量り取ればよいわけだが，通常は中央値である1 g近くをさらに1けた下まで量って試験を行うことが多い．例2は，試料約1 gをはかり瓶に精密に量り，酸化リン(V)を乾燥剤としたデシケータ中で3時間減圧乾燥するとき，その減量が1 gにつき，5 mg以下であることを示す．

試料には付着水や結晶水などさまざまな形態の水が含まれるが，105℃で加熱することにより多くは除かれ，例1のような条件が用いられる．一方，熱に対して不安定な物質の場合は例2のような減圧による方法が適用される．また，試験法の後に付した <*2.41*> の番号は，日局一般試験法では決められた番号で，番号のみで試験法が規定される．日局に収載されている品目の試験項目に一般試験法を採用した場合には必ず，試験法の後にこの番号を付けるのがルールとなっている．

B　強熱減量試験法

試料を医薬品各条に規定する量，精密にるつぼ等に量り，規定された条件で恒量になるまで強熱し，その減量を測定するのが強熱減量試験法である．この試験法は，強熱することで試料の構成成分の一部あるいは混在物を失うような無機性医薬品に適用される．

C　強熱残分試験法

強熱残分試験法では，試料を硫酸の存在下，600±50℃で強熱して灰化させ，揮発せずに残留する物質の量を測定する．この試験法は，有機物中に不純物として含まれる無機物の含量を規制するために用いられる．簡便な試験法でありながら，無機性不純物を評価できるため，日局17収載の一般的な有機合成医薬品（原薬）では，ほとんどの品目の規格項目に採用されている．

日局の医薬品各条では，試験項目としての記載は，次のようになっている．

例）　強熱残分 <*2.44*> 0.1％以下（1 g）

まず，あらかじめ，適切な**るつぼ**（シリカ製，白金製，石英製または磁製）を600±50℃で30分間強熱し，デシケータ（シリカゲルまたは他の適切な乾燥剤）中で放冷し，その質量を精密に量る．このるつぼに1 gの±10％の範囲を必要なけた数まで量りこみ，強熱する．試験操作法の詳細は，日局の一般試験法・強熱残分試験法に従って行う．規格は，1 gの試料を強熱した場合の無機性の残分が1 mg以下であることを示す．ほとんどの原薬の場合，無機性不純物の混在はごく微量であり，最初のるつぼの空焼きをしっかり行い，恒量としておくことが試験実施のミソとなる．規格としては，0.1％以下がよく採用されている．また，この残分は無機元素測定用の試料としても利用できる．

るつぼ crucible

別に日局一般試験法の5. 生薬試験法には，生薬を対象とした**灰分**または**酸不溶性灰分**の試験項目があり，生薬の品質管理の評価項目として規定されている．

灰分 total ash
酸不溶性灰分 acid-insoluble ash

4.2.3　沈殿重量法

沈殿剤を加えて目的物質を定量的に沈殿，分離させて，これを乾燥後，質量を測定する方法を**沈殿重量法**という．本試験法では，まず，目的物質を難溶性の化合物として沈殿させる．これを**沈殿形**という．沈殿形は，定量的に生成し（溶解度積が小さい），純粋で簡単にろ別，洗浄ができることが大切である．この沈殿の組成が一定で安定であればよいが，そうでない場合は，さらに秤量に適した形に変換する．これを**秤量形**という．秤量形にするには，多くの場合，沈殿形を高温で加熱する．日局17では，定量を目的とした沈殿重量法は，「イオウ」，「硫酸カリウム」などの数品目に採用されている．硫酸カリウムでは，塩化バリウム（沈殿剤）を用いて，硫酸バリウム（沈殿形）として沈殿させる．この沈殿をろ取後，乾燥させ，恒量になるまで強熱して，硫酸バリウム（秤量形）の質量を測定する．

沈殿形 precipitation form

秤量形 weighing form

以下，日局「硫酸カリウム」の試験法を見てみよう．このような無機化合物が日本薬局方に収載されていることを意外に思うかもしれないが，本品は，塩類下剤（瀉下薬）であり，製剤の添加物としても用いられる医薬品である．

（日局抜粋）

硫酸カリウム

potassium sulfate

K_2SO_4：174.26

乾燥減量 <*2.41*> 1.0%以下（1 g，110℃，4時間）

定量法　本品を乾燥し，その約0.5 gを精密に量り，水200 mL及び塩酸1.0 mLを加えて煮沸し，熱塩化バリウム試液8 mLを徐々に加える．この混液を水浴上で1時間加熱した後，沈殿をろ取し，洗液に硝酸銀試液を加えても混濁しなくなるまで水で洗い，乾燥し，徐々に温度を上げ500～600℃で恒量になるまで強熱し，質量を量り，硫酸バリウム（$BaSO_4$：233.39）の量とする．

硫酸カリウム（K_2SO_4）の量（mg）＝硫酸バリウム（$BaSO_4$）の量（mg）×0.747

まず，試料を乾燥減量にある条件で乾燥し（通常は，乾燥減量試験に供した試料1 gを使用），0.5 gの±10%の範囲（でもできるだけ0.5 g近く）で，電子天秤を用いて小数点以下4けたあるいは5けたまで質量を量る．塩酸酸性としているのは，酸性が弱いと加水分解しやすい金属が沈殿中に混入する可能性があるためで，逆に酸性が強い（水素イオン濃度が高い）と，沈殿した硫酸バリウムの溶解度に影響するため，試験法規定の濃度（約0.05 mol/L）が適当な濃度となる．硫酸バリウムの沈殿が混在する水溶液を加熱するのは，できるだけ沈殿を大きくして，洗浄，ろ過しやすくするための操作である．また，計算式の係数0.747は，沈殿した硫酸バリウムを対応する硫酸カリウムに換算（K_2SO_4：174.26/$BaSO_4$：233.39）するためのものである．

$$K_2SO_4 \xrightarrow{BaCl_2\text{試液}} BaSO_4 \downarrow \text{（沈殿）}$$

硫酸カリウムの場合は，沈殿形と秤量形が同じであるが，沈殿形が金属の水酸化物，リン酸塩，シュウ酸塩である場合は，一般的に，それぞれ酸化物，ピロリン酸塩，炭酸塩が秤量形となる．また，沈殿を用いる分析法は，沈殿重量法のほかに，容量分析（沈殿滴定）や無機イオンの定性分析に広く用いられている．

4.2.4　抽出重量法

適当な溶媒を用いて目的成分を抽出後，溶媒を留去し，乾燥させて残留物（抽出物）の質量を測定するのが，**抽出重量法**である．単純な測定法であるが特異性に劣るために定量法としては，あまり採用されていない．日局17では，注射用フェニトインナトリウムとフルオレセインナトリウム，またカリ石ケン中の脂肪酸など，数品目に用いられているのみである．

一方，生薬を対象としたエキスの量を定量する方法として抽出重量法は汎用されている．日局一般試験法の5．生薬試験法には，**エキス含量**の試験項目があり，希エタノールエキス定量法，水性エキス定量法，エーテルエキス定量法が，生薬の品質管理の評価項目として規定されている．

エキス含量 extract content

4.2.5　機器分析法の適用

上記の重量分析法のうち，乾燥減量試験と強熱残分試験とは，揮発性不純物と無機性不純物を簡便に規制できるので，原薬の品質試験項目として，ほとんどの品目で規定されている．さらに詳細に検討を行う場合は，乾燥減量試験法を自動化したといえる機器分析法として**熱分析法**（熱重量測定法）がある．揮発成分のほかに結晶形の評価などに有効である．ある特定の溶媒を規制する必要がある場合は，選択性に優れた機器分析法であるガスクロマトグラフィーなどを用いる**残留溶媒試験法**が適用される．

また，日局16第一追補で，**誘導結合プラズマ発光分光分析法及び誘導結合プラズマ質量分析法**が収載された．医薬品を強熱した後の残分について具体的な元素種を特定したい場合は，これらの機器分析法が威力を発揮する．本節に紹介した試験法と機器分析法との関係を表4.3に日局の一般試験法からまとめて示す．機器分析の詳細は，本書の姉妹書「よくわかる薬学機器分析」を参照されたい．

熱分析法 thermal analysis

残留溶媒 residual solvents

表4.3　揮発性不純物および無機性不純物の評価法

不純物	重量分析法	機器分析法
揮発性不純物	乾燥減量試験法 *<2.41>*	残留溶媒 *<2.46>* 水分測定法（カールフィッシャー法）*<2.48>* 熱分析法 *<2.52>*
無機性不純物	強熱残分試験法 *<2.44>*	原子吸光光度法 *<2.23>* 誘導結合プラズマ発光分光分析法及び誘導結合プラズマ質量分析法 *<2.63>*

確認問題

次の記述について，正しいものには○，誤っているものには×を付けよ．

1）日本薬局方の乾燥減量試験法は，揮発重量法の1つであり，加熱により試料の一部を失わせ，その減量を測定する方法である．（　）

2）日本薬局方の強熱残分試験法は，揮発重量法の1つであり，試料を加熱，灰化させ，揮発せずに残留した物質の量を測定する試験法である．（　）

3）日本薬局方の強熱残分試験法は，有機物中に不純物として混在する無機物の含量を知るために用いる．（　）

4）日本薬局方の強熱減量試験法は，強熱することで試料の構成成分の一部あるいは混在物を失うような有機性医薬品に適用される．（　）

5）重量分析法は，一般に操作が簡便であり，短時間に分析することができる．（　）

6）恒量とは，引き続きさらに1時間乾燥または強熱するとき，前後の秤量差が前回に量った乾燥物または強熱した残留物の質量の0.10％以下であることを示す．（　）

7）日本薬局方の乾燥減量試験法は，原薬のほか製剤にも採用されている試験法である．（　）

8）日局「硫酸カリウム」の定量法では，沈殿重量法が用いられており，その秤量形は硫酸バリウムである．（　）

解　答

1）（×）　説明は強熱減量試験法のものである．

2）（○）

3）（○）

4）（×）　無機性医薬品に適用される．

5）（×）　一般に試験には長時間を要する．

6）（○）

7）（×）　製剤には適用されない．

8）（○）

4.3　日本薬局方収載の容量分析

4.3.1　定量分析としての容量分析法

前述されているように，化学的な定量分析法の1つに**容量分析法 volumetric analysis** がある．重量分析法が，ものの重さ（質量，重量）を基準として「どのくらいあるか」を知る方法であったのに対し，**容量分析法は，容量（体積）を基準として「どのくらいあるか」を知る方法**ということになる．したがって，容量分析の対象となるのは，一般的に，液体あるいは溶液試料ということになる．勿論，固体物質であっても，適当な溶媒に溶解して溶液とすれば分析対象となる．薬局方にも，容量（体積）を基準として「どのくらいあるか」を知る試験法は多く収載されているが，そのほとんどは「滴定法」と総称される医薬品の定量法であり，それらについては本書の第5章に詳細な解説があるので，その内容をしっかり習得して欲しい．一方，薬局方の一般試験法の1つであるアルコール数測定法（本書 3.1.2 に記述）は，医薬品に含まれるエタノールの量を mL 単位（体積）で測定することに基づいているので，滴定法とは手法自体は異なるものの容量分析法の範疇に入ると考えられるが，薬局方試験法の中では，概ね「容量分析法≒滴定法」という捉え方がなされているのが現状である．このため，薬局方では一般試験法の中に，**滴定終点検出法**や**容量分析用標準液**のような項目があり，滴定法実施にあたり，あらかじめ準備すべきことを含めた詳細な規定が定められている．

容量分析法
volumetric analysis

アルコール数測定法
<1.01>

滴定終点検出法*<2.50>*
容量分析用標準液*<9.21>*

4.3.2　日本薬局方収載の滴定法

薬局方収載の医薬品には各種の試験法が適用されるように定められているが，滴定法は，各条医薬品の確認試験や純度試験と同列の定量法として採用されていることが多い．これらは，滴定時に生じている当量関係が成立する反応の種類および定量対象となる化合物の種類などにより分類されており，現状では，**中和滴定法（酸塩基滴定，非水滴定を含む），キレート滴定法，沈殿滴定法，酸化還元滴定法（ジアゾ滴定法を含む）**が採用されている．これらの滴定法は，それぞれ酸塩基平衡，キレート生成平衡，沈殿溶解平衡，酸化還元平衡のような各種の**化学平衡の考え方**に基づいている．化学反応する物質間に**質量均衡則**や**電荷均衡則**が成立することが前提であり，こうした基本的な考え方に関しても，本書第5章にわかりやすく解説されているので，医薬品の定量法としての滴定法と併せて理解して頂きたい．

化学平衡
chemical equilibrium
質量均衡則 mass balance
電荷均衡則 charge balance

ここでは，医薬品の定量法以外の試験法（主に一般試験法）において滴定法が定量手段として採用されている局方試験法の例があるので，そのいくつかを紹介する．

酸素フラスコ燃焼法<*1.06*>

本書 3.1.2 に紹介されている**酸素フラスコ燃焼法**では，燃焼後に得られた吸収液を対象として，硝酸銀液を標準液とする電位差滴定法により塩素，臭素，あるいはヨウ素を，また，過塩素酸バリウム液および硫酸を標準液としてイオウを，それぞれ滴定法により定量する．

窒素定量法<*1.08*>

同じく本書 3.1.2 に紹介されている**窒素定量法**では，セミミクロケルダール法で得られたアンモニアを捕捉吸収したホウ酸溶液を対象として，硫酸を標準液とした滴定法によりアンモニアを定量し，試料に含まれる窒素含量を求めている．

水分測定法（カールフィッシャー法）<*2.48*>

また，**水分測定法（カールフィッシャー法）**では，試験に用いる水分測定用試液の標定およびこれを用いた水分の定量に滴定法を採用している．

4.3.3　標準液の調製と標定

容量分析用の標準液の多くは試薬として市販されているが，標準液によっては用時調製が推奨されているものもある．日本薬局方の一般試験法には，標準液の項に容量分析用標準液に関する記述があり，薬局方試験法で使用される容量分析用標準液のすべてに関し，その調製および標定の詳細，および保存などに関する注意事項が記載されている．

標定 standardization
標準液 standard solution

容量分析用標準液は，そのほとんどの場合，規定濃度になるように，概算された質量の試薬（固体が多い）を一定量の溶媒に溶解して調製するが，この時点では，厳密には容量分析用標準液とはいえず，標定という操作により規定された濃度からのずれの度合いである**ファクター（f）**を算出してはじめて容量分析用標準液といえる．なお，市販の容量分析用標準液は，購入した時点でラベルなどにfの記載がある．規定された濃度（表示濃度）にこのファクターを乗じた値が容量分析用標準溶液の真の濃度となる．例えば，表示された規定濃度が 0.5 mol/L で，$f = 1.010$ということであれば，真の濃度は，$0.5 \times 1.010 = 0.505$ mol/L として扱われる．日本薬局方では，ファクターの値が **0.970 ～ 1.030 の範囲**にあるように標準液を調製する必要がある．すなわち，標定により算出されたファクターの値がこの範囲に収まらない場合には，調製し直すか，希釈するなどが必要になることを意味している．

ファクターを求める標定には，純度の保証された容量分析用標準試薬（物質）の質量を精密に計量し，それを対象にした滴定によって求める直接法と，ファクター既知の既定濃度の標準液の一定容量を精密に採り，それを対象に滴定して求める間接法とがある．また，直接法を一次標定，間接法を二次標定と呼ぶこともある．

4.3.4　容量分析における計算

A　定量における計算

先にも述べたが，日本薬局方では，**対応量**（滴定係数）と呼ばれる，標準液 1 mL に対応する（当量関係にある）物質量（mg）を記載している．この対応量は，以下のような計算で求めることができる．

対応量(mg)＝(対応量を求める物質の分子量(g)/反応のモル比)
×標準液の表示モル濃度……(1)

ここでの反応のモル比は，対応量を求める物質（医薬品）を 1 mol としたときに対応する（当量関係にある）標準溶液中の反応物質のモル数であり，実際には分子量(g) を mg に変換するために 1000 倍し，1 L 相当を 1 mL 相当に変換するために 1/1000 倍しているが両者がキャンセルされた結果で示している．

例えば，日本薬局方「酒石酸」($C_4H_6O_6$：150.09) の定量法には以下の記述がある．

「**定量法**　本品を乾燥し，その約 1.5 g を精密に量り，水 40 mL に溶かし，1 mol/L 水酸化ナトリウム液で滴定する（指示薬：フェノールフタレイン試薬 2 滴）．

1 mol/L 水酸化ナトリウム 1 mL＝75.05 mg $C_4H_6O_6$」

この滴定は中和反応に基づいた中和（酸塩基）滴定で，中和反応は

$$HOOCCH(OH)CH(OH)COOH + 2NaOH \rightleftarrows NaOOCCH(OH)CH(OH)COONa + 2H_2O$$

のように完結する．この中和反応では，酒石酸 1 mol に対して NaOH 2 mol が当量関係にあるので，反応のモル比は 2 となり，酒石酸の 1 mol/L 水酸化ナトリウム 1 mL に対する対応量は，上記（1）式に代入して，(150.09/2) × 1.0 = 75.05（mg）と算出される．

実際の定量では，対応量が与えられている場合，あるいは上記のように算出された場合，ともに対応量に標準液の消費量（mL 数）を乗ずれば，滴定の対象となった物質量が求まるが，対応量を求める際の標準液のモル濃度は表示濃度であるので，定量計算では下記のようにさらにファクター（f）を乗ずる必要がある．したがって，基本的には下記式に，あらかじめ与えられている数値や実験データの数値を代入すれば定量計算は成立する．

物質量(mg)＝対応量×標準液の消費量(mL 数)×標準液の f

また，冒頭に既述した例えの 1 つのように，定量しようとする医薬品（物質）の当量よりも大過剰になるように反応する化合物をあらかじめ加えておき，すべての医薬品（物質）と反応させた後，反応しないで残っている化合物を適当な滴定法により測定し，逆算することで医薬品（物質）の定量を実施する場合もある．こうい

逆滴定法 back titration

う手法を一般に**逆滴定法**と呼ぶが，この場合には，医薬品（物質）を加えることなく空試験を行い，医薬品を加えた本試験の滴定量を空試験の滴定量から差し引いた滴定量が標準液の消費量として定量計算に用いられることになる．

B　標定における計算

4.3.3項で述べたように，標定には直接法と間接法とがあり，具体的なファクターの求め方も異なる．

直接法では，標準試薬などそれぞれの容量分析用標準液について規定された物質の規定量を精密に量り，規定の溶媒に溶かした後，この液を調製した標準液で滴定し，次式によりそれぞれの標準液のファクター（f）を求める．

$$f = 1000\ m/V\ M\ n$$

M：容量分析用標準液の調製に用いた物質1モルに対応する標準試薬などの質量（g）

m：標準試薬などの採取量（g）

V：滴定操作における標準液の消費量（mL）

n：調製した標準液の規定されたモル濃度（表示濃度）を表す数値（濃度0.02 mol/Lの濃度であれば，$n = 0.02$）

間接法では，調製した標準液の一定容量 V_2(mL）を精密に採り，ファクター既知（f_1）の滴定用標準液を用いて滴定し，次式により調製した標準液のファクター（f_2）を計算する．

$$f_2 = (V_1 \times f_1)/V_2$$

f_1：滴定用標準液のファクター

f_2：調製した標準液のファクター

V_1：滴定用標準液の消費量（mL）

V_2：調製した標準液の採取量（mL）

中和滴定 neutralimetry
酸塩基滴定
acid-base titration

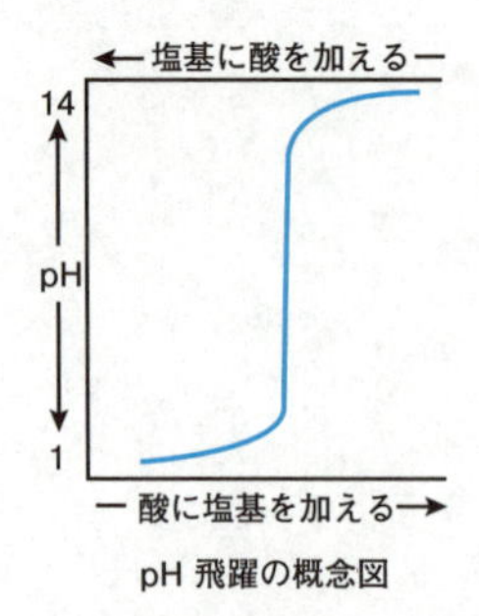

pH 飛躍の概念図

4.3.5　日本薬局方収載の容量分析法概説

日本薬局方に採用されている容量分析法としての滴定法を分類して特徴と共に列挙すると以下のようになる．個々の滴定法に関する詳細な記述は本書の第5章にあるので参照されたい．

A　中和滴定法

酸と塩基（アルカリ）による定量的な中和反応を利用する滴定法で，**酸塩基滴定**

とも呼ばれる．滴定の終点は，当量点における pH ジャンプ（pH 飛躍）に伴う指示薬の変色を肉眼で確認する指示薬法や，pH ジャンプを電位ジャンプ（電位飛躍）として捉える電位差滴定法（指示電極：ガラス電極）がある．局方の一般試験法には，中和滴定法を利用した窒素定量法（セミミクロケルダール法）がある．

B 非水滴定法

非水滴定 nonaqueous titration

原理は中和滴定と同様であるが，分析対象物質が極めて弱い酸や塩基の場合には，溶媒である水の解離の影響を受けやすいために明確な pH ジャンプを得ることができない．これを克服するために，水を含まない**非水溶媒**の系で滴定を実施すると，明確な pH ジャンプが得られることから，水系での滴定と区別して扱われる．終点検出は，中和滴定同様，指示薬法や電位差滴定法（指示電極：ガラス電極）が採用されている．

C キレート滴定法

キレート滴定 chelatometry

金属元素を含む医薬品も多く存在しており，これらの金属イオンを対象に，エチレンジアミン四酢酸（EDTA）とのキレート生成反応に基づいた滴定を一括してキレート滴定と分類している．終点検出は，金属指示薬により行われる．

金属指示薬 metal indicator

D 沈殿滴定法

沈殿滴定 precipitation titration

銀滴定 argentometry

ファヤンス法 Fajans' method

フォルハルト法 Volhald method

リービッヒ・ドゥニジェ法 Leibig-Dénigès method

沈殿生成反応に基づく滴定法であるが，定量的反応が錯イオン形成などであっても，終点観察が沈殿生成である場合はこれに含めている．硝酸銀液を標準液とすることがほとんどであることから，銀滴定と呼ばれることもある．日本薬局方では，ファヤンス法，フォルハルト法，リービッヒ・ドゥニジェ法など，様式の異なる終点指示法や電位差滴定法（指示電極：銀電極）が目的に応じて採用されている．

E 酸化還元滴定法

酸化還元滴定 redox titration

酸化還元反応に基づいた滴定法で，芳香族第一アミンが亜硝酸によりジアゾ化を受けることを利用したジアゾ化滴定も亜硝酸ナトリウム標準液による酸化滴定として含まれる．また，ヨウ素標準液を用いる滴定法に，ヨージメトリー，ヨードメトリーといった原理を異にする滴定法もある．終点検出には，標準液の色の変化を捉える方法，指示薬法，白金電極を指示電極とする電位差滴定法，電流滴定法などが採用されている．

電気滴定 electric titration

F　電気滴定法

中和滴定，酸化還元滴定，キレート滴定，沈殿滴定などの終点を電気化学的方法によって求める方法を総称して電気滴定と呼ぶ．局方では，一般試験法の中に電気的終点検出法として，電位差滴定法と電流滴定法が採用されその詳細が記載されている．

電位差滴定
potentiometric titration
電流滴定
amperometric titration

確認問題

問1　次の記述について，正しいものには○，誤っているものには×を付けよ．

1)　容量分析法は，定性分析の1つである．（　）
2)　滴定には，必ず指示薬が必要である．（　）
3)　滴定法では，対象とする物質の量は「対応量×標準液の終点までの滴下量×標準液のファクター」で求められる．（　）
4)　滴定法は容量分析法の一種である．（　）
5)　容量分析用標準液の標定には，直接法と間接法とがある．（　）
6)　日本薬局方では，容量分析用標準液のファクターの値は，0.9 以上，1.1 未満であることと定められている．（　）
7)キレート滴定法は，金属イオンの定量に適している．（　）

問2　日本薬局方に収載されている容量分析法（滴定法）の種類を5つ列挙しなさい．

解　答

問1

1)　（ × ）　容量分析法は定量分析の1つ．
2)　（ × ）　指示薬を用いず電位差や電流値変化を指標とする終点検出法も併用される．
3)　（ ○ ）
4)　（ ○ ）
5)　（ ○ ）
6)　（ × ）　薬局方試験法における標準液のファクターは，0.970 ～ 1.030 の範囲．
7)　（ ○ ）

問2

中和滴定法，非水滴定法，沈殿滴定法，酸化還元滴定法，キレート滴定法，

4.4　日本薬局方収載の生物学的定量法

アスピリン（アセチルサリチル酸）は最も代表的な医薬品の1つであるが，すべての医薬品がアスピリンのような化学合成品ではない．ヒトを含めた動物および微生物から得られる生物由来原料を医薬品として活用することも古くから試みられている．近年では，バイオテクノロジーの発展に伴い，さまざまな種類の生物学的製剤が開発されている．特に前者のような生物由来原料では，生物の種差や個体差により，いつも（科学的に）同じ原料を得られるとは限らない．このような場合に医薬品として重要なことは，同じ量ではなく，生理学的に同じ活性をもつことである．すなわち，1錠中もしくは注射剤1本中に含まれる医薬品が，ヒトに対して同じ強さの何らかの生物学的影響を与えることである．このような条件を満たす定量法として，日本薬局方では生物学的定量法が採用されている．

4.4.1　生物学的定量法（バイオアッセイ）とは

前述の容量分析のように化学反応に基づいた色調変化や沈殿形成，キレート形成を利用して目的成分を分析する方法を**化学分析**と呼び，物理学や物理化学に基づいて物質の光吸収や発光，光散乱，熱量などの物性を測定する方法を**機器分析**と呼ぶ．その一方で，生物学的な反応を利用して目的成分の定量，力価や生理活性，効力を測定する方法を**生物学的分析法**と呼ぶ．その中でも酵素や抗体などの生体成分を用いる方法は，広義の生物学的分析法の意味として用いられる．しかし本項では，狭義の生物学的分析法としての**生物学的定量法**について説明する．

化学分析 chemical analysis

機器分析 instrumental analysis

生物学的分析法 bioanalytical method (bioanalysis)

生物学的分析法 bioassay

生物学的定量法は，生物学的試験法や**バイオアッセイ**とも呼ばれ，一般的には微生物や培養細胞，組織，血液成分，動物個体などを用いて，その生物学的な応答を測定する．化学分析や機器分析は，質量（グラム数）や物質量（モル数）を測定する方法であるが，バイオアッセイはそれらと異なり，生理活性（生体に与える影

図4.2　バイオアッセイの概要

響）を指標とする定量法である．例えば「食欲増進ホルモン」なる医薬品が存在すると仮定する．そのホルモンの投与により食欲が増し，その結果として体重が増加したとする．ホルモンの投与量と体重増加の効果に関係性があれば，体重測定によってホルモン量を定量することができる．これがバイオアッセイである（図4.2）．

日局17においては，一般試験法の中で生物学的試験法として収載され，「エンドトキシン試験法〈*4.01*〉」や「抗生物質の微生物学的力価試験法〈*4.02*〉」が定められている．エンドトキシンとは，主にグラム陰性菌の細胞壁成分であり，内毒素とも呼ばれる代表的な発熱性物質である．その試験法は，カブトガニの血球成分がエンドトキシンにより凝固することを利用した方法である．次に微生物学的力価試験法は，抗生物質の力価（効き目）を求める方法で，シャーレなどで培養した試験菌の増殖抑制作用を測定する．それは，「発育阻止円」と呼ばれる試験菌の成長しない範囲の円の直径を測る方法である．抗生物質の多くで，この方法が採用されている．

4.4.2　日本薬局方収載医薬品におけるバイオアッセイ

局方収載医薬品においてバイオアッセイが採用されている医薬品は，日局17では，「性腺刺激ホルモン」，「プロタミン硫酸塩」，「トロンビン」など，抗生物質を除くとその種類はそれほど多くない．これらはいずれも生物由来原料による生物学的製剤や血液製剤である（表4.4）．その他には，抗毒素やワクチン，トキソイド類がバイオアッセイを採用しているが，それらの規格（方法）については「生物学的製剤基準に適合すること」とされている．その中では，培養細胞やラット，マウス，モルモット，ウサギなどが用いられ，ウイルス量や細菌数，抗体産生，抗毒化，毒性作用の抑制効果などを指標としている．

トキソイド
微生物などが産生する毒素の毒性のみを無毒化し，免疫原性を有する毒素対策用ワクチン．

生物学的製剤基準
厚生労働省が定める日本薬局方とは別の規格のこと．日本薬局方とは互いに関係性の深い規格である．

バイオアッセイでは，生物学的な反応を直接測定するために「適用できる濃度範囲が狭く限られている」，「測定感度が不足することが多い」，「夾雑物を多く含む試料には適さない」，「実験操作が煩雑である」などの点に注意が必要である．

表4.4　日本薬局方収載医薬品のバイオアッセイ

医薬品名	医薬品の由来	使用動物または生体材料	測定する生理作用
ヒト下垂体性性腺刺激ホルモン	閉経後の婦人尿	シロネズミ（雌）	卵巣質量増加
ヒト絨毛性性腺刺激ホルモン	妊婦の尿	シロネズミ（雌）	卵巣質量増加
トロンビン	ヒトまたはウシの血液	フィブリノーゲン溶液	フィブリンの凝固時間
プロタミン硫酸塩	サケ科魚類の成熟した精巣	ヘパリンナトリウム	ヘパリン結合性

4.4.3　バイオアッセイの具体例

ここでは，局方収載医薬品の「ヒト絨毛性性腺刺激ホルモン」の定量法について詳しく取り上げることにする．

ヒト絨毛性性腺刺激ホルモン（日局 17 より抜粋）

本品は健康な妊婦の尿からウイルスを除去又は不活化する工程を経て得た性腺刺激ホルモンを乾燥したものである．本品は 1 mg 当たり 2500 ヒト絨毛性性腺刺激ホルモン単位以上を含む．また，タンパク質 1 mg 当たり 3000 単位以上の絨毛性性腺刺激ホルモンを含む．本品は定量するとき，表示単位の 80 ～ 125% を含む．

定量法

(i) 試験動物：体重約 45 ～ 65 g の健康な雌シロネズミを用いる．

(ii) 標準溶液：ヒト絨毛性性腺刺激ホルモン標準品をウシ血清アルブミン・生理食塩液に溶かし，この液 2.5 mL 中に，7.5, 15, 30 及び 60 単位を含む 4 種の溶液を製する．この溶液を 5 匹を 1 群とする試験動物の 4 群に，(iv) の操作法に従ってそれぞれ注射し，卵巣質量を測定する．別の 1 群にウシ血清アルブミン・生理食塩液を注射し，対照とする．試験の結果に基づき，卵巣質量が対照の約 2.5 倍になると推定される標準品の濃度を低用量標準品の濃度とし，その用量の 1.5 ～ 2.0 倍の濃度を高用量標準溶液の濃度と定める．ヒト絨毛性性腺刺激ホルモン標準品をウシ血清アルブミン・生理食塩液に溶かし，この液の濃度が上記の試験の結果定められた高用量標準溶液及び低用量標準溶液の濃度となるように製し，それぞれ高用量標準溶液 S_H 及び低用量標準溶液 S_L とする．

(iii) 試料溶液：本品の表示単位に従い，その適量を精密に量り，高用量標準溶液及び低用量標準溶液と等しい単位数を等容量中に含むようにウシ血清アルブミン・生理食塩液に溶かし，これらをそれぞれ高用量試料溶液 T_H 及び低用量試料溶液 T_L とする．

(iv) 操作法：試験動物を 1 群 10 匹以上で各群同数の A, B, C 及び D 群の 4 群に無作為に分け，各群にそれぞれ S_H, S_L, T_H 及び T_L を一日一回 0.5 mL ずつ 5 日間皮下注射し，第 6 日に卵巣を摘出し，付着する脂肪その他の不要組織を分離し，ろ紙で軽く吸いとり，直ちに卵巣質量を量る．

(v) 計算法：S_H, S_L, T_H 及び T_L によって得た卵巣質量をそれぞれ y_1, y_2, y_3 及び y_4 とする．さらに各群の y_1, y_2, y_3 及び y_4 を合計してそれぞれ Y_1, Y_2, Y_3 及び Y_4 とする．

本品 1 mg 中の単位数 = antilog M × S_H 1 mL 中の単位数 × b/a

$M = IYa/Yb$

$I = \log(S_H/S_L) = \log(T_H/T_L)$

$Ya = -Y_1 - Y_2 + Y_3 + Y_4$

$Yb = Y_1 - Y_2 + Y_3 - Y_4$

a：本品の秤取量（mg）

b：本品をウシ血清アルブミン・生理食塩液に溶かし，高用量試料溶液を製したときの全容量（mL）

※バイオアッセイにおいては，個体差によるばらつきが大きくなるために実験結果の定量化には，統計学的な手段を導入する必要がある．

最後に余談ではあるが，血糖降下作用をもち糖尿病治療に用いられる「インスリン」は日局15まで収載され，健康なウシまたはブタの膵臓から得たものを使用していた．そのインスリンと関連製剤（インスリン注射液，インスリン亜鉛水性懸濁注射液など）の定量には，体重1.8 kg以上の健康なウサギを用いて，血糖降下作用を測定していた．しかし，日局16ではインスリンが削除され，遺伝子組換え技術により得られる均質な「ヒトインスリン」のみとなり，日局17ではさらに「インスリン　ヒト（遺伝子組換え）」「インスリン　グラルギン（遺伝子組換え）」に改正された．これらの定量法は，高速液体クロマトグラフィー（HPLC）による機器分析である．医薬品の製造・生産技術の発展向上に伴って試験法や定量法もより精密な方法へと移り変わる好例である．

確認問題

次の記述について，正しいものには○，誤っているもには×を付けよ．

1)　生物学的定量法（バイオアッセイ）は，化学反応を利用した分析法である．（ ）

2)　バイオアッセイは，夾雑物を多く含む試料には適さない．（ ）

3)　抗生物質を含む多くの局方収載医薬品で，バイオアッセイが採用されている．（ ）

4)　トロンビンの定量には，試験動物として雄のシロネズミを用いる．（ ）

5)　性腺刺激ホルモンの測定項目は，卵巣質量の増加作用である．（ ）

解　答

1)　（ × ）　生物学的な反応を利用した方法である．

2)　（ ○ ）

3)　（ × ）　局方収載医薬品でバイオアッセイが採用されている品目はわずかである．

4)　（ × ）　フィブリノーゲン溶液が用いられる．

5)　（ ○ ）

4.5 分析法バリデーション

4.5.1 医薬品の製造・品質における基準とバリデーション

医薬品の製造では，製造物（すなわち医薬品）の品質が，直接ヒトの健康に影響を及ぼすため，万一の過誤や汚染を防止する目的で基準（法令）が定められている．これが**医薬品及び医薬部外品の製造管理及び品質管理に関する基準（GMP）**である．医薬品製造メーカーは**GMP**を遵守し，その要件を満たさなければ医薬品を製造することはできない（法令要件）．このような医薬品の製造・開発研究に関する基準・概念は，米国で誕生し日本に導入されたもので，適切な用語がないため略号やカタカナ名称で用いられるものが多い．**GMP**の他にも毒性試験（動物実験）での**GLP**，臨床試験（治験）での**GCP**，品質試験での**GQP**などさまざまな基準があり，**GXP**と総称されている．表4.5にまとめる．

医薬品及び医薬部外品の製造管理及び品質管理に関する基準（GMP）
good manufacturing practice

GLP
good laboratory practice
GCP
good clinical practice
GQP
good quality practice

表4.5 医薬品開発及び医薬品製造販売に関連した基準（GXP）

GXP	規定（適用の内容）	適応（医薬品開発）
GMP	医薬品等の製造管理及び品質管理の基準に関する省令	医薬品・治験薬製造
GLP	医薬品の安全性に関する非臨床試験の実施に関する省令	動物実験（毒性・薬理）
GCP	医薬品の臨床試験の実施に関する省令	ヒト臨床試験
GVP	医薬品等の製造販売後安全管理の基準に関する省令	市販後調査
GQP	医薬品等の品質管理の基準に関する省令	医薬品製造販売

バリデーションとは，厚生労働省の**GMP**に関する省令に，“製造所の構造設備，並びに手順，工程，その他の製造管理及び品質管理の方法が期待される結果を与えることを検証し，これを文書化すること”と説明されている．所期の目的をまずプロトコール文書としてまとめ，次にそれに従って製造・実験等を実際に行って検証し，結果を報告書として文書化する，この一連のプロセスをいう．バリデーションの中で，**分析法**を対象としたものが**分析法バリデーション**である．この他にも表4.6にまとめたようにプロセスバリデーション，洗浄バリデーションなど，バリデーションには多くの種類があり，**GMP**では重要かつ必須となっている．

分析法バリデーションは，**日本薬局方（日局）**では第十三改正の**参考情報**にはじめて収載された．日局によると“医薬品の試験法に用いる分析法が，分析法を使用する意図に合致していること，すなわち，分析法の誤差が原因で生じる試験の判定の誤りの確率が許容できる程度であることを科学的に立証することである”と定義

バリデーション validation

分析法 analytical method
分析法バリデーション
analytical method validation/validation of analytical procedures
日本薬局方
Japanese Pharmacopoeia
参考情報
general information

一般試験法
general tests, procedures and apparatus
確認試験 identification test
純度試験 purity test
定量法 assay

されている．なお，分析法バリデーションを扱う場合は，分析法と試験法は区別される．試験法とは，日局の**一般試験法**や日局に収載されている医薬品各条の中で項目として扱われている**確認試験，純度試験，定量法**といったものを指す．試験法の中には，試料のサンプリング法，分析法，判定基準（規格値）などが含まれる．分析法とは，測定に用いられる分析手法（例えばHPLC法や滴定法など），試液の調製法や計算式などが含まれる．図4.3にこれらの関係を示す．

表4.6 GMPにおけるさまざまなバリデーション

プロセスバリデーション
洗浄バリデーション
分析法バリデーション
包装のバリデーション
無菌バリデーション
コンピュータバリデーション

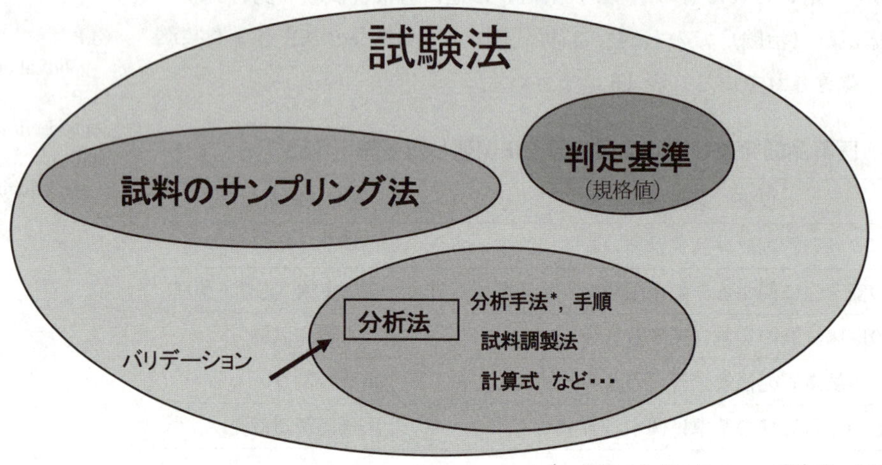

（＊クロマトグラフィー，滴定法，ICP発光分析法など）

図4.3 試験法と分析法とバリデーション

4.5.2 分析法バリデーション

環境問題等でさまざまな数値が，ニュース・新聞等で報道されるが，その数字は本当だろうか．その根拠となるものが**分析法バリデーション**である．実験室にある測定機器を用いて試料を分析し結果が出たとしてもそれはあくまで参考値である．なぜなら，その機器はメンテナンスされ性能が保証されているか，また，試料からの測定対象物質が十分定量的に回収され測定されているかといった検証がないからである．分析法バリデーションが実施されていない分析法は信用されない．この検証作業がバリデーションである．

一般的に，ある分析法を対象物質の測定に用いる場合，対象物質の標準品を用いてその分析法での検量線を作成し直線性を確認することや，試料に標準品を添加してその回収率を求めることが行われる．このような分析法に関する検証データを取得するプロセス・手法を世界レベルで統一したものが分析法バリデーションである．日本，米国，EU（欧州）の三極の代表が集まり，医薬品開発での国際的なハーモナイゼーションを行う国際会議（ICH）で作成・決定された**ICH ガイドライン**が，各国の局方や法律に落とし込まれたものである．ちなみに，医薬品製造メーカーは，新薬を開発する際，規制当局（日本では厚生労働省）に新薬（原薬やその製剤）の試験法を提出するが，この申請資料にはICH ガイドライン（あるいは局方）に基づく，分析法バリデーションの記載が必須である．

ICH ガイドライン
ICH guidelines

分析法バリデーションが実施されるのは，上述の新薬開発で新たに試験法を設定するときだけでなく，医薬品や試験法を局方に収載する場合や，試験法を変更する場合，現在では，当初の品質管理を目的とした医薬品分析だけでなく，薬物の血中濃度測定法の設定といったバイオアナリシス分野にも適応されている．なお，分析法バリデーションとは別に，分析機器が正しく**校正**されているか，正常な状態にあるかを確認する目的として，**システム適合性試験**が設定されている．これは，試験法を実施するごとに行う．具体的な記載例は，定量法や純度試験にクロマトグラフィーを採用している日局の医薬品各条を参照されたい．分析法バリデーションが取得されていること，“システム適合性”に適合することではじめて試験を行うことができる．なお，分析法バリデーションとシステム適合性は，日本薬局方の参考情報に記載があるので参照されたい．

校正 calibration

システム適合性試験
system suitability test

4.5.3　分析能パラメーターとその検討方法

分析法バリデーションでは，分析法の妥当性を評価するために必要なパラメーターが決められている．これを**分析能パラメーター**という．**真度**（正確さ），**精度**（精密さ），**特異性**，**検出限界**，**定量限界**，**直線性**および**範囲**の 7 つである．この他に**頑健性（堅牢性）**がある．頑健性は分析能パラメーターには含まれないが，実際の試験法の開発では重要で検討される．

分析法バリデーションで，これらの分析能パラメーターを検討するにあたっては，前提として均質な試料を十分な量用意し，試料の不均一に基づく誤差を排除しておく必要がある．日局に収載されている製剤の医薬品各条の定量法では，ほとんどの場合，“本品 20 個以上をとり，…”となっているのは，そのためである．

分析能パラメーター
validation characteristics
真度 accuracy/trueness
精度 precision
特異性 specificity
検出限界（DL）
detection limit
定量限界（QL）
quantitation limit
直線性 linearity
範囲 range
頑健性（堅牢性）robustness

A　真　度

真度とは，分析法で得られる測定値の偏りの程度のことで，真の値と測定値の総平均との差で表される．この差（偏り）が小さいほど，正確さの高い分析法である．キーワードは，“偏り”である．滴定法のように理論値が存在する分析法では，これが真の値となる．製剤の分析法では，標準品溶液での分析結果を真の値とみなせ，**添加回収率**で真度を評価する．

真の値 the true value
真の値とは，厳密には実験から求めることができない理論値であるが，通例，純物質の分子式や分子量から計算した値や標準物質から得られる測定値を用いる．HPLC分析では，標準物質を単に溶媒に溶かした標準溶液から得られる値を真の値とみなせる．

添加回収率 recovery rate
ブランク試料（プラセボ）に既知の量（濃度）の分析対象物質を添加したものを測定したときの添加量に対する比率のこと．100%に近いことが望ましい．

B 精 度

精度とは，複数の試料を繰り返し分析して得られる一連の測定値が，互いに一致する程度（ばらつきの程度）のことを意味する．測定値の分散，**標準偏差（SD）**あるいは**相対標準偏差（RSD）**で表される．キーワードは，“繰り返し分析，ばらつき”である．SD，RSD（CV%）が小さい（ばらつきの程度が小さい）ほど，精度がよい分析法である．精度には，以下の3種類があり，試験法の性質により検討すべき精度が決まる．

標準偏差（SD）
standard deviation

相対標準偏差（RSD）
relative standard deviation

併行精度 repeatability

1）併行精度

併行精度では，単純に繰り返して分析を行い，その測定結果のばらつきを評価する．具体的には，分析法で記載のある測定濃度の100%で分析を6回繰り返し，分析機器，試薬，試験日，試験者などの条件を固定して，短時間内で行う．試料溶液を単に6回注入分析するのではなく，試験法全体を6回実施して求める．

2）室内再現精度

分析法は長期にわたって使用されるが，その場合，分析機器や試薬のロット，試験者は一般的に変わる．これらが変動したときのばらつきを評価するのが**室内再現精度**である．ある医薬品の試験法を開発メーカーが設定する場合などは，この精度のデータを取得する．同じ試験室で，分析機器や試験者を変え，また，異なる実施日等でデータを取得する．

室内再現精度
intermediate precision

3）室間再現精度

試験室を変えて，ばらつきを評価するのが**室間再現精度**である．これは，多くの試験室で分析が実施されると想定される場合，特に日局などの**公定書**と呼ばれるものに試験法を収載する場合などは，この精度のデータが要求される．上記2）に加え，試験室も変えるなど変動要因が多いので，一般的に3種類の精度の中では最もばらつきが大きい．

室間再現精度
reproducibility

公定書 official compendium

分析法における上述の真度と精度の関係を図4.4に示す．同心円の中心を真の値とするとき，測定値がばらつき，また，その平均値が真の値から偏っている方法Aや，精度はよく，何回も繰り返しても測定値はばらつかずほぼ一致するが真の値から偏っている方法Bは，分析法としては不適切である．分析法の設定にあたっては，ばらつきも真の値からの偏りもない方法Dを目指して開発を行う．

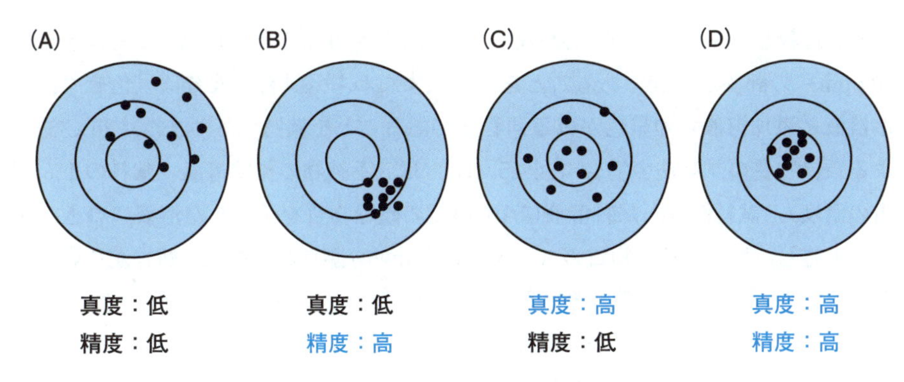

図 4.4　真度と精度の関係

C　特異性

特異性とは，試料中に共存すると考えられる物質の存在下で，分析対象物を正確に測定する能力のことで，分析法の識別能力を表す．**選択性**とも称される．クロマトグラフィーを例にとるとわかりやすいが，医薬品（有効成分）に混在する不純物（最終化合物の 1 つ手前の化合物である前駆体，合成原料の残留，反応の副生成物など），分解物，また，製剤であれば配合成分に対して，有効成分がこれらと重複して溶出しない，あるいは有効成分の検出に妨害がないことを意味する．有効成分のピークに他の成分の重複がないかは，多波長検出器や質量分析計を検出器として用いるか，複数の分離条件で検討を行うことにより検証される．図 4.5(A)，(B) に特異性の検証例を示す．

選択性 selectivity

不純物 impurity

分解物 degradation product

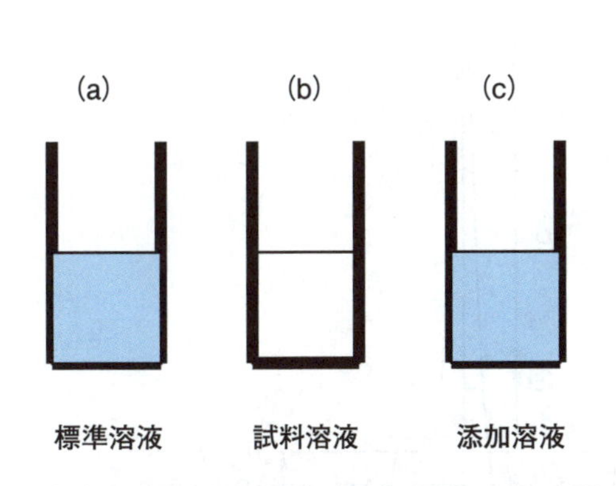

図 4.5（A）　重金属試験法（呈色反応による限度試験）での特異性の検証

（a）標準溶液（鉛として 10 ppm），（b）試料溶液（ブランク），（c）10 ppm 相当の鉛標準液を添加した試料溶液

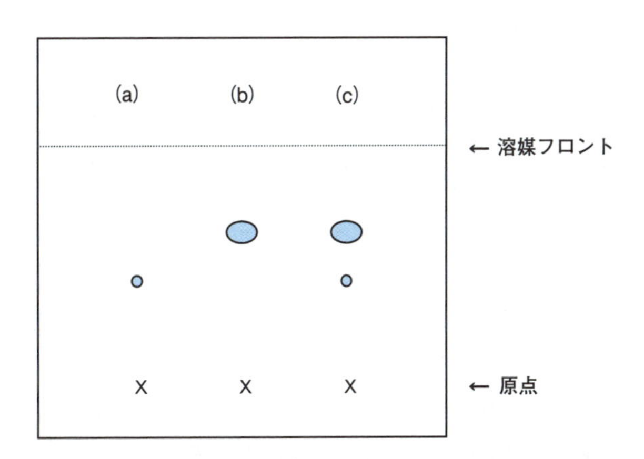

図 4.5（B）　TLC 法による類縁物質試験法での特異性の検証

（a）標準溶液（1% 類縁物質），（b）試料溶液，（c）1% 類縁物質を添加した試料溶液

重金属の試験法の場合（図 4.5（A））は，標準溶液（鉛 10 ppm 相当の鉛標準液），試料溶液，試料溶液に不純物の標準物質（鉛 10 ppm 相当の鉛標準液）を添加した

溶液を比較し，原薬からの妨害がなく，原薬中に混在する不純物（ここでは重金属 10 ppm）の評価が可能であることを示す．すなわち，試料溶液では呈色せず，標準溶液と添加溶液での呈色がほぼ同程度であることを確認する．また，TLC 法による類縁物質の試験法の場合（図 4.5（B））は，不純物の標準溶液（試料の 1% 相当の濃度），試料溶液，試料溶液に 1% 濃度の類縁物質を添加した溶液につき，試験を実施し，原薬と類縁物質のスポットが十分に分離され，原薬の妨害がないこと，それぞれのスポットの位置，形状および色調が変わりないことを確認する．

特異性については，分析法の根幹をなすパラメーターであり，以下に述べるタイプの異なる 3 つの試験法すべてにおいて，検証すべき分析能パラメーターと規定されている．

D 検出限界

感度 sensitivity

S/N 比 signal-to-noise-ratio

検出限界（DL）とは，試料に含まれる分析対象物の検出可能な最低の量もしくは濃度のことである．**感度**とも称し，ブランク試料または検出限界付近の測定対象化合物を含む試料の測定値の標準偏差（σ）および検出限界付近の検量線の傾き（Slope）から算出される（算出式：DL = 3.3 σ/Slope）．また，クロマトグラフィーのようにベースラインノイズを伴う分析法では，シグナル（S）とノイズ（N）のレベル比，**S/N 比** 3 相当を DL とすることが一般的に受け入れられている．S/N 比が大きいほど，ノイズレベルが小さいことを意味する．図 4.6 に日局一般試験法に記載のある S/N 比の評価法を示す．

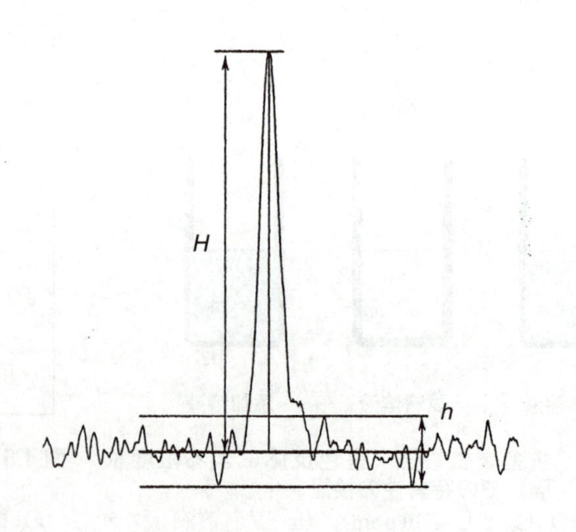

図 4.6 S/N 比の定義（日局一般試験法より）

S/N = 2H/h

H：対象物質のピークの基線（バックグラウンドノイズの中央値）からのピークの高さ
h：対象物質のピークの前後における試料溶液または溶媒ブランクのクロマトグラムのバックグラウンドノイズの幅

E　定量限界

定量限界（QL）とは，試料に含まれる分析対象物の定量が可能な最低の量もしくは濃度のことである．定量が可能とは，一定の精度（ばらつき）で測定ができることを意味し，一般的に相対標準偏差10%以内が受け入れられている．ブランク試料または定量限界付近の測定対象化合物を含む試料の測定値の標準偏差（σ）および検出限界付近の検量線の傾き（Slope）から算出される（算出式：$QL = 10\sigma/Slope$）．クロマトグラフィーでは，S/N比10相当がQLとして一般的に受け入れられている．

なお，生体試料中の薬物の定量法についてもガイドラインが検討されており，ここでは定量下限という言葉が用いられている．S/N比5以上，平均真度は理論値の±20%内，精度は20%以下であるとし，これまで述べてきた品質管理を主に対象とした分析法よりは許容が広くなっている．

F　直線性

直線性とは，分析対象物の量または濃度に対して直線関係にある測定値を与える分析法の能力のことである．一般的に5種類の濃度が異なる試料を用いて測定値を求め，**回帰式**と**相関係数**から評価する．または，測定値の回帰式からの残差を分析対象物の量または濃度に対して，特定の傾向がないことを確認する．医薬品分析では，HPLC法が汎用されているが，製剤のHPLC定量法（例えば規格値95～105%の錠剤）であれば，定量値100%を中心に40，60，80，100および120%の濃度

回帰式 regression line
相関係数
correlation coefficient

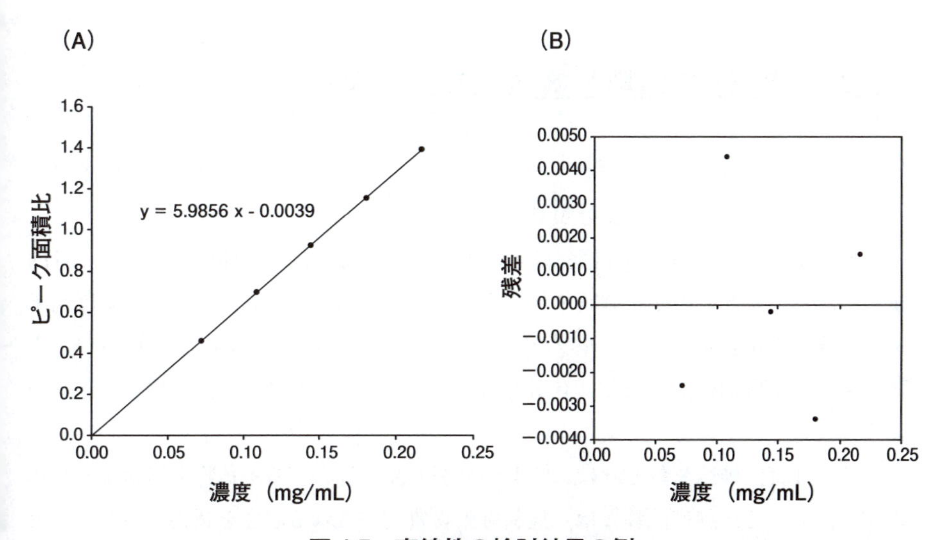

図 4.7　直線性の検討結果の例
(A)：回帰直線（回帰式）と相関係数（$r = 1.000$）からの評価
(B)：濃度と回帰式からの残差プロットによる評価

で，HPLC純度試験（例えば不純物Aが0.3%以下）であれば，0.1，0.2，0.3，0.4および0.5%の濃度を選んで直線性を検討することが多い．直線性の検討結果の例を図4.7に示す．Aは回帰式と相関係数rによる評価法で，原点を通るrが1に近い直線が得られることにより確認する．Bは回帰式からの残差をプロットする方法による評価法であり，残差が中心線のゼロを挟んで平均的に上下にプロットしていることにより確認する．

G 範 囲

範囲とは，適切な精度および真度を与える，分析対象物の下限および上限の量または濃度に挟まれた領域のことである．試験法に規格が設定されている場合は，その規格値の± 20%の程度を対象とすればよいとされるが，一般的には上記の直線性で例示したような範囲が採用されている．

H 頑健性（堅牢性）

頑健性は，分析能パラメーターには含まれないものの，実際の試験法の開発では重要であり検討される項目である．具体的には，設定した分析法の条件の一部を故意に変動させて測定を行い，測定値を比較する．HPLC法による測定では，カラム温度，移動相中の有機溶媒の%や緩衝液のpH等を，設定した値から前後に変動させたものを用いても測定結果に差がない，大きな影響を受けないことを検証する．カラム温度が40℃一定と設定されている場合であれば，例えば35℃と45℃でのデータを取得する．

4.5.4 試験法の種類と適応パラメーター

医薬品に適応される試験法は，その目的によって大きく3つのタイプ（タイプⅠ，タイプⅡおよびタイプⅢ）に分類できる．

タイプⅠとは，いわゆる**確認試験**と呼ばれるもので，試料検体に対象とする目的成分があるのかないのかを確認・判定する試験法である．確認試験は，例えば臨床試験で有効性を判定するダブルブラインドテスト（二重盲検試験）に用いられる実薬とプラセボ製剤の識別などに有用である．これら治験薬は，外観が識別できないように製造されている．

タイプⅡは，**純度試験**と呼ばれるもので医薬品に混在する不純物を規制するための試験法である．純度試験には，規制対象物質が許される限度を超えていないことを試験する重金属試験やヒ素試験が含まれる．両試験は原則，原薬の**「規格及び試験方法」**には設定が義務づけられている項目であり，一般的に前者では10 ppm以下，後者では 2 ppm 以下の規格が設定される．これらはいわゆる**限度試験**と称されるもので，混在量を測定する必要はない．沈殿反応や呈色反応を利用した試験法が多く，上記の他に塩化物試験法（硝酸銀試液による AgCl 沈殿の検出），硫酸塩試験法（塩化バリウム試液による $BaSO_4$ 沈殿の検出）などがある．

限度試験 limit test

純度試験には，このほかに不純物（合成前駆体，合成原料，反応副生成物など）や分解物の量を測定して規制する**類縁物質**の試験法がある．多くの合成医薬品の類縁物質の試験法には，選択性に優れる HPLC 法が採用されている．日局「ジルチアゼム塩酸塩」を見ると類縁物質の測定には，ODS カラムを用いる逆相 HPLC 法が採用されており，その規格値は 0.3％以下となっている．微量成分を測定する定量試験による純度試験である．最後のタイプⅢは，いわゆる有効成分の**定量法**である．製剤であれば含量均一性試験や溶出試験も含まれる．

類縁物質 related substance

逆相 HPLC 法
reversed-phase HPLC
分離分析法である液体クロマトグラフィー（HPLC 法）の中で，移動相としてメタノールやアセトニトリルといった有機溶媒と水あるいは水系緩衝液との混液を用いる，最も汎用されている分離モードのこと．固定相（カラム）としては，オクタデシルシリル化シリカゲル（ODS）が最も用いられている．

これらの試験法と検討が必要な分析能パラメーターの関係を表 4.7 にまとめる．特異性はすべての試験の前提であり，タイプⅠの確認試験法では，分析能パラメーターとして特異性のみの検証でよい．タイプⅡの純度試験法・限度試験では，特異性に加えて検出限界がどのくらいなのかのデータがあれば試験法を設定できる．タイプⅡの純度試験法・定量試験では，タイプⅢの定量法の分析能パラメーターに加え定量限界を検証する．

表 4.7　試験法と必要な分析能パラメーター

分析能パラメーター ＼ 分析法	確認試験法（タイプⅠ）	純度試験法（タイプⅡ）		定量法（タイプⅢ）
		定量試験	限度試験	
(1) 真度	−	○	−	○
(2) 精度				
併行精度	−	○	−	○
室内再現精度	−	○	−	○
室間再現精度	−	△	−	△
(3) 特異性	○	○	○	○
(4) 検出限界	−	−	○	−
(5) 定量限界	−	○	−	−
(6) 直線性	−	○	−	○
(7) 範囲	−	○	−	○

○：実施する，△：必要に応じて実施する，−：実施しない

確認問題

次の記述について，正しいものには○，誤っているものには×を付けよ．

1)　分析法バリデーションとは，医薬品の試験に用いる分析法の妥当性を科学的に

示すことである.（　）

2) 特異性とは，分析法の識別能力を表すパラメーターで，試料中の共存物質の存在下，測定対象物質を正確に測定できる能力を表す.（　）

3) 真度とは，均質な検体から採取した複数の試料を繰り返し分析して得られる一連の測定値が，互いに一致する程度を表す.（　）

4) 精度とは，分析法に対する系統誤差の影響を評価するパラメーターで，得られる測定値の偏りの程度を表す.（　）

5) 確認試験を設定する際に，分析法バリデーションで要求される分析能パラメーターは，特異性のみである.（　）

6) 純度試験（限度試験）を設定する際に，分析法バリデーションで要求される分析能パラメーターは，検出限界のみである.（　）

7) 日本薬局方に試験法を収載するときには，分析法バリデーションの際，精度として併行精度と室内再現精度の検討が必要である.（　）

8) 頑健性とは，分析法の条件について一部故意に変動させたときに，測定値が影響を受けにくい能力を意味する.（　）

解　答

1) （○）

2) （○）

3) （×）　精度の説明文である.

4) （×）　真度の説明文である.

5) （○）

6) （×）　検出限界と特異性の2つが必要である.

7) （×）　空間再現精度の検討も必要となる.

8) （○）

4.6　章末問題

問1　分析データの誤差のうち，系統誤差の原因として正しくないのはどれか.

1　方法誤差　　2　操作誤差　　3　個人誤差

4　偶然誤差　　5　器差

問2　分析法のバリデーションについて，正しくないのはどれか.

1　真度とは，同一の試料を繰り返し測定した際の測定値の一致の程度のことである.

2　特異性とは，夾雑物質の存在下で，目的物質を正確に測定できる能力のことである.

3　定量限界とは，試料に含まれる目的物質の定量が適切な精度と真度で可能となる量または濃度のことである．
4　検出限界とは，試料に含まれる目的物質の検出可能な最低の量または濃度のことである．
5　範囲とは，適切な真度，精度および直線性を与える目的物質の下限および上限の量（濃度）に挟まれた領域のことである．

問3　以下の試験のうち，重量分析法はどれか．
1　融点測定法　2　重金属試験法　3　発熱性物質試験法，
4　乾燥減量試験法　5　ヒ素試験法

問4　重量分析法において，目的物質の量を測定または計算するときに基礎となる量はどれか．
1　活量　2　当量　3　恒量
4　力価　5　対応量

問5　以下の分析法のうち，バイオアッセイはどれか．
1　機器分析法　2　重量分析法　3　化学分析法
4　容量分析法　5　生物学的定量法

問6　バイオアッセイにおいて，測定する対象はどれか．
1　生理活性　2　酵素活性　3　pH
4　質量　5　モル濃度

問7　試験動物として雌のシロネズミを用いて定量する医薬品はどれか．
1　プロタミン硫酸塩　2　性腺刺激ホルモン　3　インスリン　ヒト（遺伝子組換え）
4　トロンビン　5　バソプレシン注射液

問8　カールフィッシャー法を用いて測定するのはどれか．**1つ**選べ．
1　沈降速度　2　表面張力　3　水分
4　電気伝道度　5　密度

（第100回　国試　問53）

問9　以下のパラメーターのうち，分析法バリデーションで規定されている分析能パラメーターでないものはどれか．
1　真度　2　精度　3　識別性
4　直線性　5　検出限界

問10　分析法バリデーションで規定されている分析能パラメーターのうち，「真度」の説明に最も適した記述はどれか．

1　測定値のばらつきの程度のこと
2　分析法の識別能力のこと
3　測定値の偏りの程度のこと
4　定量が可能な最低の量または濃度のこと
5　検出が可能な最低の量または濃度のこと

問11　分析法バリデーションにおいて，分析法で得られる測定値の偏りの程度を示すパラメーターはどれか．1つ選べ．

1　真度　　2　精度　　3　特異性
4　直線性　　5　検出限界

問12　有効数字を考慮した，2つの測定値1.231と0.32132の和はどれか．1つ選べ．

1　1.6　　2　1.55　　3　1.552
4　1.5523　　5　1.55232

（第103回　国試　問3）

問13　「0.0120」で表される数値について，有効数字の桁数はどれか．1つ選べ．

1　1桁　　2　2桁　　3　3桁
4　4桁　　5　5桁

（第99回　国試　問5）

問14　t分布に関する記述のうち，正しいのはどれか．1つ選べ．

1　平均値に対して左右非対称の分布である．
2　平均値は1である．
3　ガウス分布ともいわれる．
4　母集団の標準偏差が未知のとき統計解析に使われる．
5　順序尺度データの統計解析に使われる．

（第102回　国試　問68）

第 5 章

容量分析

5.1　容量分析の基本

5.1.1　容量分析とは

定量される物質と濃度既知の標準液が，過不足なく，速やかに，かつ確実に反応し，定量される物質のすべてが反応し終わった点を**当量点**という．しかし，当量点を正確に知ることは，容易ではなく，通常はさらに加えられたわずかな過剰の標準液の存在で急激に色調などが変化する物質（**指示薬**）により，この反応の**終点**を簡

当量点 equivalent point

指示薬 indicator
終点 end point

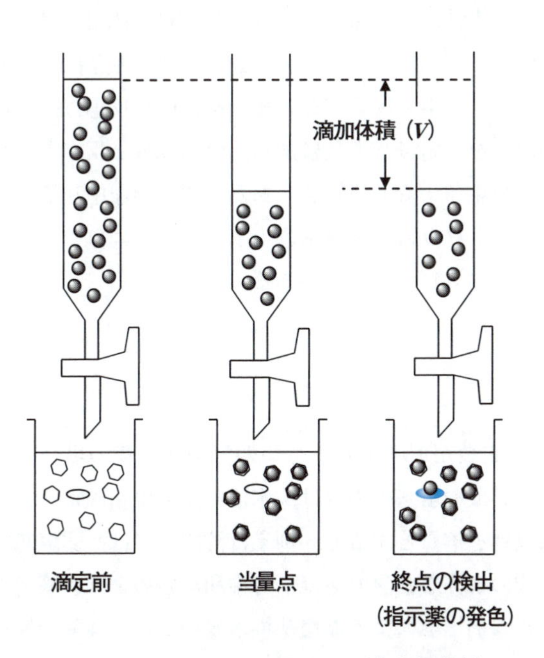

図 5.1　滴定操作法

便に検出することができるようになる.

このとき，滴加する標準液の濃度があらかじめ正確に決定されているため，この標準液の滴加体積（V mL）から，この標準液と反応した目的成の濃度あるいは含量を正確に決定することができるため，このような分析法を**容量分析法**という.

容量分析法 volumetric analysis

通常，一定量の試料溶液を正確に反応容器に量りとり，それにビュレットを用いて標準液を終点まで滴加する．この操作を**滴定**といい，容量分析は**滴定分析**とも呼ばれている．容量分析法では，中和反応，キレート生成反応，沈殿生成反応，酸化還元反応のいずれかを原理としている．滴定により定量分析が達成されるためには，これらの反応は一般的に反応の進行が，1）定量的（平衡定数が大きい），2）速やか（速度定数が大きい），3）副反応を伴わず，4）適切な終点検出法があり，5）正確な濃度の標準液を調製できる，などの条件が満たされなければならない.

滴定 titration
滴定分析 titration analysis

5.1.2 容量分析法の種類

容量分析法は，定量される目的物質の性質の違いなどにより，次に示す5つの方法（滴定法）が知られている.

A 中和滴定

中和滴定 neutralization titration

定量目的の医薬品が酸もしくは塩基であるとき，それぞれを塩基または酸で滴定すれば，中和され，塩となる．中和反応を利用するため，当量的に反応し，終点を迎えたとき，過剰に加えられた塩基もしくは酸によって急激にpHが変化（pH飛躍 pH-jump）するので，例えばpH指示薬のような変色試薬を終点指示薬として用いれば，目的成分が定量できる．中和反応が遅い場合や，中和反応以外の反応を伴う場合，濃度既知の酸や塩基を一定量，過剰に加え，目的成分と反応させた残りの塩基や酸を，逆に酸や塩基で中和する逆滴定法もある．標準的な中和滴定で定量される物質例として，水酸化ナトリウム，炭酸水素ナトリウムやニコチン酸などがあり，逆滴定の代表例として，アスピリンなどがある.

B 非水滴定

非水滴定 nonaqueous titration

定量目的の医薬品が，電離定数が 10^{-7} より小さい弱酸や弱塩基の場合，あるいは比較的酸性や塩基性の大きい酸や塩基の場合は，水溶液中で中和滴定を行うことは困難である．しかし，水以外を溶媒とすると，例えば酢酸中では，弱塩基であっても強塩基になり，過塩素酸のような強酸であたかも中和滴定のように滴定できる．弱酸の場合は，ジメチルホルムアミドのような塩基性溶媒中では，強酸の性質を示し，テトラメチルアンモニウムヒドロキシドのような強塩基などで滴定できる．水以外の液体を溶媒として用いるため，これらの滴定を非水滴定と呼ぶ．非水滴定においても，プロトン付加で変色するような指示薬で終点の検出を行うが，非水溶媒中でも溶媒プロトン活量が変化するのでガラス電極や電極間の電位差を測定しても終点を知ることができる．

C　沈殿滴定

沈殿滴定
precipitation titration

ハロゲン化物イオンやシアン化物イオンを含む医薬品や化合物の場合，銀イオンによる定量的な沈殿生成反応または錯イオン生成反応を利用したものである．標準液には硝酸銀溶液などを用い，終点検出は指示薬法あるいは銀電極を用いる電位差滴定法が採用されている．ハロゲン化物イオンを対象とした沈殿滴定法で，フルオレセインナトリウムを吸着指示薬としたファヤンス法と，硫酸アンモニウム鉄(Ⅲ)を指示薬として過量の硝酸銀をチオシアン酸アンモニウム標準液で逆滴定するフォルハルト法がある．一方，シアン化物イオンを対象とした沈殿滴定法には，ヨウ化カリウムを指示薬としたリービッヒ・ドゥニジェ法がある．

ファヤンス法 Fajans method
フォルハルト法
Volhard method
リービッヒ・ドゥニジェ法
Liebig-Dénigès method

D　キレート滴定

キレート滴定
chelatometric titration/
chelatometry

主に医薬品に含まれる金属イオンの定量に使われる方法である．金属イオンとエチレンジアミン四酢酸（EDTA）によるキレート生成反応（カニのハサミのように，キレート試薬の多座配位子が金属イオンを挟み込む）を用いた滴定法である．キレート試薬の金属イオンに対するキレート生成能は pH に大きく左右される．EDTA のキレート生成能は，金属イオンとプロトンの競合のために塩基性において有利であるが，金属イオンは塩基性においてヒドロキソ錯体を形成しやすい．そのため，キレート滴定では，EDTA と金属イオンの見かけのキレート生成定数が 10^8 以上となるよう，緩衝液によって pH を制御する必要がある．キレート滴定の終点の決定は，溶液中の金属イオン濃度の変化に応じて変色する金属指示薬が用いられる．金属指示薬はそれ自身キレート試薬であって，直接滴定の場合，終点指示は金属イオンとキレート生成した金属指示薬の色から，遊離型の色への変色した点とする．

金属指示薬 metal indicator

E　酸化還元滴定

酸化還元滴定
redox titration

酸化還元反応を利用した滴定法である．用いる標準液の種類によって，ヨウ素滴定法，ヨウ素酸塩滴定法，過マンガン酸塩滴定法など固有の名称で呼ばれている．酸化とは分子などが電子を失うことであり，逆に還元とは分子などが電子を得ることである．電子の授受により原子価の変化を伴う反応を用いる．過マンガン酸カリウムを酸化剤として用いる場合，過マンガン酸カリウムの濃度が薄くても赤紫色で，

ヨウ素滴定法 iodometry
ヨウ素酸塩滴定法
iodatimetric tirtration
過マンガン酸塩滴定法
permanganate titration

指示薬の機能を併せもつため，還元性物質に対して，その色が残るまで滴加して直接定量できる．あるいは過剰に加えた過マンガン酸カリウムをシュウ酸ナトリウムなどの還元剤で滴定する逆滴定もある．ヨウ素は穏やかな酸化剤で，相手を酸化すると，相手の電子を奪い自身はヨウ化物イオンとなる．またヨウ化物イオンは，酸化能のある成分により，ヨウ素となるため，生成したヨウ素をチオ硫酸ナトリウム標準液などの還元性をもつ試薬で滴定する．この場合の終点検出は，微量のヨウ素の存在でも青色となるデンプン液試液が用いられる．

5.1.3　標準液と濃度

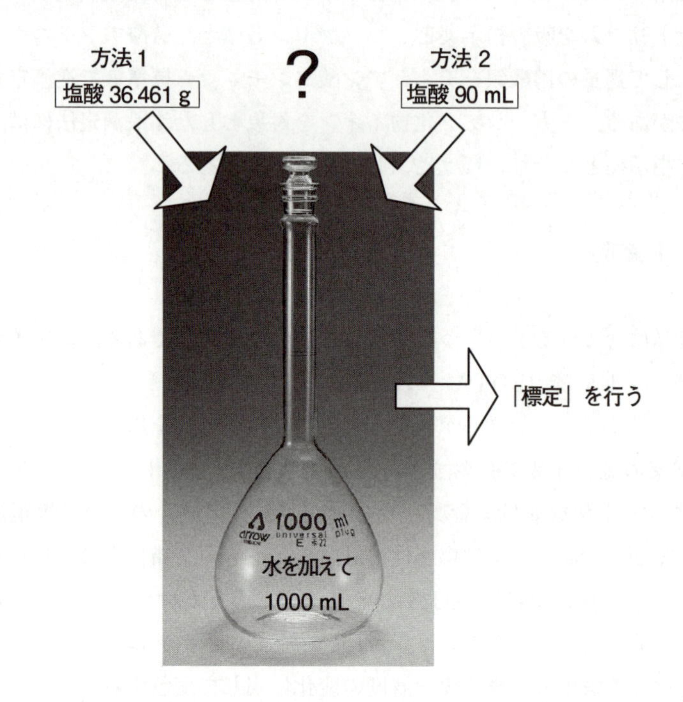

A　調製法

容量分析法では，消費された標準液の容量から医薬品の量を直接算出するため，標準液を正しく調製することは極めて重要である．しかしながら，標準液を調製する際，正確に規定のモル濃度の溶液をつくることは，まず困難であるし，またあまり意味もない．例えば，日局17では，1 mol/L 塩酸とは「1000 mL 中塩酸（HCl：分子量 36.46）36.461 g を含む」と定義され，その調製法として「塩酸 90 mL に水を加えて 1000 mL とし……」と記載されている．1 mol/L 塩酸では，1000 mL 中に正確には塩酸 36.461 g 含まれる必要があるが，このように大まかに塩酸 90 mL（密度 1.18，純度 35%とすると塩酸として 37.17 g になる）でよいのは，その後，調製された 1 mol/L 塩酸を，標準物質として炭酸ナトリウムを用いて「標定」という操作により，正確なモル濃度係数（ファクター：f）が決定され，使用されるからである．

標定 standardization

B　標　定

容量分析において，医薬品などの目的成分の含量を決定（定量）するためには，あらかじめその成分と定量的に反応する試薬溶液（標準液）を調製しておき，その濃度を正確に求めておく必要がある．標準液には規定のモル濃度に調製された液を用いる．例えば，それぞれの標準液につき，規定された物質 1 モルが 1000 mL 中に含まれるように調製した溶液が 1 モル濃度溶液であり，1 mol/L で表し，必要に応じて，それらを一定の割合で薄めて使用する．しかし，A で述べたように，規定された物質 1 モルを正確に量り取ることは難しいため，1 mol/L 塩酸のように，濃塩酸の密度と純度（含量）をもとに，90 mL に水を加えて 1000 mL とする，というような調製を行う．しかし，この溶液の濃度は正確に 1 mol/L である保証はないため，調製されたこの溶液について，炭酸ナトリウムを標準物質として，厳密に濃度を決める操作を行う．このように，標準液の濃度を決める操作を「標定」と呼ぶ．

C　ファクター（モル濃度係数：f）

標定の結果，調製した 1mol/L 塩酸の標準液が例えば 1.020 mol/L であったとすると，標準液のラベルには，「1.020 mol/L 塩酸」とは表記せず，「1 mol/L 塩酸 f = 1.020」と記入する．この「f」のことをファクター（モル濃度係数）と呼び，この係数，表記濃度ならびに実際の濃度との関係は，1 mol/L × 1.020 = 1.020 mol/L,

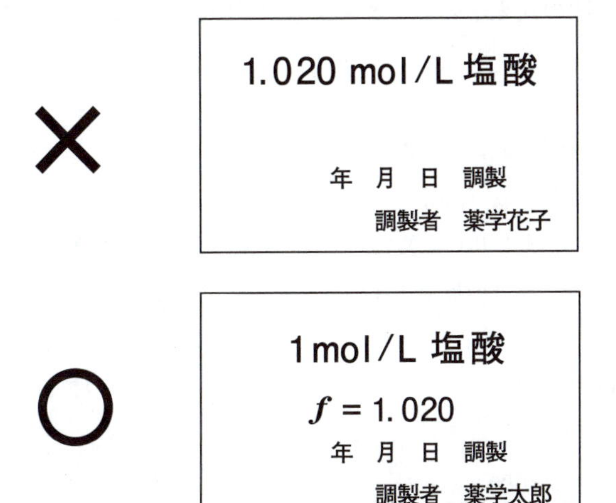

図 5.2　標準液の正しいラベルの例

となっている．実際のラベルへの記載例は図5.2のようになり，標準液の濃度とファクター以外に調製年月日や調製者の氏名も明記する．このファクターは，用いた標準物質（直接的な標定の場合は一次標準物質の質量，間接的な標定の場合は二次標準液量）から計算される必要滴加体積（滴加する標定対象の標準液が，所定のモル濃度（この場合は1 mol/L）の場合の計算上の必要滴加体積（理論mL）が，実際に調製した標準液での滴加体積（実験mL）のファクター（f）倍である，と定義される．

D ファクターの算出方法

標準液調製に用いた物質が塩酸で，標定に用いる標準物質が炭酸ナトリウム Na_2CO_3 の場合，塩酸と炭酸ナトリウムの反応は

$$2HCl + Na_2CO_3 = 2NaCl + CO_2 + H_2O \quad (1)$$

であり，1モル（mol）の炭酸ナトリウム（Na_2CO_3 = 105.99）は2モルの塩酸HClと過不足なく，定量的に反応する．したがって，塩酸1 mol/L = 炭酸ナトリウム105.99/2 = 53.00 gとなり，下記の**対応量**が得られる，

対応量 equivalent amount

$$1\ \mathrm{mol/L}\ 塩酸\ 1\ \mathrm{mL} = 53.00\ \mathrm{mg}\ Na_2CO_3 \quad (2)$$

標準液調製に用いた物質が硫酸で，標定に用いる標準物質が炭酸ナトリウムの場合，硫酸と炭酸ナトリウムの反応は

$$H_2SO_4 + Na_2CO_3 = Na_2SO_4 + CO_2 + H_2O \quad (3)$$

であり，1モルの炭酸ナトリウムは1モルの硫酸と過不足なく，定量的に反応するため，下記のような対応量となる．

$$1\ \mathrm{mol/L}\ 硫酸\ 1\ \mathrm{mL} = 105.99\ \mathrm{mg}\ Na_2CO_3 \quad (4)$$

$$0.5\ \mathrm{mol/L}\ 硫酸\ 1\ \mathrm{mL} = 53.00\ \mathrm{mg}\ Na_2CO_3 \quad (5)$$

炭酸ナトリウムの場合のように，固体の純物質（標準物質）を基準にする直接的な標定法では，次の式を用いてファクター（f）を求める．

$$f = \frac{1000 \times m}{V \times M \times n} \quad (6)$$

m：標準（物質）試薬などの採取量（g）

V：標準液の消費量（mL）

M：標準液の調製に用いた物質1モルに対応する標準（物質）試薬などの質量（g）

n：調製した標準液の規定されたモル濃度を表す数値

例えば，1 mol/L塩酸のファクターは，炭酸ナトリウムの秤量値を m，滴加した1 mol/L塩酸の体積を V とすると，

$$f = \frac{1000 \times m}{V \times 53.00(\mathrm{g/mol}) \times 1(\mathrm{mol/L})} \quad (7)$$

ここで，53.00(g/mol) × 1(mol/L) = 53.00(g/L) = 53.00(mg/mL)，すなわち

1 mol/L 塩酸 1 mL に対する，Na_2CO_3 の対応量（mg）であり，Na_2CO_3 の秤量値（1000 × m：mg）を対応量で割れば，この中和反応における理論的な 1 mol/L 塩酸の消費体積（理論 mL）が算出され，これを標定で得られた実験による 1 mol/L 塩酸の消費量（V：実験 mL）で割れば，f が求められる．

また，0.5 mol/L 硫酸のファクターも同様に，式（8）のようにして計算できる．

$$f = \frac{1000 \times m}{V \times 105.99 \times 0.5} \tag{8}$$

また，水酸化ナトリウム液は，濃度既知の塩酸や硫酸（二次標準）を用いて，間接的な標定を行うこともできる．この場合は，滴定に用いる二次標準（ファクター：f_1）の採取量を V_1 mL，標定される水酸化ナトリウム液標準液（ファクター：f_2）の消費量を V_2 mL とすると，次の関係が成り立ち，f_2 を間接的に求めることができる．

$$f_2 = \frac{f_1 \times V_1}{V_2} \tag{9}$$

実際の定量では，対応量が与えられている場合，対応量に滴定終点までの標準液の消費量（mL 数）を乗じれば，滴定対象となった物質量が求まるが，標準液のモル濃度は**表示濃度**であるため，実際の定量計算では下記のようにファクター（f）を乗じる必要がある．

物質量(mg) = 対応量(mg) × 標準液の消費量(mL) × 標準液のファクター(f)

E　各種標準液

中和滴定用標準液としては，塩酸，硫酸，水酸化ナトリウム液が，非水滴定用標準液として過塩素酸（酢酸溶液），酸化還元滴定用標準液として，過マンガン酸カリウム液，チオ硫酸ナトリウム液などがある．例えば，塩酸の場合，日局 17 に記載されている濃度は表 5.1 に示したとおりであり，2 ～ 0.001 mol/L まで 9 種類の濃度の標準液が規定されている．このうち，2 ～ 0.2 mol/L の濃度の標準液は，塩酸を水で希釈して調製するが，0.1 mol/L 以下は 0.2 mol/L 塩酸を正確に水で倍数希釈して調製する．調製した標準液は，別に規定するもの以外は，無色または遮光した共栓瓶に入れて保存する．調製した標準液の，規定されたモル濃度 n（mol/L）のずれをファクターにより表すが，日局 17 では，通例ファクターが 0.970 ～ 1.030 の範囲に入るように，標準液を調製する．

表 5.1 各種標準液の規定の濃度（日局 17）

塩　酸	硫　酸	水酸化ナトリウム液
2 mol/L 塩酸	0.5 mol/L 硫酸	1 mol/L 水酸化ナトリウム液
1 mol/L 塩酸	0.25 mol/L 硫酸	0.5 mol/L 水酸化ナトリウム液
0.5 mol/L 塩酸	0.1 mol/L 硫酸	0.2 mol/L 水酸化ナトリウム液
0.2 mol/L 塩酸	0.05 mol/L 硫酸	0.1 mol/L 水酸化ナトリウム液
0.1 mol/L 塩酸	0.025 mol/L 硫酸	0.05 mol/L 水酸化ナトリウム液
0.05 mol/L 塩酸	0.01 mol/L 硫酸	0.02 mol/L 水酸化ナトリウム液
0.02 mol/L 塩酸	0.05 mol/L 硫酸	0.01 mol/L 水酸化ナトリウム液
0.01 mol/L 塩酸	0.005 mol/L 硫酸	
0.001 mol/L 塩酸		

5.1.4 滴定に用いる量器

滴定法による容量分析では，体積測定用の容器（量器）が重要であり，以下に示した名称の量器がある．

ビュレット burette

A ビュレット

容量分析において重要な量器で，医薬品の定量に用いる 25 mL や 50 mL のビュレットは，図 5.3 のような構造をしている．長いガラス管（透明ガラスと褐色遮光ガラス）でできていて，0.1 mL まで目盛が付いているので，この最小目盛りの 1/10 の桁の 0.01 mL まで読み取る．滴加量を計測するため，目盛は，ガラス管の上部に 0 点がある．滴定開始の液面の 0 点から終了時の液面の読みの差が滴定値であり，この桁の読みまでが有効数字となる．

図 5.3 各種ビュレット

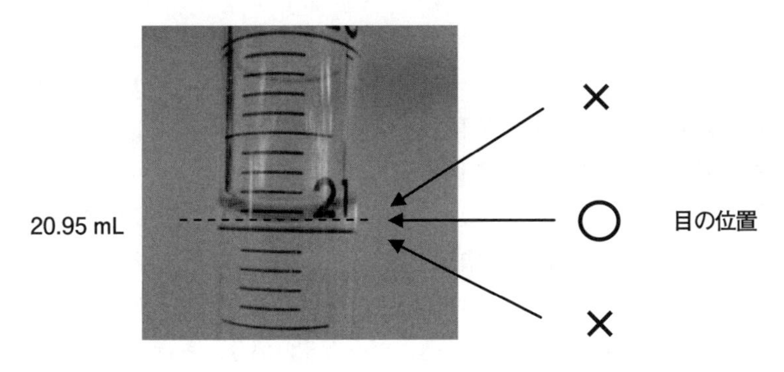

図 5.4　メニスカスの読み方

ビュレットの取り扱いの注意

① ビュレット内の液面は表面張力で曲面（メニスカス）を形成しているので，この最底部を真横から水平に読み取る．斜めから見ると誤差が生じる．

② 滴定の際，液がビュレットの内壁を流れ落ちるのに若干時間がかかるので，徐々に滴加するか，あるいは早く滴加したときには，すぐに目盛を読み取らず 20 ～ 30 秒後に読み取るようにしないと誤差を生じる．

③ 滴定中は，ビュレットからの滴加液が，被滴定容器内に速やかに拡散，混和するようにたえず撹拌することが重要である．撹拌にマグネティックスターラーを利用するのもよい．

④ ビュレットの下部には，摺り合わせやテフロンコックが付いていて，滴加する量を調節できるようになっているが，使用前に十分調整する．

⑤ 滴定を始める前に，コックの下に気泡の残っていないことを確認すると同時に，ビュレット先端に液滴の垂れ残りがないよう，注意深く観察することも大事である．

B　ホールピペット

ホールピペット
whole pipette,
volumetric pipette

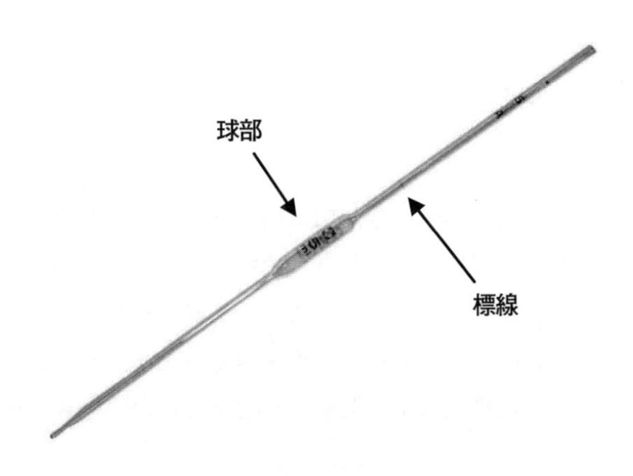

図 5.5　5 mL 用ホールピペット

ピペットには，全量に対して1つの標線を付けたホールピペットと，一定量ごとに目盛があるメスピペットがある．ホールピペットの方が精密であり，一定量の試料溶液を正確に量りとって別の容器に移す時に用いる量器である．ホールピペットへの溶液の採取は，ホールピペットを図5.6のようなゴム製安全ピペッターにしっかり取り付け，垂直にした状態で次の一連の操作を行う．まず，Aの弁の部分を指でしっかり押さえながら，球部の空気を抜く．Aの弁から指を離し，次にSの弁の部分を指で押し，注意しながら，球部の陰圧を利用してピペット内に液体を吸い込む．標線より少し多めに液体を吸い込んだら，Sの部分から指を離す．Eの部分に指をあて，ゆっくり押しながら，ピペット内のメニスカスを標線に合わせる．このとき，ピペットの先端にたれ残る液滴は，先端を器壁に触れさせ，除き取る．次いで，滴定容器にピペットの先端を移し，ピペット内の液を器壁に沿って，Eの弁を押しながら放流させる．放流が終わって先端部分に液が流下した後，Eの弁から指を離し，ホールピペットの球部を他の手に握り，体温でピペット内部の空気を膨張させ，残液をピペットの先端から押し出してできる液滴を，器壁に付けて移す．このようにして，公差の範囲内の誤差で，液体を移し取ることができる．

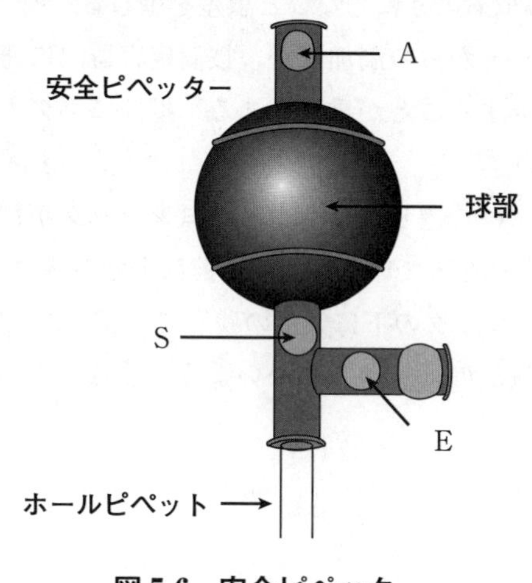

図5.6　安全ピペッター

メスフラスコ
volumetric flask

C　メスフラスコ

平底の球形フラスコに長い頸が付き，口に摺り合わせの栓がついている．頸の中ほどに標線が全周にわたって刻まれており，内液のメニスカスがこの標線に一致した時に，表示の容量となる．標準液や標定用の一次標準液を調製するときのように，溶質を溶媒に溶かして正確に一定液量の溶液をつくったり，ある濃度の溶液の一定量に溶液を加えて，求める希釈倍率の溶液の一定量を得たいときに用いる．

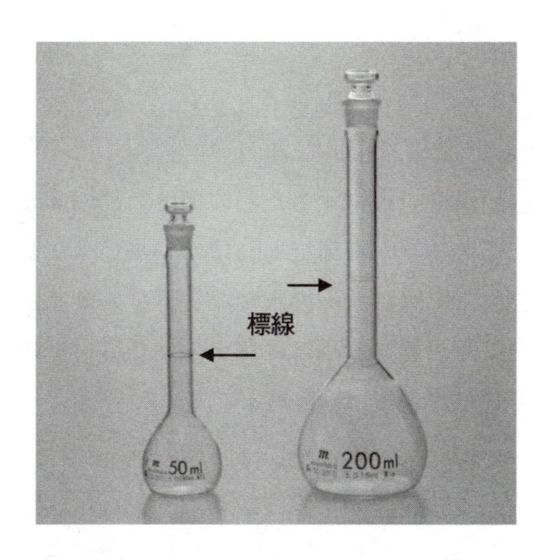

図 5.7　50 mL と 200 mL 用メスフラスコ

5.1.5　試料や標準物質の秤量と溶解

1）溶けやすい試料の場合：秤量瓶の風体（空の質量：a g）あるいは，秤量瓶を乗せ，表示をゼロとしたのち，秤量瓶に物質を入れて再び量る（b g）．$(b-a)$g または b g が物質の秤量値にあたる．秤量瓶の中の物質を溶媒で溶かし，洗いながら残りがないようメスフラスコに注ぎ込む．あらかじめ，秤量瓶の試料をビーカーや三角フラスコを用いてまず溶解し，それを洗い込みながらメスフラスコに移してもよい．必要に応じてロートを使う．

2）溶けにくい試料の場合：秤量瓶に物質を適量入れて，その全量を量る（a' g）．溶液調製用容器に内容物をほとんど移し，物質が微量残った秤量瓶を再び量る（b' g）．$(a'-b')$g が秤量値にあたる．

3）溶解：量った物質をフラスコ内に注意深く入れ，全容量の 1/2 ～ 3/4 量の溶媒を加えて，よく振り混ぜて完全に溶かす．次に同じ溶媒を，標線下 1 cm まで追加した後，最後はピペットなどで慎重に溶媒を加え，メニスカスの下端を標線に合わせる（メスアップ）．この後，密栓してメスフラスコを倒立させ，よく混和する操作を数回繰り返すと，均一な一定量の溶液ができる．

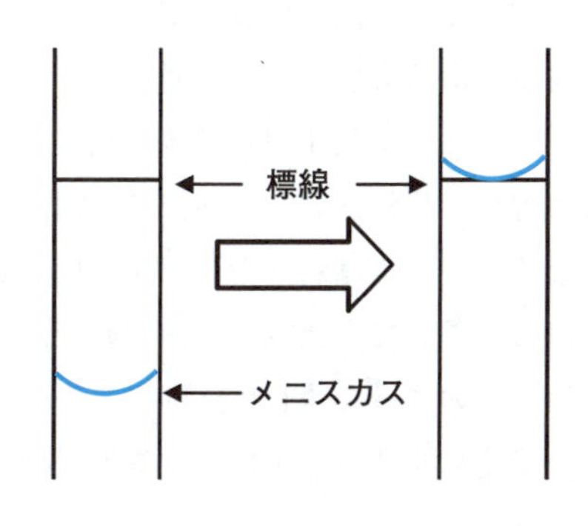

図 5.8 「メスアップ」とは

図 5.9　メスフラスコ内の溶液の混和

5.1.6 秤 量

標準液中の物質や，標準液を標定するための標準物質の量は，定量の際に基準となる大切な値である．その物質が液体であればホールピペットのような精度の高い量器で量り取るが，固体であれば，その正確な質量を天秤で量る．正確に質量を量ることを秤量という．秤量を行うためには化学天秤が用いられるが，今日ではデジタル式電子天秤（図 5.10）がよく用いられる．

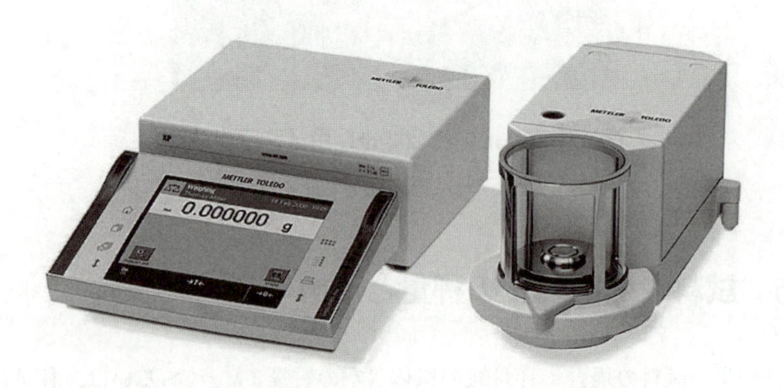

図 5.10 電子ミクロ天秤（メトラートレド社製）

感量 reciprocal sensitivity

表 5.2 化学天秤の種類と感量

天秤の種類	最大秤量値（g）	感量（mg）*	読み取り限度（mg）
化学はかり	100 ～ 200	1	0.1
セミミクロ化学はかり	10 ～ 50	0.1	0.01
ミクロ化学はかり	10 ～ 20	0.01	0.001
ウルトラミクロ化学はかり	～ 10	0.001	0.0001

* 感量とは天秤等で物質を量るとき，針の反応する最低の量を示す．

5.1.7 終点検出と補正

滴定終点の検出法としては，指示薬法が一般的に用いられる．指示薬は，被滴定溶液に添加して，当量点となった後，わずかに過量となった標準液の成分により，できるだけ大きな色調などの変化をもたらす物質である必要がある．過マンガン酸カリウム液は，それ自身着色しているため，標準液として酸化剤の働きに加え，指示薬の機能を併せもっている．日本薬局方の各容量分析法には，標準液等に対し，最も鋭敏に変化を示し，滴定の誤差が最小となるように選ばれた指示薬が濃度とともに記載されており，これに従って行う．しかし，それでも色調変化が微妙で，色は変化しても終点がはっきりしない場合がある．このような場合は，別のフラスコで変色を見届け，終点に近い色を見本として，滴定の再現性を上げる工夫も必要である．指示薬法の他には，電位差，電流などを機器を用いて測定し，グラフのプロットなどから終点を見極める方法もある．

また，日本薬局方の医薬品の各条の定量法の項に「空試験を行い補正する」あるいは「同様な方法で空試験を行う」という記述がみられる．**空試験**[*1]とは，試料液を用いない他は，試料液と同じ条件で行う滴定のことで，試料溶液中の目的以外の物質（不純物や空気中の酸素，二酸化炭素など）に基づく標準液の消費を消去する目的で行い，系統誤差を最小とする手段である．逆滴定の場合の空試験は意味が異なる．すなわち，一定過量加えられた反応物質に被定量物質が反応し，その残りを測定する本試験よりも，空試験では，被滴定液に含まれる一定過量加えられた反応物質がほぼ全量残るので，滴定量は多くなり，空試験の mL から本試験の mL を差し引いた体積が，滴定対象物質の量を示す値となる．

空試験 blank test

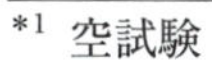
[*1] 空試験

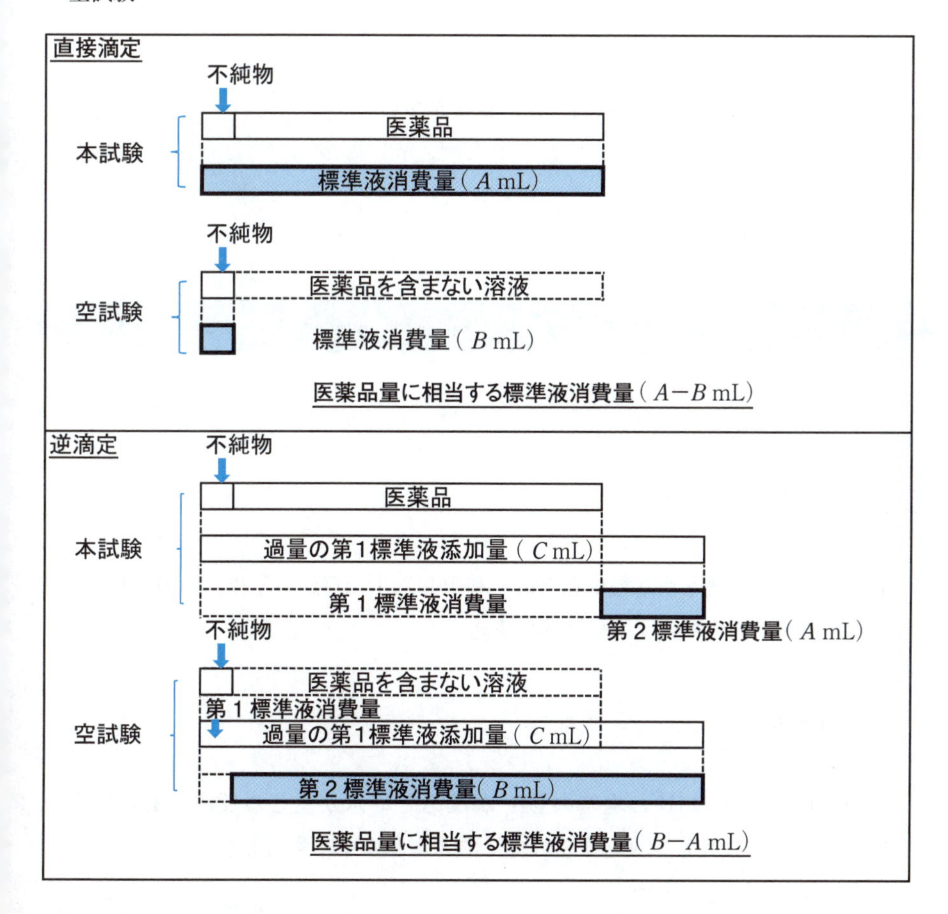

確認問題

次の記述について，正しいものには○，誤っているものには×を付けよ．

1) 規定された濃度 n にファクター f を掛けた値（$n \times f$）は，標準液の真の濃度を示す．（ ）
2) 対応量は，標準液（$f = 1.000$）1 L と反応する目的物質の質量（mg）を表したものである．（ ）
3) 通例，ファクター f は，0.950 ～ 1.050 の範囲にあるように調製する．（ ）
4) 容量分析用標準液の標定の間接法では，標準試薬を調製した標準液で滴定して標定する．（ ）
5) 逆滴定では，本試験の方が空試験より容量分析用標準液の消費量が多い．（ ）
6) 医薬品の中和滴定に用いられる塩酸，硫酸，水酸化ナトリウム液の規定の濃度は日本薬局方で決められている．（ ）

解 答

1) （○）
2) （×）
3) （×） 0.970 ～ 1.030 の範囲である．
4) （×）
5) （×） 空試験の方が本試験より消費量が多い．
6) （○）

5.2 中和滴定

5.2.1 中和滴定とは

中和滴定とは，酸と塩基の中和反応を利用し，中和反応終了後に過剰な酸や塩基を指示薬等を用いて検出する定量法である．

A 中和反応

中和反応は，酸の H^+ と塩基の OH^- が反応して水が生じる反応である．H^+ と OH^- は 1 : 1（モル比）で反応するので，酸と塩基が中和するとき，

H^+の物質量 = OH^-の物質量

の関係が成り立つ．例えば，濃度 c mol/L，体積 V mL の a 価の酸と，濃度 c' mol/L，体積 V' mL の b 価の塩基が過不足なく中和するとき，

$$a \times c \times \frac{V}{1000} = b \times c' \times \frac{V'}{1000}$$

の量的関係が成り立つ（図 5.11）．

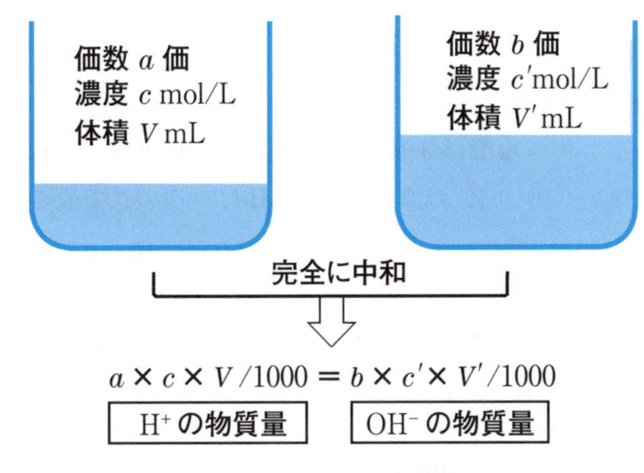

図 5.11　中和反応の量的関係

中和滴定は，このような酸と塩基による定量的な中和反応を利用した滴定法であり，**酸塩基滴定**，pH 滴定とも呼ばれる．標定により濃度を正確に求めた強酸（強塩基）の標準液を，濃度不明の塩基（酸）を含む試料溶液に加えて中和反応を起こさせ，この中和反応が完結するまでに要した標準液の消費量から試料溶液中の塩基（酸）の濃度や物質量を求める．試料溶液に一定過量の酸（塩基）の標準液を加えて反応させた後，過量の酸（塩基）の標準液を別の塩基（酸）の標準液で滴定する方法もある．前者を**直接滴定**，後者を**逆滴定**と呼ぶ．

この節では，水溶液中における酸塩基反応を利用する中和滴定について述べる．解離定数の小さい化合物については，水以外の溶媒（非水溶媒）を用いることで中和反応に基づく滴定（**非水滴定**）が可能である．これについては 5.3 節で述べる．

中和滴定 neutralization titration, neutralimetry
酸塩基滴定 acid-base titration
直接滴定 direct titration
逆滴定 back titration
非水溶媒 nonaqueous solvent
非水滴定 nonaqueous titration

5.2.2　滴定曲線

酸塩基滴定曲線（中和滴定曲線）は，横軸に標準液の滴加量，縦軸に標準液滴加に伴う試料溶液の pH（あるいは H^+ の濃度）変化をプロットすることにより得られる曲線である．酸塩基滴定曲線は，電位差滴定法により実験的に作図できるが，計算により理論的に滴定曲線を作成することもできる．滴定曲線の形状は，中和滴定

滴定曲線 titration curve

で用いられる標準液は強酸または強塩基なので，(1) 強酸を強塩基で滴定，(2) 弱酸を強塩基で滴定，(3) 強塩基を強酸で滴定，(4) 弱塩基を強酸で滴定，の4つに分類できる．また，(5) 多塩基酸を強酸で滴定したときに得られる滴定曲線についても言及する．

A　強酸を強塩基で滴定

例として，0.1 mol/L 塩酸 10 mL を，0.1 mol/L 水酸化ナトリウム液で滴定した場合を考える．塩酸と水酸化ナトリウムは，1：1（モル比）で反応し水と塩を生じる．

$$\mathrm{HCl + NaOH \longrightarrow NaCl + H_2O}$$

1) 滴定開始前（$V = 0$）：塩酸は強酸なので，$[\mathrm{H^+}] = 0.1$ mol/L，pH = 1 となる．

2) 当量点前（$0 < V < 10$）：$\mathrm{H^+}$ の濃度および pH は，次の式で表される[*2]．

$$[\mathrm{H^+}] = \frac{0.1 \times (10 - V)}{10 + V}\ \mathrm{mol/L},\quad \mathrm{pH} = -\log\left(\frac{0.1 \times (10 - V)}{10 + V}\right)$$

当量点 equivalence point

3) **当量点**（$V = 10$）：$\mathrm{H^+}$ の濃度および pH は，$[\mathrm{H^+}] = 10^{-7}$ mol/L，pH = 7 となる．

4) 当量点後（$10 < V$）：$\mathrm{H^+}$ の濃度および pH は，次の式で表される．

$$[\mathrm{OH^-}] = \frac{0.1 \times (V - 10)}{10 + V}\ \mathrm{mol/L}\ より，$$

$$[\mathrm{H^+}] = \frac{K_\mathrm{w} \times (10 + V)}{0.1 \times (V - 10)}\ \mathrm{mol/L},\quad \mathrm{pH} = 14 - \log\left(\frac{(10 + V)}{0.1 \times (V - 10)}\right)$$

pH 飛躍（pH ジャンプ）
pH-jump

図 5.12 に，本滴定により得られる滴定曲線を示す（曲線 A）．0.1 mol/L 水酸化ナトリウム液 10 mL を滴加したときに**当量点**（このとき pH = 7）となり，当量点付近では pH の大きな変化が観察される．これを **pH 飛躍（pH ジャンプ）**という．一方，滴定曲線 B は，0.01 mol/L 塩酸 10 mL を 0.01 mol/L 水酸化ナトリウム液で滴定したときに得られる滴定曲線である．当量点付近では pH 飛躍が観察されるが，滴定曲線 A と比べると幅は狭い．このように pH 飛躍は，試料溶液と標準液の濃度が大きいほど大きくなる．

[*2] 厳密には，当量点付近においては水の解離を考慮する必要がある．

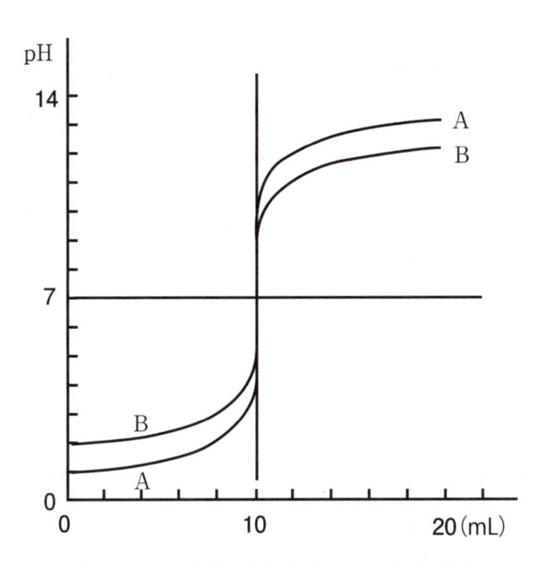

図 5.12　強酸–強塩基による滴定曲線
曲線 A：0.1 mol/L HCl–0.1 mol/L NaOH
曲線 B：0.01 mol/L HCl–0.01 mol/L NaOH

B　弱酸を強塩基で滴定

例として，0.1 mol/L 酢酸（$K_a = 1.8 \times 10^{-5}$，$pK_a = 4.7$）10 mL を，0.1 mol/L 水酸化ナトリウム液で滴定した場合を考える．酢酸と水酸化ナトリウムは，1：1（モル比）で反応し水と酢酸ナトリウムを生じる．

$$CH_3COOH + NaOH \longrightarrow CH_3COONa + H_2O$$

1）滴定開始前：酢酸は弱酸なので，$[H^+] = \sqrt{1.8 \times 10^{-5} \times 0.1}$ mol/L，pH = 2.9

$pH = 1/2(4.7 - \log 0.1) = 2.9$

2）当量点前（$0 < V < 10$）：0.1 mol/L 水酸化ナトリウム液を V mL 滴加した時の溶液は，酢酸と酢酸ナトリウムの混液からなる緩衝液となっている．H^+ の濃度および pH は，次の式で表される．

$$[H^+] = 1.8 \times 10^{-5} \times \frac{[CH_3COOH]}{[CH_3COONa]} = 1.8 \times 10^{-5} \times \frac{10 - V}{V} \text{ mol/L},$$

$$pH = pK_a + \log \frac{[CH_3COONa]}{[CH_3COOH]} = 4.7 + \log \frac{V}{10 - V}$$

3）**当量点**（$V = 10$）：0.1 mol/L 水酸化ナトリウム液を 10 mL 滴加した時の溶液は，0.05 mol/L 酢酸ナトリウム液である．H^+ の濃度および pH は，次の式で表される．

$$[OH^-] = \sqrt{0.05 \times \frac{K_w}{1.8 \times 10^{-5}}} \text{ mol/L}, [H^+][OH^-] = K_w \text{ より},$$

$$[H^+] = \sqrt{\frac{1.0 \times 10^{-14} \times 1.8 \times 10^{-5}}{0.05}} \text{ mol/L},$$

$$pOH = \frac{1}{2}(pK_b - \log 0.05) = \frac{1}{2}\left((14 - 4.7) - \log\frac{0.1}{2}\right) = 5.3,$$

$$pH = 14 - pOH = 14 - 5.3 = 8.7$$

4）当量点後（10＜V）：0.1 mol/L 塩酸を V mL 滴加した時の溶液の H^+ の濃度および pH は，次の式で表される．

$$[OH^-] = 0.1 \times \frac{V-10}{10+V}\ \text{mol/L},\ [H^+][OH^-] = K_w より,\ [H^+] = \frac{K_w(10+V)}{0.1(V-10)}\ \text{mol/L},$$

$$pH = 14 - \log\left(0.1 \times \frac{V-10}{10+V}\right)$$

図5.13に，本滴定により得られる滴定曲線を示す．当量点付近では pH 飛躍（pH ジャンプ）が観察されるが，強酸–強塩基の滴定曲線（図5.12）と比べ，**pH 飛躍は狭く，当量点は塩基性側**である．

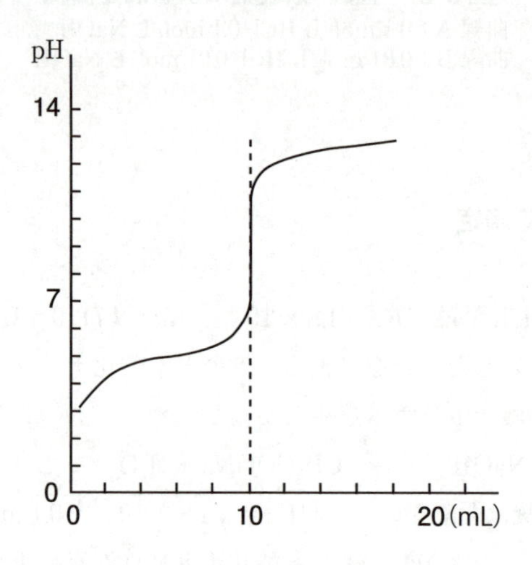

図 5.13　弱酸–強塩基による滴定曲線

C　強塩基を強酸で滴定

この酸塩基滴定曲線は，強酸を強塩基で滴定したときに得られる滴定曲線（図5.12）を当量点で左右対称にしたものになる．当量点付近では pH 飛躍（pH ジャンプ）が観察され，試料溶液と標準液の濃度が大きいほど大きくなる．

D　弱塩基を強酸で滴定

この酸塩基滴定曲線は，弱酸を強塩基で滴定したときに得られる滴定曲線（図5.13）を当量点で左右対称にしたものになる．当量点付近では pH 飛躍（pH ジャンプ）が観察されるが，強塩基–強酸の滴定曲線と比べ，**pH 飛躍は狭く，当量点**

は酸性側である．

E　多塩基酸を強酸で滴定

例として，0.1 mol/L リン酸 H_3PO_4 10 mL を 0.1 mol/L 水酸化ナトリウム液で滴定した場合を考える．リン酸は三塩基酸で，**3 つの酸解離定数 K_{a1} ～ K_{a3} をもつ**．滴定の進行に伴い，水酸化ナトリウムとは次のように段階的に反応する．

$$H_3PO_4 + NaOH \longrightarrow NaH_2PO_4 + H_2O \quad K_{a1} = 7.5 \times 10^{-3} (pK_{a1} = 2.12) \quad (1)$$

$$NaH_2PO_4 + NaOH \longrightarrow Na_2HPO_4 + H_2O \quad K_{a2} = 6.2 \times 10^{-8} (pK_{a2} = 7.21) \quad (2)$$

$$Na_2HPO_4 + NaOH \longrightarrow Na_3PO_4 + H_2O \quad K_{a3} = 4.8 \times 10^{-13} (pK_{a3} = 12.32) \quad (3)$$

滴定曲線を図 5.14 に示す．第一当量点および第二当量点における pH は，それぞれ次の式により計算できる．

$$\text{第一当量点の pH} = \frac{1}{2}(pK_{a1} + pK_{a2}) = \frac{1}{2}(2.12 + 7.21) = 4.67$$

$$\text{第二当量点の pH} = \frac{1}{2}(pK_{a2} + pK_{a3}) = \frac{1}{2}(7.21 + 12.32) = 9.77$$

なお，第三当量点については，K_{a3} が著しく小さい（pK_{a3} の値が著しく大きい）ため，ほとんど観察されない．

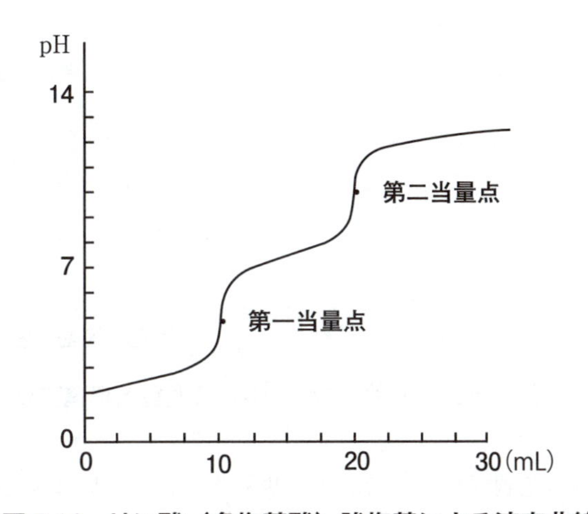

図 5.14　リン酸（多塩基酸）-強塩基による滴定曲線

多塩基酸の滴定曲線は，各段階の解離における酸解離定数により，明確な当量点が観察できる場合，できない場合が存在する．

5.2.3　滴定終点の求め方

中和滴定の終点は，指示薬の当量点付近での色調変化を利用する**指示薬法**，標準液の滴加量に対する起電力の変化を利用する**電位差滴定法**により知ることができる．

A　指示薬法

酸塩基指示薬
acid-base indicator

中和滴定における指示薬は，**酸塩基指示薬**，**pH 指示薬**などと呼ばれる．試薬自身が弱酸，弱塩基，あるいは両性の化合物で，滴定進行による指示薬の分子構造の変化により色調が変化する．

キノイド構造
quinoid structure

例えば，強酸や弱酸を強塩基で滴定する際などに用いられる弱酸性化合物の**フェノールフタレイン**は，終点前までは無色（酸性色）を示すが，終点付近では**キノイド構造**をとり赤紫色（塩基性色）になる（ただし，強塩基性条件では再び無色となる）．同様に，塩基を強酸で滴定するときなどに用いられる弱塩基性化合物の**メチルオレンジ**では，塩基性条件では黄色（塩基性色）を示すが，終点付近では**キノイド構造**をとり赤色（酸性色）になる（図 5.15）．

(a)

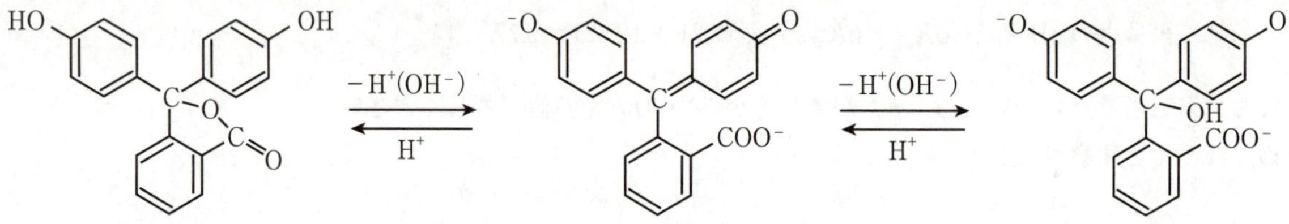

無色（酸性色）　$\underset{H^+}{\overset{-H^+(OH^-)}{\rightleftarrows}}$　赤紫色（塩基性色）　$\underset{H^+}{\overset{-H^+(OH^-)}{\rightleftarrows}}$　無色（強塩基性色）

(b)

赤色（酸性色）　$\underset{H^+}{\overset{-H^+(OH^-)}{\rightleftarrows}}$　黄色（塩基性色）

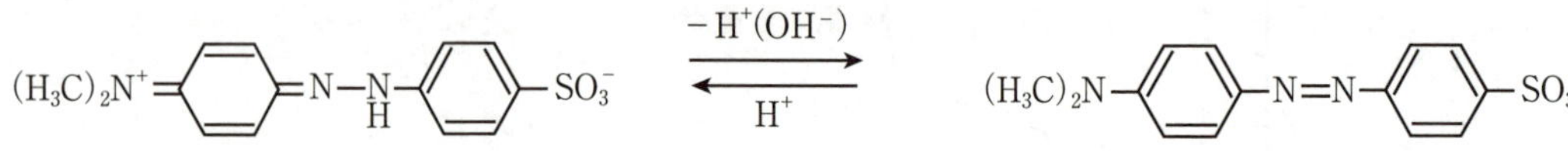

図 5.15　フェノールフタレイン（a）とメチルオレンジ（b）の変色と構造変化

終点近辺における色調変化は，指示薬の共役酸と共役塩基の存在比率に基づいている．弱酸性の指示薬を HIn とし，水中で

$$\text{HIn（酸性色）} \rightleftarrows \text{H}^+ + \text{In}^- \text{（塩基性色）}$$

のように解離するものとする．HIn の解離定数を K_{in} とすると，**ヘンダーソン・ハッセルバルヒの式**より，

$$\text{pH} = \text{p}K_{in} + \log\frac{[\text{In}^-]}{[\text{HIn}]}$$

となる．$\text{pH} = \text{p}K_{in}$ のとき，$[\text{In}^-] = [\text{HIn}]$ となり，このとき酸性色と塩基性色の中間の色を示す．

一般に，$\frac{1}{10} < \frac{[\mathrm{In}^-]}{[\mathrm{HIn}]} < 10$ の範囲，pH 条件では $\mathrm{p}K_{\mathrm{in}} - 1 < \mathrm{pH} < \mathrm{p}K_{\mathrm{a}} + 1$ のとき，肉眼で指示薬の色調変化を観察することができる．

指示薬法における指示薬の選択は，滴定の当量点の pH が指示薬の変色範囲に合うものを選ぶのが基本である．代表的な指示薬を表 5.3 に示す．

表 5.3　中和滴定で用いる代表的な指示薬

指示薬名	略　名	変色域(pH)	2　3　4　5　6　7　8　9　10　11　12　13
メチルオレンジ	MO	3.1 ～ 4.4	赤↔橙↔黄
メチルレッド	MR	4.2 ～ 6.2	赤↔橙↔黄
ブロモチモールブルー	BTB	6.0 ～ 7.6	黄↔緑↔青
フェノールフタレイン	PP	8.6 ～ 9.8	無↔淡赤↔赤↔無

メチルレッド

HO—C(=O)

CH_3, CH_3 —N—, —N=N—

ブロモチモールブルー

$(H_3C)_2HC$, HO, Br, CH_3, CH_3, Br, OH, $CH(CH_3)_2$, O, SO_2

B　電位差滴定法

電位差滴定法は，適当な指示薬がない場合や試料溶液が着色しているため色調変化の観察が困難な場合などにも利用できる．中和滴定における終点の検出は，**指示電極**として**ガラス電極**，**参照電極**として**銀-塩化銀電極**を用いる**電位差滴定法**により行う．pH により終点の検出を行う場合は，**pH メーター**を用いることもできる．電位差滴定法についての詳細は，5.7 節で述べる．

指示電極 indicator electrode
ガラス電極 glass electrode
参照電極 reference electrode
銀-塩化銀電極 silver-silver chloride electrode
pH メーター pH meter

5.2.4　容量分析用標準液

局方医薬品の中和滴定で用いられる代表的な強酸または強塩基の標準液の調製と標定について説明する．

A　1 mol/L 水酸化ナトリウム液（日局 17）

1000 mL 中水酸化ナトリウム（NaOH：40.00）39.997 g を含む．

調製　水酸化ナトリウム 42 g [*3] を水 950 mL に溶かし，これに新たに製した水酸化バリウム八水和物飽和溶液 [*4] を沈殿がもはや生じなくなるまで滴加し，液をよく混ぜて密栓し，24 時間放置した後，上澄液を傾斜するか，またはガ

[*3] NaOH は吸湿性で，また CO_2 を吸収して表面が Na_2CO_3 になっているため，計算量（40.00 g）より多くとる．

[*4] 水酸化バリウムは，炭酸ナトリウムと次式のように反応し，炭酸バリウム $BaCO_3$ の沈殿を生じる．$Na_2CO_3 + Ba(OH)_2 \longrightarrow 2NaOH + BaCO_3\downarrow$

ラスろ過器（G3又はG4）を用いてろ過し，次の標定を行う．
標定　**アミド硫酸**（標準試薬）をデシケーター[*5]（減圧，シリカゲル）で約48時間乾燥し，その約1.5 gを精密に量り，新たに煮沸して冷却した水[*6] 25 mLに溶かし，調製した水酸化ナトリウム液で滴定 *<2.50>* [*7] し，ファクターを計算する（指示薬：ブロモチモールブルー試液2滴，又は電位差滴定法）．ただし，指示薬の滴定の終点は緑色を呈するときとする．

1 mol/L 水酸化ナトリウム液 1 mL = 97.09 mg $HOSO_2NH_2$

注意：密栓した瓶又は二酸化炭素吸収管（ソーダ石灰）を付けた瓶に保存する．長く保存したものは標定し直して用いる．1000 mL中水酸化ナトリウム（NaOH：40.00）39.997 gを含む．

標準試薬であるアミド硫酸（$HOSO_2NH_2$：97.09）と水酸化ナトリウム NaOH は，1：1（モル比）で反応する．

$$HOSO_2NH_2 + NaOH \longrightarrow NaOSO_2NH_2 + H_2O$$

1 mol の $HOSO_2NH_2$（97.09×10^3 mg）と 1 mol の NaOH（1 mol/L 水酸化ナトリウム液 1000 mL）が反応する．**対応量**（**滴定係数**）は，標準液（$f = 1.000$）1 mL に対応する目的物質の質量（mg）で表されるので，

$$1\ \text{mol/L 水酸化ナトリウム液 } 1\ \text{mL} = \frac{97.09 \times 10^3}{1000}\ \text{mg} = 97.09\ \text{mg}\ HOSO_2NH_2$$

となる．

＜別解＞　1 mol/L 水酸化ナトリウム液 1 mL 中に含まれる NaOH は $\frac{1}{1000}$ mol.

$HOSO_2NH_2$：NaOH = 1：1（モル比）で反応するので，対応する $HOSO_2NH_2$ は $\frac{1}{1000}$ mol．質量にすると，$97.09 \times 10^3 \times \frac{1}{1000} = 97.09$ mg.

調製した 1 mol/L 水酸化ナトリウム液のファクター f の算出は，以下のように行う．アミド硫酸の採取量を m g とし，1 mol/L 水酸化ナトリウム液を V mL 滴定したときに終点に達したとする．

アミド硫酸の物質量は $\frac{m}{97.09}$ mol，滴定量 V mL 中に含まれる水酸化ナトリウムの物質量は $1 \times f \times \frac{V}{1000}$ mol で，$HOSO_2NH_2$：NaOH = 1：1（モル比）で反応するので，

$$\frac{m}{97.09} = f \times 1 \times \frac{V}{1000} \quad \therefore \quad f = \frac{1000 \times m}{V \times 97.09 \times 1}$$

デシケーター

[*5] デシケーター：ガラスなどでできている乾燥容器で，穴のあいた中板の下に乾燥剤を入れ，中板の上に乾燥させる物質をのせる．フタの丈夫なコックと真空ポンプをつないで減圧して乾燥する．
[*6] 中の炭酸を追い出すために煮沸する．
[*7] 日本薬局方　一般試験法　2. 物理的試験法　2.50　滴定終点検出法

となる（4.3.4（B）直接法の式に直接当てはめてもよい）.

＜別解＞　対応量（97.09 mg）より，アミド硫酸の採取量 m g に対して，理論的に必要な 1 mol/L 水酸化ナトリウム液（$f = 1.000$）の消費量（理論値 mL）は，

$\frac{m \times 10^3}{97.09}$ mL となる.

$$f = \frac{\text{理論値mL}}{\text{実験値mL}}$$

より，

$$f = \frac{\frac{m \times 10^3}{97.09}}{V} = \frac{1000 \times m}{V \times 97.09}$$

となる.

B　0.5 mol/L 硫酸（日局 17）

硫酸 1000 mL 中硫酸（H_2SO_4：98.08）49.04 g を含む.

調製　硫酸 30 mL [*8] を水 1000 mL 中にかき混ぜながら徐々に加え，放冷し，次の標定を行う.

標定　炭酸ナトリウム（標準試薬）を 500 ～ 650℃で 40 ～ 50 分間加熱した後，デシケーター（シリカゲル）中で放冷し，その約 0.8 g を精密に量り，水 50 mL に溶かし，調製した硫酸で滴定 *<2.50>* し，ファクターを計算する（指示薬法：メチルレッド試液 3 滴，又は電位差滴定法）．ただし，指示薬法の滴定の終点は液を注意して煮沸し，ゆるく栓をして冷却するとき，持続する橙色～橙赤色を呈するときとする．電位差滴定法は，被滴定液を激しくかき混ぜながら行い，煮沸しない.

0.5 mol/L 硫酸 1 mL = 53.00 mg Na_2CO_3

標準試薬である炭酸ナトリウム（Na_2CO_3：105.99）と硫酸 H_2SO_4 は，1：1（モル比）で反応する.

$$H_2SO_4 + Na_2CO_3 \longrightarrow Na_2SO_4 + CO_2 + H_2O$$

1 mol の Na_2CO_3（105.99 × 10^3 mg）と 1 mol の H_2SO_4（0.5 mol/L 硫酸 2000 mL）が反応する．よって対応量は，

$$0.5\ \text{mol/L 硫酸 1 mL} = \frac{105.99 \times 10^3}{2000}\ \text{mg} = 53.00\ \text{mg}\ Na_2CO_3$$

となる.

[*8] 硫酸の含量は約 96%（比重約 1.84）で，計算上は 27.7 mL 量ればその中に 0.5 mol の硫酸が含まれることになるが，硫酸は粘性があるため 30 mL を量る.

＜別解＞ 0.5 mol/L 硫酸 1 mL 中に含まれる H_2SO_4 は $0.5 \times \frac{1}{1000}$ mol. Na_2CO_3：H_2SO_4 = 1：1（モル比）で反応するので，対応する Na_2CO_3 は $0.5 \times \frac{1}{1000}$ mol. 質量にすると，$105.99 \times 10^3 \times 0.5 \times \frac{1}{1000} = 53.00$ mg.

調製した 0.5 mol/L 硫酸のファクター f の算出は，以下のように行う．

炭酸ナトリウムの採取量を m g とし，0.5 mol/L 硫酸を V mL 滴定したときに終点に達したとする．炭酸ナトリウムの物質量は $\frac{m}{105.99}$ mol，滴定量 V mL 中に含まれる硫酸の物質量は $f \times 0.5 \times \frac{V}{1000}$ mol であり，Na_2CO_3：H_2SO_4 = 1：1（モル比）で反応するので，

$$\frac{m}{105.99} = f \times 0.5 \times \frac{V}{1000} \quad \therefore \quad f = \frac{1000 \times m}{V \times 53.00 \times 1}$$

となる．

＜別解＞ 対応量（53.00 mg）より，炭酸ナトリウムの採取量 mg に対して，理論的に必要な 0.5 mol/L 硫酸（$f = 1.000$）の消費量（理論値 mL）は，$\frac{m \times 10^3}{53.00}$ mL となる．

$$f = \frac{\text{理論値mL}}{\text{実験値mL}}$$

より，

$$f = \frac{\frac{m \times 10^3}{53.00}}{V} = \frac{1000 \times m}{V \times 53.00}$$

となる．

5.2.5 医薬品への応用

局方収載医薬品のうち，中和滴定が適用されている水酸化ナトリウム，ホウ酸，ベンジルアルコールおよびアスピリンについて説明する．

A 水酸化ナトリウムの定量（日局 17）

> 水酸化ナトリウム約 1.5 g を精密に量り，新たに煮沸して冷却した水 40 mL を加えて溶かし，15℃に冷却した後，フェノールフタレイン試液 2 滴を加え，0.5 mol/L 硫酸で滴定 <*2.50*> し，液の赤色が消えたときの 0.5 mol/L 硫酸の量を A（mL）とする．さらにこの液にメチルオレンジ試液 2 滴を加え，再び 0.5 mol/L 硫酸で滴定〈*2.50*〉し，液が持続する淡赤色を呈したときの 0.5 mol/L 硫酸の量を B（mL）とする．（A − B）mL から水酸化ナトリウム（NaOH）の量を計算する．
>
> 0.5 mol/L 硫酸 1 mL = 40.00 mg NaOH

水酸化ナトリウム（NaOH：40.00）は，次式のような反応により空気中の二酸化炭素を吸収して炭酸ナトリウム Na_2CO_3 を含んでいる場合が多い．

$$2NaOH + CO_2 \longrightarrow Na_2CO_3 + H_2O$$

そこで，局方の水酸化ナトリウムの定量は，変色域の異なる 2 種類の指示薬（フェノールフタレイン，メチルオレンジ）を用いて水酸化ナトリウムと炭酸ナトリウムの分別定量を行う**ワルダー法**が採用されている．

ワルダー法 Warder method

ワルダー法は，以下の二段階の反応に基づく．

（1）試料溶液にフェノールフタレイン指示薬を加え，0.5 mol/L 硫酸で滴定する（硫酸の消費量 A mL）．このとき，NaOH は完全に中和し，共存する Na_2CO_3 は炭酸水素ナトリウム $NaHCO_3$ の段階まで反応が進行する．

$$2NaOH + H_2SO_4 \longrightarrow Na_2SO_4 + 2H_2O \qquad (a)$$

$$2Na_2CO_3 + H_2SO_4 \longrightarrow Na_2SO_4 + 2NaHCO_3 \qquad (b)$$

（2）メチルオレンジを加え，0.5 mol/L 硫酸で滴定（硫酸の消費量 B mL）する．このとき，$NaHCO_3$ は完全に中和する．

$$2NaHCO_3 + H_2SO_4 \longrightarrow Na_2SO_4 + 2CO_2 + 2H_2O \qquad (c)$$

式（a）より，2 mol の NaOH（$2 \times 40.00 \times 10^3$ mg）と 1 mol の硫酸（0.5 mol/L 硫酸 2000 mL）が反応する．よって対応量は，

$$0.5\ \text{mol/L 硫酸}\ 1\ \text{mL} = \frac{2 \times 40.00 \times 10^3}{2000}\ \text{mg} = 40.00\ \text{mg NaOH}$$

となる．

式（b）および（c）における硫酸の消費量は等しいので，A mL のうち NaOH の中和に消費された硫酸の量は $A - B$ mL である．よって NaOH の量（mg）は，

$$\text{NaOH 量(mg)} = 40.00 \times (A - B)$$

となる．

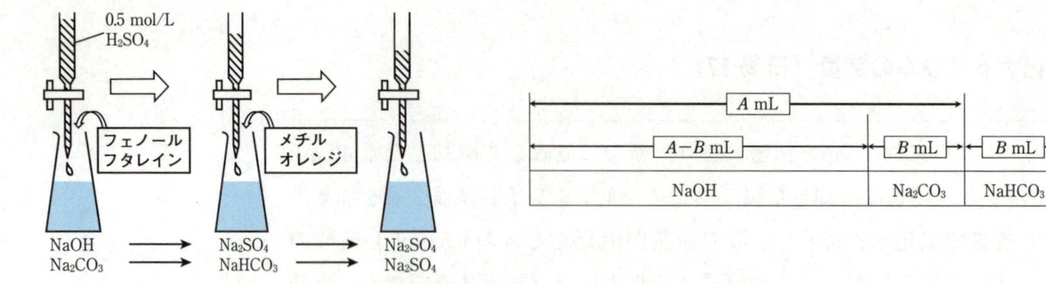

図 5.16 ワルダー法

一方，炭酸ナトリウム（Na_2CO_3：105.99）は，以下のように求めることができる．式（b），（c）より，硫酸と Na_2CO_3 は 1：1（モル比）で反応する．

$$Na_2CO_3 + H_2SO_4 = Na_2SO_4 + CO_2 + H_2O$$

よって対応量は，

$$0.5\ \text{mol/L 硫酸}\ 1\ \text{mL} = \frac{105.99 \times 10^3}{2000}\ \text{mg} = 52.99\ \text{mg}\ Na_2CO_3$$

となる．式（b）および（c）における硫酸の消費量は等しいので，炭酸ナトリウムを完全に中和するのに必要な硫酸の量は $2B$ mL である．よって Na_2CO_3 量（mg）は，

$$Na_2CO_3\text{量(mg)} = 52.99 \times 2B$$

となる．

B ホウ酸の定量（日局 17）

D-ソルビトール

HO H H OH / OH / HO / HO H H OH

> 本品を乾燥し，その約 1.5 g を精密に量り，D-ソルビトール 15 g 及び水 50 mL を加え，加温して溶かし，冷後，1 mol/L 水酸化ナトリウム液で滴定〈*2.50*〉する（指示薬：フェノールフタレイン試液 2 滴）．
>
> 1 mol/L 水酸化ナトリウム液 1 mL = 61.83 mg H_3BO_3

ホウ酸（H_3BO_3：61.83）は非常に弱い酸（$K_a = 5.8 \times 10^{-10}$）なので，そのままでは中和滴定による定量はできない．しかし，ホウ酸にグリセリン，マンニトール，ソルビトールや果糖などの多価アルコールを加えると錯体を生成し，強い一塩基酸として電離するため水酸化ナトリウム液による中和滴定が可能になる[*9]．

$$H_3BO_3 + 2\ \begin{matrix} | \\ \text{HO–C–H} \\ | \\ \text{HO–C–H} \\ | \end{matrix} \rightleftharpoons H^+ + \left[\begin{matrix} | & & | \\ \text{H–C–O} & & \text{O–C–H} \\ | & \text{B} & | \\ \text{H–C–O} & & \text{O–C–H} \\ | & & | \end{matrix} \right]^- + 3\ H_2O$$

---

*9 National Formulary ではグリセリン，ヨーロッパ薬局方では D-マンニトールを用いている．

見かけ上，ホウ酸の中和反応は次式のように進行する．

$$H_3BO_3 \rightleftarrows H^+ + BO_2^- + H_2O$$
$$HBO_2 + NaOH \rightleftarrows NaBO_2 + H_2O$$

1 mol のホウ酸（61.83×10^3 mg）は 1 mol の NaOH（1 mol/L 水酸化ナトリウム液 1000 mL）に対応する．よって対応量は，

$$\text{1 mol/L 水酸化ナトリウム液 1 mL} = \frac{61.83 \times 10^3}{1000}\ \text{mg} = 61.83\ \text{mg}\ H_3BO_3$$

となる．

＜別解＞　ホウ酸：NaOH = 1：1（モル比）で対応．$61.83 \times 10^3 \times 1 \times 1/1000 =$ 61.83 mg

C　ベンジルアルコールの定量（日局 17）

本品約 0.9 g を精密に量り，新たに調製したピリジン/無水酢酸混液（7：1）15 mL を正確に加え，還流冷却器を付け，水浴上で 30 分間加熱する．冷後，水 25 mL を加え，過量の酢酸を 1 mol/L 水酸化ナトリウム液で滴定 *<2.50>* する（指示薬：フェノールフタレイン試液 2 滴）．同様の方法で空試験を行う．

1 mol/L 水酸化ナトリウム液1 mL = 108.1 mg C_7H_8O

ベンジルアルコールは，ピリジン/無水酢酸混液を加えて加熱することにより，ベンジルアルコールのアルコール性水酸基がアセチル化される．

$$C_6H_5CH_2OH + (CH_3CO)_2O \longrightarrow C_6H_5CH_2OCOCH_3 + CH_3COOH \qquad (1)$$

アセチル化反応に使われなかった無水酢酸を水を加えて分解する．

$$(CH_3CO)_2O + H_2O \longrightarrow 2CH_3COOH \qquad (2)$$

(1) および (2) の 2 つの反応により生成した酢酸を，1 mol/L 水酸化ナトリウム液で滴定する．

$$CH_3COOH + NaOH \longrightarrow CH_3COONa + H_2O \qquad (3)$$

空試験の消費量から本試験の消費量を引いた量が，ベンジルアルコールとエステル結合した酢酸の量（＝式 (1) において生じた酢酸の量）に相当する．式 (1)，(3) より，1 mol のベンジルアルコール（108.14×10^3 mg）は 1 mol の酢酸に相当するので，1 mol の NaOH(1 mol/L 水酸化ナトリウム液 1000 mL）に対応する．よって対応量は，

$$1\ \text{mol/L 水酸化ナトリウム液 1 mL} = \frac{108.14 \times 10^3}{1000} = 108.1\ \text{mg}\ C_7H_8O$$

となる．

＜別解＞ ベンジルアルコール：NaOH = 1：1（モル比）で対応 $108.14 \times 10^3 \times 1 \times 1/1000 = 108.14$ mg

D アスピリンの定量（日局 17）

> 本品を乾燥し，その約 1.5 g を精密に量り，0.5 mol/L 水酸化ナトリウム液 50 mL を正確に加え，二酸化炭素吸収管（ソーダ石灰）を付けた還流冷却器を用いて 10 分間穏やかに煮沸する．冷後，直ちに過量の水酸化ナトリウムを 0.25 mol/L 硫酸で滴定〈*2.50*〉する（指示薬：フェノールフタレイン試液 3 滴）．同様の方法で空試験を行う[*10]．
>
> 0.5 mol/L 水酸化ナトリウム液 1 mL = 45.04 mg $C_9H_8O_4$

一定過量の水酸化ナトリウム液を加えてアスピリンを完全に加水分解した後，過量の水酸化ナトリウムを 0.25 mol/L 硫酸で滴定（逆滴定）する．

アスピリンと水酸化ナトリウムは，次式のように反応する．

CO_2H / O / O / CH_3 ＋ 2NaOH ⟶ CO_2Na / OH ＋ CH_3COONa ＋ H_2O

1 mol のアスピリン（180.16×10^3 mg）は 2 mol の NaOH（0.5 mol/L 水酸化ナトリウム液 4000 mL）に対応する．よって対応量は，

$$0.5\ \text{mol/L 水酸化ナトリウム液 1 mL} = \frac{180.16 \times 10^3}{4000}\ \text{mg} = 45.04\ \text{mg}\ C_9H_8O_4$$

となる．

＜別解＞ アスピリン：NaOH = 1：2 = 1/2：1（モル比）で対応．$180.16 \times 10^3 \times 1/2 \times 0.5 \times 1/1000 = 45.04$ mg

例えば，アスピリン 1.5000 g を量りとり，本法により定量したとき，0.25 mol/L 硫酸（$f = 1.020$）の消費量が，本試験では 19.00 mL，空試験では 50.00 mL だったとする．

このときアスピリンの含量（%）は，次のように計算できる．

[*10] 滴定中，空気中の二酸化炭素が 0.5 mol/L 水酸化ナトリウム液に溶け込む可能性があり，その影響を補正するために空試験を行う．

$$\text{アスピリンの含量}(\%) = \frac{\text{アスピリンの質量}(\text{mg})}{\text{試料の採取量}(\text{mg})} \times 100$$

$$= \frac{45.04 \times (50.00 - 19.00) \times 1.020}{1.5000 \times 10^3} \times 100$$

$$= 94.94 \fallingdotseq 94.9(\%)$$ [*11]

確認問題

次の記述について，正しいものには○，誤っているものには×を付けよ．

1)　弱塩基を強酸で滴定したときの終点は，塩基性側である．(　)
2)　弱酸を強塩基で滴定する際に用いる指示薬としては，メチルオレンジが適している．(　)
3)　アンモニアを硫酸で滴定する際に用いる指示薬としては，フェノールフタレインが適している．(　)
4)　容量分析用標準液塩酸を標定する際の標準試薬としては，炭酸水素ナトリウムを用いる．(　)
5)　容量分析用標準液水酸化カリウム液を標定する際の標準試薬としては，アミド硫酸を用いる．(　)
6)　中和滴定で用いる容量分析用標準液は，すべて強酸または強塩基である．(　)

解　答

1)　(×)
2)　(×)
3)　(×)
4)　(×)
5)　(○)
6)　(○)

[*11] 局方アスピリンは，乾燥したものは定量するとき99.5％以上を含む，と規定されている．したがって，94.9％という値は規定を満たしていないことになる．

5.3　非水滴定

5.3.1　非水滴定とは

中和滴定（5.2節）の際に観察される当量点付近の大きなpH飛躍は，滴定対象の酸または塩基が弱くなる（酸解離定数または塩基解離定数が小さくなる）に従って小さくなる．K_a が 10^{-7} 以下（K_b が 10^{-7} 以下）の弱酸性（弱塩基性）化合物を中和滴定により定量することは困難である．一方，局方収載の医薬品のほとんどは弱酸性や弱塩基性化合物であり，水に溶けにくいものも多いため，水溶液中で中和滴定できない．このような医薬品は，水以外の適当な溶媒（**非水溶媒**）に溶かして解離させることにより酸塩基滴定が可能となる．

非水溶媒
nonaqueous solvent
非水滴定
nonaqueous titration

この節では，解離定数の小さい化合物を水以外の適当な溶媒（非水溶媒）に溶かして行う**非水滴定**について述べる．

5.3.2　非水溶媒の種類

溶媒 solvent
プロトン性溶媒
protic solvent
非プロトン性溶媒
aprotic solvent
半プロトン性溶媒
semiprotic solvent

溶媒は大きくA **プロトン性溶媒**，B **非プロトン性溶媒**，C **半プロトン性溶媒**の3種類に分類される．ただし，C半プロトン性溶媒については，非プロトン性溶媒に含められることが多い．

A　プロトン性溶媒

溶媒自身がプロトンを授受できる溶媒で，プロトン性溶媒をSHとすると，下記式のような自己解離平衡を保つ．

$$2SH \rightleftharpoons SH_2^{+} + S^{-}$$

自己電離（自己プロトリシス）autoprotolysis

これを溶媒の**自己解離**（**自己プロトリシス**）という．

$$K = \frac{[SH_2^{+}][S^{-}]}{[SH]^2} \qquad K[SH]^2 = [SH_2^{+}][S^{-}] = K_{SH} \quad \text{自己プロトリシス定数}$$

プロトン性溶媒は，さらに3種類に分類できる．

酸性溶媒 acidic solvent

1）酸性溶媒（プロトン供与性溶媒）

水よりも酸性が強い（塩基性が弱い）溶媒，すなわちプロトンを供与する力がプロトンを受け取る力より強い溶媒で，酢酸(100)，ギ酸などがある．水中では弱塩基性の物質は，酸性溶媒では強塩基となるので，弱塩基性物質を過塩素酸で滴定するときの溶媒として用いられる．

2）塩基性溶媒（プロトン親和性溶媒）

塩基性溶媒 basic solvent

水よりも塩基性が強い（酸性が弱い）溶媒，すなわちプロトンを受け取る力の方が強い溶媒で，液体アンモニア，ブチルアミン $CH_3CH_2CH_2CH_2NH_2$ などがある．水中では弱酸性の物質は，塩基性溶媒では強酸となるので，弱酸性物質をテトラメチルアンモニウムヒドロキシド液などの標準液で滴定するときの溶媒として用いられる．

3）両性溶媒

両性溶媒 amphiprotic solvent

酸性および塩基性の強さが同程度の溶媒で，水，メタノール，エタノール，2-プロパノールなどがある．アルコール類は，水よりも弱い酸性または塩基性物質の滴定が可能である．また，有機化合物の可溶化溶媒として，他の溶媒と混合して用いられる．

B　非プロトン性溶媒

溶媒自身がプロトンの授受ができない溶媒で，ベンゼン，クロロホルム $CHCl_3$，アセトニトリル CH_3CN，ジメチルスルホキシド C_2H_6OS などがある．

C　半プロトン性溶媒

溶媒自身はプロトンを供与しないが受け取ることはできる溶媒で，ピリジン，*N,N*-ジメチルホルムアミド，アセトン CH_3COCH_3，1,4-ジオキサン，テトラヒドロフランなどがある．一般的には非プロトン性溶媒に含める．

5.3.3　酸と塩基の強さ

酸 HA が溶媒 HS で次式のように解離するものとする．

$$HA + SH \rightleftharpoons SH_2^+ + A^-$$

ここで，SH_2^+ は溶媒プロトンといい，SH が水の場合はオキソニウムイオン H_3O^+，酢酸の場合はアセトニウムイオン $CH_3COOH_2^+$，メタノールの場合はメチルオキソニウムイオン $CH_3OH_2^+$ と呼ばれる．表 5.4 に酸 HA を水に溶かした場合，溶媒 SH に溶かした場合の比較を示す．

表 5.4 酸 HA の水と溶媒 SH における解離

酸 HA の水中での解離：	酸 HA の溶媒 SH 中での解離：
$HA + H_2O \rightleftarrows H_3O^+ + A^-$ H_3O^+（オキソニウムイオン）	$HA + SH \rightleftarrows SH_2^+ + A^-$ SH_2^+：溶媒プロトン 酢酸：$CH_3COOH_2^+$（アセトニウムイオン） メタノール：$CH_3OH_2^+$（メチルオキソニウムイオン）
平衡定数 K，酸解離定数 K_a	平衡定数 K，酸解離定数 K_a
$K = \dfrac{[H_3O^+][A^-]}{[HA][H_2O]}$	$K = \dfrac{[SH_2^+][A^-]}{[HA][SH]}$
$K_a = K[H_2O] = \dfrac{[H_3O^+][A^-]}{[HA]}$	$K_a = K[SH] = \dfrac{[SH_2^+][A^-]}{[HA]}$

酸 HA の電離，すなわち HA が溶媒プロトン SH_2^+ をつくる割合は，HA の酸性が大きいほど，溶媒 SH の塩基性が大きいほど大きくなる．水中において過塩素酸，塩酸および硝酸は，以下の式のように解離する．

$$HClO_4 + H_2O \longrightarrow H_3O^+ + ClO_4^-$$
$$HCl + H_2O \longrightarrow H_3O^+ + Cl^-$$
$$HNO_3 + H_2O \longrightarrow H_3O^+ + NO_3^-$$

水平化効果 leveling effect

同濃度の過塩素酸，塩酸および硝酸を水に溶かすと，これらの酸は水中で完全に解離して同量の H_3O^+ を生じる．すなわち，酸の種類に関係なく同等の酸性度を示すことになる．これを水の**水平化効果**という．

一方，酢酸中において，過塩素酸，塩酸および硝酸は，以下の式のように解離する．

$$HClO_4 + CH_3COOH \rightleftarrows CH_3COOH_2^+ClO_4^- \rightleftarrows CH_3COOH_2^+ + ClO_4^- \quad K_a = 1 \times 10^{-5}$$
$$HCl + CH_3COOH \rightleftarrows CH_3COOH_2^+Cl^- \rightleftarrows CH_3COOH_2^+ + Cl^- \quad K_a = 1 \times 10^{-8.6}$$
$$HNO_3 + CH_3COOH \rightleftarrows CH_3COOH_2^+NO_3^- \rightleftarrows CH_3COOH_2^+ + NO_3^- \quad K_a = 1 \times 10^{-9.4}$$

アセトニウムイオン $CH_3COOH_2^+$ は，水中におけるオキソニウムイオン H_3O^+ と同様に，酢酸中で最も強い酸である．酢酸は酸性溶媒で，水と比べるとプロトンを受け取る力が弱い（塩基性が小さい）．過塩素酸，塩酸および硝酸は酢酸中では完全には解離せず，これらの酸は酢酸中ではみかけ上弱酸となる．酢酸中における酸解離定数の比較により，過塩素酸，塩酸，硝酸の酸性の強さは，

$$HClO_4 > HCl > HNO_3$$

の順になる[*12]．

塩基についても同様で，溶媒の種類により酸や塩基の強さは変化する．

[*12] 同濃度の臭化水素酸 HBr，硫酸 H_2SO_4 も含めた酢酸中での酸性の強さは，$HClO_4 > HBr > H_2SO_4 > HCl > HNO_3$ となる．なお，硫酸は水中では二塩基酸だが，酢酸中では一塩基酸として働く．

5.3.4 滴定終点の求め方

非水滴定の終点は，指示薬の当量点付近での色調変化を利用する**指示薬法**，標準液の滴加量に対する起電力の変化を利用する**電位差滴定法**により知ることができる．

A 指示薬法

非水滴定における指示薬は，中和滴定で用いられる指示薬と同様，試薬自身が弱酸，弱塩基，あるいは両性の化合物で，滴定進行による指示薬の分子構造の変化により色調が変化する．

例えば，弱塩基性化合物を過塩素酸で滴定する際に用いられる**クリスタルバイオレット**（メチルロザニリン塩化物）は，過塩素酸を加えるとプロトン付加し，紫色から緑（青緑）を経て黄色まで色調変化する（図 5.17）．

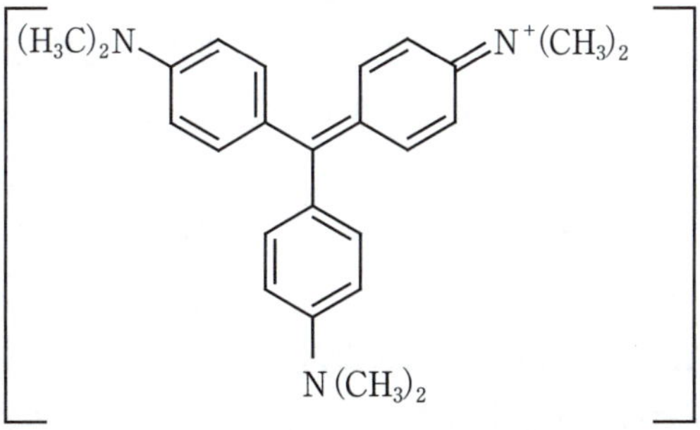

$(H_3C)_2N$　$N^+(CH_3)_2$　Cl^-　$N(CH_3)_2$

[クリスタルバイオレット]$^+$ 紫　[クリスタルバイオレット]$^{2+}$ 緑（青緑）　[クリスタルバイオレット]$^{3+}$ 黄

図 5.17 クリスタルバイオレットの構造と色の変化

B 電位差滴定法

非水滴定における電位差滴定法では，中和滴定と同様，**指示電極**として**ガラス電極**，**参照電極**として**銀-塩化銀電極**を使用する．電位差滴定法は，適当な指示薬がない場合や試料溶液が着色しているため色調変化の観察が困難な場合などにも利用できる．電位差滴定法についての詳細は，5.7 節で述べる．

5.3.5 容量分析用標準液

局方医薬品の非水滴定で用いられる代表的な標準液の調製と標定について説明する．

A 0.1 mol/L 過塩素酸（日局 17）

1000 mL 中過塩素酸（$HClO_4$：100.46）10.046 g を含む．
調製 過塩素酸 8.7 mL を酢酸(100) 1000 mL 中に約 20℃に保ちながら徐々に加える．約 1 時間放置後，この液 3.0 mL をとり，別途，水分（g/dL）を速やかに測定する*13（廃棄処理時には水を加える）．この液を約 20℃に保ちながら，無水酢酸［{水分(g/dL) − 0.03)} × 52.2］mL を振り混ぜながら徐々に加え，24 時間放置した後，次の標定を行う．
標定 フタル酸水素カリウム（標準試薬）を 105℃で 4 時間乾燥した後，デシケーター（シリカゲル）中で放冷し，その約 0.3 g を精密に量り，酢酸(100) 50 mL に溶かし，調製した過塩素酸で滴定 <*2.50*> する（指示薬法：クリスタルバイオレット試液 3 滴，又は電位差滴定法）．ただし，指示薬法の終点は青色を呈するときとする．同様の方法で空試験を行い，補正し，ファクターを計算する．

0.1 mol/L 過塩素酸 1 mL = 20.42 mg $KHC_6H_4(COO)_2$

注意：湿気を避けて保存する．

過塩素酸の市販品は約 30％の水を含んでいる（過塩素酸：70 ～ 72％，比重約 1.67）．過塩素酸 + 酢酸(100) 液には数％の水が含まれるので，この水分を除くため計算量の無水酢酸を反応させて酢酸とする．

$$H_2O + (CH_3CO)_2O \longrightarrow 2CH_3COOH$$

最終的に水分の含量を 0.1 ～ 0.03％に調整する*14．

標準試薬であるフタル酸水素カリウム $KHC_6H_4(COO)_2$（式量：204.22）と過塩素酸は，1：1（モル比）で反応する．

$$C_6H_4(COOH)(COOK) + HClO_4 \longrightarrow C_6H_4(COOH)_2 + KClO_4$$

*13 水分測定法（カールフィッシャー法）<*2.48*> により行う．5.7 節で述べる．
*14 標準液中に無水酢酸が混在すると，滴定時に試料がアセチル化される可能性がある．試料のアミノ基がアセチル化されると，アミノ基のもっていた塩基性が消失する．

1 mol の $KHC_6H_4(COO)_2$ (204.22×10^3 mg) と 1 mol の過塩素酸 (0.1 mol/L 過塩素酸 10000 mL) が反応する．よって対応量は，

$$0.1\ \mathrm{mol/L}\ 過塩素酸\ 1\ \mathrm{mL} = \frac{204.22 \times 10^3}{10000}\ \mathrm{mg} = 20.42\ \mathrm{mg}\ KHC_6H_4(COO)_2$$

となる．

B　0.1 mol/L 酢酸ナトリウム液（日局 17）

1000 mL 中酢酸ナトリウム (CH_3COONa：82.03) 8.203 g を含む．

調製　無水酢酸ナトリウム 8.20 g を酢酸(100)に溶かし 1000 mL とし，次の標定を行う．

標定　調製した酢酸ナトリウム液 25 mL を正確に量り，酢酸 (100) 50 mL 及び *p*-ナフトールベンゼイン試液 1 mL を加え，0.1 mol/L 過塩素酸で液の黄褐色が黄色を経て緑色を呈するまで滴定 *<2.50>* する．同様の方法で空試験を行い，補正し，ファクターを計算する．

酢酸ナトリウム液は，塩基性医薬品を一定過量の過塩素酸標準液で反応後，未反応の過塩素酸を滴定（逆滴定）する際に用いられる．

過塩素酸と酢酸ナトリウムは，次式のように 1：1（モル比）で反応する．

$$HClO_4 + CH_3COONa \longrightarrow CH_3COOH + NaClO_4$$

標定は，過塩素酸標準液を用いる間接法により行う．

C　0.2 mol/L テトラメチルアンモニウムヒドロキシド液（日局 17）

1000 mL 中テトラメチルアンモニウムヒドロキシド [$(CH_3)_4NOH$：91.15] 18.231 g を含む．

調製　用時，テトラメチルアンモニウムヒドロキシド 18.4 g に対応する量のテトラメチルアンモニウムヒドロキシド・メタノール試液をとり，水を加えて 1000 mL とし，次の標定を行う．

標定　安息香酸をデシケーター（シリカゲル）で 24 時間乾燥し，その約 0.4 g を精密に量り，*N,N*-ジメチルホルムアミド 60 mL に溶かし，調製した 0.2 mol/L テトラメチルアンモニウムヒドロキシド液で滴定 *<2.50>* する（指示薬法：チモールブルー・ジメチルホルムアミド試液 3 滴，又は電位差滴定法）．ただし，指示薬法の滴定の終点は青色を呈するときとする．同様の方法で空試験を行い，補正し，ファクターを計算する．

0.2 mol/L テトラメチルアンモニウムヒドロキシド液 1 mL = 24.42 mg C_6H_5COOH

注意：密栓して保存する．長く保存したものは標定し直して用いる．

テトラメチルアンモニウムヒドロキシド液は，酸性医薬品の非水滴定に用いられる標準液である．

安息香酸（C_6H_5COOH：122.12）とテトラメチルアンモニウムヒドロキシド $(CH_3)_4NOH$ は，次式のように 1：1（モル比）で反応する．

$$C_6H_5COOH + (CH_3)_4NOH \longrightarrow C_6H_5COON(CH_3)_4 + H_2O$$

1 mol の C_6H_5COOH（122.12×10^3 mg）と 1 mol の $(CH_3)_4NOH$（0.2 mol/L テトラメチルアンモニウムヒドロキシド液 5000 mL）が反応する．よって対応量は，

$$0.2\ \text{mol/L テトラメチルアンモニウムヒドロキシド液}\ 1\ \text{mL} = \frac{122.12 \times 10^3}{5000}\ \text{mg}$$

$$= 24.42\ \text{mg}\ C_6H_5COOH$$

となる．

＜別解＞　0.2 mol/L テトラメチルアンモニウムヒドロキシド液 1 mL 中に含まれる $(CH_3)_4NOH$ は $0.2 \times \frac{1}{1000}$ mol．C_6H_5COOH：$(CH_3)_4NOH$ = 1：1（モル比）で反応するので，対応する C_6H_5COOH は $0.2 \times \frac{1}{1000}$ mol．質量にすると，$122.12 \times 10^3 \times 0.2 \times \frac{1}{1000} = 24.42$ mg．

5.3.6　医薬品への応用

局方収載医薬品のうち，非水滴定が適用されている L-リシン塩酸塩，プロカインアミド塩酸塩，キニーネ硫酸塩水和物およびエトスクシミドについて説明する．

A　L-リシン塩酸塩の定量（日局 17）

H_2N　CO_2H　H　NH_2　・HCl

本品を乾燥し，その約 0.1 g を精密に量り，ギ酸 2 mL に溶かし，0.1 mol/L 過塩素酸 15 mL を正確に加え，水浴上で 30 分間加熱する．冷後，酢酸(100) 45 mL を加え，過量の過塩素酸を 0.1 mol/L 酢酸ナトリウム液で滴定 *<2.50>* する（電位差滴定法）．同様の方法で空試験を行う．

0.1 mol/L 過塩素酸 1 mL = 9.132 mg $C_6H_{14}N_2O_2 \cdot HCl$

L-リシン塩酸塩（$C_6H_{14}N_2O_2 \cdot HCl$：182.65）に一定過量の過塩素酸を加えて過塩

素酸塩とし，過量の過塩素酸を 0.1 mol/L 酢酸ナトリウム液で滴定（逆滴定）する．

L-リシン塩酸塩と過塩素酸は，次式のように 1：2（モル比）で反応する．

$$\mathrm{Lys \cdot HCl + 2HClO_4 \longrightarrow Lys \cdot 2HClO_4 + HCl}$$

過量の過塩素酸を，酢酸ナトリウム液で滴定する．

$$\mathrm{HClO_4 + CH_3COONa \longrightarrow NaClO_4 + CH_3COOH}$$

1 mol の L-リシン塩酸塩（182.65×10^3 mg）は 2 mol の $HClO_4$（0.1 mol/L 過塩素酸 20000 mL）に対応する．よって対応量は，

$$0.1\ \mathrm{mol/L}\ 過塩素酸\ 1\ \mathrm{mL} = \frac{182.65 \times 10^3}{20000}\ \mathrm{mg} = 9.132\ \mathrm{mg}\ \mathrm{C_6H_{14}N_2O_2 \cdot HCl}$$

となる．

＜別解＞ L-リシン塩酸塩：$HClO_4$ = 1：2 = 1/2：1（モル比）で対応．$182.65 \times 10^3 \times 1/2 \times 0.1 \times 1/1000 = 9.132$ mg

B　プロカインアミド塩酸塩の定量（日局 17）[*15]

本品を乾燥し，その約 0.5 g を精密に量り，無水酢酸/酢酸(100)混液（7：3）50 mL に溶かし，0.1 mol/L 過塩素酸で滴定 <*2.50*> する（電位差滴定法）．同様の方法で空試験を行い，補正する．

0.1 mol/L 過塩素酸 1 mL = 27.18 mg $\mathrm{C_{13}H_{21}N_3O \cdot HCl}$

過塩素酸は，塩基性窒素原子と反応し第四アンモニウム塩を形成する．

プロカインアミド塩酸塩（$\mathrm{C_{13}H_{21}N_3O \cdot HCl}$：271.79）は，無水酢酸/酢酸(100)混液に溶かすことにより，芳香族第一アミンがアセチル化される．このアセチル化により，芳香族第一アミンの塩基性は消失するため過塩素酸とは反応しない．また，アミド結合（-CONH-）の窒素原子は中性を示すので過塩素酸とは反応しない．過塩素酸は，脂肪族第三アミンの窒素原子とのみ反応する．

$$\mathrm{H_2N{-}C_6H_4{-}CONHCH_2CH_2NH^+(C_2H_5)_2Cl^- \xrightarrow{(CH_3CO)_2O} CH_3CONH{-}C_6H_4{-}CONHCH_2CH_2NH^+(C_2H_5)_2Cl^-}$$

$$\mathrm{\xrightarrow{HClO_4} CH_3CONH{-}C_6H_4{-}CONHCH_2CH_2NH^+(C_2H_5)_2ClO_4^-}$$

[*15] 日局にはプロカインアミド塩酸塩錠およびプロカインアミド塩酸塩注射液が収蔵されているが，前者は液体クロマトグラフィー〈*2.01*〉，後者は，亜硝酸ナトリウム液を用いるジアゾ滴定（酸化還元滴定）が定量法として採用されている．

1 mol のプロカインアミド塩酸塩（271.79×10^3 mg）と 1 mol の $HClO_4$（0.1 mol/L 過塩素酸 10000 mL）が反応する．よって対応量は，

$$0.1\ \text{mol/L 過塩素酸}\ 1\ \text{mL} = \frac{271.79 \times 10^3}{10000}\ \text{mg} = 27.18\ \text{mg}\ C_{13}H_{21}N_3O \cdot HCl$$

となる．

＜別解＞　0.1 mol/L 過塩素酸 1 mL 中に含まれる $HClO_4$ は $0.1 \times \frac{1}{1000}$ mol．

$C_{13}H_{21}N_3O \cdot HCl : HClO_4 = 1 : 1$（モル比）で反応するので，対応する $C_{13}H_{21}N_3O \cdot HCl$ は $0.1 \times \frac{1}{1000}$ mol．質量にすると，$271.79 \times 10^3 \times 0.1 \times \frac{1}{1000} = 27.18$ mg.

C　キニーネ硫酸塩水和物の定量（日局 17）

$[\ \ ]_2 \cdot H_2SO_4 \cdot 2H_2O$

本品約 0.5 g を精密に量り，酢酸（100）20 mL に溶かし，無水酢酸 80 mL を加え，0.1 mol/L 過塩素酸で滴定 *<2.50>* する（指示薬：クリスタルバイオレット試液 2 滴）．ただし，滴定の終点は液の紫色が青色を経て青緑色に変わるときとする．同様の方法で空試験を行い，補正する．

$$0.1\ \text{mol/L 過塩素酸}\ 1\ \text{mL} = 24.90\ \text{mg}\,(C_{20}H_{24}N_2O_2)_2 \cdot H_2SO_4$$

硫酸は水溶液中では，

$$\text{第一解離}(H_2SO_4 \longrightarrow H^+ + HSO_4^-)，\text{第二解離}(HSO_4^- \longrightarrow H^+ + SO_4^{2-})$$

のいずれも大きい．一方，酢酸–無水酢酸混液中では，第二解離は抑制され一塩基酸（硫酸水素イオン：HSO_4^-）として存在し，1 価の酸として働く．

キノリン

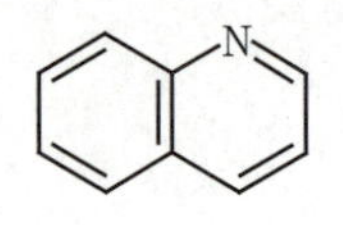

キヌクリジン

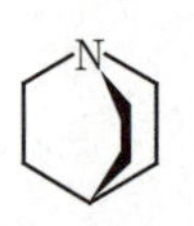

1 mol のキニーネ硫酸塩［$(C_{20}H_{24}N_2O_2)_2 \cdot H_2SO_4$：746.91］には，2 mol のキニーネが存在する．1 mol のキニーネには過塩素酸と反応する第 3 アミンが 2 モル存在（キノリン骨格およびキヌクリジン骨格の窒素原子）するので，1 mol のキニーネ硫酸塩には第 3 アミンが 4 モル存在することになる．しかし，そのうちの 1 mol は硫酸水素イオン HSO_4^- が反応する．

以上のことより，1 mol のキニーネ硫酸塩（746.91×10^3 mg）は，3 mol の $HClO_4$（0.1 mol/L 過塩素酸 30000 mL）と反応する．よって対応量は，

$$0.1\ \text{mol/L 過塩素酸 1 mL} = \frac{746.91 \times 10^3}{30000}\ \text{mg} = 24.90\ \text{mg}\ (C_{20}H_{24}N_2O_2)_2 \cdot H_2SO_4$$

となる．

<別解>　$(C_{20}H_{24}N_2O_2)_2 \cdot H_2SO_4$：$HClO_4$ = 1：3 = 1/3：1 で反応．　$746.91 \times 10^3 \times 0.1 \times 1/3 \times 1/1000 = 24.90$ mg.

D　エトスクシミドの定量（日局 17）

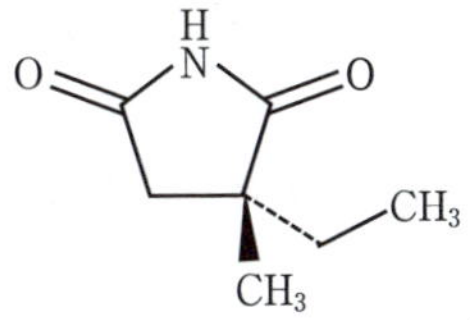

及び鏡像異性体

本品約 0.2 g を精密に量り，*N,N*-ジメチルホルムアミド 20 mL に溶かし，0.1 mol/L テトラメチルアンモニウムヒドロキシド液で滴定 *<2.50>* する（電位差滴定法）．同様の方法で空試験を行い，補正する．

0.1 mol/L テトラメチルアンモニウムヒドロキシド液 1 mL
= 14.12 mg $C_7H_{11}NO_2$

エトスクシミド（$C_7H_{11}NO_2$：141.17）のイミド結合 -CONHCO- は酸性を示すので，塩基性の標準液テトラメチルアンモニウムヒドロキシド液により滴定する．

エトスクシミドとテトラメチルアンモニウムヒドロキシドは，次のように反応する．

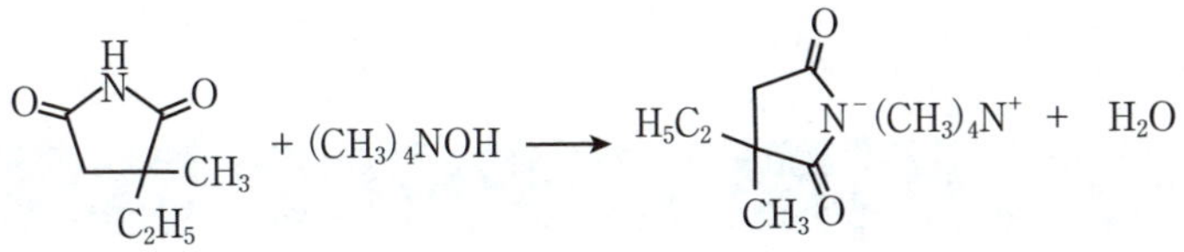

$$+ (CH_3)_4NOH \longrightarrow \quad N^-(CH_3)_4N^+ + H_2O$$

1 mol のエトスクシミド（141.17×10^3 mg）は，1 mol の $(CH_3)_4NOH$（0.1 mol/L テトラメチルアンモニウムヒドロキシド液 10000 mL）と反応する．よって対応量は，

$$0.1\ \text{mol/L テトラメチルアンモニウムヒドロキシド液 1 mL} = \frac{141.17 \times 10^3}{10000}\ \text{mg}$$

$$= 14.12\ \text{mg}\ C_7H_{11}NO_2$$

<別解>　$C_7H_{11}NO_2$：$(CH_3)_4NOH$ = 1：1 で反応．$141.17 \times 10^3 \times 0.1 \times 1/1000 =$ 14.12 mg.

確認問題

次の記述について，正しいものには○，誤っているものには×を付けよ．

1) 非水滴定における非水溶媒として，酢酸やジメチルホルムアミドのようなプロトン性溶媒を用いることはできない．（ ）
2) 塩酸，硫酸，硝酸，過塩素酸のうち，酢酸(100)溶媒中で最も強い酸は過塩素酸である．（ ）
3) テトラメチルアンモニウムヒドロキシド液は，弱塩基性医薬品を定量する際に用いられる標準液である．（ ）
4) クリスタルバイオレットは，弱酸性医薬品を定量する際に用いられる指示薬である．（ ）
5) 0.1 mol/L 過塩素酸でグリシン（式量：75.07）を定量するとき，対応量の値は 7.507 mg である．（ ）
6) テトラメチルアンモニウムヒドロキシド液を用いた非水滴定で，電位差滴定法により終点を検出する際には指示電極としてガラス電極を用いる．（ ）

解 答

1) （ × ）
2) （ ○ ）
3) （ × ）
4) （ × ）
5) （ ○ ）
6) （ ○ ）

5.4 キレート滴定

5.4.1 キレート滴定とは

キレート滴定 chelatometric titration
多座配位子 polydentate ligand
キレート試薬 chelating reagent

キレート滴定とは，アルカリ金属や銀以外の金属イオンが多座配位子のキレート試薬と結合するキレート生成反応を用いた金属イオンの定量法である．

A　キレート試薬

代表的なキレート試薬である**エチレンジアミン四酢酸（EDTA）**は，4つのカルボキシ基の酸素原子と2つの窒素原子を配位原子にもつ**六座配位子**で，金属イオンの電荷に関係なく金属イオンと1：1の結合比で安定なキレートを生成するため，日局17のキレート滴定においてよく用いられている．EDTAは水に難溶のため，水に溶けやすい二ナトリウム塩（エチレンジアミン四酢酸二水素二ナトリウム：EDTA2Na）が使用される．

エチレンジアミン四酢酸
ethylenediaminetetraacetic acid

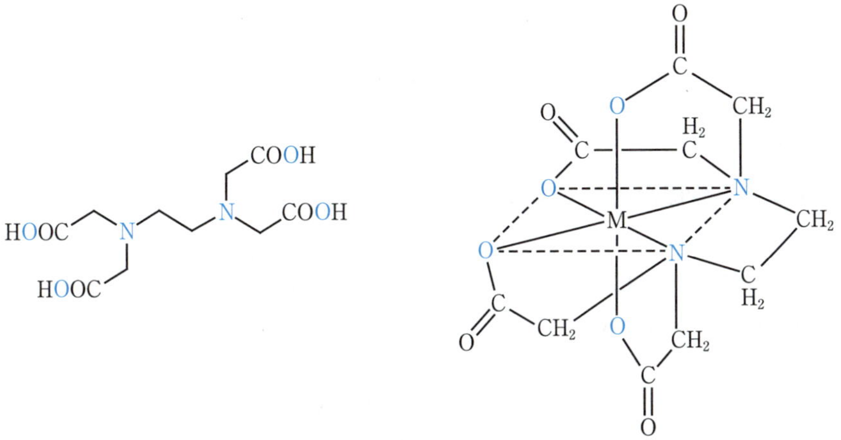

図 5.18　EDTA（左）および EDTA キレート化合物（右）
青字は配位原子

EDTAは四塩基酸で，H_4Yと表すと水溶液中で下記のように4段階の解離平衡と解離定数を示す．溶液中ではH_4Y，H_3Y^-，H_2Y^{2-}，HY^{3-}およびY^{4-}の5種類の化学種が存在し，それぞれのモル分率は図5.19のように溶液のpHにより変化する．

$$H_4Y \rightleftarrows H^+ + H_3Y^- \qquad K_1 = \frac{[H^+][H_3Y^-]}{[H_4Y]} \qquad pK_1 = 2.00$$

$$H_3Y^- \rightleftarrows H^+ + H_2Y^{2-} \qquad K_2 = \frac{[H^+][H_2Y^{2-}]}{[H_3Y^-]} \qquad pK_2 = 2.67$$

$$H_2Y^{2-} \rightleftarrows H^+ + HY^{3-} \qquad K_3 = \frac{[H^+][HY^{3-}]}{[H_2Y^{2-}]} \qquad pK_3 = 6.16$$

$$HY^{3-} \rightleftarrows H^+ + Y^{4-} \qquad K_4 = \frac{[H^+][Y^{4-}]}{[HY^{3-}]} \qquad pK_4 = 10.26$$

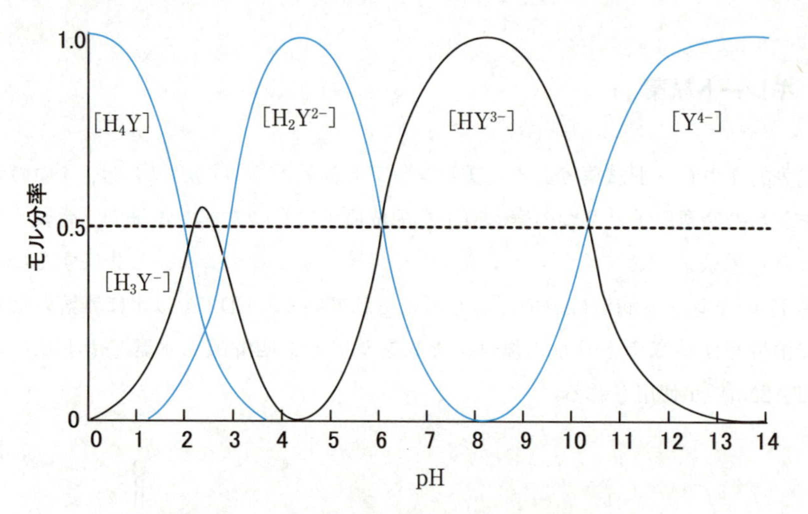

図 5.19 pH による EDTA の各化学種の分布

B キレート生成反応と pH の影響

EDTA の 5 種類の化学種のうちキレート生成に関与するのは Y^{4-} であり，金属イオン（M^{n+}）と EDTA（Y^{4-}）とのキレート生成反応は次のように表される．

$$M^{n+} + Y^{4-} \rightleftarrows MY^{n-4} \qquad K_{MY} = \frac{[MY^{n-4}]}{[M^{n+}][Y^{4-}]}$$

安定度定数
stability constant
生成定数
formation constant

K_{MY} を EDTA キレートの安定度定数または生成定数といい，安定なキレートほど大きな値を示す．

酸性では，水素イオン濃度が高くなり EDTA の解離平衡は左に移動するため，キレート生成の割合が小さくなり，K_{MY} が小さくなる．一方，塩基性では，EDTA の解離平衡は右に偏り Y^{4-} の濃度が増加するので，キレート生成反応は進行しやすいが，金属の水酸化物などを生成して沈殿を生じる副反応が起こりやすくなる．金属水酸化物の安定度が金属キレートの安定度より高ければキレート生成反応は進行しないため，各金属イオンを滴定するにはそれぞれに適した pH 範囲にする必要がある．表 5.5 に種々の金属イオンにおける EDTA キレートの安定度定数を示す．

表 5.5 金属イオンの EDTA キレートの安定度定数

金属イオン	log K_{MY}	金属イオン	log K_{MY}	金属イオン	log K_{MY}
Fe^{3+}	25.1	Zn^{2+}	16.5	Mn^{2+}	14.0
Hg^{2+}	21.8	Cd^{2+}	16.5	Ca^{2+}	10.6
Cu^{2+}	18.8	Co^{2+}	16.3	Mg^{2+}	8.7
Ni^{2+}	18.6	Al^{3+}	16.1	Sr^{2+}	8.6
Pb^{2+}	18.0	Fe^{2+}	14.3	Ba^{2+}	7.8

C 補助錯化剤とマスキング剤

キレート滴定の多くは高い pH 溶液中で行われることが多い．しかし，pH が高くなると定量したい金属イオンの多くが水酸化物として沈殿する場合がある．この沈殿の生成を防ぐため，アンモニア－塩化アンモニウム緩衝液などを使用して塩基性を保つ方法が用いられる．ここで，アンモニアは配位子として働き，これは**補助錯化剤**と呼ばれる．金属イオンをアンミン錯イオンのような水溶性で生成定数の小さい錯イオンに変換し，沈殿の生成を防ぐ．金属イオンと EDTA とのキレート生成定数は大きいので滴定の妨害にはならない．

補助錯化剤
auxiliary complexation reagent

また，Cu^{2+}，Ni^{2+}，Zn^{2+} などの金属イオンは塩基性下 CN^- イオンにより安定なシアノ錯イオンを生成する．このシアノ錯イオンの錯体生成定数は，EDTA のキレート生成定数よりも大きい．よって，例えば，Pb^{2+} の滴定時に Cu^{2+}，Ni^{2+}，Zn^{2+} などの金属イオンによる妨害が予想される場合には，CN^- をあらかじめ加えておくことで Pb^{2+} のみを選択的に滴定することができる．このような妨害金属イオンと安定な錯体をつくる錯化剤のことを**マスキング剤**という．

マスキング剤
masking reagent

5.4.2 滴定終点の求め方

キレート滴定の終点は，**金属指示薬**の当量点付近での色調変化を利用する指示薬法，標準液の滴加量に対する起電力の変化を利用する電位差滴定法により知ることができる．

金属指示薬
metal indicator

A 指示薬法

金属指示薬は，それ自体が一種のキレート試薬で，目的金属イオンと錯体を生成すると変色する．指示薬自体のキレート状態と遊離状態で色が異なるため，キレート滴定での終点の検出に用いられる．

金属イオンを含む試料に金属指示薬を加えると，金属－指示薬キレートが生成し，結合型の色を呈する．これに EDTA 液を滴加すると，金属イオンは EDTA と結合し（配位子置換反応），遊離状態に戻った金属指示薬は遊離型の色に変色する．結合型の色が消え，遊離型の色に変わるところを当量点とする．このとき，金属-指示薬キレートの生成定数は金属-EDTA キレートの生成定数よりも小さいことが必要となる．

配位子置換反応
ligand substitution

金属指示薬の色は pH により異なるため滴定は緩衝液中で行い，目的金属イオンと EDTA とのキレート生成に最適な pH で変色する指示薬を選択する．代表的な指示薬として，エリオクロムブラック T（EBT），NN 指示薬（2-ヒドロキシ-1-(2-

表 5.6　キレート滴定に使用される主な金属指示薬

名　称	構　造	色　調（キレート→遊離）	対象金属
エリオクロムブラック T	NO_2, N=N, OH, HO, SO_3H	赤→赤紫	Ca, Mg（pH 10） Zn, Cd（pH 7～10）
NN 指示薬	N=N, SO_3H, HOOC, OH, HO	赤→青	Ca（pH 12～13）
ジチゾン	H, N, N=N, N, H, S	赤→緑	Zn（pH 4.8）
PAN	N=N, N, OH	赤紫→黄	Al（pH 3） Co, Cd, Ni（pH>3）

ヒドロキシ-4-スルホ-1-ナフチルアゾ)-3-ナフトエ酸)，ジチゾン（1,5-ジフェニルチオカルバゾン），PAN（1-(2-ピリジルアゾ)-2-ナフトール）などがあり，表5.6 にその構造と色調および対象金属の一覧を示す．EBT は pH 7 ～ 10 では青色を呈しているが，pH 6 以下では赤色，pH 12 以上では赤桃色を呈する．pH 10 の緩衝液中に Mg^{2+} が存在しているとキレートを生成して赤紫色になる．これに EDTA 液を滴加すると EDTA が Mg^{2+} とキレートを生成し，遊離状態となった EBT により溶液は青色に変色する．

B　電位差滴定法

指示電極
　indicator electrode
水銀-塩化水銀(Ⅱ)電極
　mercury-mercury (Ⅱ) chloride electrode
参照電極
　reference electrode
銀-塩化銀電極
　silver-slilver chloride electrode
pH メーター
　pH meter

電位差滴定法は，適当な指示薬がない場合や試料溶液が着色しているため色調変化の観察が困難な場合などにも利用できる．キレート滴定における終点の検出は，指示電極として**水銀-塩化水銀(Ⅱ)電極**，参照電極として**銀-塩化銀電極**を用いる電位差滴定法により行う．pH により終点の検出を行う場合は，pH メーターを用いることもできる．電位差滴定法についての詳細は，5.7 節で述べる．

5.4.3　容量分析用標準液

局方医薬品のキレート滴定で用いられる代表的な標準液の調製と標定について説明する．

A　0.05 mol/L エチレンジアミン四酢酸二水素二ナトリウム液（日局 17）

1000 mL 中エチレンジアミン四酢酸二水素二ナトリウム二水和物（$C_{10}H_{14}N_2Na_2O_8 \cdot 2H_2O$：372.24）18.612 g を含む．

調製　エチレンジアミン四酢酸二水素二ナトリウム二水和物 19 g を水に溶かし，1000 mL とし，次の標定を行う．

標定　**亜鉛**（標準試薬）を希塩酸で洗い[*16]，次に水洗し，更にアセトンで洗った後，110℃で 5 分間乾燥した後，デシケーター（シリカゲル）中で放冷し，その約 0.8 g を精密に量り，希塩酸 12 mL 及び臭素試液 5 滴を加え[*17]，穏やかに加温して溶かし，煮沸して過量の臭素を追い出した後[*18]，水を加えて正確に 200 mL とする．この液 20 mL を正確に量り，水酸化ナトリウム溶液（1 → 50）を加えて中性とし，pH 10.7 のアンモニア・塩化アンモニウム緩衝液 5 mL 及び**エリオクロムブラック T・塩化ナトリウム指示薬** 0.04 g を加え，調製したエチレンジアミン四酢酸二水素二ナトリウム液で，液の赤紫色が青紫色に変わるまで滴定し，ファクターを計算する．

0.05 mol/L エチレンジアミン四酢酸二水素二ナトリウム液 1 mL = 3.269 mg Zn

注意：ポリエチレン瓶に保存する[*19]．

標準試薬には亜鉛（Zn：65.38）を用い，直接法により標定を行う．亜鉛は塩酸により塩化亜鉛となり，アンモニアアルカリ性溶液中で EDTA と 1：1 で反応する．

1 mol の Zn（65.38 × 103 mg）と 1 mol の EDTA（0.05 mol/L EDTA 液 20000 mL）が反応する．よって対応量は，

$$0.05\ \mathrm{mol/L\ EDTA\ 1\ mL} = \frac{6538 \times 10^3}{20000}\ \mathrm{mg} = 3.269\ \mathrm{mg\ Zn}$$ となる．

---

*16　亜鉛表面の酸化物および付着物の除去のため．

*17　亜鉛と塩酸により発生する水素ガス（激しく発生し溶液を飛び散らせる可能性あり）の防止目的のため．発生期の水素を捕捉する．

*18　過剰の臭素は有機物を分解するため煮沸して除去する．

*19　ガラス瓶で保存すると，ガラス中に含まれる ZnO，Al_2O_3 などが EDTA 液と反応してしまうため．

<別解>　0.05 mol/L EDTA 液 1 mL と反応する Zn は $\frac{1}{1000}$ mol．質量にすると，

$$65.38 \times 10^3 \times 0.05 \times \frac{1}{1000} = 3.269\ \mathrm{mg}$$

B　0.05 mol/L 塩化マグネシウム液（日局 17）

1000 mL 中塩化マグネシウム六水和物（$MgCl_2 \cdot 6H_2O$：203.30）10.165 g を含む．

調製　塩化マグネシウム六水和物 10.2 g に新たに煮沸して冷却した水を加えて溶かし，1000 mL とし，次の標定を行う．

標定　調製した塩化マグネシウム液 25 mL を正確に量り，水 50 mL，pH 10.7 のアンモニア・塩化アンモニウム緩衝液 3 mL 及び**エリオクロムブラック T・塩化ナトリウム指示薬** 0.04 g を加え，0.05 mol/L EDTA 液で滴定し，ファクターを計算する．ただし，滴定の終点は，終点近くでゆっくり滴定し，液の赤紫色が青紫色に変わるときとする．

調製した溶液の一部をファクター既知の EDTA 標準液で滴定する間接法により標定を行う．

C　0.05 mol/L 酢酸亜鉛液（日局 17）

1000 mL 中酢酸亜鉛二水和物［$Zn(CH_3COO)_2 \cdot 2H_2O$：219.53）10.977 g を含む．

調製　酢酸亜鉛二水和物 11.1 g に水 40 mL 及び希酢酸 4 mL を加えて溶かし，水を加えて 1000 mL とし，次の標定を行う．

標定　0.05 mol/L EDTA 液 20 mL を正確に量り，水 50 mL，pH 10.7 のアンモニア・塩化アンモニウム緩衝液 3 mL 及び**エリオクロムブラック T・塩化ナトリウム指示薬** 0.04 g を加え，調製した酢酸亜鉛で滴定し，ファクターを計算する．ただし，滴定の終点は，液の青色が青紫色に変わるときとする．

調製した溶液の一部をファクター既知の EDTA 標準液で滴定する間接法により標定を行う．

5.4.4　滴定の種類

A　直接滴定

直接滴定　direct titration

直接滴定は，金属イオンの溶液にEDTA標準液を直接滴加し滴定する最も一般的な方法である．適当な指示薬があり，金属イオンとEDTAのキレート生成反応が速やかに進行する場合に用いられる．局方収載医薬品のうちCa，Mg，Zn，Bi含有化合物などの金属イオンを含む医薬品は大部分が直接滴定で定量される．

図5.20に亜鉛イオンの直接滴定の模式図を示す．Zn^{2+}はEBT試薬を添加しEDTA標準液で滴定する．滴定途中の溶液の色は，Zn^{2+}－EBTキレートによる赤紫色を呈する．終点では，EDTAによりEBTからZn^{2+}が奪い取られ，遊離状態となったEBTにより溶液は青色を呈する．

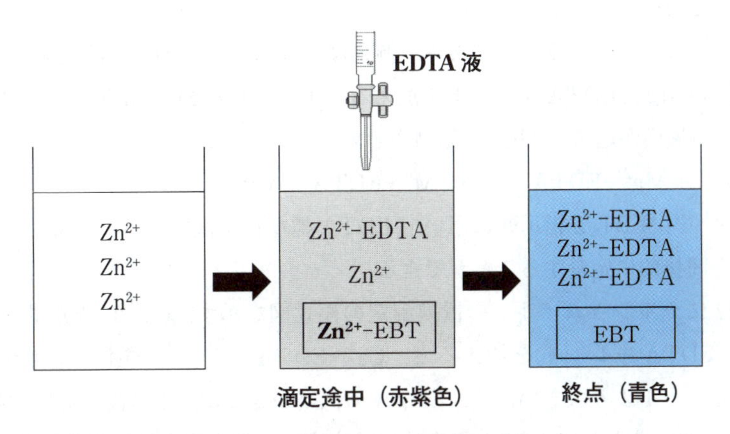

図5.20　亜鉛イオンの直接滴定

B　逆滴定

逆滴定　back titration

逆滴定は，一定過量のEDTA標準液を加えて金属イオンと反応させた後，過量のEDTA標準液を他の金属イオン標準液で滴定する方法である．直接滴定用の適当な指示薬がない場合や目的金属イオンが分析条件のpHでイオンとして存在できない場合，キレート生成反応が遅い場合などに用いられる．

図5.21にアルミニウムイオンの逆滴定の模式図を示す．Al^{3+}に既知量（過量）のEDTA標準液を加え加熱し，Al^{3+}－EDTAキレートを生成させる．ジチゾン指示薬を加え，過量のEDTAを亜鉛標準液で滴定する．滴定途中の溶液の色は，ジチゾン自身の色である緑色を呈する．終点では，Zn^{2+}－ジチゾンキレートによる赤色を呈する．

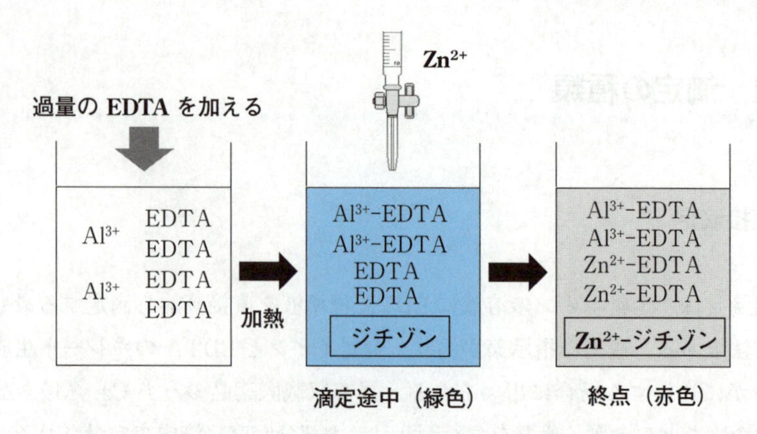

図 5.21 アルミニウムイオンの逆滴定

C 置換滴定

逆滴定と同様に，直接滴定用の適当な指示薬がない場合や水酸化物などの沈殿物を生じる時に用いられる方法である．例えば，金属イオン M^{n+} を滴定するときに，一定過量の Mg^{2+}-EDTA キレートを加える．生成定数が M^{n+}-EDTA の方が大きければ，置換反応が起こり Mg^{2+} が遊離される．

$$M^{n+} + Mg^{2+}\text{-EDTA} \longrightarrow M^{n+}\text{-EDTA} + Mg^{2+}$$

この Mg^{2+} を，EBT を指示薬に用いて EDTA 標準液で滴定することで，金属イオン M^{n+} を間接的に定量することができる．

図 5.22 にカルシウムイオンの置換滴定の模式図を示す．Ca^{2+} に既知量（過量）の Mg^{2+}-EDTA キレートを加えると，Ca^{2+}-EDTA キレートの生成定数が Mg^{2+}-EDTA キレートより大きいため，EDTA の置換が起こる．その後，遊離した Mg^{2+} を EBT を指示薬として EDTA 標準液で滴定する．滴定途中の溶液の色は，Mg^{2+}-

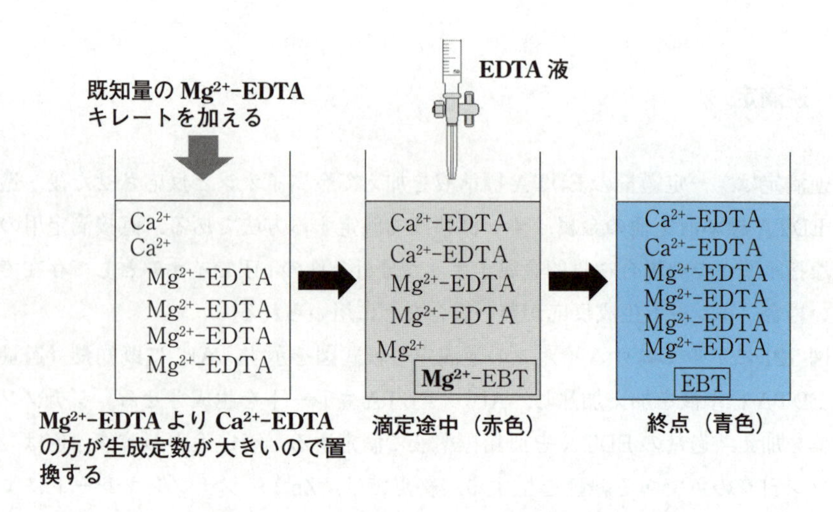

図 5.22 カルシウムイオンの置換滴定

EBT キレートによる赤色を呈する．終点では，EDTA により Zn^{2+} が EBT から奪い取られ，溶液は EBT 自身の色である青色を呈する．

D　間接滴定

キレート試薬とは直接反応しない分析対象の化学種を，沈殿反応や錯体生成反応によりキレート試薬と反応する金属イオンに置き換えて間接的に滴定する方法である．

図 5.23 に硫酸イオンの間接滴定の模式図を示す．SO_4^{2-} に既知量（過量）の Ba^{2+} を加えると $BaSO_4$ が生じ，その溶解度積は小さいので沈殿する．その後，未反応の Ba^{2+} を，PC（クレゾールフタレインコンプレキサン）を指示薬として EDTA 標準液で滴定する．滴定途中の溶液の色は，Ba^{2+}-PC キレートによる赤色を呈する．終点では，EDTA により Ba^{2+} が PC から奪い取られ，溶液は PC 自身の色である無色を呈する．

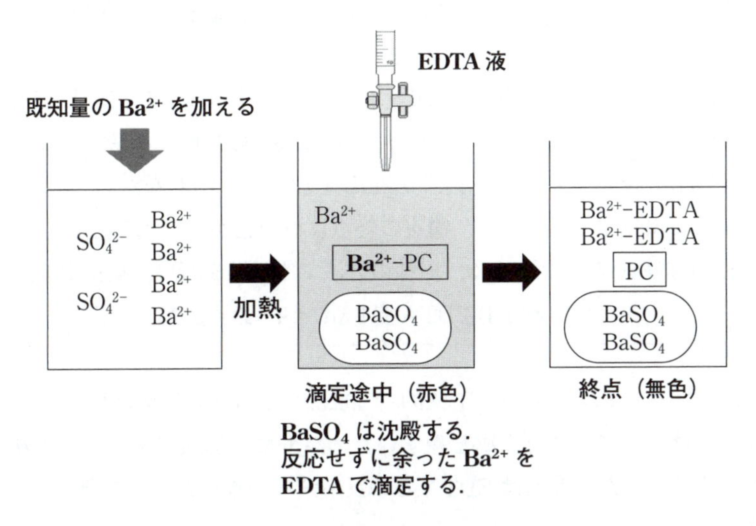

図 5.23　硫酸イオンの間接滴定

5.4.5　医薬品への応用

キレート滴定が適用されている局方収載医薬品のうち，直接滴定を用いる塩化カルシウム水和物およびアスピリンアルミニウム，逆滴定を用いるステアリン酸カルシウムおよび乾燥水酸化アルミニウムゲルについて説明する．

A　塩化カルシウム水和物の定量法（日局 17）

本品約 0.4 g を精密に量り，水に溶かし，正確に 200 mL とする．この液

> 20 mL を正確に量り，水 40 mL 及び 8 mol/L 水酸化カリウム試液 2 mL を加え，更に NN 指示薬 0.1 g を加えた後，直ちに 0.02 mol/L EDTA 液で滴定する．ただし，滴定の終点は液の赤紫色が青色に変わるときとする．
>
> 0.02 mol/L EDTA 液 1 mL = 2.940 mg　$CaCl_2 \cdot 2H_2O$

塩化カルシウム水和物（$CaCl_2 \cdot 2H_2O$：147.01）は電解質補給薬として用いられる．8 mol/L 水酸化カリウム試液を加え pH 12 ～ 13 に調整し，Ca^{2+} の定量に用いる NN 指示薬で滴定する．

1 mol の $CaCl_2 \cdot 2H_2O$（質量：147.01×10^3 mg）から 1 mol の Ca^{2+} が生じ，1 mol の EDTA（0.02 mol/L EDTA 液 50000 mL）と反応する．

よって対応量は，

$$0.02\ \text{mol/L EDTA 液}\quad 1\ \text{mL} = \frac{147.01 \times 10^3}{50000} = 2.940\ \text{mg}\ CaCl_2 \cdot 2H_2O \text{となる．}$$

B　アスピリンアルミニウム中のアルミニウムの定量法（日局 17）

> 本品約 0.4 g を精密に量り，水酸化ナトリウム試液 10 mL に溶かし，1 mol/L 塩酸試液を滴加して pH を約 1 とし，更に pH 3.0 の酢酸・酢酸アンモニウム緩衝液 20 mL 及び Cu − PAN 試液 0.5 mL を加え，煮沸しながら，0.05 mol/L EDTA 液で滴定する．ただし，滴定の終点は液の色が赤色から黄色に変わり，1 分間以上持続したときとする．同様の方法で空試験を行い，補正する．
>
> 0.02 mol/L EDTA 液 1 mL = 1.349 mg Al

アスピリンアルミニウム（$C_{18}H_{15}AlO_9$：402.29）は解熱鎮痛薬として用いられる．Al^{3+} はヒドロキシド錯体を生成しやすいため，酢酸・酢酸アンモニウム緩衝液で pH 3.0 とする．また，Al^{3+} は EDTA との反応速度が遅いため，煮沸して反応を完結させる．

1 mol の Al（26.98×10^3 mg）は 1 mol の EDTA（0.05 mol/L EDTA 液 20000 mL）と反応する．

よって対応量は，

$$0.05\ \text{mol/L}\quad \text{EDTA 液}\quad 1\ \text{mL} = \frac{26.98 \times 10^3}{20000} = 1.349\ \text{mg Al となる．}$$

<別解>　$0.05\ \text{mol/L EDTA 液}\ 1\ \text{mL} = 26.98 \times 10^3 \times 0.05 \times \frac{1}{1000} = 1.349\ \text{mg Al}$

C　ステアリン酸カルシウム中のカルシウムの定量法（日局 17）

> 本品を乾燥し，その約 0.5 g を精密に量り，初めは弱く注意しながら加熱し，

次第に強熱して灰化する．冷後，残留物に希塩酸 10 mL を加え，水浴上で 10 分間加温した後，温湯 10 mL，10 mL 及び 5 mL を用いてフラスコに移し入れ，次に液が僅かに混濁を生じ始めるまで水酸化ナトリウム試液を加え，更に 0.05 mol/L EDTA 液 25 mL，pH 10.7 のアンモニア・塩化アンモニウム緩衝液 10 mL，エリオクロムブラック T 試液 4 滴及びメチルエロー試液*[20] 5 滴を加えた後，直ちに過量の EDTA を 0.05 mol/L 塩化マグネシウム液で滴定する．ただし，滴定の終点は液の緑色が消え，赤色を呈するときとする．同様の方法で空試験を行う．

0.05 mol/L EDTA 液 1 mL = 2.004 mg Ca

ステアリン酸カルシウムは主としてステアリン酸（$C_{18}H_{36}O_2$：284.48）およびパルミチン酸（$C_{16}H_{32}O_2$：256.42）のカルシウム塩の混合物であり，滑沢剤・流動化剤として用いられる．Ca^{2+} に対する EBT の変色が不鮮明なため，一定過量の EDTA を加えて Ca^{2+} と反応させ，余剰の EDTA を Mg^{2+} で滴定する（逆滴定）．

1 mol の Ca（40.08×10^3 mg）は，1 mol の EDTA（0.05 mol/L EDTA 液 20000 mL）に対応．よって対応量は，

$$0.05\ \text{mol/L EDTA 液 } 1\ \text{mL} = \frac{40.08 \times 10^3}{20000} = 2.004\ \text{mg Ca} \text{ となる．}$$

<別解>　EDTA：Ca = 1：1 で対応しているので，

$$0.05\ \text{mol/L EDTA 液 } 1\ \text{mL} = 40.08 \times 10^3 \times 0.05 \times \frac{1}{1000} = 2.004\ \text{mg Ca}$$

D　乾燥水酸化アルミニウムゲルの定量法（日局 17）

本品約 2 g を精密に量り，塩酸 15 mL を加え，水浴上で振り混ぜながら 30 分間加熱し，冷後，水を加えて正確に 500 mL とする．この液 20 mL を正確に量り，0.05 mol/L EDTA 液 30 mL を正確に加え，pH 4.8 の酢酸・酢酸アンモニウム緩衝液 20 mL を加えた後，5 分間煮沸し，冷後，エタノール（95）55 mL を加え*[21]，0.05 mol/L 酢酸亜鉛液で滴定する（指示薬：ジチゾン試液 2 mL）．ただし，滴定の終点は液の淡暗緑色が淡赤色に変わるときとする．同様の方法で空試験を行う．

0.05 mol/L EDTA 液 1 mL = 2.549 mg Al_2O_3

乾燥水酸化アルミニウムゲルは制酸薬として用いられる．Al^{3+} はヒドロキシド錯体を生成しやすいため pH 4.8 にする．また，Al^{3+} と EDTA のキレート生成速度が遅いため，一定過量の EDTA を加えて煮沸し，反応を完結させた後，過量の

*[20] 変色を見やすくするため．
*[21] 水に難溶なジチゾンを溶解させるため．

EDTA を Zn^{2+} で滴定する（逆滴定）．

1 mol の酸化アルミニウム Al_2O_3（101.96×10^3 mg）から 2 mol の Al^{3+} を生成し，2 mol の EDTA（0.05 mol/L EDTA 液 40000 mL）と反応．よって対応量は，

$$0.05\ \text{mol/L EDTA 液}\ 1\ \text{mL} = \frac{101.96 \times 10^3}{40000} = 2.549\ \text{mg}\ Al_2O_3$$

<別解>　EDTA：Al_2O_3 = 2：1 = 1：1/2 で対応しているので，

$$0.05\ \text{mol/L EDTA 液}\ 1\ \text{mL} = 101.96 \times 10^3 \times \frac{1}{2} \times 0.05 \times \frac{1}{1000} = 2.549\ \text{mg}\ Al_2O_3$$

確認問題

次の記述について，正しいものには○，誤っているものには×をつけよ．

1)　エチレンジアミン四酢酸（EDTA）と金属イオンは，金属イオンの種類や電荷に関係なく 2：1 のモル比でキレートを生成する．（　）
2)　キレート滴定に用いる金属指示薬は，遊離型と結合型で異なる色を示す．（　）
3)　キレート滴定に用いる金属指示薬は，キレート形成能をもつ．（　）
4)　EDTA 標準液は，調製後ガラス瓶に保存する．（　）
5)　EDTA 標準液の標定に用いる標準試薬は亜鉛である．（　）

解　答

1)　（ × ）
2)　（ ○ ）
3)　（ ○ ）
4)　（ × ）
5)　（ ○ ）

5.5　沈殿滴定

5.5.1　沈殿滴定とは

沈殿反応
precipitation reaction

沈殿滴定とは，2.7 節 沈殿平衡の反応を容量分析に利用したものであり，測定したい試料物質と滴定に用いる標準液成分が定量的に沈殿を生成する反応を利用した容量分析法である．終点の検出には，指示薬の色調の変化（モール法，ファヤンス

法，フォルハルト法，リービッヒ・ドゥニジェ法など）や標準液の滴加量に対する起電力の変化を利用する電位差滴定法が用いられる．

沈殿滴定の測定対象は，ハロゲン化物イオン（Cl^-，Br^-，I^-），シアン化物イオン（CN^-），チオシアン酸イオン（SCN^-）などである．これらイオンは，銀イオン（Ag^+）を含む標準液（硝酸銀液）と反応し難溶性塩を形成する．日本薬局方においては，塩素含有医薬品，ハロゲン含有医薬品，ヨウ素含有医薬品，試案含有医薬品，あるいは銀含有医薬品の定量法に利用されている．

モール法
Mohr method
ファヤンス法
Fajans method
フォルハルト法
Volhard method
リービッヒ・ドゥニジェ法
Liebig-Dénigès nethod

5.5.2　滴定曲線

沈殿滴定では，難溶性塩の溶解度積と標準液の消費量（滴定量）がわかれば，それぞれのイオン濃度を算出することにより滴定曲線ならびに当量点が得られる．実際の実験においては，適当なイオン選択性電極を用いて電位差滴定を行うことにより滴定曲線が得られる．

> 例　0.1 mol/L NaCl 水溶液 50 mL を 0.1 mol/L $AgNO_3$ 液で滴定したときの，滴定曲線及び当量点は？
> AgCl の溶解度積 $K_{sp} = 1 \times 10^{-10}$ とする．

滴定進行により，下記反応が進行する．

$$AgNO_3 + NaCl \longrightarrow AgCl\downarrow + NaNO_3$$

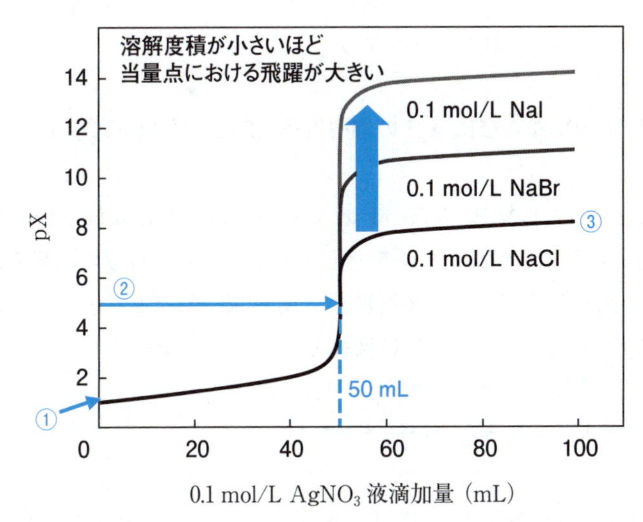

図 5.24　$AgNO_3$ 標準液による NaCl 水溶液，NaBr 水溶液，NaI 水溶液の滴定曲線

滴定曲線は，下記のような計算を行うことにより作成することができる．

1）滴定前（図 5.24 ①）

0.1 mol/L NaCl 水溶液は強電解質なので，$[Na^+] = [Cl^-] = 0.1$ mol/L である．よって，Cl^- のイオン指数（pCl）は，$pCl = -\log 0.1 = 1$ となる．

2）当量点前（図 5.24 ①→②）

0.1 mol/L $AgNO_3$ 液を 49.90 mL を加えたときは，未反応の 0.1 mol/L NaCl 水溶液が 0.1 mL 存在している．このときの Cl^- の濃度は，

$$[Cl^-] = 0.1 \times \frac{0.1}{50.00 + 49.90} = 1.00 \times 10^{-4} (\text{mol/L})$$ となり，pCl = 4.00 となる．

3）当量点（図 5.24 ②）

0.1 mol/L $AgNO_3$ 液を 50.00 mL を滴加したとき，合計 100 mL の反応液は AgCl の飽和溶液で Ag^+ と Cl^- の濃度は等しくなる．

$$K_{sp} = [Ag^+][Cl^-] \text{より，} [Ag^+] = [Cl^-] = \sqrt{K_{sp}} = \sqrt{1 \times 10^{-10}} = 1 \times 10^{-5}$$

よって，$pCl = -\log(1 \times 10^{-5}) = 5$ となる．

4）当量点後（図 5.24 ③）

0.1 mol/L $AgNO_3$ 液を 60.00 mL を滴加したとき，未反応の 0.1 mol/L $AgNO_3$ 液が 10 mL 存在している．このときの Ag^+ の濃度は，

$$[Ag+] = 0.1 \times \frac{10}{50.00 + 60.00} = 9.1 \times 10^{-3}$$

$$K_{sp} = [Ag^+][Cl^-] \text{より，} [Cl^-] = \frac{K_{sp}}{[Ag^+]} = \frac{1 \times 10^{-10}}{9.1 \times 10^{-3}} = 1.1 \times 10^{-8}$$

よって，$pCl = -\log(1.1 \times 10^{-8}) = 8$ となる．

ここで，AgCl，AgBr ならびに AgI の溶解度積（25℃）を以下に示す．

図 5.24 には，0.1 mol/L NaBr 液 50 mL および 0.1 mol/L NaI 液 50 mL を 0.1 mol/L $AgNO_3$ 液で滴定したときの滴定曲線を示している．当量点付近の飛躍の違いは，滴定反応により生じる難溶性塩の溶解度積（AgCl の $K_{sp} = 1 \times 10^{-10}$，AgBr の $K_{sp} = 1 \times 10^{-12}$，AgI の $K_{sp} = 1 \times 10^{-16}$）に関係している．すなわち，滴定によって沈殿する難溶性塩の溶解度積が小さいほど，当量点付近の飛躍が大きくなっている．試料溶液の濃度が小さくなると，飛躍は小さくなる．

5.5.3 滴定終点の求め方

沈殿滴定の終点検出法には，指示薬法（モール法，ファヤンス法，フォルハルト

法，リービッヒ・ドゥニジェ法など），標準液の滴加量に対する起電力の変化を利用する電位差滴定法により知ることができる．

A　指示薬法

1）モール法

モール法は，指示薬としてクロム酸カリウム（K_2CrO_4）を用い，Cl^-，Br^-などのハロゲン化物イオンを$AgNO_3$液で滴定する方法である．AgClとAg_2CrO_4の溶解度の違いを利用している．

塩化物イオンは，$AgNO_3$との反応によりAgClの白色沈殿が生成する．溶解度：AgCl＜Ag_2CrO_4なので，溶液中にCl^-が残っている限りAgClの白色沈殿が生じる．当量点を過ぎると過量のAg^+とK_2CrO_4が反応してAg_2CrO_4の赤色沈殿が生成し，この点を滴定終点とする．

$$Ag^+ + Cl^- \longrightarrow AgCl\downarrow \text{（白色）}$$

$$2Ag^+ + CrO_4^{2-} \longrightarrow Ag_2CrO_4\downarrow \text{（赤色）}$$

このモール法は，pH 6.5～10.5の範囲で行う．そのため，測定試料溶液が酸性のときは，炭酸水素ナトリウムで中和し，また塩基性のときは，硝酸で中和した後に滴定を行う．モール法は，指示薬の成分に毒性の高いCr^{6+}が含まれているため，第12改正日本薬局方からは採用されておらず，次に示すファヤンス法が用いられている．

モール法 Mohr method

2）ファヤンス法

ファヤンス法（吸着指示薬法）は，指示薬（吸着指示薬）としてフルオレセインナトリウムやテトラブロモフェノールフタレインエチルエステルを用い，ハロゲン化物イオンやチオシアン酸イオンなどを$AgNO_3$で滴定する方法である．図5.25に吸着指示薬の構造式を示す．

ファヤンス法 Fajan's method
吸着指示薬法 adsorption indicator

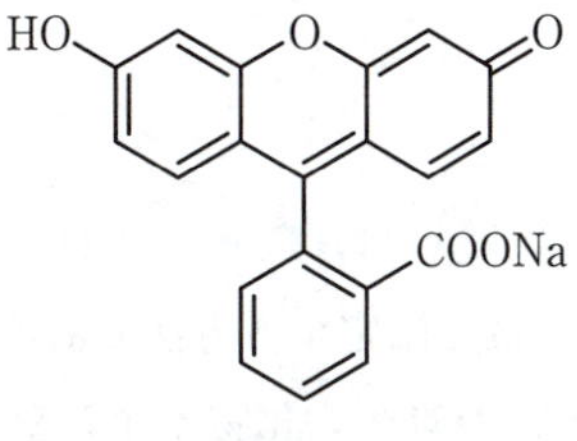

フルオレセインナトリウム 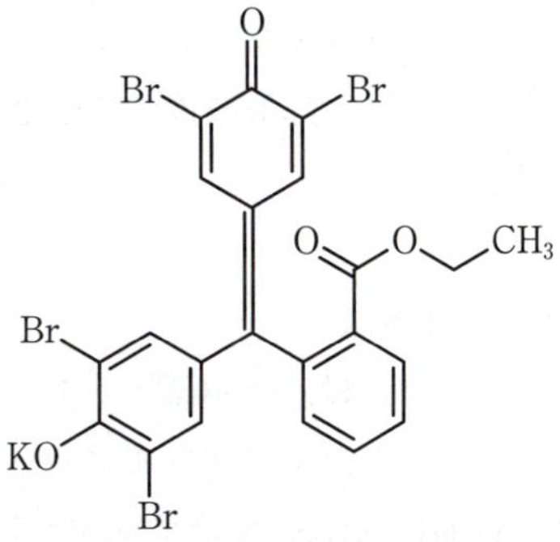　　テトラブロモフェノールフタレインエチルエステルカリウム

図5.25　吸着指示薬の構造式

ファヤンス法では，ハロゲン化銀が当量点の前後において，異なる電荷イオンを吸着する性質を利用している．当量点前は，ハロゲン化銀のコロイド粒子は，ハロゲン化物イオンが吸着して負に帯電しているが，$AgNO_3$ との反応により当量点後は，過剰の Ag^+ がハロゲン化銀のコロイド粒子に吸着し正に帯電する（図 5.26）．

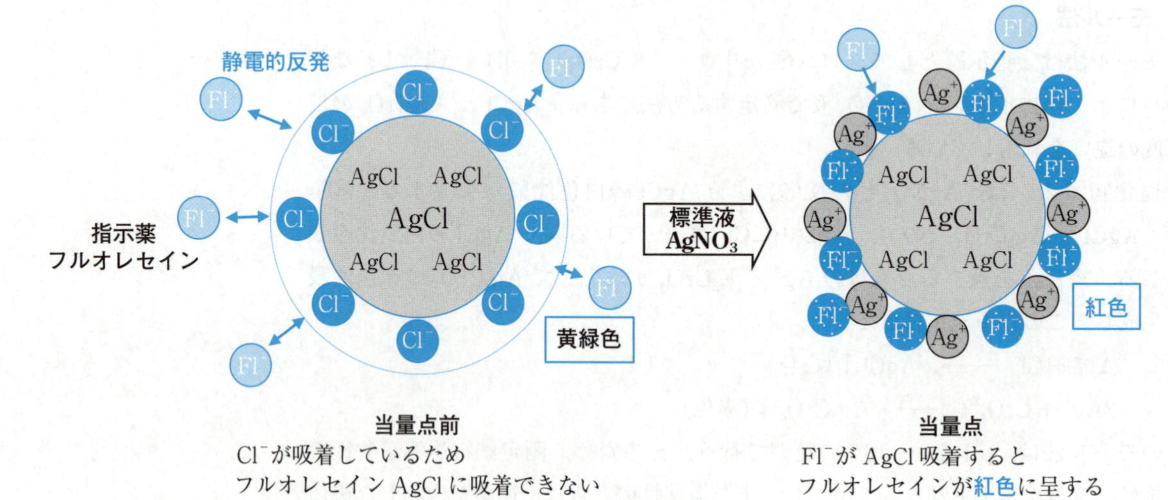

図 5.26　当量点における AgCl コロイド粒子へのフルオレセインイオンの吸着
① NaCl 水溶液に $AgNO_3$ 標準液を滴下すると AgCl の白色沈殿を生成し，最初コロイドとして分散する．② AgCl の表面は，溶液中に残存する Cl^- を吸着して負電荷を帯びる．③ 指示薬のフルオレセイン（使用可能 pH 7～10）は，負電荷を有するため沈殿と静電的に反発して溶液に残存する（蛍光性の黄緑色）．④ 当量点付近では，Ag^+ が過剰になった時，AgCl の沈殿表面に Ag^+ が吸着して正電荷を帯びる．⑤ フルオレセインが沈殿に吸着して赤色に着色する（終点）．

指示薬であるフルオレセインナトリウムは，中性から塩基性では陰イオンとして存在し黄緑色であるが，ハロゲン化銀のコロイド粒子に吸着した Ag^+ にフルオレセインの陰イオンが静電的に吸着すると紅色に変化するため，この点を滴定終点とする．弱酸性物質のフルオレセインは，液性を酸性にすると負に帯電できなくなるため，吸着指示薬として作用できない．

一方，テトラブロモフェノールフタレインエチルエステルは，ヨウ化物イオンの滴定に適しており，酢酸酸性で沈殿生成し，黄色から緑色に変化するため，この点を滴定終点とする．

3）フォルハルト法

フォルハルト法
Volhard method

フォルハルト法は，指示薬として**硫酸アンモニウム鉄(Ⅲ)〔$FeNH_4(SO_4)_2$〕**を用い，Ag^+ をチオシアン酸アンモニウム（NH_4SCN）液で滴定する方法である．Ag^+ の定量を目的に NH_4SCN 液で滴定する直接滴定と，ハロゲン化物イオンやチオシアン酸イオンの定量を目的に，過量の $AgNO_3$ 液を加えて銀塩として沈殿させた後，過剰に存在する Ag^+ を NH_4SCN 液で滴定する逆滴定がある．当量点を過ぎて過量の SCN^- と指示薬〔$FeNH_4(SO_4)_2$〕が反応すると，$Fe(SCN)_3$（赤色錯体）が生成し，この点を滴定終点とする．フォルハルト法は，硫酸または硝酸酸性条件で行う．

直接滴定：Ag^+，Hg_{2+} を含む試料溶液を NH4SCN 液で滴定（指示薬：硫酸アンモニウム鉄(Ⅲ)）

逆滴定：ハロゲン化物イオン，チオシアン酸イオンの定量

(1) 試料に過剰の $AgNO_3$ 標準液を加える．

$Ag^+ + X^- = AgX\downarrow$　　X：Cl^-，Br^-，I^-，SCN^-

(2) AgX として消費されなかった余剰の $AgNO_3$ を NH_4SCN 液で滴定（指示薬：硫酸アンモニウム鉄(Ⅲ)）

4) リービッヒ・ドゥニジェ法

リービッヒ・ドゥニジェ法
Liebig-Dénigès method

リービッヒ・ドゥニジェ法は，指示薬としてヨウ化カリウム（KI）を用い，アンモニアアルカリ性条件下，シアン化物イオン（CN^-）を $AgNO_3$ 液で滴定する方法である．

CN^- は，アンモニアと反応してシアン化アンモニウム（NH_4CN）を生成する．それを $AgNO_3$ 液で滴定する．

$$CN^- + NH^{4+} \longrightarrow NH_4CN$$

$$2NH_4CN + AgNO_3 \longrightarrow NH_4[Ag(CN)_2] + NH_4NO_3$$

当量点を過ぎると，過量の Ag^+ と指示薬の KI が反応し，AgI（黄色沈殿）が生成し，この点を滴定終点とする．

$$Ag^+ + KI \longrightarrow AgI\downarrow(\text{黄色}) + K^+$$

表 5.7　沈殿滴定で用いる終点検出法（指示薬法）

終点検出法	測定対象	標準液	指示薬	終点
モール法	ハロゲン化物イオン	硝酸銀液	クロム酸カリウム K_2CrO_4 液性：pH 6.5 ～ 10.5	Ag_2CrO_4 (赤色沈殿)
ファヤンス法 (吸着指示薬法)	ハロゲン化物イオン チオシアン化物イオン	硝酸銀液	フルオレセインナトリウム 液性：中性～塩基性	黄緑色→紅色
	ヨウ化物イオン	硝酸銀液	テトラブロモフェノールフタレインエチルエステル 液性：酢酸酸性	黄色→緑色
フォルハルト法	直接滴定：銀イオン 逆滴定：ハロゲン化物イオン，チオシアン酸イオン	直接滴定：チオシアン酸アンモニウム液 逆滴定：硝酸銀液，チオシアン酸アンモニウム液	硫酸アンモニウム鉄(Ⅲ)Fe$(NH_4)(SO_4)_2$ 液性：硫酸または硝酸酸性	$Fe(SCN)_3$ (赤色錯体)
リービッヒ・ドゥニジェ法	シアン化物イオン	硝酸銀液	ヨウ化カリウム KI 液性：アンモニアアルカリ性	AgI (黄色沈殿)

B 電位差滴定法

電位差滴定法による終点の検出は，指示電極として**銀電極**，参照電極として**銀-塩化銀電極**を用いる．電位差滴定についての詳細は，5.7節で述べる．

5.5.4 容量分析用標準液

局方医薬品の沈殿滴定で用いられる代表的な標準液の調製と標定について説明する．

A 0.1 mol/L 硝酸銀液（日局17）

1000 mL中硝酸銀（$AgNO_3$：169.87）16.987 gを含む．

調製 硝酸銀17.0 gを水に溶かし，1000 mLとし，次の標定を行う．

標定 塩化ナトリウム（標準試薬）を500～650℃で40～50分間乾燥した後，デシケーター（シリカゲル）中で放冷し，その約0.08 gを精密に量り，水50 mLに溶かし，強くかき混ぜながら，調製した硝酸銀液で滴定し，ファクターを計算する（指示薬法：フルオレセインナトリウム試液3滴，又は電位差滴定法：銀電極）．ただし，指示薬法の滴定の終点は，液の黄緑色が黄色を経てだいだい色を呈するときとする．

0.1 mol/L硝酸銀液1 mL = 5.844 mg NaCl

注意 遮光して保存する．

滴定終点の検出は，**ファヤンス法**による．

B 0.1 mol/L チオシアン酸アンモニウム液（日局17）

1000 mL中チオシアン酸アンモニウム（NH_4SCN：76.12）7.612 gを含む．

調製 チオシアン酸アンモニウム8 gを水に溶かし，1000 mLとし，次の標定を行う．

標定 0.1 mol/L硝酸銀液25 mLを正確に量り，水50 mL，硝酸2 mL及び硫酸アンモニウム鉄(Ⅲ)試液2 mLを加え，振り動かしながら，調製したチオシアン酸アンモニウム液で持続する赤褐色を呈するまで滴定し，ファクターを計算する．

注意 調製した標準液は遮光して保存する．

滴定終点の検出は，**フォルハルト法**（直接滴定）による．

5.5.5　医薬品への応用

局方収載医薬品のうち，沈殿滴定が適用されている生理食塩液中の塩化ナトリウムの定量法，アミドトリゾ酸，ブロモバレリル尿素，亜硝酸アミル，クロロブタノールおよびキョウニン水中のシアン化水素の定量法について説明する．

A　生理食塩液中の塩化ナトリウムの定量法（日局 17）

> 本品 20 mL を正確に量り，水を加え，0.1 mol/L 硝酸銀液で滴定（指示薬：フルオレセインナトリウム試液）
>
> 0.1 mol/L 硝酸銀液 1 mL = 5.844 mg NaCl

滴定終点の検出は，**ファヤンス法**による．

滴定操作の流れ

(1) NaCl を $AgNO_3$(標準液）で滴定する．$NaCl + AgNO_3 \longrightarrow AgCl\downarrow + NaNO_3$

(2) 当量点前：AgCl のコロイド粒子が Cl^- を吸着し負に帯電し，その回りを Na^+ が囲んで電気的二重層を形成している．このとき，負電荷のフルオレセイン（Fl^-）は静電気的に反発し，溶液中で黄緑色を呈している．当量点後：Ag^+ がわずかに過剰になり AgCl のコロイド粒子が Ag^+ を吸着して正に帯電すると，Fl^- が吸着し紅色に着色する．

対応量の計算

1 mol の NaCl（58.44×10^3 mg）から生じる 1 mol の Cl^- は，1 mol の Ag^+（0.1 mol/L 硝酸銀液 10000 mL）と反応する．よって対応量は，

$$0.1\ \text{mol/L 硝酸銀液}\ 1\ \text{mL} = \frac{58.44 \times 10^3}{10000} = 5.844\ \text{mg}\quad \text{NaCl}$$

となる．

＜別解＞　$0.1\ \text{mol/L 硝酸銀液}\ 1\ \text{mL} = 58.44 \times 10^3 \times 0.1 \times \frac{1}{1000} = 5.844\ \text{mg}\quad \text{NaCl}$

B　アミドトリゾ酸の定量法（日局17）

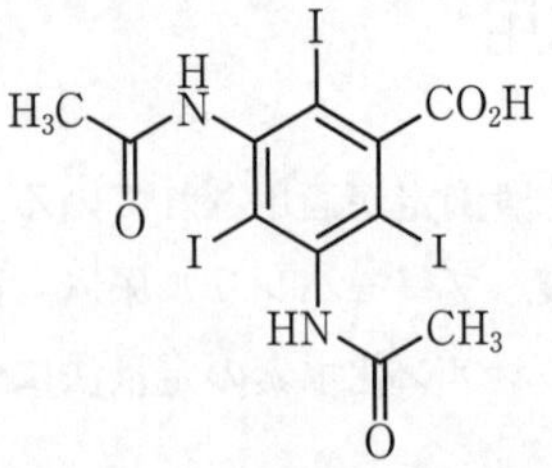

本品を乾燥し，その約0.5 gを精密に量り，けん化フラスコに入れ，水酸化ナトリウム試液40 mLに溶かし，亜鉛粉末1 gを加え，還流冷却器を付けて30分間煮沸し，冷後，ろ過する．フラスコ及びろ紙を水50 mLで洗い，洗液は先のろ液に合わせる．この液に酢酸（100）5 mLを加え，0.1 mol/L硝酸銀液で滴定する（指示薬：テトラブロモフェノールフタレインエチルエステル試液1 mL）．ただし，滴定の終点は沈殿の黄色が緑色に変わるときとする．

0.1 mol/L硝酸銀液1 mL = 20.46 mg $C_{11}H_9I_3N_2O_4$

滴定終点の検出は，**ファヤンス法**による．

滴定操作の流れ

(1) アミドトリゾ酸（$C_{11}H_9I_3N_2O_4$：613.91）を亜鉛で還元すると，アミドトリゾ酸のヨウ素がヨウ化物イオンI^-として遊離する．1 molのアミドトリゾ酸から3 molのI^-が生じる．

(2) 水に不溶の有機物をろ過し取り除いた後，I^-を$AgNO_3$液で滴定する．

$$Ag^+ + I^- \longrightarrow AgI\downarrow（黄色）$$

(3) ファヤンス法による終点決定

吸着指示薬：テトラブロムフェノールフタレインエチルエステル．当量点を境に黄色から緑色に変化する．

対応量の計算

(1)，(2) より，1 molのアミドトリゾ酸（613.91×10^3 mg）から生じる3 molのI^-は，3 molのAg^+（0.1 mol/L硝酸銀液30000 mL）と反応する．よって対応量は，

$$0.1\ \text{mol/L硝酸銀液}\ 1\ \text{mL} = \frac{613.91 \times 10^3}{30000} = 20.46\ \text{mg}\quad C_{11}H_9I_3N_2O_4$$

＜別解＞

$$0.1\ \text{mol/L硝酸銀液}\ 1\ \text{mL} = 613.91 \times 10^3 \times \frac{1}{3} \times 0.1 \times \frac{1}{1000} = 20.46\ \text{mg}\quad C_{11}H_9I_3N_2O_4$$

C ブロモバレリル尿素の定量法（日局17）

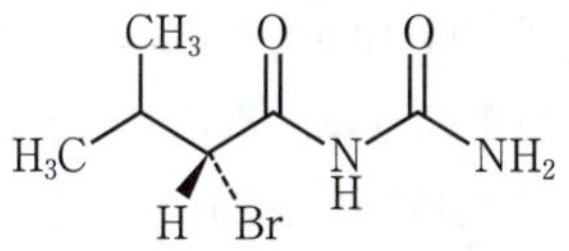

（構造式：ブロモバレリル尿素）及び鏡像異性体

本品に水酸化ナトリウム試液を加え，還流冷却器を付け，20分間穏やかに煮沸．冷後，水で還流冷却器の下部及び三角フラスコの口部を洗い，洗液を三角フラスコの液と合わせ，硝酸及び正確に0.1 mol/L硝酸銀液30 mLを加え，過量の硝酸銀を0.1 mol/Lチオシアン酸アンモニウム液で滴定（指示薬：硫酸アンモニウム鉄(Ⅲ)試液）．空試験を行う．

0.1 mol/L硝酸銀液1 mL = 22.31 mg　$C_6H_{11}BrN_2O_2$

滴定終点の検出は，**フォルハルト法（逆滴定）**による．

滴定操作の流れ

（1）ブロモバレリル尿素（$C_6H_{11}BrN_2O_2$：223.07）は，アルカリ分解により臭化ナトリウムNaBrを生じる．

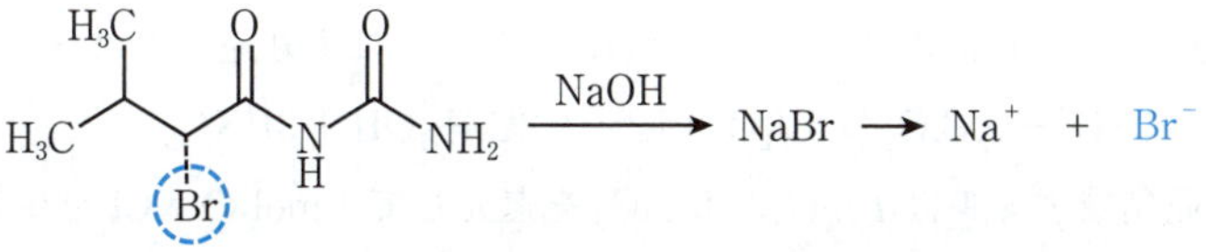

$$\text{(ブロモバレリル尿素)} \xrightarrow{\text{NaOH}} \text{NaBr} \longrightarrow Na^+ + Br^-$$

1 molのブロモバレリル尿素から1 molのBr^-が生じる．

（2）硝酸酸性として，一定過剰の$AgNO_3$液を加える．

$$Ag^+ + Br^- \longrightarrow AgBr\downarrow\text{（淡黄色）}$$

（3）未反応のAg^+をNH_4SCN液で逆滴定する．

$$Ag^+ + SCN^- \longrightarrow AgSCN\downarrow\text{（白色）}$$

（4）過剰のSCN^-と指示薬の硫酸アンモニウム鉄(Ⅲ)のFe^{3+}が赤色錯イオンを形成する．

対応量の計算

1 molのブロモバレリル尿素（223.07×10^3 mg）から生じる1 molのBr^-は，1 molのAg^+（0.1 mol/L硝酸銀液10000 mL）と反応する．よって対応量は，

$$0.1\text{ mol/L硝酸銀液}1\text{ mL} = \frac{223.07 \times 10^3}{10000} = 22.31\text{ mg}\quad C_6H_{11}BrN_2O_2$$

<別解>
$$0.1\text{ mol/L硝酸銀液}1\text{ mL} = 223.07 \times 10^3 \times 0.1 \times \frac{1}{1000}$$
$$= 22.31\text{ mg}\quad C_6H_{11}BrN_2O_2$$

D 亜硝酸アミルの定量法（日局 17）

> メスフラスコにエタノール(95)10 mL を入れて，質量を精密に量り，これに本品約 0.5 g を加え，再び精密に量る．次に 0.1 mol/L 硝酸銀液 25 mL を正確に加え，更に塩素酸カリウム溶液（1 → 20）15 mL 及び希硝酸 10 mL 加え，直ちに密栓して 5 分間激しく振り混ぜる．これに水を加えて正確に 100 mL とし，振り混ぜ，乾燥ろ紙を用いてろ過する．初めのろ液 20 mL を除き，次のろ液 50 mL を正確に量り，過量の硝酸銀を 0.1 mol/L チオシアン酸アンモニウム液で滴定する（指示薬：硫酸アンモニウム鉄(Ⅲ)試液 2 mL）．同様の方法で空試験を行う．
>
> 0.1 mol/L 硝酸銀液 1 mL = 35.15 mg $C_5H_{11}NO_2$

滴定終点の検出は，**フォルハルト法（逆滴定）**による．

過剰の $AgNO_3$ の添加により生じる AgCl（K_{sp}, AgCl = 1.0×10^{-10}）の溶解性が，AgSCN（K_{sp}, AgSCN = 1.0×10^{-12}）の溶解性よりも高いので，逆滴定の際に AgCl が再溶解し，当量点を過ぎても AgSCN の沈殿生成反応が進行する．この反応を防ぐため，生成した AgCl をろ過して取り除いている．

滴定操作の流れ

(1) $KClO_3$ は，亜硝酸アミル（$C_5H_{11}NO_2$：117.15）により還元され KCl となる．

$$3C_5H11NO_2 + KClO_3 + 3H_2O = KCl + 3C_5H_{11}OH + 3HNO_3$$

3 mol の亜硝酸アミルは 1 mol の $KClO_3$ を還元して 1 mol の KCl を生じる．

(2) 硝酸酸性として一定過量の $AgNO_3$ を加える．：$Ag^+ + Cl^- \longrightarrow AgCl\downarrow$

(3) 生じた AgCl をろ過し除く．

(4) 過量の $AgNO_3$ を NH_4SCN 液で逆滴定する．$Ag^+ + SCN^- \longrightarrow AgSCN\downarrow$（白色）

(5) 過剰の SCN^- と指示薬の硫酸アンモニウム鉄(Ⅲ)の Fe^{3+} が赤色錯イオンを形成する．

対応量の計算

3 mol の亜硝酸アミル（$3 \times 117.15 \times 10^3$ mg）は，1 mol の $KClO_3$ を還元して 1 mol の KCl を生じ，1 mol の Ag^+（0.1 mol/L 硝酸銀液 10000 mL）と反応する．よって対応量は，

$$0.1\ \text{mol/L 硝酸銀液}\ 1\ \text{mL} = \frac{3 \times 117.15 \times 10^3}{10000} = 35.15\ \text{mg}\quad C_5H_{11}NO_2$$

<別解> 硝酸銀と亜硝酸アミルは 1：3 で対応しているので，

$$0.1\ \text{mol/L 硝酸銀液}\ 1\ \text{mL} = 117.15 \times 10^3 \times 3 \times 0.1 \times \frac{1}{1000}$$

$$= 35.15\ \text{mg}\quad C_5H_{11}NO_2$$

E　クロロブタノールの定量法（日局 17）

> 本品約 0.1 g を精密に量り，200 mL の三角フラスコに入れ，エタノール(95)10 mL に溶かし，水酸化ナトリウム試液 10 mL を加え，還流冷却器を付けて 10 分間煮沸する．冷後，希硝酸 40 mL 及び正確に 0.1 mol/L 硝酸銀液 25 mL を加え，よく振り混ぜ，ニトロベンゼン 3 mL を加え，沈殿が固まるまで激しく振り混ぜた後，過量の硝酸銀を 0.1 mol/L チオシアン酸アンモニウム液で滴定する（指示薬：硫酸アンモニウム鉄(Ⅲ)試液 2 mL）．同様の方法で空試験を行う．
>
> 0.1 mol/L 硝酸銀液 1 mL = 5.915 mg $C_4H_7Cl_3O$

滴定終点の検出は，**フォルハルト法（逆滴定）**による．

亜硝酸アミルの定量法と同様，過剰の $AgNO_3$ の添加により生じる AgCl の再溶解を防ぐ必要がある．クロロブタノールの定量法においては，ニトロベンゼンを添加し，AgCl 沈殿表面に油状の被膜を形成して SCN^- との接触を防いでいる．

滴定操作の流れ

(1) クロロブタノール（$C_4H_7Cl_3O$：177.46）をアルカリ加水分解し塩化水素 HCl を遊離させる．

$$(CH_3)_2C(OH)CCl_3 + NaOH + H_2O \longrightarrow (CH_3)_2C(OH)COONa + 3HCl$$

$$3HCl \longrightarrow 3H^+ + 3Cl^-$$

1 mol のクロロブタノールから 3 mol の Cl^- が生じる．

(2) 硝酸酸性として一定過量の $AgNO_3$ 液を加える．：$Ag^+ + Cl^- \longrightarrow AgCl\downarrow$（白色）

(3) ニトロベンゼンを加え AgCl の表面を被膜する．

(4) 過量の $AgNO_3$ を NH_4SCN 液で逆滴定する．$Ag^+ + SCN^- \longrightarrow AgSCN\downarrow$（白色）

(5) 過剰の SCN^- と指示薬の硫酸アンモニウム鉄(Ⅲ)の Fe^{3+} が赤色錯イオンを形成する．

対応量の計算

1 mol のクロロブタノール（177.46×10^3 mg）から生じる 3 mol の Cl^- は，3 mol の Ag^+（0.1 mol/L 硝酸銀液 30000 mL）と反応する．よって対応量は，

$$0.1\ \text{mol/L 硝酸銀液 } 1\ \text{mL} = \frac{117.46 \times 10^3}{30000} = 5.915\ \text{mg}\quad C_4H_7Cl_3O$$

＜別解＞　硝酸銀とクロロブタノールは 3：1 で対応しているので，

$$0.1\ \text{mol/L } AgNO_3 \text{ 液 } 1\ \text{mL} = 177.46 \times 10^3 \times 1/3 \times 0.1 \times \frac{1}{1000}\ \text{mg}$$

$$= 5.915\ \text{mg}\ C_4H_7Cl_3O$$

F キョウニン水中のシアン化水素の定量法（日局17）

本品25 mLを正確に量り，水100 mL，ヨウ化カリウム試液2 mL及びアンモニア試液1 mLを加え，持続する黄色の混濁を生じるまで0.1 mol/L硝酸銀液で滴定する．

0.1 mol/L硝酸銀液1 mL = 5.405 mg HCN*22

遊離シアン化水素（HCN：27.03）及び結合シアン化水素（マンデルニトリル：$C_6H_5CH(OH)CN$）の総シアンを定量する．滴定終点の検出は，リービッヒ・ドゥニジェ法による．

滴定操作の流れ

(1) シアン化水素及びマンデルニトリルにアンモニアが作用させると，共にシアン化アンモニウム（NH_4CN）を生じる．

シアン化水素：$HCN + NH_4OH = NH_4CN + H_2O$

マンデルニトリル：$C_6H_5CH(OH)CN + NH_4OH = NH_4CN + C_6H_5CHO + H_2O$

(2) NH_4CNを$AgNO_3$液で滴定する．

$2NH_4CN + AgNO_3 = NH_4[Ag(CN)_2] + NH_4NO_3$

(3) 過剰のAg^+と指示薬KIが反応し，AgI（黄色沈殿）を生じる．

$AgNO_3 + KI = AgI\downarrow$（黄色） $+ KNO_3$

対応量の計算

2 molのHCN（$2 \times 27.03 \times 10^3$ mg）は，1 molの$AgNO_3$（0.1 mol/L硝酸銀液10000 mL）と反応する．よって対応量は，

$$0.1\ \text{mol/L硝酸銀液}1\ \text{mL} = \frac{2 \times 27.03 \times 10^3}{10000} = 5.406\ \text{mg}\quad \text{HCN}$$

<別解> $0.1\ \text{mol/L硝酸銀液}1\ \text{mL} = 27.03 \times 10^3 \times 2 \times 0.1 \times \frac{1}{1000} = 5.406\ \text{mg}\quad \text{HCN}$

5.5.6 酸素フラスコ燃焼法

1）酸素フラスコ燃焼法とは

酸素フラスコ燃焼法は，ハロゲンまたはイオウなどを含む有機化合物を，吸収液及び酸素ガスを満たしたフラスコ内で燃焼分解し，吸収液に含まれるハロゲンやイオウなどを確認または定量する方法である．吸収液は，ハロゲンの場合は主に水酸化ナトリウム液を用い，ヨウ素の入った吸収液では，脱色のためヒドラジン-水和

*22 実際の計算値は5.406 mgとなるが，日局17では5.405 mgと記載されている．

物を添加する*23．塩素，臭素，ヨウ素を含む検液は，硝酸酸性として 0.005 mol/L 硝酸銀液で沈殿滴定する．滴定の終点は，電位差滴定により求める．フッ素を含む検液は，アリザリンコンプレキソン試液で発色させ，紫外可視吸光度測定法により試験を行う．

イオウを含む有機化合物は，吸収液として主に過酸化水素水を用い，酸化分解により生じた硫酸イオン SO_4^{2-} と一部亜硫酸イオン SO_3^{2-} をすべて SO_4^{2-} に酸化した後，過量の過塩素酸バリウムを加えて，$BaSO_4$ として沈殿させ，残った過剰の過塩素酸バリウムを，指示薬にアルセナゾⅢ試薬を用いて，硫酸で滴定する．

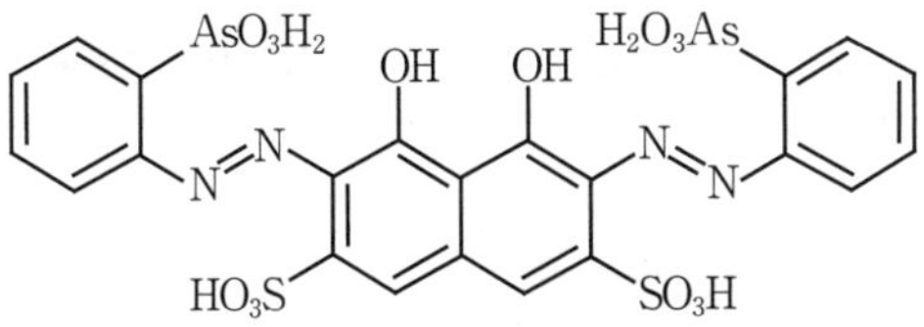

AsO_3H_2 OH OH H_2O_3As N=N N=N HO_3S SO_3H

指示薬：アルセナゾⅢ試薬（赤色）

↓

$Ba(Cl_4)_2$ と錯体形成（赤紫）

未反応の過剰の $Ba(Cl_4)_2$ を硫酸で滴定する．

$$Ba^{2+} + SO_4^{2-} \longrightarrow BaSo_4\downarrow \text{（白色）}$$

$$\text{Ba-アルセナゾⅢ（赤紫色）} + SO_4^{2-} \longrightarrow BaSo_4\downarrow \text{（白色）} + \text{アルセナゾⅢ（赤色）}$$

2）容量分析用標準液

酸素フラスコ燃焼法で用いられる代表的な標準液と調製と標定について説明する．

A 0.005 mol/L 硝酸銀液（日局 17）

1000 mL 中硝酸銀（$AgNO_3$：169.87）0.8494 g を含む．

調製 用時，0.1 mol/L 硝酸銀液に水を加えて正確に 20 倍容量とする．

B 0.005 mol/L 過塩素酸バリウム液（日局 17）

1000 mL 中過塩素酸バリウム〔$Ba(ClO_4)2$：336.23〕1.6812 g を含む．

調製 過塩素酸バリウム 1.7 g を水 200 mL に溶かし，2-プロパノールを加えて 1000 mL とし，次の標定を行う．

*23 吸収液中のヨウ化物イオン I^-，ヨウ素分子 I_2，ヨウ素酸イオン IO^{3-} を，還元剤であるヒドラジン一水和物 $NH_2NH_2 \cdot H_2O$ によりすべてヨウ化物イオン I^- とする．

標定　調製した過塩素酸バリウム液 20 mL を正確に量り，メタノール 55 mL 及びアルセナゾⅢ試液 0.15 mL を加え，0.005 mol/L 硫酸で液の紫色が赤紫色を経て赤色を呈するまで滴定し，ファクターを計算する．

標定は，0.005 mol/L 硫酸を用いる間接法による．

C　0.005 mol/L 硫酸（日局 17）

1000 mL 中硫酸（H_2SO_4：98.08）0.4904 g を含む．
調製　用時，0.05 mol/L 硫酸に水を加えて正確に 10 倍容量とする．

3）医薬品への応用

サラゾスルファピリジンの定量法（日局 17）

本品を乾燥し，その約 20 mg を精密に量り，薄めた過酸化水素(30)(1 → 40) 10 mL を吸収液とし，酸素フラスコ燃焼法のイオウの定量操作法により試験を行う．

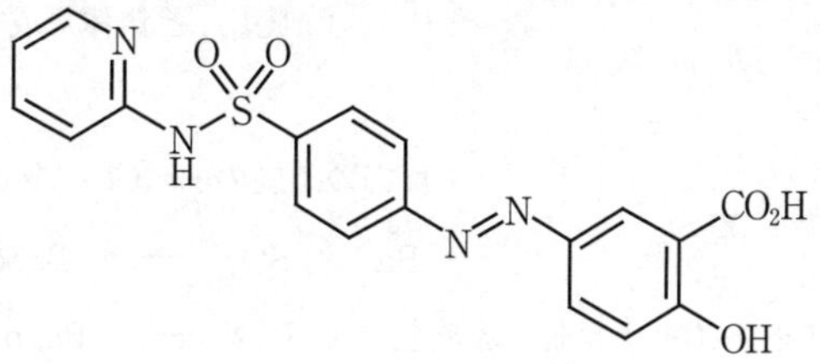

N O O N S H N N CO₂H OH

0.005 mol/L 過塩素酸バリウム液 1 mL = 1.992 mg　$C_{18}H_{14}N_4O_5S$

酸素フラスコ燃焼法によりサラゾスルファピリジン（$C_{18}H_{14}N_4O_5S$：398.39）から生じた SO_4^{2-} を定量する．

滴定操作の流れ

（1）SO_4^{2-} は，過剰の $Ba(ClO_4)_2$ と反応し難溶性の $BaSO_4$（白色）となる．
（2）未反応の Ba^{2+} はアルセナゾⅢと赤紫色の錯体を形成する．
（3）未反応の Ba^{2+} を 0.005 mol/L 硫酸で逆滴定する．滴定終点は，硫酸の滴加により Ba-アルセナゾⅢ錯体中の Ba^{2+} が消費されアルセナゾⅢ自身の赤色に変わるときとする．

対応量の計算

1 mol のサラゾスルファピリジン（398.39×10^3 mg）から生じる 1 mol の SO_4^{2-} は，1 mol の $Ba(ClO_4)_2$（0.005 mol/L 過塩素酸バリウム液 200000 mL）と反応する．よって対応量は，

$$0.005\ \text{mol/L 過塩素酸バリウム液}\ 1\ \text{mL} = \frac{398.39 \times 10^3}{200000} = 1.992\ \text{mg}\ C_{18}H_{14}N_4O_5S$$

＜別解＞　過塩素酸バリウムとサラゾスルファピリジンは 1：1 で対応しているの

で，

$$0.005\ \text{mol/L 過塩素酸バリウム液 1 mL} = 398.39 \times 10^3 \times 0.005 \times \frac{1}{1000}$$

$$= 1.992\ \text{mg}\quad C_{18}H_{14}N_4O_5S$$

確認問題

次の記述について，正しいものには○，誤っているものには×を付けよ．

1）沈殿滴定曲線では，難溶性塩の溶解度積が小さいものほど当量点における飛躍が小さい．（　）

2）ファヤンス法は，吸着指示薬法とも呼ばれ，フルオレセインは液性が酸性の時に適した吸着指示薬である．（　）

3）ファヤンス法においてテトラブロムフェノールフタレインエチルエステルを用いた場合の滴定終点は，紅色を呈したときである．（　）

4）フォルハルト法の指示薬は，チオシアン酸アンモニウム液（NH_4SCN）である．（　）

5）フォルハルト法に用いられるニトロベンゼンは，AgCl 沈殿に油状被膜を形成し AgCl の再溶解を防止するために用いられる．（　）

6）リービッヒ・ドゥニジェ法は，指示薬としてヨウ化カリウム（KI）を用い，液性が酸性のときに適した測定法である．（　）

7）酸素フラスコ燃焼法においてヨウ素を含む有機化合物の定量を行うときに，指示薬としてアルセナゾⅢ試薬が用いられる．（　）

解　答

1）（×）沈殿滴定曲線では，難溶性塩の溶解度積が小さいものほど当量点における飛躍が大きい．

2）（×）中性～弱塩基性の時に適している．

3）（×）緑色を呈したときである．

4）（×）フォルハルト法の指示薬は硫酸アンモニウム鉄(Ⅲ)〔$Fe(NH_4)(SO_4)_2$〕

5）（○）

6）（×）リービッヒ・ドゥニジェ法は，液性が塩基性（アンモニアアルカリ性）のときに適した測定法である．

7）（×）アルセナゾⅢ試薬は，イオウを含む有機化合物を測定する際に用いられる．

5.6　酸化還元滴定

5.6.1　酸化還元滴定とは

酸化還元滴定
oxidation-reduction titration, redox titration
過マンガン酸塩滴定
permanganate titration, permanganometry
ヨウ素酸化滴定 iodimetry
臭素滴定 bromometry
ヨウ素酸塩滴定
iodatimetric titration, iodatimetry
ジアゾ化滴定
diazotization titration
チオ硫酸塩滴定
thiosulfate titration
ヨウ素還元滴定 iodometry
チタン(Ⅲ)塩滴定
titanometry

酸化還元滴定とは，酸化還元反応を利用する容量分析法で，酸化剤を用いて還元性物質を滴定する酸化滴定と，還元剤を用いて酸化性物質を滴定する還元滴定がある．酸化滴定には，過マンガン酸塩滴定，ヨウ素酸化滴定，臭素滴定，ヨウ素酸塩滴定，ジアゾ化滴定などが，還元滴定には，チオ硫酸塩滴定，ヨウ素還元滴定，チタン(Ⅲ)塩滴定などがある．酸化還元滴定に用いられる代表的な酸化剤および還元剤を表5.8に示す．

表5.8　代表的酸化剤および還元剤

酸化剤 化学式（分子量）	還元剤 化学式（分子量）
過マンガン酸カリウム $KMnO_4$（158.03）	チオ硫酸ナトリウム $Na_2S_2O_3$（158.11）
ヨウ素酸カリウム KIO_3（214.00）	シュウ酸 $H_2C_2O_4$（90.03）
臭素 Br_2（159.81）	三塩化チタン $TiCl_3$（154.26）
ヨウ素 I_2（253.81）	過酸化水素 H_2O_2（34.01）
過酸化水素 H_2O_2（34.01）	硫酸第一鉄アンモニウム $FeSO_4(NH_4)SO_4$（284.05）
二クロム酸カリウム $K_2Cr_2O_7$（294.18）	三酸化ヒ素 As_2O_3（197.84）
臭素酸カリウム $KBrO_3$（167.00）	
亜硝酸ナトリウム $NaNO_2$（69.00）	
過ヨウ素酸カリウム KIO_4（230.00）	

5.6.2　酸化還元滴定曲線

酸化還元滴定曲線は，横軸に容量分析用標準液の滴加量，縦軸に滴定過程の酸化還元電位をプロットすることにより得られる曲線である．滴定の進行とともに被検液の酸化還元電位 E（V）が変化し，滴定の終点付近で E の急激な飛躍がみられる．

Ox_1（滴定試薬）による Red_2（被滴定試薬）の滴定は，図5.27のようになる．

① 滴定前：$E_1^\circ > E_2^\circ$ の値が大きいほど，平衡定数 $\boldsymbol{k}$ は大きい値をとり，図中の酸化還元反応は定量的に生成系（右辺）に偏る．また，溶液中には Red_2 だけが存在

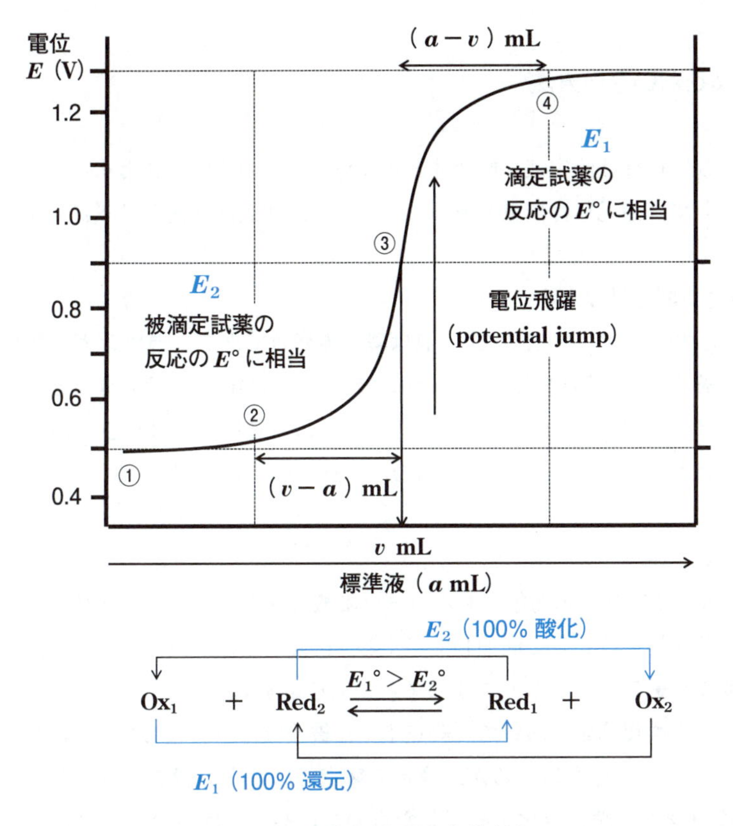

図 5.27　酸化還元滴定曲線

Ox_1：滴定試薬，Ox_2：被滴定試薬の酸化生成物，Red_1：滴定試薬の還元生成物，Red_2：被滴定試薬．

するため，Ox_2 の量は事実上 0 である．したがって，この時の電位は不定であり，滴定開始前の電位値を求める必要はない．② 当量点前：滴定進行度を x%とすると，Red_2 の割合が x%となった時，Red_2 が $(100-x)$%残っているとすると，滴定経過中の酸化還元電位を求めることができる．③ 当量点：一方が，酸化された量だけ，他方の還元体が生じる．したがって，$[Red_1]=[Ox_2]$，$[Ox_1]=[Red_2]$ となる．④ 当量点以降：過剰分の Ox_1 $(x-100)$ %が存在する．このように，図中の E_1 と E_2，すなわち滴定試薬の反応と被滴定試薬の反応の $E°$ 差が大きいほど，滴定曲線には大きな**電位飛躍**が生じ，滴定終点の判定が容易になる．

5.6.3　滴定終点の求め方

酸化還元滴定の終点は，指示薬の当量点付近での色調変化を利用する指示薬法，標準液の滴加量に対する起電力あるいは電流値の変化を利用する電気的終点検出法により知ることができる．また，指示薬を用いずに滴定液の色調変化を利用する場合もある．

A 指示薬を用いない方法

酸化還元反応に伴う滴定液の酸化体と還元体の色調の違いを利用する．一般的に酸化体は有色で，還元体は無色であることが多い．代表的な例を以下に示す．

1）過マンガン酸カリウム液

過マンガン酸カリウム（$KMnO_4$）液は濃い赤紫色である．過マンガン酸塩滴定において，終点までは滴加した過マンガン酸イオン（MnO_4^-）は分析対象物により無色のマンガンイオン（Mn^{2+}）に還元されるため，被滴定液は無色であるが，滴定の終点ではわずかに過量となったMnO_4^-によって淡赤色を呈する．

2）ヨウ素液

ヨウ素（I_2）液は濃い赤褐色である．ヨウ素酸化滴定（ヨージメトリー）において，ヨウ素液を標準液として滴加していくと，終点までは無色であるが，滴定の終点ではわずかに過量となったI_2によって淡黄色を呈する．

また，ヨウ素酸塩滴定において，終点までは被検液に添加したクロロホルムに転溶したI_2により赤紫色を呈するが，滴定の終点ではI_2が消費され無色となる．これは滴定液自身の色調の変化を利用したものではなく，反応過程で生じたI_2の呈色を終点検出に利用している．

B 指示薬法

酸化還元指示薬
oxidation-reduction indicator, redox indicator

1）酸化還元指示薬

酸化還元指示薬は，自身が酸化剤または還元剤であり，酸化体と還元体で色調が異なる．溶液の酸化還元電位が指示薬の標準酸化還元電位$E°_{In}$より高いときは酸化体の色を呈し，低いときは還元体の色を呈する．溶液の酸化還元電位が$E°_{In}$と等しいときは中間体の色を呈する．したがって，目的の反応の当量点における電位に近い$E°_{In}$をもつ指示薬を用いることにより，当量点前後の電位飛躍によって酸化あるいは還元されて変色し，終点を検出することができる．代表的な酸化還元指示薬には，ジフェニルアミンやフェロインなどがある（図5.28）．

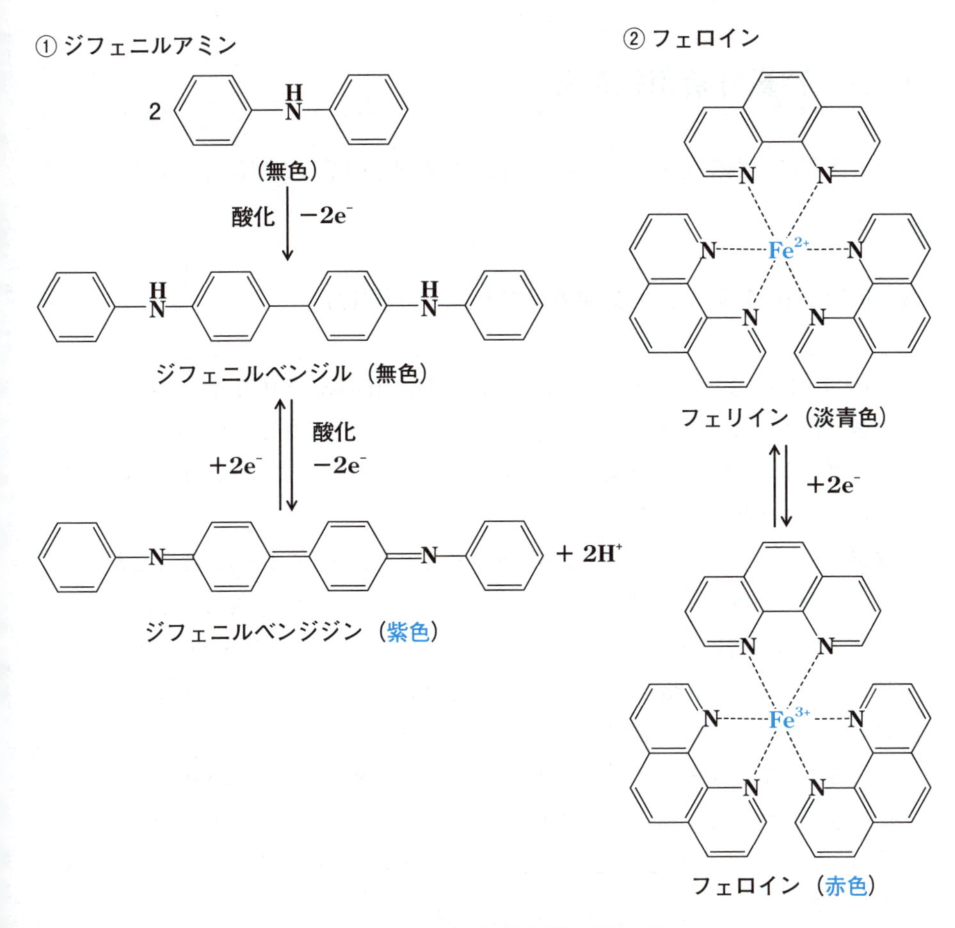

図 5.28　代表的な酸化還元指示薬
フェロイン：トリス(1,10-フェナントロリン)鉄(Ⅱ)硫酸塩

2) デンプン試液

デンプン試液は，酸化還元指示薬ではないがヨウ素-デンプン反応を利用した鋭敏な指示薬として利用されている．デンプンはヨウ素と反応して青色を呈するので，滴定液や被検液のヨウ素による着色や脱色を終点の検出に用いている．

C　電気的終点検出法

電気的終点検出法には，滴定により電位差の変化を検出する**電位差滴定法**と電流値の変化を検出する**電流滴定法**がある．酸化還元滴定における電位差滴定法では，指示電極として**白金電極**，参照電極として銀-塩化銀電極を用いる．一方，電流滴定法では一対の白金電極を用いる．電気的終点検出法についての詳細は，5.7 節で述べる．

指示電極 indicator electrode
白金電極 platinum electrode
参照電極
reference electrode
銀-塩化銀電極
silver-silver chloride electrode

5.6.4　容量分析用標準液

局方医薬品の酸化還元滴定で用いられる代表的な標準液の調製と標定について説明する．

A　0.02 mol/L 過マンガン酸カリウム液（日局 17）

1000 mL 中過マンガン酸カリウム（$KMnO_4$：158.03）3.1607 g を含む．

調製　過マンガン酸カリウム 3.2 g を水に溶かし，1000 mL とし，15 分間煮沸して密栓し，48 時間以上放置した後，ガラスろ過器（G3 又は G4）を用いてろ過し，次の標定を行う．

標定　シュウ酸ナトリウム（標準試薬）を 150～200℃で 1～1.5 時間乾燥した後，デシケーター（シリカゲル）中で放冷し，その約 0.3 g を 500 mL の三角フラスコに精密に量り，水 30 mL に溶かし，薄めた硫酸（1 → 20）250 mL を加え，液温を 30 ～ 35℃とし，調製した過マンガン酸カリウム液をビュレットに入れ，穏やかにかき混ぜながら，その 40 mL を速やかに加え，液の赤色が消えるまで放置する．次に 55 ～ 60℃に加温して滴定を続け，30 秒間持続する淡赤色を呈するまで滴定し，ファクターを計算する．ただし，終点前の 0.5 ～ 1 mL は注意して滴加し，過マンガン酸カリウム液の色が消えてから次の 1 滴を加える．

0.02 mol/L 過マンガン酸カリウム液 1 mL = 6.700 mg $Na_2C_2O_4$

注意：遮光して保存する．長く保存したものは標定し直して用いる．

標準試薬にはシュウ酸ナトリウム（$Na_2C_2O_4$：134.00）を用い，過マンガン酸カリウムは硫酸酸性でシュウ酸ナトリウムと次のように反応する．

$$5Na_2C_2O_4 + 2KMnO_4 + 8H_2SO_4 \longrightarrow 5Na_2SO_4 + 2MnSO_4 + K_2SO_4 + 8H_2O + 10CO_2$$

5 mol の $Na_2C_2O_4$（$5 \times 134.00 \times 10^3$ mg）と 2 mol の $KMnO_4$（0.02 mol/L $KMnO_4$ 液 100000 mL）が反応する．よって対応量は，

$$0.02\ \text{mol/L}\ KMnO_4\ 液\ 1\ \text{mL} = \frac{5 \times 134.00 \times 10^3}{100000} = 6.700\ \text{mg}\ Na_2C_2O_4 \quad となる．$$

<別解>　$Na_2C_2O_4$ と $KMnO_4$ は 5：2 のモル比で反応する．0.02 mol/L $KMnO_4$ 液 1 mL 中の $KMnO_4$ $0.02 \times \frac{1}{1000}$ mol と対応する $Na_2C_2O_4$ は $\frac{5}{2} \times 0.02 \times \frac{1}{1000}$ mol．

したがって，

$$0.02\ \text{mol/L}\ KMnO_4\ 液\ 1\ \text{mL} = \frac{5}{2} \times 0.02 \times \frac{1}{1000} \times 134.00 \times 10^3$$

$= 6.700\ \mathrm{mg\ Na_2C_2O_4}$

B　0.05 mol/L ヨウ素液（日局 17）

1000 mL 中ヨウ素（I：126.90）12.690 g を含む．

調製　ヨウ素 13 g をヨウ化カリウム試液（2 → 5）100 mL に溶かし，希塩酸 1 mL 及び水を加えて 1000 mL とし，次の標定を行う．

標定　調製したヨウ素液 15 mL を正確に量り，0.1 mol/L チオ硫酸ナトリウム液で滴定 <*2.50*> し，ファクターを計算する（指示薬法：デンプン試液，又は電位差滴定法：白金電極）．ただし，指示薬法の滴定の終点は，液が終点近くで淡黄色になったとき，デンプン試液 3 mL を加え，生じた青色が脱色するときとする．

注意：遮光して保存する．長く保存したものは，標定し直して用いる．

ヨウ素（I_2：253.80）はチオ硫酸ナトリウム（$Na_2S_2O_3$：158.11）と次のように反応する．

$$I_2 + 2Na_2S_2O_3 \longrightarrow 2NaI + Na_2S_4O_6$$

1 mol の I_2 と 2 mol の $Na_2S_2O_3$ が反応する．チオ硫酸ナトリウム液の滴定量を V（mL），ファクターを $f_{Na_2S_2O_3}$ とすると，ヨウ素液のファクター f_{I_2} は，

$$f_{I_2} = \frac{f_{Na_2S_2O_3}}{15.00} \times V$$ となる（間接法）．

C　0.1 mol/L チオ硫酸ナトリウム液（日局 17）

1000 mL 中チオ硫酸ナトリウム五水和物（$Na_2S_2O_3 \cdot 5H_2O$：248.18）24.818 g を含む．

調製　チオ硫酸ナトリウム五水和物 25 g 及び無水炭酸ナトリウム 0.2 g に新たに煮沸して冷却した水を加えて溶かし，1000 mL とし，24 時間放置した後，次の標定を行う．

標定　ヨウ素酸カリウム（標準試薬）を 120 ～ 140℃で 1.5 ～ 2 時間乾燥した後，デシケーター（シリカゲル）中で放冷し，その約 50 mg をヨウ素瓶[*24] に精密に量り，水 25 mL に溶かし，ヨウ化カリウム 2 g 及び希硫酸 10 mL を加え，密栓し，10 分間放置した後，水 100 mL を加え，遊離したヨウ素を調製したチオ硫酸ナトリウム液で滴定する（指示薬法，又は電位差滴定法：白金電極）．ただし，指示薬法の滴定の終点は液が終点近くで淡黄色になったとき，デンプ

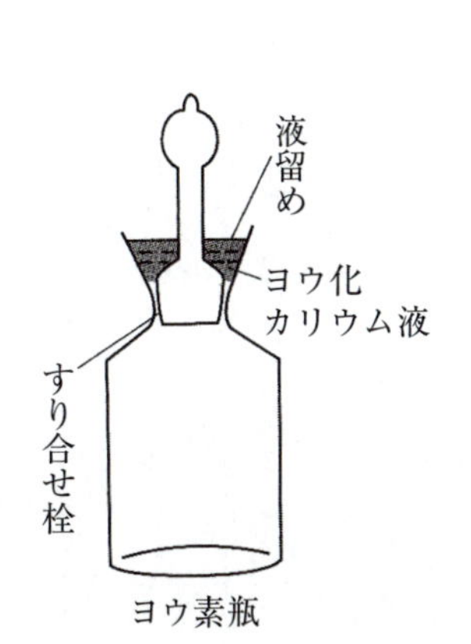

ヨウ素瓶

[*24] ヨウ素還元滴定に用いる共栓フラスコで，液溜めにヨウ化カリウム液を入れておくことで，揮散したヨウ素を捕捉する．これを滴定前に水で洗い込むことにより誤差を防ぐことができる．

ン試液 3 mL を加え，生じた青色が脱色するときとする．同様の方法で空試験を行い，補正し，ファクターを計算する．

0.1 mol/L チオ硫酸ナトリウム 1 mL = 3.567 mg KIO_3

注意：長く保存したものは標定し直して用いる．

標準試薬にはヨウ素酸カリウム（KIO_3：214.00）を用い，硫酸酸性でヨウ化カリウム（KI）が酸化され I_2 となり，生成した I_2 を $Na_2S_2O_3$ で滴定する．

$$KIO_3 + 5KI + 3H_2SO_4 \longrightarrow 3I_2 + 3K_2SO_4 + 3H_2O$$

$$I_2 + 2Na_2S_2O_3 \longrightarrow 2NaI + Na_2S_4O_6$$

1 mol の KIO_3 (214.00×10^3 mg) と 6 mol の $Na_2S_2O_3$ (0.1 mol/L $Na_2S_2O_3$ 60000 mL) が反応する．よって対応量は，

$$0.1\ \text{mol/L チオ硫酸ナトリウム}\ 1\ \text{mL} = \frac{214.00 \times 10^3}{60000} = 3.567\ \text{mg}\ KIO_3$$ となる．

また，KIO_3 の採取量を m (g)，本試験と空試験の滴定量をそれぞれ A (mL)，B (mL) とすると，チオ硫酸ナトリウム液のファクター $f_{Na_2S_2O_3}$ は，

$$f_{Na_2S_2O_3} = \frac{1000 \times m}{3.567 \times (A - B)}$$ となる．

D 0.05 mol/L 臭素液（日局 17）

1000 mL 中臭素（Br：79.90）7.990 g を含む．

調製 臭素酸カリウム 2.8 g 及び臭化カリウム 15 g を水に溶かし，1000 mL とし，次の標定を行う．

標定 間接法による．塩酸酸性とした臭素液 25 mL にヨウ化カリウム試液 5 mL を加え，遊離したヨウ素を 0.1 mol/L チオ硫酸ナトリウム液で滴定（指示薬：デンプン試液）

一定量の臭素酸カリウム（$KBrO_3$）と過量の臭化カリウム（KBr）を塩酸酸性にすると，臭素（Br_2）が遊離する．

$$KBrO_3 + 5KBr + 6HCl \longrightarrow 3Br_2 + 6KCl + 3H_2O$$

標定は，発生した Br_2 により I^- を酸化し，生成した I_2 をチオ硫酸ナトリウム標準液で滴定することにより行う．

$$Br_2 + 2KI \longrightarrow I_2 + 2KBr$$

$$I_2 + 2Na_2S_2O_3 \longrightarrow 2NaI + Na_2S_4O_6$$

E　0.05 mol/L ヨウ素酸カリウム液（日局 17）

1000 mL 中ヨウ素酸カリウム（KIO_3：214.00）10.700 g を含む．
調製　ヨウ素酸カリウム（標準試薬）を 120〜140℃で 1.5〜2 時間乾燥した後，デシケーター（シリカゲル）中で放冷し，その約 10.700 g を精密に量り，水に溶かし，正確に 1000 mL とし，ファクターを計算する．

ヨウ素酸カリウム液は，KIO_3 が純度 99.95% 以上の容量分析用標準物質として得られるため，標定をする必要がない．

採取量が w g のときのファクター f は，

$$f = \frac{\mathrm{w}}{10.700}$$ となる．

F　0.1 mol/L 亜硝酸ナトリウム液（日局 17）

1000 mL 中亜硝酸ナトリウム（$NaNO_2$：69.00）6.900 g を含む．
調製　亜硝酸ナトリウム 7.2 g を水に溶かし，1000 mL とし，次の標定を行う．
標定　ジアゾ化滴定用スルファニルアミドを 105℃で 3 時間乾燥した後，デシケーター（シリカゲル）中で放冷し，その約 0.44 g を精密に量り，塩酸 10 mL，水 40 m L，及び臭化カリウム溶液（3 → 10）10 mL を加えて溶かし，15℃以下に冷却した後，調製した亜硝酸ナトリウム液で，滴定終点検出法の電位差滴定法又は電流滴定法により滴定し，ファクターを計算する．
0.1 mol/L 亜硝酸ナトリウム 1 mL = 17.22 mg $H_2NC_6H_4SO_2NH_2$
注意：遮光して保存する．長く保存したものは，標定し直して用いる．

スルファニルアミド（$H_2NC_6H_4SO_2NH_2$：172.21）は $NaNO_2$ と次のように反応する．

$$H_2NO_2S\text{–}C_6H_4\text{–}NH_2 + NaNO_2 + 2HCl \longrightarrow H_2NO_2S\text{–}C_6H_4\text{–}N_2^+ + Cl^- + NaCl + 2H_2O$$

1 mol のスルファニルアミド（172.21×10^3 mg）と 1 mol の $NaNO_2$（0.1 mol/L $NaNO_2$ 10000 mL）が反応する．
よって対応量は，

$$0.1\ \mathrm{mol/L}\ 亜硝酸ナトリウム\ 1\ \mathrm{mL} = \frac{172.21 \times 10^3}{10000} = 17.22\ \mathrm{mg}\ H_2NC_6H_4SO_2NH_2$$

となる．

5.6.5 滴定の種類と医薬品への応用

酸化還元滴定が適用されている局方収載医薬品のうち，過マンガン酸塩滴定を用いるオキシドール中の過酸化水素，ヨウ素滴定を用いるアスコルビン酸およびさらし粉中の有効塩素，ヨウ素酸塩滴定を用いるヨウ化カリウム，臭素滴定を用いるフェノール，ジアゾ滴定を用いるスルファメチゾールの定量について説明する．

A 過マンガン酸塩滴定

過マンガン酸塩滴定は，酸化剤である過マンガン酸カリウムを標準液とし，還元性物質を定量する方法である．通常は硫酸酸性下[*25]で行われ，次の半反応で表される．

$$MnO_4^- + 8H^+ + 5e^- \longrightarrow Mn^{2+} + 4H_2O$$

当量点以前では，滴加した MnO_4^- は還元されて Mn^{2+} となるため無色であるが，滴定の終点ではわずかに過量となった MnO_4^- によって淡赤色を呈するため，指示薬を必要としない．

1）オキシドール中の過酸化水素の定量法（日局17）

本品 1.0 mL を正確に量り，水 10 mL 及び希硫酸 10 mL を入れたフラスコに加え，0.02 mol/L 過マンガン酸カリウム液で滴定する． 0.02 mol/L 過マンガン酸カリウム液 1 mL = 1.701 mg H_2O_2

オキシドールは殺菌・消毒薬として用いられ，過酸化水素（H_2O_2：34.01）を 2.5 ～ 3.5 w/v % 含むため，オキシドールの定量は H_2O_2 を定量して行う．H_2O_2 は酸化剤，還元剤のいずれにもなるが，強酸性の酸化剤の下では還元剤となり，2 電子酸化される．

$$H_2O_2 - 2e^- \longrightarrow O_2 + 2H^+$$

H_2O_2 と $KMnO_4$ の反応は次式で表される．

$$5H_2O_2 + 2KMnO_4 + 3H_2SO_4 = K_2SO_4 + 2MnSO_4 + 8H_2O + 5O_2$$

5 mol の H_2O_2（$5 \times 34.01 \times 10^3$ mg）と 2 mol の $KMnO_4$（0.02 mol/L $KMnO_4$ 液 100000 mL）が反応する．

よって対応量は，

$$0.02\ \text{mol/L}\ KMnO_4 液\ 1\ \text{mL} = \frac{5 \times 34.01 \times 10^3}{100000} = 1.701\ \text{mg}\ H_2O_2$$ となる．

---

*25 塩酸では Cl^- が MnO^{4-} によって酸化されて塩素を生じ，硝酸は酸化作用を有するため，いずれも誤差の原因になる．

＜別解＞　H_2O_2 と $KMnO_4$ は 5：2 で対応しているので，0.02 mol/L $KMnO_4$ 液 1 mL 中の $KMnO_4$ $0.02 \times \frac{1}{1000}$ mol と対応する H_2O_2 は $\frac{5}{2} \times 0.02 \times \frac{1}{1000}$ mol.

したがって，

$$0.02\ \mathrm{mol/L}\ \mathrm{KMnO_4}\text{液}\ 1\ \mathrm{mL} = \frac{5}{2} \times 0.02 \times \frac{1}{1000} \times 34.01 \times 10^3 = 1.701\ \mathrm{mg}\ \mathrm{H_2O_2}$$

B　ヨウ素滴定

ヨウ素（I_2）を利用した滴定を**ヨウ素滴定**という．I_2 は次の半反応で表され，I_2 を酸化剤として，またはヨウ化物イオン（I^-）を還元剤として用いることができる．

$$I_2 + 2e^- \rightleftharpoons 2I^-$$

I_2 の酸化作用を利用して，還元性物質をヨウ素標準液で直接滴定する方法をヨウ素酸化滴定（ヨージメトリー）といい，I^- の還元作用を利用して，酸化性物質と反応させることによって生じた I_2 を還元剤であるチオ硫酸ナトリウム標準液で滴定する方法をヨウ素還元滴定（ヨードメトリー）という．

ヨウ素滴定の終点検出は，デンプン試液による指示薬法で行う．ヨウ素酸化滴定では，あらかじめデンプン試液を加えてヨウ素液で滴定し，わずかに過量となった I_2 がデンプンと反応して青色を呈することで終点としている．一方，ヨウ素還元滴定では，I_2 がある程度チオ硫酸ナトリウムによって還元され，被滴定液が淡黄色になってからデンプン試液を加え，I_2 が完全に消失し液が無色になるところを終点としている．これは，多量の I_2 が存在していると鋭敏性が失われ，終点の判定が遅れるためである．

1）アスコルビン酸の定量法（日局 17）

本品を乾燥し，その約 0.2 g を精密に量り，メタリン酸溶液[*26]（1 → 50）50 mL に溶かし，0.05 mol/L ヨウ素液で滴定する（指示薬：デンプン試液 1 mL）．

0.05 mol/L ヨウ素液 1 mL = 8.806 mg $C_6H_8O_6$

アスコルビン酸（ビタミン C，$C_6H_8O_6$：176.12）は，ビタミン C 欠乏症の予防・治療や抗酸化剤として用いられ，ヨウ素酸化滴定（ヨージメトリー）による直接滴定で定量する．

アスコルビン酸はヨウ素と次のように反応する．

[*26] メタリン酸は，重金属イオンを取り込むことにより，アスコルビン酸の酸化を防止する目的で加えられる．

アスコルビン酸 $+ I_2 \longrightarrow$ デヒドロアスコルビン酸 $+ 2H^+ + 2I^-$

1 molのアスコルビン酸（176.12×10^3 mg）は1 molのI_2（0.05 mol/Lヨウ素液20000 mL）によって酸化され，デヒドロアスコルビン酸になる．

よって対応量は，

$$0.05\ \text{mol/L ヨウ素液 } 1\ \text{mL} = \frac{176.12 \times 10^3}{20000} = 8.806\ \text{mg } C_6H_8O_6 \quad \text{となる.}$$

2）サラシ粉中の有効塩素の定量法（日局17）

> 本品約5 gを精密に量り，乳鉢に入れ，水50 mLを加えてよくすり混ぜた後，水を用いて500 mLのメスフラスコに移し，水を加えて500 mLとする．よく振り混ぜ，直ちにその50 mLを正確にヨウ素瓶にとり，ヨウ化カリウム試液10 mL及び希塩酸10 mLを加え，遊離したヨウ素を0.1 mol/Lチオ硫酸ナトリウム液で滴定する（指示薬：デンプン試液3 mL）．同様の方法で空試験を行い，補正する．
>
> 0.1 mol/Lチオ硫酸ナトリウム液1 mL = 3.545 mg Cl

サラシ粉（Ca(ClO)Cl，正しくは$CaCl_2 \cdot Ca(ClO)_2 \cdot 2H_2O$）は，歯科用薬原料や殺菌・消毒薬として用いられている．サラシ粉に酸を加えると次式のように塩素（Cl_2）を発生する．このCl_2を有効塩素といい，ヨウ素還元滴定（ヨードメトリー）で定量する．

$$Ca(ClO)Cl + 2HCl \longrightarrow CaCl_2 + Cl_2 + H_2O$$

Cl_2はI_2よりも酸化力が強く，ヨウ化カリウムを加えるとI^-をI_2へ酸化する．

$$Cl_2 + 2KI \longrightarrow I_2 + 2KCl$$

生じたI_2をチオ硫酸ナトリウム標準液で滴定する．

$$I_2 + 2Na_2S_2O_3 \longrightarrow 2NaI + Na_2S_4O_6$$

1 molの 塩 素 原 子（35.45×10^3 mg） は1 molの$Na_2S_2O_3$（0.1 mol/L $Na_2S_2O_3$ 10000 mL）に対応する．

よって対応量は，

$$0.1\ \text{mol/L チオ硫酸ナトリウム } 1\ \text{mL} = \frac{33.45 \times 10^3}{10000} = 3.545\ \text{mg Cl} \quad \text{となる.}$$

＜別解＞ 塩素原子とチオ硫酸ナトリウムは1：1で対応しているので，0.1 mol/L $Na_2S_2O_3$ 1 mL中の$Na_2S_2O_3$ $0.1 \times \frac{1}{1000}$ molと対応するClは $0.1 \times \frac{1}{1000}$ mol.

したがって，

$$0.1\ \mathrm{mol/L}\ Na_2S_2O_3\ 1\ \mathrm{mL} = 0.1 \times \frac{1}{1000} \times 35.45 \times 10^3\ \mathrm{mg} = 3.545\ \mathrm{mg\ Cl}$$

C　臭素滴定

臭素滴定は，一定量の臭素酸カリウム（$KBrO_3$）に過量の臭化カリウム（KBr）を加えた臭素液を標準液とし，滴定直前に酸を加えることにより臭素（Br_2）を発生させ，これを分析対象物と反応させて，残った Br_2 について**ヨードメトリー**を行い，分析対象物を間接的に定量する方法である．Br_2 は揮発性および反応性が高いため，臭素液を用いて用時 Br_2 を生成させる．

1）フェノールの定量（日局 17）

> 本品約 1.5 g を精密に量り，水に溶かし正確に 1000 mL とし，この液 25 mL を正確に量り，ヨウ素瓶に入れ，正確に 0.05 mol/L 臭素液 30 mL を加え，更に塩酸 5 mL を加え，直ちに密栓して 30 分間しばしば振り混ぜ，15 分間放置する．次にヨウ化カリウム 7 mL を加え，直ちに密栓してよく振り混ぜ，クロロホルム 1 mL を加え，密栓して激しく振り混ぜ，遊離したヨウ素を 0.1 mol/L チオ硫酸ナトリウム液で滴定する（指示薬：デンプン試液 1 mL）．同様の方法で空試験を行う．
>
> 0.05 mol/L 臭素液 1 mL = 1.569 mg C_6H_6O

フェノール（C_6H_6O：94.11）に一定過量の臭素液を加えると，Br_2 の付加反応によりオルト位とパラ位への臭素置換が起こり，水に難溶な 2,4,6-トリブロモフェノールが生成する．

$$C_6H_5OH + 3Br_2 \longrightarrow C_6H_2Br_3OH\ (2,4,6\text{-tribromophenol}) + 3HBr$$

過量の Br_2 はヨウ化カリウムと反応して I_2 を生成する．この I_2 を 0.1 mol/L チオ硫酸ナトリウム液で滴定する（ヨードメトリー）．

$$Br_2 + 2KI \longrightarrow I_2 + 2KBr$$

$$I_2 + 2Na_2S_2O_3 \longrightarrow 2NaI + Na_2S_4O_6$$

1 mol の Br_2 は 1 mol の I_2 に変換され，1 mol の I_2 は 2 mol の $Na_2S_4O_6$ と反応する．したがって，0.1 mol/L チオ硫酸ナトリウム液 1 mL は 0.05 mol/L 臭素液 1 mL

に対応する．滴定中にBr_2が揮散しやすいため，ヨウ素瓶を用いる．

1 molのフェノール（94.11×10^3 mg）と3 mol のBr_2（0.05 mol/L 臭素液60000 mL）が反応する．よって対応量は，

$$0.05\ \text{mol/L 臭素液}\ 1\ \text{mL} = \frac{94.11 \times 10^3}{60000} = 1.569\ \text{mg}\ C_6H_6O$$ となる．

＜別解＞　フェノールと臭素は1：3で対応しているので，0.05 mol/L 臭素液1 mL中のBr_2 $0.05 \times \frac{1}{1000}$ molと対応するフェノールは　$\frac{1}{3} \times 0.05 \times \frac{1}{1000}$ mol.

よって対応量は，

$$0.05\ \text{mol/L 臭素液}\ 1\ \text{mL} = \frac{1}{3} \times 0.05 \times \frac{1}{1000} \times 94.11 \times 10^3\ \text{mg} = 1.569\ \text{mg}\ C_6H_6O$$

D　ヨウ素酸塩滴定

ヨウ素酸カリウム標準液を用いる滴定を**ヨウ素酸塩滴定**という．強酸性条件下でKIO_3はI^-と反応してI_2が遊離する．このとき溶液は赤紫色を呈する．さらにKIO_3を滴加すると，I_2がさらに酸化されI^+となり，液が無色になるところを終点としている．I^-以外の物質でも，IO_3^-によって酸化された際にIO_3^-自身からI_2が生成されるため，ヨウ素酸塩滴定を適用することができる．

1）ヨウ化カリウムの定量（日局17）

> 本品を乾燥し，その約0.5 gを精密に量り，ヨウ素瓶に入れ，水10 mLに溶かし，塩酸35 mL及びクロロホルム5 mLを加え，激しく振り混ぜながら0.05 mol/L ヨウ素酸カリウム液でクロロホルム層の赤紫色が消えるまで滴定する．ただし，滴定の終点はクロロホルム層が脱色した後，5分以内に再び赤紫色が現れないときとする．
>
> 0.05 mol/Lヨウ素酸カリウム液1 mL = 16.60 mg KI

ヨウ化カリウム（KI：166.00）は，去痰薬，ヨウ素補給薬として用いられている．強酸性でKIにKIO_3を加えると，I_2を遊離してクロロホルム層は赤紫色を呈する．

$$5KI + KIO_3 + 6HCl \rightleftharpoons 3I_2 + 6KCl + 3H_2O$$

さらにKIO_3を追加すると，I_2は酸化されて塩化ヨウ素IClとなりクロロホルム層は脱色する．

$$2I_2 + KIO_3 + 6HCl \rightleftharpoons 5ICl + KCl + 3H_2O$$

上記の2式より，KIとKIO_3の反応は次式で示される．

$$2KI + KIO_3 + 6HCl \rightleftharpoons 3ICl + 3KCl + 3H_2O$$

2 molのKI（$2 \times 166.00 \times 10^3$ mg）と1 molのKIO_3（0.05 mol/L KIO_3 20000 mL）

が反応する．

よって対応量は，

$$0.05\ \text{mol/L ヨウ素酸カリウム液}\ 1\ \text{mL} = \frac{2 \times 116.00 \times 10^3}{20000} = 16.60\ \text{mg KI}$$ となる．

<別解>

$$0.05\ \text{mol/L}\ KIO_3\ \text{液}\ 1\ \text{mL} = 2 \times 0.05 \times \frac{1}{1000} \times 166.00 \times 10^3 = 16.60\ \text{mg KI}$$

E ジアゾ化滴定

ジアゾ化滴定は，冷時（5～15℃），塩酸酸性で芳香族第一アミンと亜硝酸のジアゾニウム塩生成反応を利用した滴定法である．亜硝酸は酸化剤として働き，窒素の原子価が＋3から0に変化するので，一種の酸化還元反応である．亜硝酸やジアゾニウム塩が不安定であるので，標準液として0.1 mol/L亜硝酸ナトリウム液を用い，15℃以下で滴定する．終点の検出は電位差滴定法または電流滴定法で行う．

1）スルファメチゾールの定量（日局17）

本品を乾燥し，その約0.4 gを精密に量り，塩酸5 mL及び水50 mLを加えて溶かし，更に臭化カリウム溶液*27（3→10）10 mLを加え，15℃以下に冷却した後，0.1 mol/L亜硝酸ナトリウム液で電位差滴定法又は電流滴定法により滴定する．

0.1 mol/L亜硝酸ナトリウム液 1 mL = 27.03 mg $C_6H_{10}N_4O_2S_2$

スルファメチゾール（$C_6H_{10}N_4O_2S_2$：270.33）は，抗菌薬やサルファ剤として用いられている．スルファメチゾールは亜硝酸ナトリウム（$NaNO_2$）と次のように反応する．

$$RNHSO_2-C_6H_4-NH_2 + NaNO_2 + 2\ HCl$$

スルファメチゾール

$$\longrightarrow RNHSO_2-C_6H_4-N_2^+Cl^- + NaCl + 2\ H_2O$$

1 molのスルファメチゾール（270.33×10^3 mg）と1 molの亜硝酸ナトリウム（0.1 mol/L $NaNO_2$ 10000 mL）が反応する．

よって対応量は，

*27 臭化カリウム：Br^-の存在によりジアゾ化の反応速度を速めることができる．

$$0.1\ \mathrm{mol/L}\text{亜硝酸ナトリウム液}1\ \mathrm{mL} = \frac{270.33 \times 10^3}{10000}$$

$$= 27.03\ \mathrm{mg}\ H_2NC_6H_4SO_2NH_2$$

となる.

<別解> スルファメチゾールと亜硝酸ナトリウムは1：1で対応しているので，

0.1 mol/L亜硝酸ナトリウム液1 mL中の$NaNO_2$ $0.1 \times \frac{1}{1000}$ molと対応するスルファメチゾールは$0.1 \times \frac{1}{1000}$ mol.

よって対応量は，

$$0.1\ \mathrm{mol/L}\text{亜硝酸ナトリウム液}\ 1\ \mathrm{mL} = 0.1 \times \frac{1}{1000} \times 270.33 \times 10^3\ \mathrm{mg}$$

$$= 27.03\ \mathrm{mg}\ H_2NC_6H_4SO_2NH_2$$

確認問題

次の記述について，正しいものには○，誤っているものには×をつけよ.

1) 過マンガン酸カリウム液は酸化剤として用いている.（　）
2) 過マンガン酸カリウム液の標定において，指示薬にはデンプン試液を用いる.（　）
3) ヨウ素はデンプンとの反応で青色を呈する.（　）
4) ヨウ素の酸化力を用いて試料物質を酸化して滴定する分析法は，ヨードメトリーとよばれる.（　）
5) ヨウ素酸カリウム液は酸化剤として用いている.（　）

解　答

1) （○）
2) （×） 一般に指示薬は不要である.
3) （○）
4) （×） ヨージメトリー.
5) （○）

5.7 電気滴定

5.7.1 電気滴定とは

電気滴定とは，滴定進行に伴う電気的信号（電位差または電流）の変化により反応の終点を求める滴定法（**電気的終点検出法**）である．電位の変化を利用する滴定を電位差滴定，電流の変化を利用する滴定を**電流滴定**という．局方の一般試験法の滴定終点検出法〈*2.50*〉の中で指示薬法と電気的終点検出法が採用されている．電気的終点検出法は，滴定の終点検出において適切な指示薬がない場合，試料溶液が着色あるいは混濁している場合などに利用される．また，肉眼により判定する指示薬法は個体差や経験など客観性に乏しい面があるのに対し，電気的検出法は客観的に終点の決定が可能である．

電気滴定 electrometric titration
電気的終点検出法 electrical endpoint detection method
電位差滴定 potentiometric titration
電流滴定 amperometric titration

この節では，電位差滴定法および電流滴定法を中心に電気滴定法について述べる．なお，局方一般試験法の**水分測定法**（**カールフィッシャー法**）〈*2.48*〉で用いられている容量滴定および**電量滴定**，水溶液中を電流の流れやすさ（電気伝導性）を測定する**導電率測定法**を用いた**導電率滴定**〈*2.51*〉については，「よくわかる薬学機器分析」を参照されたい．

5.7.2 電位差滴定法

電位差滴定法は，標準液の滴加量に対する起電力の変化が最大となる点をとらえて滴定の終点を検出する方法である．試料溶液に特定のイオンに応答する**指示電極**

指示電極 indicator electrode

表 5.9 滴定の種類と指示電極（日局 17 規定のもの）

滴定の種類	指示電極
酸塩基滴定（中和滴定，pH 滴定）	ガラス電極
非水滴定（過塩素酸滴定，テトラメチルアンモニウムヒドロキシド滴定）	ガラス電極
沈澱滴定（硝酸銀によるハロゲンイオンの滴定）	銀電極（ただし，参照電極は銀-塩化銀電極を用い，参照電極と被滴定溶液との間に飽和硝酸カリウム溶液の塩橋を挿入する．）
酸化還元滴定（ジアゾ滴定など）	白金電極
錯滴定（キレート滴定）	水銀-塩化水銀(Ⅱ)電極

pH を測定して電位差滴定法を行うときは，pH 計を用いることができる．

ガラス電極 glass electrode
銀電極 silver electrode
銀-塩化銀電極 silver-silver chloride electrode
水銀-塩化水銀(Ⅱ)電極 mercury-mercury (Ⅱ) chloride electrode
pH 計 pH meter

参照電極
reference electrode

と溶液の組成に関係なく一定の電位を示す**参照電極**を浸し，両電極間の電位差（起電力）を測定する．電極電位は**ネルンストの式**に従う（5.6節）．

表5.7に，日局17で規定されている指示電極を示す．指示電極の種類は滴定の種類により異なるが，参照電極は，通例，銀–塩化銀電極を用いる．指示電極と参照電極が一体化した複合型のものも用いることができる．

5.7.3 装置と滴定曲線

A 装 置

図5.29に，酸塩基滴定および非水滴定で用いられる電位差滴定装置および電極の構造を示す．試料溶液の入ったビーカー，標準液を滴加するビュレット，指示電

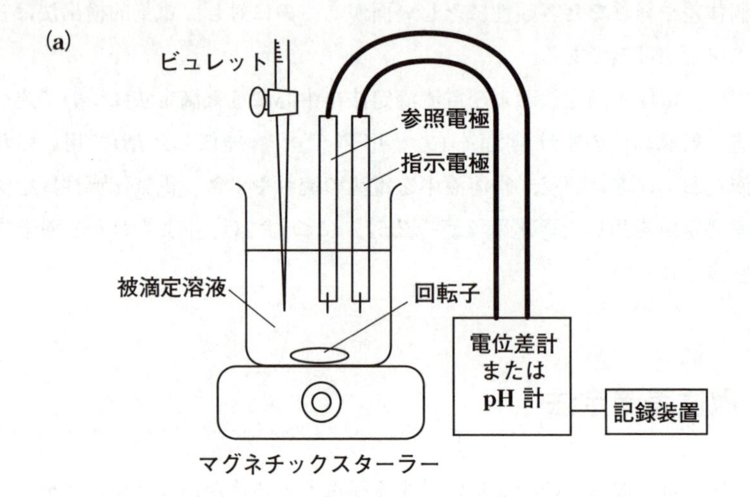

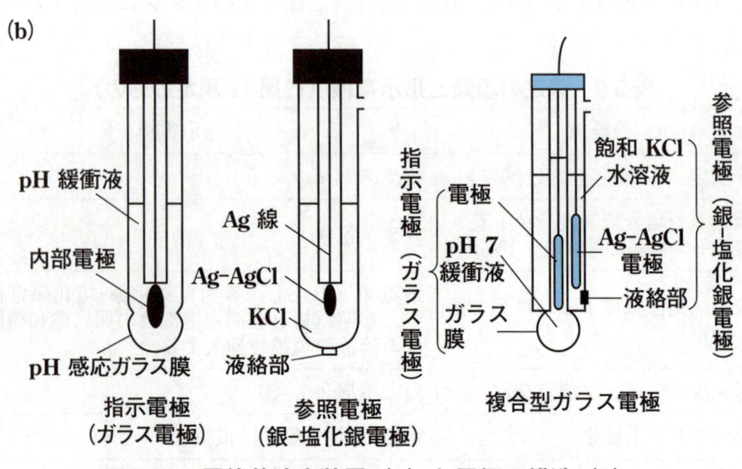

図5.29　電位差滴定装置（a）と電極の構造（b）

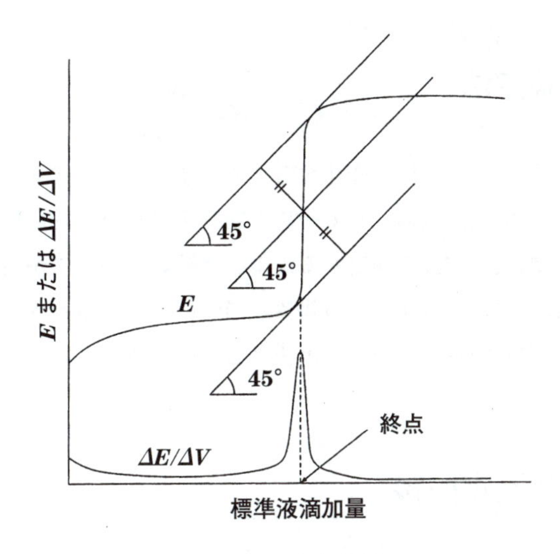

図 5.30　滴定曲線

極と参照電極および両電極間の電位を測定する電位差計または適当な pH 計*[28]，記録計および撹拌装置（磁気かき混ぜ機，マグネチックスターラー）から構成される．電極については，複合型のものを用いてもよい．

B　滴定曲線

電位差滴定法により得られる滴定曲線を図 5.30 に示す．横軸に標準液の滴加量（V），縦軸に電位差（E）をプロットしたものである．

滴定の終点は，1）作図法もしくは 2）自動検出法により求める．

1）作図法

得られた滴定曲線に対し，勾配約 45° の互いに平行な 2 つの接線を引き，これら 2 本の直線から等距離の位置に第 3 の平行線を引く．第 3 の平行線と滴定曲線との交点を求めて，この点より横軸に垂線を下ろしたときの滴加量を，滴定終点までに要した滴加量とする．

微分曲線（$\Delta E/\Delta V$ の滴加量による変化）を求めて，$\Delta E/\Delta V$ の極大または極小となる点の滴加量より終点を求める方法（一次微分法）もある．

2）自動検出法

自動ビュレット装置などを備えた自動滴定装置を用いて滴定を行う場合は，電位差の変化率が最大になる点を検出する，あるいは終点電位をあらかじめ設定することにより，自動的に終点を決定することができる．

*28　ほとんどの電位差計と pH 計は，スイッチの切り替えで兼用できるようになっている．

5.7.4　電流滴定法

電流滴定法は，滴定進行に伴い変化する電流の変化をとらえ，滴定終点を検出する方法である．局方では，電極として**一対の白金板**（または**白金線**）を用い，両電極間に微小電圧を加えて電流を測定する**定電圧分極電流滴定法**が用いられる．陽極で酸化される物質と陰極で還元される物質が同時に存在するときに電流が観測され，ジアゾ滴定（酸化還元滴定）の終点検出法として採用されている*29.

定電圧分極電流滴定法
amperometric titration at constant voltage

5.7.5　装置と滴定曲線

A　装　置

図 5.31 に，電流滴定法で用いられる装置の概略を示す．試料溶液の入ったビーカー，標準液を滴加するビュレット，一対の白金電極（白金板または白金線），両電極間に微小直流電圧（10～200 mV 程度の一定の直流電圧）を加える加電圧装置，電極間を流れる指示電流を測定する電流計，記録計および撹拌装置から構成される．

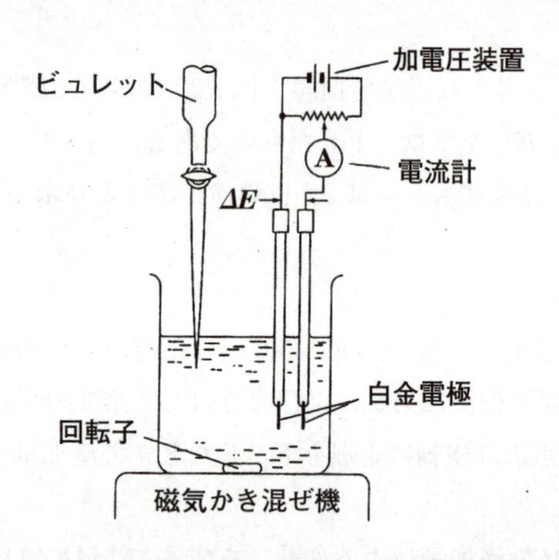

図 5.31　電流滴定装置（定電圧分極電流滴定装置）

B　滴定曲線

電流滴定法により得られる滴定曲線を図 5.32 に示す．横軸に標準液の滴加量（V），縦軸に電流値をプロットしたものである．

*29　ジアゾ滴定で定量する局方医薬品における終点検出には，電位差滴定法または電流滴定法が採用されている．

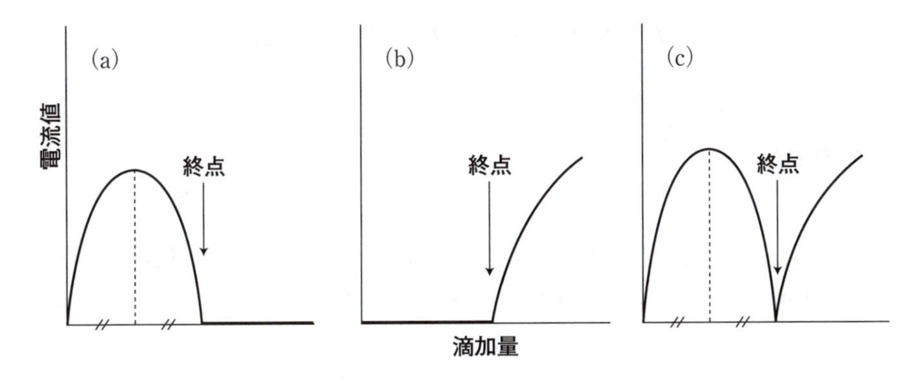

図 5.32 滴定曲線

(a) は，試料溶液中の測定対象物質のみが両極の電極で反応して電流を与える場合に観察される滴定曲線である．滴定を開始前は，試験液中には酸化体（または還元体）しか含まれていないので，電流がほとんど観測されないが，滴定進行に伴い電流が増加していく．酸化体と還元体の濃度が等しくなるところで電流値は最大となる．この時の滴加量は，当量点までの滴加量の半分（**半当量点**）である．さらに滴定を続けると，酸化体（または還元体）の濃度が減少することにより電流値が減少する．電流がほとんど流れなくなったところが終点となる．

半当量点
half-equivalence point

(b) は，滴加する標準液が電流を与える場合に観察される滴定曲線である．ジアゾ滴定を例に説明する．ジアゾ滴定では，亜硝酸ナトリウム標準液が酸性溶液中で芳香族第一アミンと反応しジアゾニウム化合物を生成する反応が進行する．

$$ArNH_2 \ + \ NO_2^- \ + \ 2H^+ \longrightarrow ArN_2^+ \ + \ 2H_2O$$

当量点前は，亜硝酸イオン NO_2^- はジアゾ化反応で消費されるため電流はほとんど流れないが，当量点後は，NO_2^- が過剰となり，白金電極上で以下の反応が起き電流が流れる．電流が流れはじめる時が終点となる．

$$NO_2^- \ + \ H_2O \underset{\text{陰極}}{\overset{\text{陽極}}{\rightleftarrows}} NO_3^- \ + \ 2H^+ \ + \ 2e^-$$

(c) は，試料溶液中の測定対象物質と滴加する標準液がともに電流を与える場合に観察される滴定曲線である．(a) と (b) を組み合わせた滴定曲線が観察され，電流値が減少してほとんど流れなくなってから，再び電流が流れはじめた点が終点となる．

滴定の終点は，1) 作図法もしくは 2) 自動検出法により求める．

1) 作図法

滴定曲線の折れ曲がり点（折れ曲がりの前後の直線部分を補外して得られる交点）を与える滴加量を，滴定の終点とする．

2) 自動検出法

自動滴定装置を用いて滴定を行う場合は，終点電流をあらかじめ設定し，指示電流が設定電流値に達したときの滴加量を，滴定の終点とする．

確認問題

次の記述について，正しいものには○，誤っているものには×を付けよ．

1) 電気的終点検出法は，指示薬法と比べて，得られる滴定結果の個人差が大きい．（ ）
2) 酸化還元滴定に使われる参照電極は，白金電極である．（ ）
3) ジアゾ滴定の終点検出は，電位差滴定法，電流滴定法のどちらを用いてもよい．（ ）
4) 電位差滴定法における終点は，標準液の滴加量に対する起電力の変化が最大となる点である．（ ）
5) 電流滴定法では，指示電極に白金電極，参照電極に銀-塩化電極を用いる．（ ）
6) 電流滴定法では，終点における電流値が最大となる．（ ）

解 答

1) （×）
2) （×）
3) （○）
4) （○）
5) （×）
6) （×）

5.8 章末問題

問1 日本薬局方において，容量分析用標準液のファクター f は，通例どの範囲にあるように調製されるか．1つ選べ．

1 0.95 ～ 1.05
2 0.97 ～ 1.03
3 0.950 ～ 1.050
4 0.970 ～ 1.030
5 0.990 ～ 1.010

【第102回国家試験 問4改変】

問 2 日本薬局方容量分析用標準液，標準試薬，指示薬，滴定の種類の組合せとして正しいのはどれか．**2つ**選べ．

	容量分析用標準液	標準試薬	指示薬	滴定の種類
1	0.1 mol/L エチレンジアミン四酢酸二水素二ナトリウム液	亜鉛	エリオクロムブラック T・塩化ナトリウム指示薬	キレート滴定
2	0.05 mol/L ヨウ素液	ヨウ素酸カリウム	デンプン試液	酸化還元滴定
3	0.1 mol/L 過塩素酸	フタル酸水素カリウム	クリスタルバイオレット試液	酸化還元滴定
4	0.1 mol/ 硝酸銀液	塩化ナトリウム	フルオレセインナトリウム試液	中和滴定
5	0.1 mol/L チオ硫酸ナトリウム液	ヨウ素酸カリウム	デンプン試液	酸化還元滴定

【第 87 回国家試験 問 31 改変，第 98 回国家試験 問 96 改変】

問 3 炭酸ナトリウム（Na_2CO_3：105.99）0.8000 g を量り，調製した 0.5 mol/L 硫酸の標定を行ったところ，15.00 mL を消費した．この 0.5 mol/L 硫酸のファクター（f）の値はどれか．最も近い値を**1つ**選べ．

1 0.988
2 0.994
3 1.000
4 1.006
5 1.012

問 4 図は 0.2 mol/L の 1 価の弱酸の水溶液 50 mL を，0.2 mol/L 水酸化ナトリウム水溶液で滴定した結果を示している．この酸に関する次の記述のうち，正しいのはどれか．**2つ**選べ．

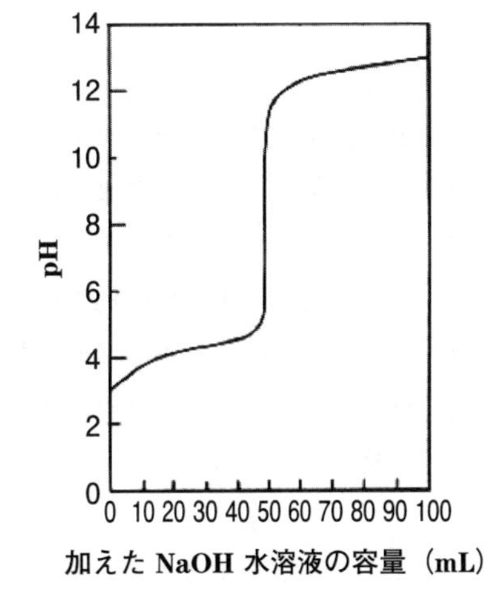

1 水酸化ナトリウム水溶液を 0 ～ 10 mL 加えたところで，pH がやや大きく変化している．もし，この酸が強酸であれば，この条件下では，pH の変化はほとんどない．
2 水酸化ナトリウム水溶液を約 50 mL 加えたところで，pH が大きく変化している．もし，この酸が強酸であれば，この条件下では，pH の変化はこれほど大きくない．
3 水酸化ナトリウム水溶液を 80 ～ 100 mL 加えたところで，pH の変化はほとんどない．もし，この酸が強酸であれば，この条件下では，pH の変化はかなり大きい．
4 指示薬法で滴定終点を求める際は，フェノールフタレインを用いる．
5 指示薬法で滴定終点を求める際は，メチルオレンジを用いる．
6 指示薬法で滴定終点を求める際は，フェノールフタレイン，メチルオレンジのいずれを用いてもよい．

【第 83 回国家試験 問 26 改変】

問 5 日本薬局方アスピリン（分子量：180.16）の定量法に関する記述のうち，正しいのはどれか．**2つ**選べ．

「本品を乾燥し，その約 1.5 g を精密に量り，0.5 mol/L 水酸化ナトリウム液 50 mL を正確に加え，二酸化炭素吸収管（ソーダ石灰）を付けた還流冷却器を用いて10分間穏やかに煮沸する．冷後，直ちに過量の水酸化ナトリウムを0.25 mol/L硫酸で滴定する（指示薬：フェノールフタレイン試液3滴）．同様の方法で空試験を行う．

0.5 mol/L水酸化ナトリウム液1 mL = [A] mg　$C_9H_8O_4$　」

1　「精密に量る」とは，指示された数値の質量をその桁数まで量ることを意味する．
2　下線部の操作は，アスピリンの加水分解（けん化）を促進するために行う．
3　空試験により，空気中の二酸化炭素が0.5 mol/L水酸化ナトリウム液に溶け込んだ影響を補正することができる．
4　0.25 mol/L硫酸の代わりに0.5 mol/L塩酸で同様の操作を行うと，[A] に示した対応量は2倍になる．
5　[A] に入る数値は90.08である．

【第78回国家試験　問200改変，第99回国家試験　問96改変】

問6　以下は日本薬局方ブロムヘキシン塩酸塩（$C_{14}H_{20}Br_2N_2$・HCl：412.59）の定量法に関するものである．1）及び2）の各設問に答えよ．

「本品を乾燥し，その約0.5 gを精密に量り，ギ酸2 mLに溶かし，無水酢酸60 mLを加え，50℃の水浴中で15分間加温し，冷後，0.1 mol/L過塩素酸で滴定する（指示薬：クリスタルバイオレット試液2滴）．ただし，滴定の終点は液の紫色が青緑色を経て黄緑色に変わるときとする．同様の方法で空試験を行い，補正する．

0.1 mol/L過塩素酸1 mL = [A] mg　$C_{14}H_{20}Br_2N_2$・HCl

・HCl

1）下線部の操作は何のために行うのか．正しいものを**1つ**選べ．

1　脂肪族第三アミンをアセチル化する．
2　芳香族第一アミンをアセチル化する．
3　2個の臭素原子を共にアセチル基で置換する．
4　アミノ基のオルト位の臭素原子だけをアセチル基で置換する．
5　アミノ基のパラ位の臭素原子だけをアセチル基で置換する．
6　臭素のオルト位にアセチル基を導入する．
7　塩酸を除去する．

2）[A] の中に入れるべき数値として，正しいのはどれか．**1つ**選べ．

1　20.63　　2　41.26　　3　82.52　　4　103.1　　5　206.3

【第77回国家試験　問197改変，第98回国家試験　問203改変】

問7　以下は日本薬局方エチレフリン塩酸塩（$C_{10}H_{15}NO_2$・HCl：217.69）の定量法に関するものである．1）～3）の各設問に答えよ．

・HCl

及び鏡像異性体

「本品を乾燥し，その約0.15 gを精密に量り，酢酸(100)20 mLに溶かし，無水酢酸50 mLを加え，0.1 mol/L過塩素酸で滴定する（電位差滴定法）．同様の方法で空試験を行い，補正する．

0.1 mol/L 過塩素酸 1 mL = [A] mg　$C_{10}H_{15}NO_2$・HCl　」

1）電位差滴定に用いる指示電極として，最も適当なものはどれか．**1つ**選べ．

1　銀–塩化銀電極　　2　銅電極　　3　白金電極　　4　銀電極　　5　ガラス電極

2）[A] の中に入れるべき数値は次のどれか．**1つ**選べ．

1　10.88　　2　21.77　　3　43.54　　4　108.8　　5　217.7

3）試料 0.1500 g を量り，上記の規定に従って操作し，補正したところ 0.1 mol/L 過塩素酸（f = 0.980）の消費量は 7.00 mL であった．エチレフリン塩酸塩の含量は次のどれに最も近いか．**1つ**選べ．

1　98.7%　　2　99.0%　　3　99.3%　　4　99.6%　　5　99.9%

【第 77 回国家試験　問 200 改変，第 81 回国家試験　問 27 改変】

問 8　次の日本薬局方ジブカイン塩酸塩（$C_{20}H_{29}N3O_2$・HCl：379.92）の定量法に関する記述について，[A] に入れるべき数値はどれか．最も近い値を**1つ**選べ．

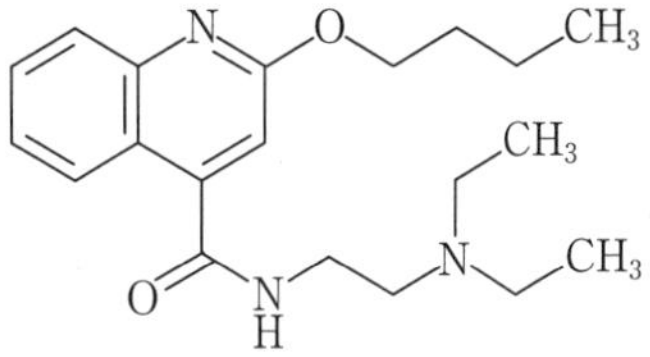

「本品を乾燥し，その約 0.3 g を精密に量り，無水酢酸／酢酸(100)混液（7：3)50 mL に溶かし，0.1 mol/L 過塩素酸で滴定する（電位差滴定法）．同様の方法で空試験を行い，補正する．

0.1 mol/L 過塩素酸 1 mL = [A] mg $C_{20}H_{29}N_3O_2$・HCl　」

1　1.266　　2　1.900　　3　3.799　　4　12.66　　5　19.00　　6　37.99

問 9　次の日本薬局方医薬品のうち，*N*,*N*–ジメチルホルムアミドに溶かし，テトラメチルアンモニウムヒドロキシド液で滴定する定量法が適用されているものはどれか．**1つ**選べ．

1　フルオロウラシル

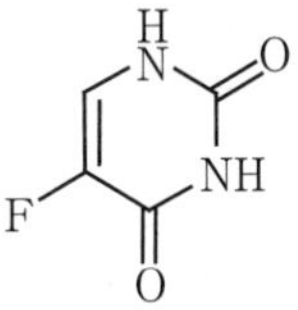

2　L–リシン塩酸塩

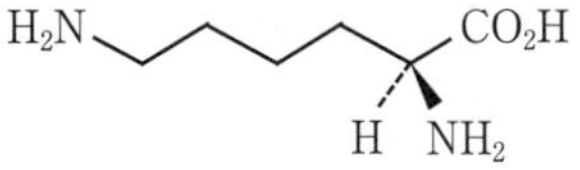

3　アマンタジン塩酸塩

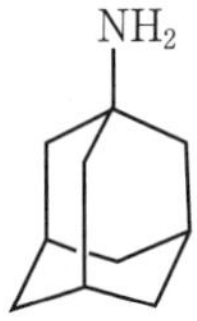

4　ジアゼパム

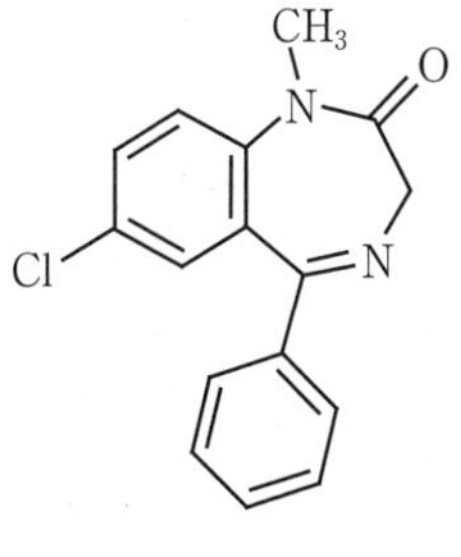

5　エフェドリン塩酸塩

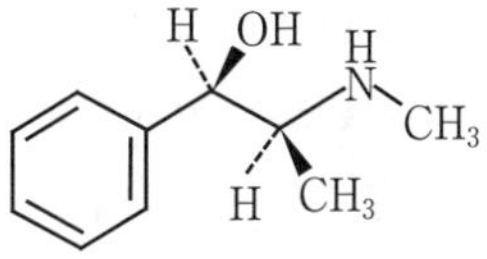

【第 80 回国家試験　問 130 改変】

問 10　日本薬局方アスピリンアルミニウム（$C_{18}H_{15}AlO_9$：402.29）中のアルミニウム（Al：26.98）の定量法に関する記述のうち，［　　］の中に入れるべき化合物名と数値の正しい組み合わせはどれか．

$\left[\text{(2-acetoxybenzoate: } C_6H_4(CO_2^-)(OCOCH_3)\text{)} \right]_2 [Al(OH)]^{2+}$

「本品約 0.4 g を精密に量り，水酸化ナトリウム試液 10 mL に溶かし，1 mol/L ［ A ］試液を滴加して pH を約 1 とし，更に pH 3.0 の酢酸・酢酸アンモニウム緩衝液 20 mL 及び Cu-PAN 試液 0.5 mL を加え，煮沸しながら，0.05 mol/L エチレンジアミン四酢酸二水素二ナトリウム液で滴定する．ただし，滴定の終点は液の色が赤色から黄色に変わり，1 分間以上持続したときとする．同様の方法で空試験を行い，補正する．

0.05 mol/L エチレンジアミン四酢酸二水素二ナトリウム液 1 mL =［ B ］mg　Al」

	A	B
1	酢酸	2.011
2	酢酸	2.698
3	水酸化ナトリウム	1.349
4	塩酸	0.675
5	塩酸	1.349

【第 87 回国家試験　問 32 改変】

問 11　以下は日本薬局方硫酸亜鉛点眼液の定量法に関するものである．1)，2) の各設問に答えよ．ただし，硫酸亜鉛水和物（$ZnSO_4 \cdot 7H_2O$：287.55）とする．

「本品 25 mL を正確に量り，水 100 mL 及び pH 10.7 のアンモニア・塩化アンモニウム緩衝液 2 mL を加え，0.01 mol/L エチレンジアミン四酢酸二水素二ナトリウム液で滴定する（指示薬：エリオクロムブラック T・塩化ナトリウム指示薬 0.04 g）．

0.01 mol/L エチレンジアミン四酢酸二水素二ナトリウム液　1 mL =［ A ］mg $ZnSO_4 \cdot 7H_2O$　」

1) ［ A ］に入る数値はどれか．最も近い値を **1 つ**選べ．

1　0.2876　　2　1.438　　3　2.876　　4　14.38　　5　28.76

2) 硫酸亜鉛点眼液について，定量法の操作に従って 0.01 mol/L エチレンジアミン四酢酸二水素二ナトリウム液（f = 1.010）で滴定を行ったところ，24.00 mL を消費した．この硫酸亜鉛点眼液の硫酸亜鉛水和物の濃度（w/v%）として最も近い値を **1 つ**選べ．

1　0.26　　2　0.28　　3　0.30　　4　0.32　　5　0.34

問 12　以下は日本薬局方乾燥水酸化アルミニウムゲルの定量法に関するものである．1) および 2) の各設問に答えよ．

「本品約 2 g を精密に量り，塩酸 15 mL を加え，水浴上で振り混ぜながら 30 分間加熱し，冷後，水を加えて正確に 500 mL とする．この液 20 mL を正確に量り，0.05 mol/L エチレンジアミン四酢酸二水素二ナトリウム液 30 mL を正確に加え，pH 4.8 の酢酸・酢酸アンモニウム緩衝液 20 mL を加えた後，5 分間煮沸し，冷後，エタノール（95）55 mL を加え，0.05 mol/L 酢酸亜鉛液で滴定する（指示薬：ジチゾン試液 2 mL）．ただし，滴定の終点は液の淡暗緑色が淡赤色に変わるときとする．同様の方法で空試験を行う．

1) 下線部の操作は何のために行うのか．正しいものを **1 つ**選べ．

1　溶液中の塩酸を取り除くため．

2　水酸化アルミニウムを十分に溶解するため．
3　水酸化アルミニウムを酢酸アルミニウムにするため．
4　アルミニウムと EDTA のキレート生成反応が室温では遅いため．
5　生成するアルミニウム-EDTA キレートが水に難溶性のため．

2）定量法に関する記述のうち，正しいのはどれか．**2つ**選べ．
1　ここで「約 2 g」とは，2 g の ± 5% の範囲をいう．
2　指示薬のはじめの色（淡暗緑色）は，Al^{3+} とジチゾンとのキレートの色である．
3　指示薬のおわりの色（淡赤色）は，Zn^{2+} とジチゾンとのキレートの色である．
4　0.05 mol/L エチレンジアミン四酢酸二水素二ナトリウム液 1 mL は，酸化アルミニウム（Al_2O_3：101.96）2.549 mg に相当する．
5　本試験と空試験では，空試験の方が 0.05 mol/L 酢酸亜鉛液の消費量が少ない．

【第 94 回国家試験　問 32 改変】

問 13　塩化カルシウム（$CaCl_2$：110.99）を含む試料 120 mg を量り，水に溶かして 0.1 mol/L の硝酸銀（f = 1.010）で滴定したところ 20.00 mL を消費した．試料中に含まれる塩化カルシウムの含量%はいくらか．

問 14　生理食塩液は，塩化ナトリウムを 0.9 w/v% 含む等張液である．日本薬局方生理食塩液中の塩化ナトリウム（式量：58.44）の定量法に関する記述のうち，正しいのはどれか．**2つ**選べ．
「本品 20 mL を正確に量り，水 30 mL を加え，強く降り混ぜながら，0.1 mol/L 硝酸銀液で滴定する（指示薬：［A］試液 3 滴）．」
1　生理食塩液 1 L 中には，塩化ナトリウムが 15.4 mmol 含まれる．
2　下線部の操作で用いられる計量器具は，メスシリンダーである．
3　［A］に入るのは，フルオレセインナトリウムである．
4　滴定終点で呈する色は，緑色である．
5　0.1 mol/L 硝酸銀液 1 mL に対する塩化ナトリウムの対応量は 5.844 mg である．

【第 89 回国家試験　問 30 改変，第 103 回国家試験　問 97 改変】

問 15　以下は日本薬局方クロロブタノール（$C_4H_7Cl_3O$：177.46）の定量法に関するものである．1），2）の各設問に答えよ．

「本品約 0.1 g を精密に量り，200 mL の三角フラスコに入れ，エタノール(95)10 mL に溶かし，水酸化ナトリウム試液 10 mL を加え，還流冷却器を付けて 10 分間煮沸する．冷後，希硝酸 40 mL 及び正確に 0.1 mol/L 硝酸銀液 25 mL を加え，よく振り混ぜ，ニトロベンゼン 3 mL を加え，沈殿が固まるまで激しく振り混ぜた後，過量の硝酸銀を 0.1 mol/L チオシアン酸アンモニウム液で滴定する（指示薬：［A］試液 2 mL）．同様の方法で空試験を行う．」

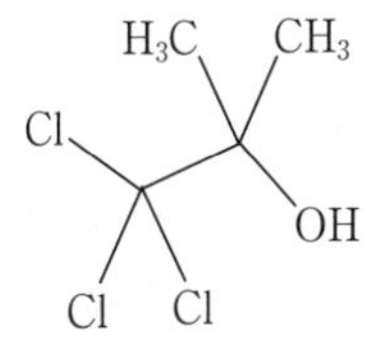

1）［A］に入る指示薬はどれか．**1つ**選べ．
1　アルセナゾⅢ　　2　テトラブロモフェノールフタレインエチルエステル

3　フルオレセインナトリウム　　4　ヨウ化カリウム
5　硫酸アンモニウム鉄(Ⅲ)

2）定量法に関する記述のうち，正しいのはどれか．**2つ**選べ．
1　下線部の反応により，塩素分子が遊離する．
2　ニトロベンゼンを加えるのは，硝酸銀との反応により生成した沈殿表面にニトロベンゼンの被膜を形成してチオシアン酸アンモニウムとの反応を抑制するためである．
3　ファヤンス法により終点を検出する．
4　0.1 mol/L の硝酸銀液 1 mL はクロロブタノールの 1.775 mg に相当する．
5　空試験の方が，本試験よりチオシアン酸アンモニウム液の滴加量は多い．

【第92回国家試験　問32改変】

問16　以下は日本薬局方イオタラム酸（$C_{11}H_9I_3N_2O_4$：613.91）の定量法に関するものである．1)，2）の各設問に答えよ．

「本品を乾燥し，その約 0.4 g を精密に量り，けん化フラスコに入れ，水酸化ナトリウム試液 40 mL に溶かし，亜鉛粉末 1 g を加え，還流冷却器を付けて 30 分間煮沸し，冷後，ろ過する．フラスコ及びろ紙を水 50 mL で洗い，洗液は先のろ液に合わせる．この液に酢酸(100)5 mL を加え，0.1 mol/L 硝酸銀液で滴定する（指示薬：［　A　］試液 1 mL）．ただし，滴定の終点は沈殿の黄色が緑色に変わるときとする．」

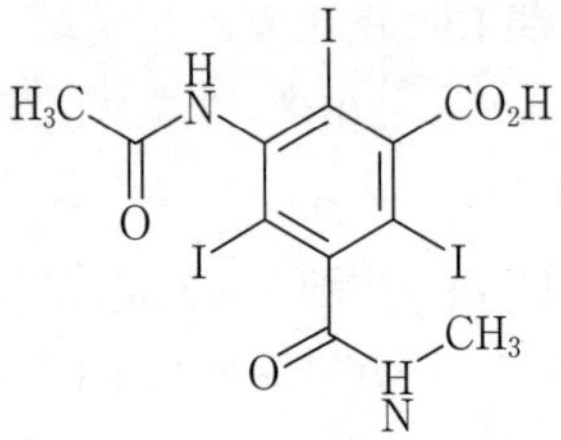

1）［　A　］に入る指示薬はどれか．**1つ**選べ．
1　アルセナゾⅢ　　2　テトラブロモフェノールフタレインエチルエステル
3　フルオレセインナトリウム　　4　ヨウ化カリウム
5　硫酸アンモニウム鉄(Ⅲ)

2）本品 0.4000 g をとり，上記の定量法に従って，0.1 mol/L 硝酸銀液（f = 1.020）で滴定したところ，19.00 mL を消費した．このときイオタラム酸の含量 % に最も近い数値を **1つ**選べ．
1　97.2%　　2　97.9%　　3　98.5%　　4　99.1%　　5　99.7%

【第101回国家試験　問98改変】

問17　日本薬局方オキシドール中の過酸化水素（H_2O_2：34.01）の定量法に関する記述のうち，正しいのはどれか．**2つ**選べ．

「本品 1.0 mL を正確に量り，水 10 mL 及び［　A　］10 mL を入れたフラスコに加え，0.02 mol/L 過マンガン酸カリウム液で滴定する．」
1　［　A　］には 0.1 mol/L 水酸化ナトリウム液が入る．
2　過酸化水素は還元剤として働く．
3　指示薬としてデンプン試液を用いる．

4　滴定の進行に伴って，酸素が発生する．

5　過酸化水素と過マンガン酸カリウムは，1：1（モル比）で反応する．

問 18　日本薬局方アスコルビン酸（$C_6H_8O_6$：176.12）の定量法に関する記述のうち，正しいのはどれか．2つ選べ．

「本品を乾燥し，その約 0.2 g を精密に量り，メタリン酸溶液（1 → 50）50 mL に溶かし，0.05 mol/L ヨウ素液で滴定する（指示薬：デンプン試液 1 mL）．」

1　この滴定は，ヨウ素還元滴定（ヨードメトリー）とよばれる．

2　メタリン酸はアスコルビン酸の安定化のために加えられる．

3　滴定終点は，液が終点近くで淡黄色になったとき，デンプン試液を加え，生じた青色が脱色したときとする．

4　アスコルビン酸は，この滴定の反応によってデヒドロアスコルビン酸となる．

5　0.05 mol/L ヨウ素液 1 mL は，アスコルビン酸の 88.06 mg に相当する．

【第 79 回国家試験　問 133 改変，第 92 回国家試験　問 29 改変】

問 19　日本薬局方フェニレフリン塩酸塩（$C_9H_{13}NO_2 \cdot HCl$；203.67）の定量法に関する記述のうち，正しいのはどれか．2つ選べ．

「本品を乾燥し，その約 0.1 g を精密に量り，ヨウ素瓶に入れ，水 40 mL に溶かし，0.05 mol/L 臭素液 50 mL を正確に加える．更に塩酸 5 mL を加えて直ちに密栓し，振り混ぜた後，15 分間放置する．次にヨウ化カリウム試液 10 mL を注意して加え，直ちに密栓してよく振り混ぜた後，遊離したヨウ素を 0.1 mol/L チオ硫酸ナトリウム液で滴定する（指示薬：デンプン試液 1 mL）．同様の方法で空試験を行う．」

1　ヨウ化カリウム試液を加えるのは，ヨウ素を遊離させるためである．

2　本品 1 モルに対して，2 モルの臭素が反応する．

3　ヨウ素 1 モルに対して，1 モルのチオ硫酸ナトリウムが反応する．

4　チオ硫酸ナトリウムの滴定量は，空試験の方が多くなる．

5　0.05 mol/L の臭素液 1 mL はフェニレフリン塩酸塩の 6.789 mg に相当する．

【第 84 回国家試験　問 29 改変，第 97 回国家試験　問 95 改変】

問 20　日本薬局方フェノール（C_6H_6O：94.11）の定量法に関する記述のうち，正しいのはどれか．2つ選べ．.

「本品約 1.5 g を精密に量り，水に溶かし正確に 1000 mL とし，この液 25 mL を正確に量り，ヨウ素瓶に入れ，正確に 0.05 mol/L 臭素液 30 mL を加え，更に塩酸 5 mL を加え，直ちに密栓して 30 分間しばしば振り混ぜ，15 分間放置する．次にヨウ化カリウム 7 mL を加え，直ちに密栓してよく振り混ぜ，[A] 1 mL を加え，密栓して激しく振り混ぜ，遊離したヨウ素を 0.1 mol/L チオ硫酸ナトリウム液で滴定する（指示薬：デンプン試液 1 mL）．同様の方法で空試験を行う．

0.05 mol/L 臭素液 1 mL ＝ [B] mg C_6H_6O　」

1　フェノールは臭素と反応し，2,6-ジブロモフェノールを生成する．

2　[A] に入る溶媒は，アセトニトリルである．

3　臭素液の f = 1.000 の場合，空試験の 0.1 mol/L チオ硫酸ナトリウム液の理論値は 30.0 mL である．

4　本試験よりも空試験の方がチオ硫酸ナトリウム液の滴定量は少ない．

5　［ B ］の対応量は，1.569 である．

【第 95 回国家試験　問 32 改変，第 102 回国家試験　問 96 改変】

問 21　日本薬局方スルファメチゾール（$C_9H_{10}N_4O_2S_2$：270.33）の定量法に関する記述のうち，正しいのはどれか．**2つ**選べ．

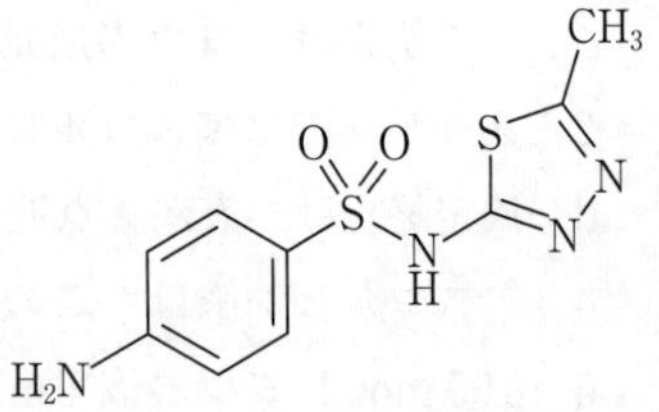

「本品を乾燥し，その約 0.4 g を精密に量り，［ A ］5 mL 及び水 50 mL を加えて溶かし，更に臭化カリウム溶液（3 → 10）10 mL を加え，15℃以下に冷却した後，0.1 mol/L 亜硝酸ナトリウム液で電位差滴定法又は電流滴定法により滴定する．

0.1 mol/L 亜硝酸ナトリウム液 1 mL ＝［ B ］mg $C_9H_{10}N_4O_2S_2$」

CH_3　S　N　N　O　O　S　N　H　H_2N

1　［ A ］に入る試薬は，塩酸である．

2　臭化カリウムは，ジアゾニウム塩の分解を抑える目的で加える．

3　［ B ］に入る数値は，2.703 である．

4　電位差滴定法においては，指示電極として銀電極，参照電極として銀-塩化銀電極を用いる．

5　電流滴定法は，局方では別に規定するもののほか，定電圧分極電流滴定法が用いられる．

章末問題解答

第1章

問1　1 > 2 > 3 > 4

解説：OH および COOH が極性基，CH_3，CH_2，CH は非極性基．同程度の分子サイズでは，極性基の数が2個の1および2の方が，極性基が1個の3および4よりも極性が高い．極性基の種類や数が同じであれば，非極性基の数が多い方が相対的に極性は低くなる．したがって，1と2とでは，2の方が1よりも極性が低く，3と4とでは4の方が極性が低い．

問2　3

解説：1，2ともに密度の単位，4は双極子モーメント，5は浸透圧のそれぞれ単位．

問3　3

問4　4

問5　2

解説：質量モル濃度は，溶媒1 kg に溶けている溶質の物質量（mol）のことである．

問6　4

解説：1. $\dfrac{0.4}{100} \times 7.5 \times 10^3 = 30\ \mathrm{mg}$　　×

2. $\dfrac{0.005}{100} \times 20 \times 10^3 = 1\ \mathrm{mg}$　　×

3. $\dfrac{0.01}{100} \times 0.1 \times 10^3 = 0.01\ \mathrm{mg}$　　×

4. $\dfrac{0.1}{100} \times 1 \times 10^3 = 1\ \mathrm{mg}$　　○

5. $\dfrac{5}{100} \times 200 = 10\ \mathrm{g}$　　×

参照：「山口政俊，鶴田泰人，能田均編集：演習で理解する薬学の分析化学（廣川書店）」p.9，演習問題 1.4.5」

問7　2

第2章

問1　3

解説：どの pH においても，存在する分子種は2種類であり，pH = 7.2（pK_{a2}）では，$H_2PO_4^-$ と HPO_4^{2-} が1：1で存在する．図 2.10 の pH によるリン酸化学種の分布を参照すること．

問2　4

解説：HCO_3^- と H_2CO_3 の解離式は $H_2CO_3 \rightleftarrows HCO_3^- + H^+$ であり，HCO_3^-/H_2CO_3 の存在比は pK_{a1} とヘンダーソン・ハッセルバルヒの式を用いて求める．

問3　正解：3

1　（×）　エチレンジアミンは二座配位子である．

2 （×） エチレンジアミンが配位した錯体の方がより安定である．

3 （○）

4 （×） 金属イオンの沈殿反応が起こるようになるため

5 （×） Cu^{2+} とエチレンジアミンは，1：2 で錯体を形成する．

問 4 正解：3

1 （×） 錯体の全安定度定数は逐次安定度定数の積

2 （×） 錯体生成反応は pH の影響を受ける（至適 pH）

3 （○）

4 （×） 共有電子対には配位結合できない．

5 （×） やわらかい酸とやわらかい塩基，あるいは，かたい酸とかたい塩基の組み合わせなら安定する．

問 5 2

Fe^{2+} と Fe^{3+} の濃度は等しいので，$E = 0.77 + 0.059 \log \frac{1}{1} = 0.77$

問 6 2，4

1 （○）

2 （×） 標準酸化還元電位が大きくなる方向（右）に反応は進行する．

3 （○） $\frac{0.78 + 1.72}{2} = 1.25$

4 （×） Fe^{2+} は還元剤で，Ce^{4+} は酸化剤としてはたらく．

問 7 5

問 8 1 （×），2 （○），3 （×），4 （○），5 （×）

問 9 1，5

1 Ag_2CrO_4 は，$Ag_2CrO_4 \rightleftarrows 2\,Ag^+ + CrO_4^{2-}$ の反応であり，そのため $[Ag^+] = 2\,S$ と $[CrO_4^{2-}] = S$ と表すことができる．したがって $K_{sp} = [Ag^+]^2 \times [CrO_4^{2-}] = (2\,S)^2 \times S = 4\,S^3 (mol/L)^3$ と表わされる．

2 異種イオン効果とは，溶液中に沈殿物と無関係なイオンが多量に存在すると，沈殿物の溶解度が増加することである．

3 金属水酸化物 $M(OH)_n$ が沈殿するためには，M^{n+} の濃度と OH^- の濃度の n 乗との積が，K_{sp} の値より大きくなることが必要である．

4 共通イオン効果とは，難容性塩の飽和溶液に共通イオンを加えると，難容性塩の溶解度が著しく低下することである．

5 溶解度 S(mol/L) は，$S = \sqrt{K_{sp}}$ で表される．

問 10 3

純水中のクロム酸銀 Ag_2CrO_4 の溶解度

Ag_2CrO_4 は，$Ag_2CrO_4 \rightleftarrows 2\,Ag^+ + CrO_4^{2-}$ の反応であり，

$K_{sp} = [Ag^+]^2 \times [CrO_4^{2-}] = (2\,S)^2 \times S = 4\,S^3 (mol/L)^3$ と表すことができる．

溶解度 S mol/L は，$S = \sqrt[3]{\frac{K_{sp}}{4}} = \sqrt[3]{\frac{4.0 \times 10^{-12}}{4}} = \sqrt[3]{1.0 \times 10^{-12}} = 1.0 \times 10^{-4} (mol/L)$

K_2CrO_4 水溶液中のクロム酸銀 Ag_2CrO_4 の溶解度

K_2CrO_4 水溶液中では，共通イオンとして 4.0×10^{-3} mol/L の［CrO_4^{2-}］が存在しているため，純水中の Ag_2CrO_4 の［CrO_4^{2-}］1.0×10^{-4} mol/L との総和が必要となる．

K_2CrO_4 水溶液中の［CrO_4^{2-}］$= 4.0 \times 10^{-3}$ mol/L $+ 1.0 \times 10^{-4}$ mol/L となり，

共通イオンが加わったとしても K_2CrO_4 水溶液中の濃度は，ほとんど変わらない．

したがって，$K_{sp} = [Ag^+]^2 \times [CrO_4^{2-}] = 4\,S^3 (mol/L)^3$

$4.0 \times 10^{-12} = (2\,S)^2 \times (4.0 \times 10^{-3})$

$(2\,S)^2 = (4.0 \times 10^{-12}) / (4.0 \times 10^{-3}) = 1.0 \times 10^{-9}$

$2\,S = \sqrt{1.0 \times 10^{-10}}$

$\sqrt{10} = 3.2$ なので，

$2\,S = 3.2 \times 10^{-5}$

$S = 1.6 \times 10^{-5}$ (mol/L) となる．

問 11　1 （○），2 （○），3 （○），4 （○）

問 12　5

問 13-1　$D = 4.0$

解説：クロロホルム中の濃度は 8 mg/mL なので，

加えた 50 mL には $8 \times 50 = 400$ mg が入っている．

400 mg/50 mL… ①

水層は最初 600 mg/100 mL なので，

600 mg から ① の 400 mg を引くと，200 mg が水層に残っていることになる．

200 mg/100 mL… ②

したがって，(400 mg/50 mL)/(200 mg/100 mL) が見かけの分配係数であり

8/2 = 4

問 13-2　1.0 mg/mL

$pK_a = 7.0$ の弱酸性物質を水に溶かし，pH を 7.0 に調整しているので，pH が 7.0 のとき，水相中は，分子形：イオン形＝1：1 で存在していることになる．

問 12-1 の計算より，水層中には，200 mg/100 mL が残っており，分子形：イオン形＝1：1 で存在しているので，200 mg の半分が分子形となる．…… 200 mg/2 = 100 mg

したがって，100 mg/100 mL となり…… 1.0 mg/mL

問 14　93.6%

$$E(\%) = \frac{D}{D + \frac{V_{water}}{V_{oil}}} = \frac{3}{3 + \frac{100}{50}} = \frac{3}{3+2} = \frac{3}{5} = 0.6$$

1 回目の抽出　0.6×100　60%が抽出されるので

$1\,g \times 0.6$　0.6 g 回収（残り $1 - 0.6 = 0.4$ g）

2 回目の抽出　式は同じ　60%が抽出されるので

$0.4\,g \times 0.6$　0.24 g 回収（残り $0.4 - 0.24 = 0.16$ g）

3 回目の抽出　式は同じ　60%が抽出されるので

$0.16\,g \times 0.6$　0.096 g 回収

したがって，0.6 + 0.24 + 0.096 = 0.936（g）が回収できたことになる

0.936/1 × 100 = 93.6（%）

問 15

1 （×） 選択肢の式は，分配比に関する式である．

2 （○） 正しい．

3 （×） pK_a が 5 の弱酸性物質の場合，水相の pH を 5 に調整すると，分子形：イオン形 = 1：1 で存在していることになる．弱酸性物質は，pH が低いほど水溶液中で分子形の割合が多くなるため，見かけの分配係数を上げるには，pH を 5 よりも小さくしなければならない．

4 （×） 分配係数 K_D は，ある溶媒系において物質（溶質）に固有の値である．

5 （○） 正しい．

問 16 3.8 g

まず最初に 200 mL の食塩溶液に，何 mmol の Na^+ が存在するのかを考える．

食塩溶液 5.0 g/L と書いているので，

$$\frac{5(\mathrm{g})}{1000(\mathrm{mL})}$$

200 mL 中には？ → モル数を求める →

$$\frac{1(\mathrm{g})}{200(\mathrm{mL})} \qquad \frac{\frac{1}{58.5}(\mathrm{mol})}{200(\mathrm{mL})} = \frac{0.0171(\mathrm{mol})}{200(\mathrm{mL})}$$

食塩溶液には，17.1 mmol の Na^+ があると考える．

交換樹脂の交換容量は，4.5 mmol/g（1 g 当たり 4.5 mmol）とあるので

17.1 mmol を 4.5 mmol で割ることで，必要な交換樹脂の g が求められる．

17.1/4.5 = 3.8 となる．

問 17 4

1 陽イオンを交換する樹脂は陽イオン交換樹脂．

2 陰イオンを交換する樹脂は陰イオン交換樹脂．

3 対イオンの電荷数（イオン価）が大きいものほど選択的に交換する性質．

4 正しい．

第 3 章

問 1 4

ハロゲンの（バイルシュタイン反応）中で，CuF_2 は不揮発性のため，陰性である．また，$CuCl_2$，$CuBr_2$ と CuI_2 は緑色～青色を呈するので，正解は 4 である．

問 2 1

ニンヒドリンと反応し，第一級アミン（アミノ基）は紫色を呈し，第二級アミン（イミノ基）は黄色を呈する．

問 3

1）アスピリンは湿った空気中で徐々に加水分解してサリチル酸および酢酸になるため，分解により生じたサリチル酸が混在する可能性がある．また，サリチル酸はアスピリンの原料であり，未反応のサリチル酸が残存

する可能性がある．試験法は，サリチル酸のフェノール性水酸基について鉄(Ⅲ)イオンによる呈色により検出する．

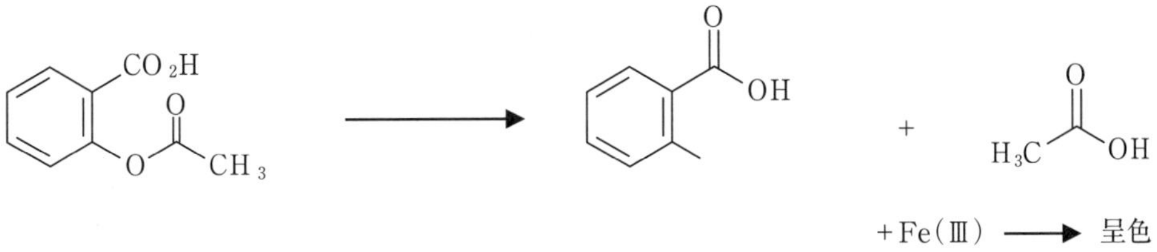

CO_2H, O, O, CH_3 ⟶ O, OH + O, H_3C, OH

+Fe(Ⅲ) ⟶ 呈色

2) ジメチルアミノフェノールはネオスチグミンメチル硫酸塩の製造原料である．そのため未反応のジメチルアミノフェノールが混在する可能性がある．

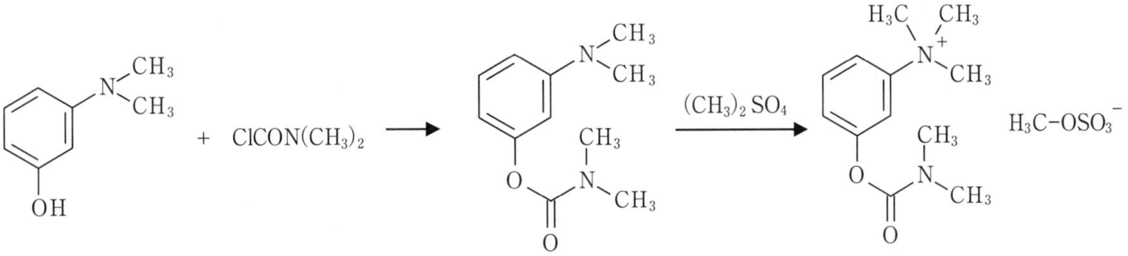

N, CH_3, CH_3, OH + $ClCON(CH_3)_2$ ⟶ N, CH_3, CH_3, O, O, N, CH_3, CH_3 $\xrightarrow{(CH_3)_2SO_4}$ H_3C, CH_3, $\overset{+}{N}$, CH_3, O, O, N, CH_3, CH_3　$H_3C{-}OSO_3^-$

試験法は，フェノール類のジメチルアミノフェノールとジアゾニウム化合物とのカップリング反応による，アゾ色素の生成を検出する．

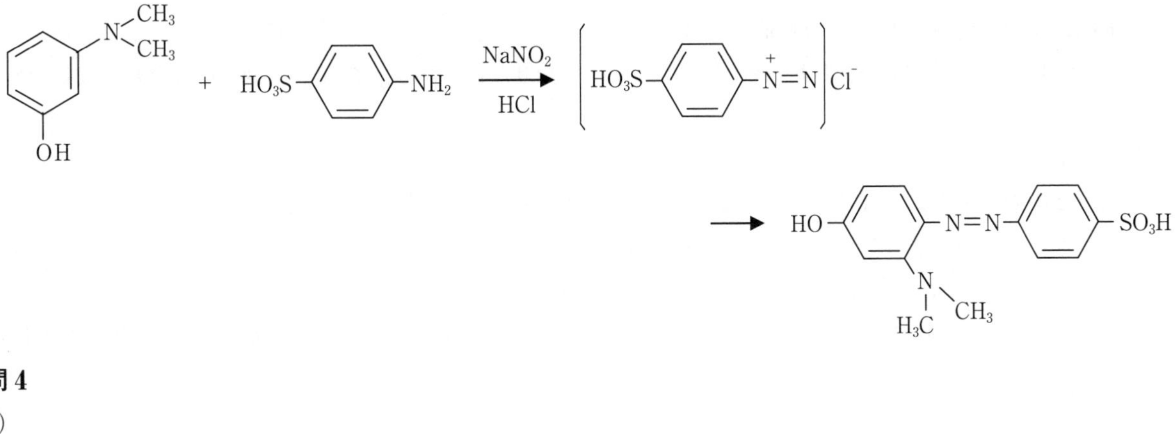

N, CH_3, CH_3, OH + HO_3S–⟨⟩–NH_2 $\xrightarrow[HCl]{NaNO_2}$ [HO_3S–⟨⟩–$\overset{+}{N}{\equiv}N$] Cl^-

⟶ HO–⟨⟩–N=N–⟨⟩–SO_3H, N, H_3C, CH_3

問 4

1)

1　アセトアニリド　　2　ベンズアミド

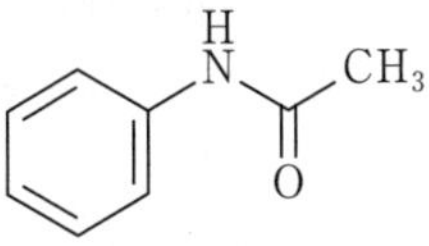

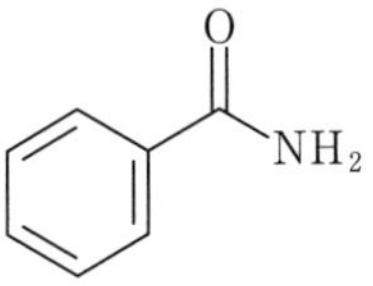

H, N, CH_3, O　　O, NH_2

3 エトキシアニリン　4 メトキシベンゼン 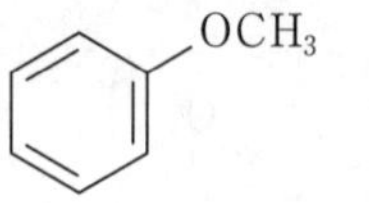　5 サリチルアミド

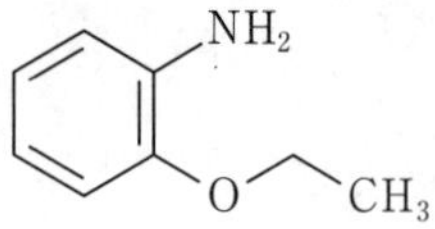

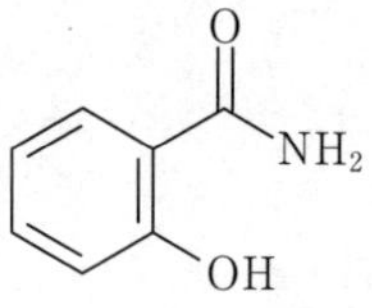

NH_2 O CH_3　OCH_3　O NH_2 OH

2) 5

3) フェノール性水酸基（サリチルアミドが0.05～0.1％混在すると，そのフェノール性水酸基により淡い紫色を呈する）.

4) サリチルアミドはエテンザミドの製造原料である．そのため未反応のサリチルアミドが混在する可能性がある（エテンザミドは*p*-トルエンスルホン酸エチルなどでサリチルアミドをエチルエーテル化して製造する）.

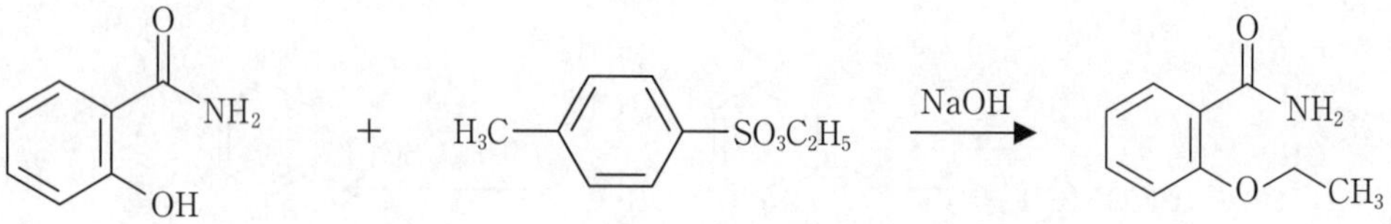

O NH_2 OH + H_3C–⟨⟩–$SO_3C_2H_5$ $\xrightarrow{NaOH}$ O NH_2 O CH_3

問5 5

試験液がフェノールフタレイン試液で赤色となることから，中性医薬品10.0 gに混在する酸が，0.01 mol/L水酸化ナトリウム液1.20 mL中に含まれる0.012 mmolの水酸化ナトリウムにより中和されたと考えられる．本試験では酸の量を硫酸に換算して求める．

$H_2SO_4 + 2NaOH \longrightarrow Na_2SO_4 + 2H_2O$

硫酸と水酸化ナトリウムは1：2で反応するため，0.012 mmolの水酸化ナトリウムは硫酸0.006 mmol（0.006 mmol ×分子量98.08 ≒ 0.00059 g）と反応する．

試験から求められる酸の残存量は，硫酸に換算して，(0.00059 g ／ 10.0 g) × 100 = 0.0059 ≒ 0.006% 以下である．

問6 1

問7 1，5

1 正 $2MnO_4^- + 5H_2O_2 + 6H^+ \longrightarrow 2Mn^{2+} + 8H_2O + 5O_2\uparrow$

2 誤 ［条文］ヨウ化物：$I^- + AgNO_3 \longrightarrow NO_3^- + AgI\downarrow$（黄）

「臭化物の溶液に硝酸銀試液を加えるとき，淡黄色の沈殿を生じる．沈殿を分取し，この一部に希硝酸を加えても溶けない．また，他の一部にアンモニア水（28）を加えて振り混ぜた後，分離した液に希硝酸を加えて酸性にすると白濁する．」

$Br^- + AgNO_3 \longrightarrow NO_3^- + AgBr\downarrow$（淡黄）

$AgBr + 2NH_3 \longrightarrow [Ag(NH_3)_2]^+ + Br^-(HNO_3) \longrightarrow 2NH_3 + AgBr\downarrow$

「塩化物の溶液に硝酸銀試液を加えるとき，白色の沈殿を生じる．沈殿を分取し，この一部に希硝酸を加えても溶けない．また，他の一部に過量のアンモニア試液を加えるとき，溶ける．」

$Cl^- + AgNO_3 \longrightarrow NO_3^- + AgCl\downarrow$（白）

$AgCl + 2NH_3 \longrightarrow [Ag(NH_3)_2]^+ + Cl^-$

3 誤 ［条文］ホウ酸塩：$HBO_2 + 3CH_3OH \longrightarrow 2H_2O + B(OCH_3)_3\uparrow$

「チオ硫酸塩の酢酸酸性溶液にヨウ素試液を滴加するとき，試液の色は消える．」

$2\,S_2O_3^{2-} + I_2 \rightleftharpoons S_4O_6^{2-} + 2\,I^-$

4 誤［条文］炭酸水素塩：両性物質

酸として $HCO_3^- + H_2O \rightleftharpoons H_3O^+ + CO_3^{2-}$（酸解離定数：$5.62 \times 10^{-11}$）

塩基として $HCO_3^- + H_2O \rightleftharpoons H_2CO_3 + OH^-$（塩基解離定数：$2.19 \times 10^{-8}$）

∴ 弱塩基性を示すので，フェノールフタレイン試液ではほとんど呈色しない．

※「冷溶液」にしているのは，$2HCO_3^- \rightleftharpoons H_2O + CO_2\uparrow + CO_3^{2-}$ の反応を抑えるため．

「炭酸塩の冷溶液にフェノールフタレイン試液1滴を加えるとき，液は赤色を呈する．」

塩基として $CO_3^{2-} + H_2O \rightleftharpoons HCO_3^- + OH^-$（塩基解離定数：$1.78 \times 10^{-4}$）

∴ 塩基性を示すので，フェノールフタレイン試液で呈色する．

5 正

問8 1，2

1 正 対象医薬品：ナプロキセン

「本品のエタノール（99.5）溶液（1 → 300）1 mL に過塩素酸ヒドロキシルアミン・エタノール試液 4 mL 及び *N,N'*-ジシクロヘキシルカルボジイミド・エタノール試液 1 mL を加え，よく振り混ぜた後，微温湯中に 20 分間放置する．冷後，過塩素酸鉄（Ⅲ）・エタノール試液 1 mL を加えて振り混ぜるとき，液は赤紫色を呈する．」

◆カルボン酸（-COOH）の確認試験

2 正 対象医薬品：ヒドロコルチゾン

「本品 0.01 g をメタノール 1 mL に溶かし，フェーリング試液 1 mL を加えて加熱するとき，赤色の沈殿を生じる．」

◆フェーリング反応：アルデヒド基（-CHO），α-ケトール基（$-CO-CH_2OH$）の確認試験

3 誤 対象医薬品：カイニン酸水和物

「本品の水溶液（1 → 5000）5 mL にニンヒドリン試液 1 mL を加え，60 ～ 70℃の水浴中で 5 分間加温するとき，液は黄色を呈する．」

◆ニンヒドリン反応：脂肪族第一級アミノ基（$R-NH_2$）⇨紫色，脂肪族第二級アミノ基（R^1R^2-NH）⇨黄色

4 誤 対象医薬品：アミノ安息香酸エチル

「本品 0.01 g に希塩酸 1 mL 及び水 4 mL を加えて溶かした液は，芳香族第一アミンの定性反応を呈する．」

◆芳香族第一アミンの定性反応：

「芳香族第一アミンの酸性溶液に氷冷しながら亜硝酸ナトリウム試液 3 滴を加えて振り混ぜ，2 分間放置し，次にアミド硫酸アンモニウム試液 1 mL を加えてよく振り混ぜ，1 分間放置した後，*N,N*-ジエチル-*N'*-1-ナフチルエチレンジアミンシュウ酸塩試液 1 mL を加えるとき，液は赤紫色を呈する．」

5 誤 対象医薬品：レボドパ

「(1) 本品の水溶液（1 → 1000）5 mL にニンヒドリン試液 1 mL を加え，水浴中で 3 分間加熱するとき，液は紫色を呈する．(2) 本品の水溶液（1 → 5000）2 mL に 4-アミノアンチピリン試液 10 mL を加えて振り混ぜるとき，液は赤色を呈する．」

◆パラ位に置換基のないフェノール誘導体の確認試験

第4章

問1 4

解説：誤差は原因が明らかな系統誤差と明らかな原因が存在しない偶然誤差の2つに分類され，系統誤差はその原因により，器差，方法誤差，操作誤差，個人誤差に分けられる．

問2 1

解説：真度とは測定値の偏りの程度のことであり，測定値の総平均と真の値との差で表される．系統誤差に由来する．

問3 4

問4 3

問5 5

問6 1 バイオアッセイでは，力価や生理活性，効力を測定する．

問7 2

プロタミン硫酸塩：ヘパリンナトリウム

インスリン：HPLCによる機器分析

トロンビン：フィブリノーゲン溶液

パソプレシン注射液：HPLCによる機器分析

問8 3

問9 3

問10 3

問11 1

問12 3

問13 3

問14 4

第5章

問1 4

問2 1，5

2 チオ硫酸ナトリウム液を用いる酸化還元滴定（指示薬：デンプン試液）により標定

3 標準試薬にフタル酸水素カリウムを用いる非水滴定（非水溶媒中での酸塩基滴定，指示薬：クリスタルバイオレット試液）により標定

4 標準試薬に塩化ナトリウムを用いる沈殿滴定（指示薬：フルオレセインナトリウム：ファヤンス法）により標定

問3 4

Na_2CO_3 と H_2SO_4 は1：1のモル比で反応する．Na_2CO_3 の物質量 0.8000／105.99 mol と H_2SO_4 の物質量 0.5 × f × 15.00／1000 mol が等しい．よって，0.8000／105.99 = 0.5 × f × 15.00／1000

$$f = \frac{1000 \times 0.800}{15.00 \times 105.99 \times 0.5} = 1.006$$

問4 1，4

問5　2，3

1　質量を「精密に量る」とは，量るべき最小位を考慮し，0.1 mg，10 μg，1 μg 又は 0.1 μg まで量ることを意味する．（日局17　通則24）

4　硫酸は二塩基酸，塩酸は一塩基酸で，0.25 mol/L 硫酸は 0.5 mol/L 塩酸に対応しているので，対応量は同じになる．

5　1 mol のアスピリン（180.16×10^3 mg）は 2 mol の NaOH（0.5 mol/L NaOH 液 4000 mL）に対応．よって対応量は，0.5 mol/L 水酸化ナトリウム液 1 mL $= \dfrac{180.16 \times 10^3}{4000}$ mg $=$ 45.04 mg　$C_9H_8O_4$

問6　1）2，2）2

1）アセチル化された芳香族第一アミンは，酸アミドとなり塩基性を示さないため過塩素酸と反応しなくなる．

2）1 mol のブロムヘキシン塩酸塩（412.59×10^3 mg）は，1 mol の過塩素酸（0.1 mol/L 過塩素酸 10000 mL）に対応．よって対応量は，0.1 mol/L 過塩素酸 1 mL $= \dfrac{412.59 \times 10^3}{10000}$ mg $=$ 41.26 mg　$C_{10}H_{20}O$

問7　1）5，2）2，3）4

2）1 mol のエチレフリン塩酸塩（217.69×10^3 mg）と 1 mol の過塩素酸（0.1 mol/L 過塩素酸 10000 mL）が反応．よって対応量は，0.1 mol/L 過塩素酸　1 mL $= \dfrac{217.69 \times 10^3}{10000}$ mg $=$ 21.77 mg　$C_{10}H_{20}O$

3）エチレフリン塩酸塩の含量(%) $= \dfrac{\text{エチレフリン塩酸塩の質量(mg)}}{\text{試料の採取量(mg)}} \times 100 = \dfrac{21.77 \times 7.00 \times 0.980}{0.1500 \times 10^3} \times 100$

$\fallingdotseq$ 99.6(%)

問8　5

過塩素酸は，ジブカイン塩酸塩の第三級アミノ基と酢酸中で塩基性が強まったキノリン骨格中の窒素と反応する．結果，1 mol のジブカイン塩酸塩（379.92×10^3 mg）は 2 mol の過塩素酸（0.1 mol/L 過塩素酸 20000 mL）と反応する．よって対応量は，0.1 mol/L 過塩素酸 1 mL $= \dfrac{379.92 \times 10^3}{20000} =$ 19.00vmg $C_{20}H_{29}N_3O_2 \cdot HCl$

問9　1

1　フルオロウラシル　非水滴定（指示薬：チモールブルー・*N,N*-ジメチルホルムアミド試液）

2　L-リシン塩酸塩　非水滴定（一定過量の過塩素酸と反応後，過量の過塩素酸を酢酸ナトリウムで滴定．電位差滴定法）

3　アマンタジン塩酸塩　非水滴定（一定過量の過塩素酸と反応後，過量の過塩素酸を酢酸ナトリウムで滴定．電位差滴定法）

4　ジアゼパム　非水滴定（過塩素酸で滴定．電位差滴定法）

5　エフェドリン塩酸塩　非水滴定（過塩素酸で滴定．電位差滴定法）

問10　5

［A］pH を約 1 とするために強酸である塩酸を加える．

［B］1 mol の Al（287.55×10^3 mg）と 1 mol の EDTA 1 mol（0.05 mol/L EDTA 液 20000 mL）が対応する．

よって対応量は，0.05 mol/L　EDTA 液　1 mL $= \dfrac{26.98 \times 10^3}{20000}$ mg $=$ 1.349 mg　Al

問 11 1) 3, 2) 2

1) 1 mol の $ZnSO_4 \cdot 7H_2O$ (26.98×10^3 mg) と 1 mol の EDTA 1 mol (0.01 mol/L EDTA 液 100000 mL) が対応する．よって対応量は，0.01 mol/L EDTA 液 1 mL = mg = 2.876 mg $ZnSO_4 \cdot 7H_2O$

2) 25 mL 中に含まれる硫酸亜鉛水和物の量は，2.876 × 1.010 × 24.00 = 69.71 mg．100 mL 中に含まれる量 278.9 mg = 0.2789 mg．よって濃度は 0.28 w/v%．

日本薬局方硫酸亜鉛点眼液は，「本品は定量するとき，硫酸亜鉛水和物 ($ZnSO_4 \cdot 7H_2O$：287.55) 0.27 ～ 0.33 w/v% を含む．」と規定されているので，この硫酸亜鉛点眼液は規定を満たしている．

問 12 1) 4, 2) 3, 4

1) Al^{3+} が EDTA とキレートを生成する反応速度が小さいため，一定過量の EDTA を加えて煮沸し，反応を完結させる．

2)

1 定量に供する試料の採取量に「約」を付けたものは，記載された量の ± 10% の範囲をいう．(日局 17 通則 38)

2 ジチゾン自身の色

4 1 mol の酸化アルミニウム (Al_2O_3：101.96) には 2 mol の Al が含まれるので，1 mol の Al_2O_3 (101.96×10^3 mg) は 2 mol の EDTA (0.05 mol/L EDTA 液 40000 mL) に対応する．よって対応量は，

$$0.1\ \text{mol/L EDTA 液}\quad 1\ \text{mL} = \frac{101.96 \times 10^3}{40000}\ \text{mg} = 2.549\ \text{mg}\quad Al_2O_3$$

5 空試験の方が 0.05 mol/L 酢酸亜鉛液の消費量が多い．

問 13 93.4%

塩化カルシウムと硝酸銀の反応は，以下で表される．

$$CaCl_2 + 2\,AgNO_3 \longrightarrow Ca(NO_3)_2 + 2AgCl\downarrow$$

1 mol の $CaCl_2$ (110.99×10^3 mg) と，2 mol の $AgNO_3$ (0.1 mol/L 硝酸銀液 20000 mL) が反応する．よって

$$0.1\ \text{mol/L 硝酸銀液}\ 1\ \text{mL} = \frac{110.99 \times 10^3}{20000}\ \text{mg} = 5.549\ \text{mg}\ CaCl_2$$

したがって

含量(%) = (5.549 × 1.010 × 20.00) ／ 120 × 100 = 93.4(%) になる．

問 14 3, 5

1 0.9 w/v% NaCl 液：100 mL 中に 0.9 g の NaCl を含む．1 L 中に 9 g の NaCl を含むので，9 ／ 58.44 ≒ 154 mmol

2 メスフラスコを用いる．

3 ファヤンス法による終点検出

4 紅色 (当量点前：黄緑色 → 当量点後：紅色)

当量点後：Ag^+ を吸着して正に帯電した AgCl のコロイド粒子に，フルオレセインの陰イオンが吸着して紅色に着色する．

5 1 mol の NaCl (58.44×10^3 mg) と 1 mol の硝酸銀 (0.1 mol/L 硝酸銀液 10000 mL) が反応する．よって

$$\text{対応量は，}0.1\ \text{mol/L 硝酸銀液}\ 1\ \text{mL} = \frac{58.44 \times 10^3}{10000}\ \text{mg} = 5.844\ \text{mg}\quad NaCl$$

問 15　1）5，2）2，5

1）フォルハルト法による終点検出

2）

1　塩化水素が遊離　$(CH_3)_2C(OH)CCl_3 + NaOH + H_2O \longrightarrow (CH_3)_2C(OH)COONa + 3HCl$

4　1 mol のクロロブタノール（177.46×10^3 mg）から生じる 3 mol の Cl^- は，3 ,mol の Ag^+（0.1 mol/L 硝酸銀液 30000 mL）と反応する．

よって対応量は，0.1 mol/L 硝酸銀液 1 mL $= \dfrac{177.46 \times 10^3}{30000}$ mg = 5.915 mg　$C_4H_7Cl_3O$

問 16　1）2，2）4

1）ファヤンス法による終点検出

2）イオタラム酸を亜鉛で還元し，イオタラム酸のヨウ素をヨウ化物イオン I^- として遊離させる．1 mol のイオタラム酸（613.91×10^3 mg）から生じる 3 mol の I^- は，3 mol の Ag^+（0.1 mol/L 硝酸銀液 30000 mL）と反応する．よって対応量は，0.1 mol/L 硝酸銀液 1 mL $= \dfrac{613.91 \times 10^3}{30000}$ = 20.46 mg　$C_{11}H_9I_3N_2O_4$

$$\text{イオタラム酸の含量(\%)} = \frac{\text{イオタラム酸の質量(mg)}}{\text{試料の採取量(mg)}} \times 100 = \frac{20.46 \times 19.00 \times 1.020}{0.4000 \times 10^3} \times 100 \fallingdotseq 99.1(\%)$$

問 17　2，4

1～5 過酸化水素と過マンガン酸カリウムの反応

$5H_2O_2 + 2KMnO_4$(赤紫色) $+ 3H_2SO_4 = K_2SO_4 + 2MnSO_4$(無色) $+ 8H_2O + 5O_2\uparrow$

希硫酸を用い，強酸性条件とする．なお，塩酸，硝酸は使用できない．過酸化水素は還元剤として働き，酸素と水を生じる．過酸化水素と過マンガン酸カリウムは，5：2（モル比）で反応する．指示薬は加えず，過マンガン酸カリウム標準液自身の色調変化を利用し，MnO_4^- が示す淡赤色が持続する点を終点とする．

問 18　2，4

1　ヨウ素酸化滴定（ヨージメトリー）である．

2　メタリン酸は重金属イオンを取り込み，アスコルビン酸の酸化を防ぐ．

3　当量点後の未反応のヨウ素を検出するため，デンプン試薬はあらかじめ試料溶液に加えておく．

4，5　1 mol のアスコルビン酸（176.12×10^3 mg）は 1 mol の I_2（0.05 mol/L ヨウ素液 20000 mL）により酸化されデヒドロアスコルビン酸になる．

よって対応量は，0.05 mol/L ヨウ素液 1 mL $= \dfrac{176.12 \times 10^3}{20000}$ mg = 8.806 mg　$C_6H_8O_6$

問 19　1，4

1　ヨウ化カリウムは，フェニレフリン塩酸塩と反応しなかった未反応の臭素をヨウ素に変換する．

$Br_2 + 2KI \longrightarrow I_2 + 2KBr$

2　本品 1 モルに対して，3 モルの臭素が反応する．

3　ヨウ素 1 モルに対して，2 モルのチオ硫酸ナトリウムが反応する．

5　1 mol のフェニレフリン塩酸塩（203.67×10^3 mg）と 3 mol の臭素（0.05 mol/L 臭素液 60000 mL）が反応する．よって対応量は，

$$0.05\ \text{mol/L 臭素液 1 mL} = \frac{203.67 \times 10^3}{60000}\ \text{mg}\ C_9H_{13}NO_2 \cdot HCl = 3.395\ \text{mg}\ C_9H_{13}NO_2 \cdot HCl$$

問20 5

1 Br_2 はフェノールの水酸基のオルト位とパラ位を臭素化し，水に難溶な 2,4,6-トリブロモフェノールを生じる．

2 クロロホルム：2,4,6-トリブロモフェノールを溶かし，終点を見やすくするために加える．

3 臭素1モルはヨウ素1モルに対応し，ヨウ素1モルは硫酸ナトリウム2モルと反応する．よって，0.05 mol/L 臭素液（f = 1.000）30 mL と反応する 0.1 mol/L チオ硫酸ナトリウム（f = 1.000）は 30 mL となる．

4 空試験の方がチオ硫酸ナトリウム液の滴定量が多い．

5 1 mol のフェノール（94.11×10^3 mg）と 3 mol の臭素（0.05 mol/L 臭素液 60000 mL）が反応する．よって対応量は，$0.05\ \text{mol/L 臭素液 1 mL} = \frac{94.11 \times 10^3}{60000}\ \text{mg} = 1.569\ \text{mg}\quad C_6H_6O$

問21 5

2 臭化カリウムは，ジアゾ化反応の反応促進剤として添加している．

3 1 mol のスルファメチゾール（270.33×10^3 mg）は，1 mol の亜硝酸ナトリウム（0.1 mol/L 亜硝酸ナトリウム液 10000 mL）と反応する．よって対応量は，

$$0.1\ \text{mol/L 亜硝酸ナトリウム 1 mL} = \frac{270.33 \times 10^3}{10000}\ \text{mg} = 27.03\ \text{mg}\ C_{13}H_{20}N_2O_2 \cdot HCl$$

4 指示電極として白金電極を用いる．

日本語索引

ア

イ

ウ

エ

オ

カ

キ

ク

ケ

コ

サ

シ

ス

セ

ソ

タ

ヒ

フ

ヘ

ホ

マ

外国語索引